"十三五"国家重点出版物出版规划项目

高分辨率对地观测前沿技术丛书

主编 王礼恒

平流层飞艇囊体材料

杨宇明 盛德鲲 刘向东 等著

国防工业出版社

·北京·

内 容 简 介

平流层飞艇囊体材料的设计和制造是平流层飞艇的关键技术之一,囊体材料的性能很大程度上决定了平流层飞艇的总体性能。本书针对平流层飞艇囊体材料的应用需求,阐述了囊体材料的结构与性能以及囊体材料设计、加工、性能评价规范,并从囊体材料的高功能化、轻量化等方面对未来囊体材料的研制与加工进行了叙述与展望。

本书主要为从事平流层飞艇研究及应用的科研、规划、设计与运行的专业技术人员与研究生提供囊体材料基础知识和应用参考。

图书在版编目(CIP)数据

平流层飞艇囊体材料/杨宇明等著. —北京:国防工业出版社,2021.7

(高分辨率对地观测前沿技术丛书)

ISBN 978-7-118-12389-0

Ⅰ.①平… Ⅱ.①杨… Ⅲ.①平流层—飞艇—航空材料 Ⅳ.①V274

中国版本图书馆 CIP 数据核字(2021)第 151572 号

※

国防工业出版社出版发行

(北京市海淀区紫竹院南路 23 号 邮政编码 100048)
北京龙世杰印刷有限公司印刷
新华书店经售

*

开本 710×1000 1/16 印张 23 字数 350 千字
2021 年 7 月第 1 版第 1 次印刷 印数 1—2000 册 定价 128.00 元

(本书如有印装错误,我社负责调换)

国防书店:(010)88540777 书店传真:(010)88540776
发行业务:(010)88540717 发行传真:(010)88540762

丛书学术委员会

主　　任　王礼恒
副 主 任　李德仁　艾长春　吴炜琦　樊士伟
执行主任　彭守诚　顾逸东　吴一戎　江碧涛　胡　莘
委　　员　（按姓氏拼音排序）

　　　　　白鹤峰　曹喜滨　陈小前　崔卫平　丁赤飚　段宝岩
　　　　　樊邦奎　房建成　付　琨　龚惠兴　龚健雅　姜景山
　　　　　姜卫星　李春升　陆伟宁　罗　俊　宁　辉　宋君强
　　　　　孙　聪　唐长红　王家骐　王家耀　王任享　王晓军
　　　　　文江平　吴曼青　相里斌　徐福祥　尤　政　于登云
　　　　　岳　涛　曾　澜　张　军　赵　斐　周　彬　周志鑫

丛书编审委员会

主　　编　王礼恒

副主编　舟承其　吴一戎　顾逸东　龚健雅　艾长春
　　　　　　彭守诚　江碧涛　胡　苹

委　　员（按姓氏拼音排序）
　　　　　　白鹤峰　曹喜滨　邓　泳　丁赤飚　丁亚林　樊邦奎
　　　　　　樊士伟　方　勇　房建成　付　琨　苟玉君　韩　喻
　　　　　　贺仁杰　胡学成　贾　鹏　江碧涛　姜鲁华　李春升
　　　　　　李道京　李劲东　李　林　林幼权　刘　高　刘　华
　　　　　　龙　腾　鲁加国　陆伟宁　邵晓巍　宋笔锋　王光远
　　　　　　王慧林　王跃明　文江平　巫震宇　许西安　颜　军
　　　　　　杨洪涛　杨宇明　原民辉　曾　澜　张庆君　张　伟
　　　　　　张寅生　赵　斐　赵海涛　赵　键　郑　浩

秘　　书　潘　洁　张　萌　王京涛　田秀岩

序 言

高分辨率对地观测系统工程是《国家中长期科学和技术发展规划纲要（2006—2020年）》部署的16个重大专项之一，它具有创新引领并形成工程能力的特征，2010年5月开始实施。高分辨率对地观测系统工程实施十年来，成绩斐然，我国已形成全天时、全天候、全球覆盖的对地观测能力，对于引领空间信息与应用技术发展，提升自主创新能力，强化行业应用效能，服务国民经济建设和社会发展，保障国家安全具有重要战略意义。

在高分辨率对地观测系统工程全面建成之际，高分辨率对地观测工程管理办公室、中国科学院高分重大专项管理办公室和国防工业出版社联合组织了《高分辨率对地观测前沿技术》丛书的编著出版工作。丛书见证了我国高分辨率对地观测系统建设发展的光辉历程，极大丰富并促进了我国该领域知识的积累与传承，必将有力推动高分辨率对地观测技术的创新发展。

丛书具有3个特点。一是系统性。丛书整体架构分为系统平台、数据获取、信息处理、运行管控及专项技术5大部分，各分册既体现整体性又各有侧重，有助于从各专业方向上准确理解高分辨率对地观测领域相关的理论方法和工程技术，同时又相互衔接，形成完整体系，有助于提高读者对高分辨率对地观测系统的认识，拓展读者的学术视野。二是创新性。丛书涉及国内外高分辨率对地观测领域基础研究、关键技术攻关和工程研制的全新成果及宝贵经验，吸纳了近年来该领域数百项国内外专利、上千篇学术论文成果，对后续理论研究、科研攻关和技术创新具有指导意义。三是实践性。丛书是在已有专项建设实践成果基础上的创新总结，分册作者均有主持或参与高分专项及其他相关国家重大科技项目的经历，科研功底深厚，实践经验丰富。

丛书5大部分具体内容如下：**系统平台部分**主要介绍了快响卫星、分布式卫星编队与组网、敏捷卫星、高轨微波成像系统、平流层飞艇等新型对地观测平台和系统的工作原理与设计方法，同时从系统总体角度阐述和归纳了我国卫星遥感的现状及其在 6 大典型领域的应用模式和方法。**数据获取部分**主要介绍了新型的星载/机载合成孔径雷达、面阵/线阵测绘相机、低照度可见光相机、成像光谱仪、合成孔径激光成像雷达等载荷的技术体系及发展方向。**信息处理部分**主要介绍了光学、微波等多源遥感数据处理、信息提取等方面的新技术以及地理空间大数据处理、分析与应用的体系架构和应用案例。**运行管控部分**主要介绍了系统需求统筹分析、星地任务协同、接收测控等运控技术及卫星智能化任务规划,并对异构多星多任务综合规划等前沿技术进行了深入探讨和展望。**专项技术部分**主要介绍了平流层飞艇所涉及的能源、囊体结构及材料、推进系统以及位置姿态测量系统等技术,高分辨率光学遥感卫星微振动抑制技术、高分辨率 SAR 有源阵列天线等技术。

丛书的出版作为建党 100 周年的一项献礼工程,凝聚了每一位科研和管理工作者的辛勤付出和劳动,见证了十年来专项建设的每一次进展、技术上的每一次突破、应用上的每一次创新。丛书涉及 30 余个单位,100 多位参编人员,自始至终得到了军委机关、国家部委的关怀和支持。在这里,谨向所有关心和支持丛书出版的领导、专家、作者及相关单位表示衷心的感谢!

高分十年,逐梦十载,在全球变化监测、自然资源调查、生态环境保护、智慧城市建设、灾害应急响应、国防安全建设等方面硕果累累。我相信,随着高分辨率对地观测技术的不断进步,以及与其他学科的交叉融合发展,必将涌现出更广阔的应用前景。高分辨率对地观测系统工程将极大地改变人们的生活,为我们创造更加美好的未来!

王礼恒

2021 年 3 月

前　言

在过去的20年中,人们对开发平流层飞艇产生了浓厚的兴趣,它可以操纵并保持在期望的高空上几个星期、几个月甚至几年。平流层飞艇与卫星、飞机等系统结合,能够形成时空协同、全天时的高分辨率对地观测系统,在军事侦察、通信中继、导航定位和遥感探测等领域的应用优势明显。囊体材料是平流层飞艇的关键技术之一,很大程度上决定了飞艇的使用性能。平流层飞艇具有庞大的体积,工作于具有高强度紫外线辐射、高浓度臭氧、受太阳光辐照而产生昼夜高低温交变的平流层环境中,且需要长期驻空。这些因素决定了囊体材料必须具备轻量化、高强度、耐环境性、低气体渗透率、抗撕裂、耐揉搓、低蠕变、光热控制、稳定的拼接结构及免修补和维护等高技术特性。

现代囊体材料在组成上包含多种高功能化高分子材料,以多层结构形式最大限度地发挥各功能材料的使用性能。囊体材料是一种具有多层结构形式的柔性高分子复合材料,由外及里的主要功能层至少包含耐候层、阻隔层、中间层、承力织物、热封层,为使上述各功能层间有足够的层间黏合强度并保持材料整体的柔韧性,需要在不同功能层间相应增加黏接层。囊体材料研究需要综合运用化学、物理和材料等基础科学知识,注重基础功能材料的优选、性能改进和试验验证,开展组成结构与应用性能关系等基础研究,完善性能检测评价体系。针对不同功能材料进行层间界面设计,综合运用共挤出复合膜技术、涂层复合技术、层压复合技术、挤出涂覆技术等多层复合工艺技术,建设专有技术生产线,形成具有自主特色的囊体材料技术体系。依据飞艇对囊体材料的性能指标要求,通过"量体裁衣",将合适的功能材料应用在合适的结构位置上,用合适的工艺实现多种功能材料的集成组装。同时,我们也期待新材料、新技术、新结构的成功应用,给囊体材料技术注入新的活力。

本书由中国科学院长春应用化学研究所高分子多层复合材料研发团队编写。全书共9章。第1章"概述",概述了平流层飞艇囊体材料的特点,由杨宇明博士和孙磊硕士编写。第 2 章"囊体材料结构设计",由盛德鲲博士编写。第 3 章"高功能化材料",由张航硕士编写。第 4 章"囊体材料层间界面技术"和第 5 章"囊体材料轻量化设计",由刘向东博士编写。第 6 章"囊体材料连接设计",由熊征蓉硕士和盛德鲲博士编写。第 7 章"囊体材料加工制造技术",由盛德鲲博士编写。第 8 章"性能表征和质量评价",由熊征蓉硕士、孙磊硕士和周子侠高工编写。第 9 章"囊体材料发展和展望",由杨宇明博士编写。全书由杨宇明博士和周妍博士整理定稿。

作者
2021 年 2 月

目 录

第1章 概述 ··· 1

1.1 平流层飞艇简介 ··· 1
1.1.1 飞艇的诞生和发展 ·· 1
1.1.2 典型平流层飞艇 ··· 3
1.2 囊体材料简介 ··· 6
1.2.1 囊体材料概述 ·· 6
1.2.2 囊体材料技术发展 ·· 8
1.2.3 囊体材料技术现状 ·· 10
1.3 平流层飞艇囊体材料特点 ··· 18
1.3.1 平流层环境特点 ··· 18
1.3.2 平流层飞艇囊体材料性能特点 ···································· 19

第2章 囊体材料结构设计 ·· 22

2.1 囊体材料的多层结构与组成 ·· 22
2.1.1 囊体材料的多层结构形式 ·· 23
2.1.2 基本功能材料 ·· 26
2.2 囊体材料组成结构设计 ·· 27
2.2.1 囊体材料设计步骤 ·· 28
2.2.2 囊体材料结构设计案例 ··· 32
2.3 副气囊材料的组成与结构 ··· 36
2.3.1 副气囊材料性能特点 ·· 36
2.3.2 副气囊材料结构设计 ·· 37

第3章 高功能化材料 ... 39

3.1 耐候性材料 ... 40
- 3.1.1 囊体材料的老化行为 ... 40
- 3.1.2 耐候性树脂 ... 47
- 3.1.3 耐候性薄膜 ... 57

3.2 高阻隔性材料 ... 63
- 3.2.1 高阻隔性树脂 ... 63
- 3.2.2 高阻隔性薄膜 ... 67

3.3 承力织物材料 ... 75
- 3.3.1 高性能纤维 ... 75
- 3.3.2 承力层纤维织物 ... 79

3.4 热塑性弹性体材料 ... 80
- 3.4.1 热塑性弹性体树脂 ... 80
- 3.4.2 热塑性弹性体在囊体材料中的应用 ... 83

3.5 其他功能材料 ... 84
- 3.5.1 胶黏剂 ... 84
- 3.5.2 功能性填料 ... 85

第4章 囊体材料层间界面技术 ... 93

4.1 聚合物共混体系界面及其相容性 ... 94
- 4.1.1 聚合物共混体系 ... 94
- 4.1.2 高分子共混物的制备方法 ... 95
- 4.1.3 高分子共混物的相容性 ... 97
- 4.1.4 高分子共混物的形态 ... 98
- 4.1.5 高分子共混体系的增容方法 ... 99
- 4.1.6 共混体系界面理论 ... 103
- 4.1.7 增容剂在共混物中的分布 ... 104

4.2 PVDF/TPU 增容共混体系 ... 105
- 4.2.1 PVDF/TPU、PVDF-g-AAc/TPU 双层膜界面形貌及分析 ... 106
- 4.2.2 含有不同含量 PVDF-g-AAc/TPU 增容共混

		体系性能研究 ·································	107

- 4.2.3 SEM 分析 ································· 111
- 4.2.4 机械性能 ································· 113

4.3 具有紫外线屏蔽功能聚偏氟乙烯膜的制备及
性能研究 ······································· 114
- 4.3.1 背景简介 ································· 114
- 4.3.2 紫外线屏蔽材料简介 ······················· 115
- 4.3.3 聚偏氟乙烯改性方法研究 ··················· 117
- 4.3.4 碱处理 PVDF 本体后接枝紫外线吸收剂 ······· 118
- 4.3.5 预辐照接枝紫外线吸收剂 ··················· 119
- 4.3.6 PVDF 膜表面聚多巴胺沉积 ················· 121
- 4.3.7 PVDF 膜表面接枝紫外线吸收剂 ············· 121

4.4 自修复聚氨酯材料结构与性能研究 ··················· 122
- 4.4.1 自修复材料简介 ··························· 123
- 4.4.2 石墨烯(GO)自修复材料 ··················· 123
- 4.4.3 双交联点聚氨酯/石墨烯体系自修复
  性能研究 ································· 125
- 4.4.4 近红外光修复聚氨酯/还原氧化石墨烯
  体系研究 ································· 127

4.5 胶黏剂黏接理论简介 ······························· 128
- 4.5.1 复合材料界面黏接机理 ····················· 129
- 4.5.2 胶黏剂黏接过程 ··························· 130
- 4.5.3 界面黏接强度的影响因素 ··················· 131
- 4.5.4 飞艇用胶黏剂简介 ························· 132

4.6 涤纶材料表面功能化对黏接性能的影响 ··············· 134
- 4.6.1 空气电晕等离子体对 PET 薄膜及纤维表面
  改性研究 ································· 134
- 4.6.2 紫外光辐照对聚酯薄膜及织物表面
  改性研究 ································· 145
- 4.6.3 光化学接枝共聚改性 PET 薄膜及
  纤维的研究 ······························· 150
- 4.6.4 PET 纤维表面异氰酸酯化对黏接的

　　　　促进作用研究 ·················· 157
4.7 囊体材料界面相互作用 ·················· 166
　4.7.1 界面与薄膜附着 ·················· 166
　4.7.2 飞艇囊体材料界面 ·················· 167
　4.7.3 胶黏剂与薄膜黏接界面特点 ·················· 169
　4.7.4 薄膜与织物黏接界面特点 ·················· 171

第5章 囊体材料轻量化设计 ·················· 174

5.1 新型囊体材料设计技术 ·················· 174
　5.1.1 可行性分析 ·················· 174
　5.1.2 功能材料与技术基础 ·················· 176
5.2 多功能一体化设计 ·················· 179
　5.2.1 轻量化结构与工艺技术可行性 ·················· 180
　5.2.2 高功能化材料工艺实现可行性 ·················· 181
5.3 囊体材料轻量化设计基础 ·················· 182
　5.3.1 表面功能化处理 ·················· 182
　5.3.2 化学镀 ·················· 201
　5.3.3 真空蒸发镀膜 ·················· 203
　5.3.4 磁控溅射法 ·················· 205
　5.3.5 反应溅射方法 ·················· 207
　5.3.6 离子镀 ·················· 208
　5.3.7 高分子表面金属化新技术 ·················· 209
　5.3.8 化学气相沉积 ·················· 210

第6章 囊体材料连接设计 ·················· 213

6.1 囊体材料连接工艺 ·················· 213
　6.1.1 囊体材料连接结构 ·················· 214
　6.1.2 热合式焊接 ·················· 215
　6.1.3 胶黏剂黏接 ·················· 216
6.2 辅助材料 ·················· 218
　6.2.1 焊接带 ·················· 218
　6.2.2 密封条 ·················· 219

  6.2.3　加强筋 ·· 219
  6.2.4　胶黏剂 ·· 219
 6.3　连接结构可靠性 ·· 220
  6.3.1　力学强度与密封性能 ··· 220
  6.3.2　连接结构抗蠕变性能 ··· 223

第7章　囊体材料加工制造技术 ··· 225

 7.1　承力层织物编织技术 ·· 225
  7.1.1　承力层织物设计方法 ··· 225
  7.1.2　承力层织物纺织工艺简介 ··· 229
 7.2　树脂专用料制备技术 ·· 231
  7.2.1　聚合物改性技术 ·· 232
  7.2.2　高阻隔性聚氨酯弹性体 ·· 233
  7.2.3　耐候性聚氨酯弹性体 ··· 237
  7.2.4　具有光屏蔽功能的聚偏氟乙烯 ··································· 238
  7.2.5　专用料的挤出造粒和浆料制备方法 ···························· 242
 7.3　功能膜材料制备技术 ·· 245
  7.3.1　共挤出吹膜 ·· 245
  7.3.2　共挤出流延膜 ·· 247
  7.3.3　双向拉伸流延膜 ·· 250
  7.3.4　镀层技术 ··· 251
 7.4　多层材料复合技术 ··· 254
  7.4.1　干式复合技术 ·· 254
  7.4.2　涂层复合技术 ·· 256
  7.4.3　挤出涂覆技术 ·· 265
  7.4.4　层压复合技术 ·· 266
 7.5　囊体材料加工工艺实例 ·· 269

第8章　性能表征和质量评价 ··· 271

 8.1　囊体材料基本性能 ··· 271
  8.1.1　面密度 ·· 271
  8.1.2　透氦率 ·· 272

8.1.3 拉伸强度 …………………………………………………… 273
　　8.1.4 剪切拉伸强度 ………………………………………………… 275
　　8.1.5 撕裂强度 …………………………………………………… 279
　　8.1.6 剥离强度 …………………………………………………… 284
8.2 囊体材料环境适应性能 ………………………………………………… 286
　　8.2.1 耐候性能 …………………………………………………… 286
　　8.2.2 蠕变性能 …………………………………………………… 289
　　8.2.3 耐揉搓性能 ………………………………………………… 294
　　8.2.4 其他环境适应性能 ………………………………………… 298
　　8.2.5 光热特性 …………………………………………………… 299
　　8.2.6 囊体保压和耐压性能 ……………………………………… 302
8.3 囊体材料评价 …………………………………………………………… 305
　　8.3.1 过程管理与质量评价 ……………………………………… 305
　　8.3.2 技术成熟度评价 …………………………………………… 310

第9章 囊体材料发展和展望 …………………………………………… 326

9.1 囊体材料的轻量化设计和制备 ………………………………………… 327
9.2 囊体材料的功能化设计 ………………………………………………… 328
　　9.2.1 飞艇巨大体积的利用 ……………………………………… 328
　　9.2.2 光热控制功能 ……………………………………………… 329
　　9.2.3 自修复、可感知等功能 …………………………………… 330
9.3 与艇体结构的协同设计 ………………………………………………… 330

附录 织物外观及囊体材料瑕疵典型示例 ………………………………… 332

参考文献 ………………………………………………………………………… 335

第1章 概述

1.1 平流层飞艇简介

1.1.1 飞艇的诞生和发展

飞艇是一种"轻于空气"的浮空器,与传统的固定翼和旋翼飞机不同,它使用低密度的氢气或氦气所产生的浮力作为升力的主要来源。每立方米的氦气可提起约1kg的物体,氢气的提升能力比氦气高约10%,但存在安全隐患。

飞艇起源于气球,在人们飞翔梦想的推动下,历经200多年发展成为今天在多个领域被寄予厚望的飞艇技术。

18世纪后期,法国人发明了热气球和氢气球,成功实现了载人飞行。经过不断的尝试,1784年,使用了手动螺旋桨为载人气球提供可用的动力。1年后,使用翼状结构使飞行方向控制能力有所改善。这一时期,一些科学家参与到了气球的升空试验之中。查理通过试验发现:一定质量的气体,当其体积一定时,它的压强与热力学温度成正比(查理定律)。盖·吕萨克通过试验发现气体热膨胀定律(盖·吕萨克定律):一定质量的气体,在压强一定时,其体积的变化与温度的变化成正比。人们认识到充入气球内的热空气、煤气(主要是一氧化碳)或氢气比外界的空气轻,才能产生浮升力推动气球升空。人们的飞天梦想和这些空气静力学的成就推动了热气球和氢气球工艺的不断完善。

19世纪中后期,出现了接近实用的可操纵的飞艇。1852年,法国人Henri Giffard制造了一个艇长44m、直径12m的形似"雪茄烟"的可操纵飞艇,由蒸汽发动机驱动螺旋桨,艇囊内充入氢气产生浮力,飞行了27km,创造了世界飞行史上飞艇第一次飞行的记录。这一时期,蒸汽机、电动机为飞艇增添了可控飞行的动力;浸渍纤维布应用于制作囊体,改善了气密性;外形由球形改进为雪茄形或鱼形,对气球外形设计的不断改变有助于减小空气阻力。这些进展使得制造实用飞艇的物质条件已经具备。

进入20世纪,世界上第一艘真正实用的硬式飞艇LZ-1是由德国的齐伯林伯爵于1900年制造的。该艇长约129m,直径约12m,框架为木质,外面蒙有防水布,有16个气囊,由2台发动机驱动前进。齐伯林后来又与他人合作,在20多年的时间里制造了129艘各式飞艇,大大加强了德国的军事力量。在第一次世界大战中,作为新技术之一的飞艇主要用于军事侦察、炮火定位、海岸巡视等方面。后来,相对于飞速发展的飞机,飞艇的缺点越来越突出,逐渐被挤出了空中舞台。1937年5月,德国的一艘长约245m的巨型飞艇"兴登堡"号在飞抵美国准备停泊时,由于静电火花引起火灾,尾部突然起火并引燃了填充气囊的氢气,飞艇焚烧殆尽,36人不幸遇难。灾难性的安全事故使得盛极一时的飞艇发展受挫,那些曾经的辉煌逐渐被人们淡忘。

随着科学和技术的进步,飞艇浮升气体采用惰性的氦气取代了易燃易爆的氢气,保障了飞艇的安全性能;尼龙、聚酯、凯夫拉(Kevlar)等合成材料的出现使得飞艇囊体材料的使用性能大幅度提升,同体积飞艇重量减小了20%~30%,而且更光滑的表面降低了飞行阻力,对浮升气体的防渗漏性提高了10倍;新的动力装置、操纵系统、航空理论等诸多方面的巨大进步为现代飞艇技术的形成和发展提供了技术基础。20世纪70年代,飞艇技术再度活跃起来。

飞艇技术的发展不仅要借鉴相关领域的材料和技术发展成果,飞艇技术理论也在不断创新和完善。新材料不仅减小了飞艇的重量,还降低了阻力系数,提供了更光滑的表面。飞艇需要发展自己的技术,这种创新和完善从飞艇出现的那一天开始,一直延续到今天,并且将继续下去[1]。

目前,许多国家都成立了浮空器协会或学会,创办了相关的专业技术杂志。我国也于2005年成立了浮空器分会(隶属于航空学会),定期举办学术会议,开展浮空器技术研讨,促进浮空器产业的交流,推动浮空器产业的发展,创办了《浮空器研究》季刊。浮空器分会分别于2009年和2017年举办了2次浮空器囊体材料技术研讨会,分析了国内外技术现状和浮空器领域对高技术囊体材料的迫切需求,促进了囊体材料术与相关产业间的融合。

1.1.2 典型平流层飞艇

平流层一般是指海拔高度在18～50km的大气空间,太阳辐射强烈、空气稀薄、臭氧含量较高。这一区域处于地面附近的对流层之上,风速相对平稳,没有强烈的对流运动,是理想的浮空器飞行区域。

在平流层活动的浮空飞行器主要包括高空气球、平流层飞艇(也称临近空间飞艇)等。平流层飞艇不同于高空气球,前者具有持续动力推进,能抵御平流层风阻,实现可控飞行和长时间定点驻空。平流层飞艇主要由结构、推进、能源、控制、载荷等系统组成,依靠浮力驻空,利用能源系统实现昼夜能源交替,具有作用范围广、驻空时间长(数月甚至数年)、载荷能力强和效费比高等优点。

平流层浮空器与卫星、飞机等系统结合,能够形成时空协同、全天时的高分辨率对地观测系统,在军事侦察、通信中继、导航定位和遥感探测、旅游观光等领域的应用优势明显,近些年来日益受到世界各国的关注[2]。

1995年,在美国弗吉尼亚州成立了一家名为Sky Station International(SSI)的公司,该公司提出了一项宏大的计划:拟耗资25亿美元在全球部署250个定点于20～23km高度的平流层气球平台,为全球超过15亿人提供电信服务。这是最早的平流层通信系统计划。SSI于1999年完成小型验证平台试验,2000年缩比样机上升到18km高空,2001年完成系统定型试验后,由于资金问题而终止计划[3]。

平流层浮空器的外形设计五花八门,研究进展各有千秋。配备动力操控并在平流层高度上进行可控飞行的平流层飞艇的关键技术验证具有重要意义。平流层飞艇技术是一项极为庞大的系统工程,就目前的状态而言,整体技术尚不成熟,国内外的技术状态均处于关键技术攻关和演示验证阶段。

美国高空哨兵(HiSentinel)飞艇、高空飞艇(High Atitude Airship,HAA)、集成传感器即时结构(Integrated Sensor Immediate Structure,ISIS)等平流层飞艇的技术成熟度最高的也就达到6级[4]。高空哨兵计划源于1996年,由美国Raven Aerostar公司、西南研究所(SwRI)和美国空军研究实验室(AFRL)共同实施,目前的技术成熟度为6级。该计划的目标是创建一个低成本、一次性的飞艇,可以用于军事和国土安全,如通信中继和边境保护。2005年11月,长44.5m的HiSentinel 20成功在22km高空飞行5h,其中有动力飞行1h。2010年11月,长度60m的HiSentinel 80(图1-1)抵达了21km的预定高度,原计划飞行24h,但飞行8h后因电机故障而终止试验。

高空飞艇项目自2003年起由洛克希德·马丁(Lockheed Martin)公司承担,

是美国军方重点支持的发展项目,目前的技术成熟度为 6 级。2011 年 7 月,HAA 高空长航时演示样机(HALE-D)试飞(图 1-2),HALE-D 飞艇长度为 82.3m,最大直径 21.34m,有效载荷 22.7kg,设计工作高度 20km 以上。HALE-D 飞艇初始阶段飞行还顺利,到达约 9.8km 高度时遇到技术问题,由于排气阀被冰冻,无法及时排气而导致艇体超压破裂,囊体内氦气发生泄漏,导致飞艇浮力不足,技术团队随后决定终止飞行试验。

图 1-1　高空哨兵(Hisentinel 80)飞艇　　　　图 1-2　HALE-D 飞艇

2004 年始,美国洛克希德·马丁公司与雷神公司合作研究将轻质、低功率密度有源相控阵雷达天线与囊体材料结合为一体,开发使超大型轻相控阵雷达天线集成到飞艇平台中的技术,实现囊体 ISIS 的设计理念。ISIS 飞艇目前的技术成熟度为 4 级。ISIS 的技术重点是形成一个对数百个空中和地面目标进行持久的广域监视、跟踪和锁定能力。

谷歌(Google)高空气球网络计划 Project Loon 始于 2011 年[5],2013 年 6 月 14 日,谷歌公司正式公布该计划,如图 1-3 所示。该计划旨在利用漂浮于平流层的高空气球平台组网,为欠发达地区或需要应急通信的地区提供快速接入互联网服务。Raven Aerostar 公司设计制造了以 0.076mm 聚乙烯膜材料为囊体的直径 15m、高度 12m 的南瓜型气球(超压气球),设计飞行高度约为 20km。最初的飞行试验只能持续几天,通过改善制作流程和升级高度控制系统,Loon 气球连续飞行 75 天已基本成为普遍现象,其中,编号 HBAL206 气球在高空飞行了 335 天 23 个小时。2017 年 3 月,秘鲁持续遭遇强降雨侵袭,引发了 20 年来最严重的洪水灾害,差不多全国一半国土面积宣布进入紧急状态。应 Telefonica 秘鲁邀请,谷歌公司仅在 72h 内,以"空对地"的方式为 40000km^2 的区域提供了基础互联网连接。

Thales Alenia Space 宇航公司是法国泰利斯公司和意大利莱昂纳多公司的合资企业,主要从事基于卫星系统的电信、导航、地球观测、环境管理、勘探、科学和

图 1-3　谷歌 Project Loon 高空气球

轨道基础设施相关业务,在该领域积累了 40 年的经验和独特的多样性的专业知识。2018 年 7 月 9 日,该公司与浮空器制造和运行领域有悠久历史的美国西南研究所在戛纳(Cannes)签署了一份联合开发"平流层巴士"(Stratobus™)飞艇的谅解备忘录,共同推进"平流层巴士"项目。"平流层巴士"于 2016 年 4 月启动研发,是一种介于无人机和卫星之间的自主式多任务平流层飞艇,重约 7000kg,长 115m,直径 34m,体积 62000m³,可携带载荷 250kg,可用功率 5kW。该飞艇工作高度 20km,运行寿命约为 5 年。"平流层巴士"项目计划于 2019 年启动验证飞艇的制造工作,2021 年实现验证飞艇首飞,将成为卫星系统的完美补充[6],如图 1-4 所示。

图 1-4　Thales Alenia Space 宇航公司的平流层巴士

我国于 20 世纪 90 年代末期开始组织相关领域专家进行平流层飞艇技术研讨和可行性论证。进入 2000 年后,中国科学院、北京航空航天大学、中国电子科技集团、中国航天科工集团、上海交通大学等单位都开展了平流层飞艇研制和飞行试验。

配备动力操控的飞艇在平流层高度上的关键技术验证具有重要意义。中国科学院部署的平流层飞艇关键技术研究、试验飞艇研制等项目已取得阶段性成果，研制成功了国内最大电力推进飞艇，率先实现了平流层飞艇动力飞行。2012年8月进行了平流层飞艇飞行试验，在平流层高度成功地开展了飞艇飞行方向控制、成形下降控制试验，动力飞行时间52min。该飞艇是推进功率最大的受控平流层飞艇，飞艇长79m，体积约40000m³，飞行高度18.9km，成为我国首个进入平流层高度的有动力飞艇。2016年，中国科学院平流层飞艇任务技术验证缩比艇试验再获成功，进一步验证了总体设计、动力操控等关键技术，如图1-5所示。

图1-5　中国科学院光电研究院展出的平流层飞艇模型

时至今日，尽管多个国家在平流层飞艇项目上投入重资，平流层飞艇仍然未见有突破性进展，美国的一些高空飞艇项目也已经停止资助。多数尝试进入平流层高度的缩小比例飞艇是没有动力、不能操纵的。这些缩比飞艇的升空只是针对部分关键技术验证而进行的，尚不能实现有效的升空、驻留和返回这样的基本能力，仅仅是进入平流层的高度而已。未来的发展仍有待于新材料、新技术、新理论的突破。可喜的是，中国科学院等单位一直在致力于平流层飞艇技术的研发。

1.2　囊体材料简介

1.2.1　囊体材料概述

囊体材料是浮空器的关键技术之一，很大程度上决定了浮空器的使用性能。组成软式飞艇的材料包括主气囊材料、副气囊材料、焊接带和密封条等。不同行业的人员对囊体材料的称谓也有所不同。英文文献中出现的称谓主要有Envelope Material、Hull Material和Fabrics，中文的称谓比较多，主要称谓是囊体材料,此外,还有蒙皮材料、球体材料、球皮材料等。其中蒙皮材料的称谓多见于航空航天领域,大多代表刚性材料,球体材料、球皮材料的称谓多见于系留气球领域。

现代囊体材料在组成上包含多种高功能化高分子材料,以多层结构形式最大限度地发挥各功能材料的使用性能。囊体材料由外及里的主要功能层至少包含耐候层、阻隔层、中间层、承力织物、热封层,为使上述各功能层间有足够的黏合强度并保持材料整体的柔韧性,需要相应增加黏接层,结构设计如图1-6所示。

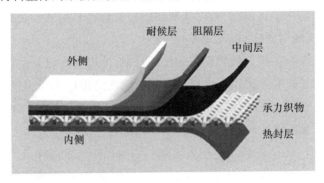

图1-6 囊体材料多层结构示意图

囊体材料的设计体现出按功能层设计和按需组装的设计原则。囊体材料生产厂家拥有成熟稳定的多层复合工艺技术,建立了功能材料数据库,能够把先进的功能材料和工艺技术集成运用于所需材料的生产之中。依据用户提出的材料性能指标要求,从数据库中优选出合适的各功能层材料,这一过程通常是"量体裁衣",将合适的材料应用在合适的位置,用合适的工艺实现多种功能材料的集成组装。

囊体材料的生产工艺技术主要包括表面与界面技术、共挤出复合膜技术、涂层复合技术、层压复合技术、工艺规范(工艺过程细化与分工、规范)和批产稳定性(质量保障体系、人机料法环测的有效控制)等。

囊体材料的应用技术主要包括质量检验规范、性能表征(常规性能、环境、揉搓、弯折、蠕变)、工艺适应性(胶接、焊接、修补与维护)、辅助材料(焊接带、密封带)等。

囊体材料与建筑用膜材料、人造革等高分子多层复合材料在结构上基本相同,但在选材和性能要求上有本质的区别。囊体材料的厚度小(一般在0.2mm左右),且在组成上具有更多的功能层材料。轻量化、柔韧性和多功能化是囊体材料有别于其他材料的突出特点。

1.2.2 囊体材料技术发展

早期气球所用囊体材料采用天然材料组合形式,如棉布或亚麻布加上纸。19世纪后,囊体材料采用涂层织物形式,在当时较先进的橡胶浸渍棉或丝绸纤维布已应用于飞艇制造。20世纪50年代中期,囊体材料仍是由各种类型的橡胶涂覆织物制成,此后,开始使用合成纤维和热塑性高分子材料。新功能材料和多层结构设计与复合技术的出现,使得飞艇囊体材料技术有了革命性的进步。采用多层结构形式,我们可以按照功能需要设计和组装多种型号的囊体材料,满足现代飞艇对囊体材料的不同要求。

采用合成橡胶替代天然橡胶作为涂层材料,使得囊体材料的抗风化能力和气密性有了明显提升。采用合成纤维替代天然棉纤维作为承力材料,使得囊体材料能够满足轻量化的要求。Goodyear 公司的 GZ 20 飞艇囊体材料使用由双层涂有氯丁二烯的涤纶织物,面密度为 $370g/m^2$,径向拉伸强度大于 $290N/cm$。20 世纪 60 年代,曾经是最大的软式飞艇——美国海军的 ZPG-3W 飞艇,艇囊容积 $42500m^3$,由双层涂有氯丁二烯的聚酯织物制成,面密度为 $560g/m^2$,径向拉伸强度大于 $560N/cm$[1]。

由美国 Westinghouse(西屋)飞艇公司设计的 YEZ-2A 飞艇体积为 $70800m^3$(后命名为"哨兵"2000,于 1993 年试飞),由提供强度的单层涤纶织物、提供气体阻隔性能的聚酯薄膜与提供耐候性能的 Tedlar(一种聚氟乙烯商品)层压而成,以 Hytrel(一种热塑性聚醚聚酯弹性体商品)作为黏合层,面密度为 $440g/m^2$,单向拉伸强度达到了 $1050N/cm$。多层结构中阻隔膜材料的使用使得囊体材料实现有效减重,耐候层材料的使用使得囊体材料的使用寿命大幅度提高。进入 20 世纪 90 年代以后,Hytrel 被性价比更好的聚氨酯(TPU)取代,涤纶纤维织物被比强度更大的 Vectran(一种聚芳酯商品)纤维织物取代。

近年来,我国多家用户从美国 Uretek 公司进口了 3216 系列囊体材料用于制作飞艇和系留气球。其中,3216L 采用涤纶织物为承力层,面密度为 $320g/m^2$,拉伸强度达到了 $400N/cm$;3216LV 则采用 Vectran 织物,面密度为 $200g/m^2$,拉伸强度达到了 $900N/cm$。高比强度纤维(如 PBO[①]、Vectran 纤维)的出现和成功使用使得囊体材料在获得高强度的同时,面密度明显降低。目前,PBO 纤维的使用使得囊体材料具有更明显的轻量化特征,但这种囊体材料只是在日本的平流

---

① PBO,聚苯并噁唑

层飞艇设计中有所体现。

先进的结构设计使得囊体材料体现出更高性能。美国从20世纪70年代开始采用多层复合结构形式生产系留气球和飞艇囊体材料。研制和生产囊体材料的美国公司主要有ILC Dover、TCOM、Uretek等公司,以涂层复合(熔融涂覆或溶液涂布)技术实现上述各功能层材料间的有效复合。图1-7是美国TCOM公司自20世纪70年代至今系留气球和飞艇等浮空器(LTA)的技术发展情况[7]。囊体材料的多层结构形式由外及里依次是:耐候层/阻隔层/中间层/承力织物/热封层,各层间以黏合剂或弹性体材料形成良好的层间界面黏接。这种多层结构形式能够充分体现各层材料的高功能性,并且一直沿用至今。囊体材料中的耐候层一直采用Tedlar,阻隔层一直采用Mylar(一种聚酯膜),2000年后,承力织物由涤纶织物发展为高模量织物(如Vectran),中间层和热封层材料由20世纪70年代的PE(聚乙烯)到80年代的Hytrel再到90年代以后的TPU。借助于功能材料技术的进步,囊体材料技术也有了突破性进步。

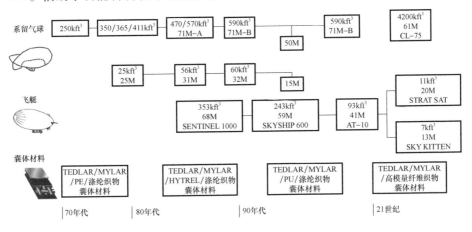

图1-7 美国TCOM公司浮空器技术演化示意图

囊体材料的多层结构设计能够最大限度地发挥和利用每一层材料的功能。在有重量限制的条件下,增加具有适当光热控制特性的功能层可以实现囊体材料的光热控制功能。在耐候层上增加金属镀膜(镀铝)层,能够使囊体材料具有反射太阳光辐射的功能,在提高气体阻隔性能的同时,还能够减少太阳光热辐射对飞艇温度波动现象的影响。这种金属镀膜热反射层的结构设计已应用于美国高空飞艇(HALE-D,2012年),如图1-2所示。此外,囊体材料中的增强纤维采用非编织和多取向的形式也使得囊体材料具有高撕裂强度与高剪切强度。这种设计以库比克技术公司(Cubic Tech Corp)为代表,应用于美国ISIS飞艇囊体材料的研制,使得纤维的增强效率达到极值[8]。

未来的发展趋势将是新材料、新结构和新技术的综合运用,实现囊体材料的轻量化和多功能化。

1.2.3 囊体材料技术现状

国外囊体材料技术基础好,原材料技术和工艺技术水平领先,目前,已经能够综合考虑环境、结构和功能要求,提供满足使用要求的囊体材料,拥有成型的囊体材料技术体系。虽然部分囊体材料完成了平流层短时间飞行测试,但到目前为止,国际上还没有真正意义上的平流层飞艇囊体材料。虽有不同结构或功能的多种组成和结构设计,但都未经过平流层环境下的长期飞行试验验证。

平流层飞艇囊体材料依旧沿用了中低空飞艇囊体材料的结构设计,囊体材料所采用的高功能化材料主要包括 Tedlar 为耐候层材料、芳杂环类纤维,如:Vectran、PBO(聚对苯撑苯并二噁唑纤维)织物为承力层材料、TPU 为热封层或中间层材料,这样的组成结构设计使得囊体材料具有轻质、高强度、高耐候性、高阻气性,满足现代飞艇的基本使用要求。

由于囊体材料涉及诸多功能化材料以及复合工艺技术复杂,制造过程中存在质量稳定性和批产稳定性等商业化生产的问题,因此,能够生产这种高性能复合材料的厂商不多。

1. 美国的囊体材料技术

高空飞艇项目演示样机 HALE – D 采用的囊体材料由美国 ILC Dover 公司研制。囊体材料外表面耐候层采用了镀金属层的结构设计(图 1 – 2),具体组成和性能不详。金属涂层(一般为镀铝层)可以隔绝大部分太阳光,有效增强材料的隔热效果,金属层还可以显著提高材料的气体阻隔性,特别是高温环境中的气体阻隔性。

Raven Aerostar 公司提供了高空哨兵飞艇详细设计和工程服务,制造了飞艇的囊体材料并参与了飞行操作。Hisentinel 系列飞艇的设计理念是低成本和一次性使用,其囊体材料没有耐候层设计,承力层选用 Vectran 纤维,阻隔层选用尼龙膜材料。

作为囊体材料高技术的体现,比强度(强度/重量比)是最重要的指标。2004 年伊始,美国洛克希德·马丁公司研究将轻质、低功率密度有源相控阵雷达天线与囊体材料结合为一体,实现囊体 ISIS 的设计理念。在 ISIS 飞艇研制过程中,Cubic Tech Corp 设计的囊体材料经向和纬向(或多轴向)纤维间以平铺的形式组合,与传统机织物相比,由于避免了纤维编织产生弯曲而导致的强度损失,最大限度发挥了纤维的本体强度(图1-8)。这种结构设计可以更好地实现轻量化和高撕裂强度设计。囊体材料的面密度为90.6g/m²,所用纤维的比强度为1274(kN·m)/kg(设计指标为1000(kN·m)/kg),纤维可在22年内保持85%的强度[8]。该公司的一种囊体材料(CT35 HB)的性能可达到:面密度138.8g/m²,拉伸强度935N/cm,透氦率<0.2L/(m²·24h·atm)。

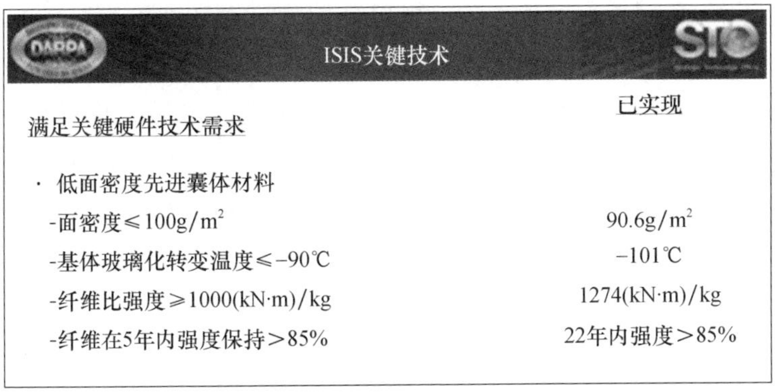

ISIS关键技术	
满足关键硬件技术需求	已实现
· 低面密度先进囊体材料	
-面密度≤100g/m²	90.6g/m²
-基体玻璃化转变温度≤-90℃	-101℃
-纤维比强度≥1000(kN·m)/kg	1274(kN·m)/kg
-纤维在5年内强度保持>85%	22年内强度>85%

图1-8 ISIS飞艇囊体材料技术参数

美国NASA的金星探测样球(Alpha)囊体材料设计中为减小昼夜温差也采用了Teflon镀铝的耐候层结构设计,承力织物采用Vectran,阻隔性来自于25.4μm厚Teflon(一种聚四氟乙烯商品)镀铝膜(镀铝层厚度30nm)和12.7μm厚聚酯镀铝膜(镀铝层厚度100nm)(图1-9)。这种囊体材料由ILC Dover公司设计,面密度为176g/m²,23℃时的拉伸强度为710/570N/cm(经/纬),75℃时的拉伸强度为600/470N/cm(经/纬),透氦率接近于零。直径5.5m内充氦气-氮气各50%的Alpha样球,两周时间内未检测到明显氦气泄漏[9]。

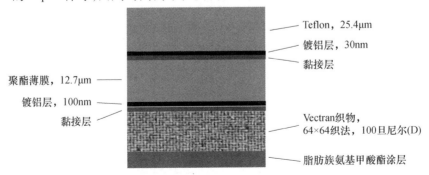

图1-9 美国金星探测样球囊体材料组成结构设计

2. 日本囊体材料技术

日本的平流层平台项目(SPF)计划属于日本"千年计划"的一部分[10,11]。2003年,在试验阶段使用了47m长度的飞艇,所用囊体材料面密度为114g/m^2,拉伸强度为300N/cm;2004年,进行了长度67m的飞艇样机飞行试验。试验的目的是开展囊体织物材料的残余强度和试验方法研究,以改进囊体材料的性能,实现囊体结构轻量化。飞艇样机囊体材料采用高比强度的Vectran织物,面密度为198g/m^2,尾翼采用Zylon(一种PBO织物),面密度为208g/m^2。在第二阶段的技术演示飞行中采用了150m长度的飞艇,所用囊体材料(Z2929T-AB)的面密度为157g/m^2,拉伸强度为997N/cm。在最后的任务阶段将使用长度250m的平流层飞艇,囊体材料(Z4040T-AB)的面密度为203g/m^2,拉伸强度高达1313N/cm。Z2929T-AB和Z4040T-AB囊体材料的组成为Tedlar镀铝膜/黏合层/TPU/Zylon/TPU(图1-10)。

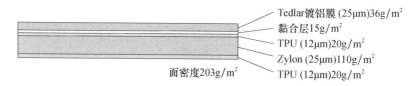

图1-10 囊体材料的组成结构示意图

日本Skiypia公司研发的平流层飞艇囊体材料采用高比强度Vectran织物、TPU防老化膜、EF-XL(一种乙烯-乙烯醇共聚物商品名)阻隔膜(表1-1和表1-2)。该公司设计了多种型号囊体材料,其中KS127-197的性能达到:面密度197g/m^2,强度860N/cm,透氦率0.24L/(m^2·24h·atm)。采用高阻隔镀铝薄膜的KS70-67和KS137-205材料具有良好的气体阻隔性能,透氦率为0.001L/(m^2·24h·atm)。

表1-1 日本Skiypia公司KS系列囊体材料组成结构和性能

型号		KS34-150	KS122-114	KS127-197	KS130-100	KS70-67	KS104-90	KS137-205
用途		中等尺寸飞艇	50m长平流层飞艇	70m长平流层飞艇	超轻型飞艇	氦气气囊	气体泄漏检测装置	氦气气囊
面密度	g/m^2	150	114	197	100	67	90	205
厚度	mm	0.165	0.125	0.220	0.95	0.075	0.080	0.200
宽度	cm	96	150	150	150	93	118	108

续表

型号			KS34-150	KS122-114	KS127-197	KS130-100	KS70-67	KS104-90	KS137-205
用途			中等尺寸飞艇	50m长平流层飞艇	70m长平流层飞艇	超轻型飞艇	氦气气囊	气体泄漏检测装置	氦气气囊
平纹织物	拉伸强度	经向 kgf/3cm	167	106	263	25	6.4	7.4	13.1
		经向 N/3cm	1640	1040	2580	245	63	73	298
		纬向 kgf/3cm	156	102	252	22	6.9	7.0	11.9
		纬向 N/3cm	1530	1000	2470	216	67.6	68.6	288
	断裂伸长率	经向 %	3.9	8.8	6.6	25.7	36	36	61
		纬向 %	4.7	9.5	6.1	27.6	90	48	94
焊接带	拉伸强度	经向 kgf/3cm	131	104	253	24.6	8.4	7.2	10.8
		经向 N/3cm	1280	1020	2480	241	82.3	70.6	312
		纬向 kgf/3cm	130	101	233	22.1	7.0	6.9	10.2
		纬向 N/3cm	1275	990	2285	217	68.6	67.7	288
	断裂伸长率	经向 %	3.6	9.1	6.6	22.6	56	34	19
		纬向 %	4.8	9.9	6.1	26.1	93	48	27
透氦率		mL/(m²·24h·atm)	243	243	243	243	1.0	194	1.0

表1-2 囊体材料组成

囊体材料	组成结构
KS34-150	TPU/EF-XL/Vectran/TPU
KS122-114	TPU/EF-XL/Vectran/TPU
KS127-197	TPU/EF-XL/Vectran/TPU
KS130-100	TPU/EF-XL/Powerlip/TPU
KS70-67	LLDPE/VMXL/ON/LLDPE
KS104-90	TPU/EF-XL/TPU
KS137-205	LLDPE/VMXL/TPU/LLDPE

表1-2中，Vectran为一种高强度聚芳酯纤维（Kuraray Co. Ltd.），Powerlip为聚酯纤维（Teijin Ltd.），EF-XL为高阻隔薄膜（Kuraray Co. Ltd.），VMXL为高阻隔镀铝薄膜（Kuraray Co. Ltd.），TPU为聚氨酯，LLDPE为线型低密度聚乙烯。

囊体材料的强度决定于承力层织物的强度，承力层织物的面密度占囊体材料面密度的一半以上,因此,采用高比强度纤维是获得轻量化囊体材料的先决条件。日本 National Aerospace Laboratory 的小松敬治等对比研究了采用涤纶织物、Kevlar 纤维织物、Vectran 纤维织物、PBO 纤维织物制备的囊体材料的拉伸强度与囊体材料面密度之间的关联[12]。结果表明,采用涤纶织物的囊体材料需要很大的面密度才能获得理想的设计强度,而高比强度纤维(如 PBO、Vectran 纤维)的成功使用使得囊体材料能够实现轻量化目标。目前,PBO 纤维的使用使得囊体材料具有更明显轻量化特征,这种囊体材料只是在平流层飞艇设计中有所体现,但其耐候性表现欠佳。

3. 英国囊体材料设计

英国 Lindstrand 公司在其 HALE Airship 设计中采用系统集成优化的设计思想,针对飞艇上部含有太阳能薄膜电池的部分结构,提出将太阳能薄膜电池集成到囊体材料表面,实现太阳能电池 - 囊体材料一体化设计(图 1 - 11)。其中的囊体材料采用 Vectran 纤维织物,Kapton(一种聚酰亚胺商品名)和聚偏二氯乙烯(PVDC)为双层阻隔膜材料,多层结构设计为太阳能电池/Kapton/PVDC/Vectran/聚氨酯。囊体材料的拉伸强度为 1432N/cm,面密度为 295g/m²。透氦率约为 0.003L/(m²·24h)。图 1 - 11 的一体化设计中还包括焊接带设计,焊接带的结构为 PET① 膜/Vectran 织物/聚氨酯[13]。

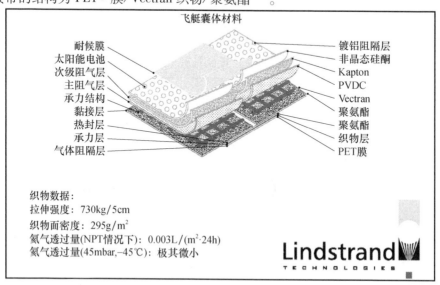

图 1 - 11　太阳能电池 - 囊体材料一体化设计示意图

---

① PET 为聚酯。

4. 简化结构囊体材料设计

限于目前的材料技术水平,单一一种材料还无法同时满足轻质、高强、阻气、耐候、低成本等多种功能需要,囊体材料的制造者还不能制造出令人满意的理想材料,主要的技术瓶颈仍然是轻量化问题。囊体材料的基本功能是提供强度和气密性,在多层复合结构设计中,只考虑强度和气密性而忽视耐候性设计,则可以实现有限功能条件下的轻量化。

美国 Hisentinel 系列飞艇的设计理念是低成本和一次性使用(图 1-1),其囊体材料承力层选用 Vectran 纤维,阻隔层选用尼龙膜材料,弱化了耐候性能。这种简化结构的低成本囊体材料能够满足短期飞行任务需求。

由 Near Space Systems Inc. 研发的 Star Light 混合动力飞艇提供近距离空间的通信、成像、数据收集和导航,用于最广泛的商业和政府应用。Near Space Systems Inc. 和 ILC Dover 进行的紫外线曝晒试验显示[14],以厚度 12μm 的透明聚酯膜材料为外层的组成结构为"透明聚酯阻隔膜/黏合层/涤纶织物"的简化结构囊体材料能够在 24km 高空支撑 6 个星期(图 1-12)。

图 1-12 简化结构囊体材料示意图

谷歌高空气球网络计划 Project Loon[5] 旨在利用数千个漂浮于平流层的高空气球平台组网,为欠发达地区或需要应急通信的地区提供快速接入互联网服务。Raven Aerostar 公司设计制造了以 0.076mm 聚乙烯膜材料为囊体的直径为 15m、高度为 12m 的南瓜型气球(超压气球)(图 1-3)。谷歌气球可以归结为组合式设计,由聚乙烯膜材料提供阻隔性能,由加强筋提供强度。

从以上几个实例可以看出,简化结构的囊体材料追求的是轻量化,只要结构和功能层设计合理,可以减轻面密度,能够满足短期任务需要即可。

5. 中国囊体材料技术进展

我国囊体材料的技术发展从 20 世纪 80 年代开始。1989 年,根据亚运会的需要，国内成立了中国华航飞艇开发集团，由中国航空工业集团605所设计，宏图飞机制造厂生产，完成了第一艘载人飞艇FK4的研制[15]。1990年8月10日在湖北荆门首飞成功，至10月9日共计飞行67架次，累计超过20h。FK4飞艇主气囊体积为1996m^3，艇长38m，囊体材料的面密度为308g/m^2，拉伸强度为483/382N/cm(经/纬)，透氦率为0.6L/(m^2·24h·atm)，由北京航空材料研究所研制(图1-13)。限于当时的技术和材料条件，耐候层采用海普龙涂层、承力层包含双层国产高强涤纶织物(其中一层织物用于固定海普龙涂层)、阻隔层采用双层聚酯膜(其中一层镀铝，提高气密性)。

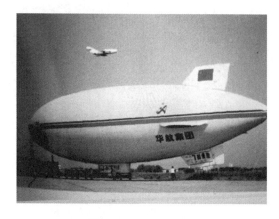

图1-13　FK4飞艇

20世纪90年代中期，中国科学院高能物理研究所研制了系留气球(HJ115)囊体材料，面密度为200g/m^2，拉伸强度达到110N/cm，氦气渗透率为3L/(m^2·24h·atm)，成功完成了升空试验任务。

进入2000年后，国内较多单位相继开展了现代囊体材料的研制工作，但大多数单位的研究工作也仅限于综述或概念性研究水平，还没有达到批量生产或实际应用水平。2005年后，国产囊体材料技术有了实质性的突破，我国某研究所自主研制的机动式多用途系留气球系统已经采用了国产CUAD系列囊体材料(图1-14)。该系统可以搭载雷达、光电、通信等设备，能够对低空、超低空小型目标探测定位，具有野战机动和快速布防能力[16]。

2018年3月，中国科学院启动A类战略性先导科技专项"临近空间科学实验系统"(简称"鸿鹄专项")以"认得清、留得住、用得上"为总目标，研制的平流层飞艇采用FV-1140型轻量化囊体材料，面密度为140g/m^2，拉伸强度为1000N/cm，透氦率小于1L/(m^2·24h·atm)。

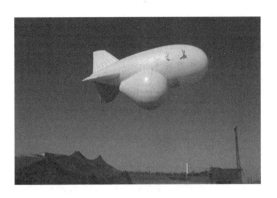

图 1-14　机动式多用途系留气球系统"长空"(2006)

国内外先进囊体材料的综合性能对比如表 1-3 所列。从对比数据可以看出,国内外囊体材料在基本性能方面已基本一致。我国囊体材料在组成与结构设计、加工技术等方面与国外先进材料基本一致,所采用的高功能化原材料主要有 Tedlar、Vectran、EVOH 等。在国家和相关部门的支持下,经过 20 余年的努力,我国的囊体材料技术有了快速发展。目前,中国科学院长春应用化学研究所、中国航天科工集团第六研究院 46 所等单位已经具备批量生产囊体材料的能力,能够按照飞艇总体设计要求研制和生产现阶段所需功能的囊体材料。此外,与囊体材料相关的性能检测规范也在制定中。

表 1-3　国内外平流层飞艇囊体材料情况

平流层飞艇囊体材料	面密度 /(g/m^2)	拉伸强度 /(N/cm)	氦气渗漏率 /(L/(m^2·24h·atm))	主要功能材料
Z4040T-AB(日)	203	1313	约 0.5	镀铝 Tedlar,Vectran
Z2929T-AB(日)	157	997	约 0.5	镀铝 Tedlar,Vectran
KS127-197(日)	197	860	0.24	TPU,EVOH,Vectran
CT35 HB(美)	139	935	<0.2	Tedlar,Vectran
FV-1140(中)	140	1000	<0.7	PVDF[①],Vectran

在平流层飞艇囊体材料技术领域的专利申请已有 400 多篇,专利申请数量最多的申请人是美国的洛克希德·马丁公司[17]。中国目前也有近百篇专利申请,而且近几年来申请量不断增多,国内多家并非专业从事浮空器研发的企业或单位也对囊体材料技术表现出浓厚的兴趣。

---

① PVDF 为聚偏氟乙烯,Poly(Vinglidene Fluoride)。

囊体材料的技术基础是高分子复合材料的表面与界面技术,现阶段仍需要进一步完善集成复合工艺技术,提升技术成熟度。

1.3 平流层飞艇囊体材料特点

1.3.1 平流层环境特点

平流层是对流层之上、中层之下的一层大气层,其范围是从对流层顶向上到达离地面约50km的高度。平流层在不同纬度的高度不同,在赤道低纬区为17~18km高度,中纬区为11~12km高度,两极高纬区为8~9km高度,平均高度约为12km[18-19]。

平流层内的垂直对流运动很小,大多是大尺度均匀平流运动,一般风速为10~25m/s,水平方向的环流方向均匀。夏季与冬季环流方向完全相反,夏季为东风,冬季为西风。平流层不受雷电、云、雨等天气现象的影响,几乎没有尘埃,大气洁净、透明度高、能见度极好,是飞机以及大飞艇飞行的理想场所。大气中仅含有极少量的水汽,并且保护地球生物的臭氧层全部包含在平流层中,水汽和臭氧在辐射平衡中起到重要的作用。

平流层的温度分布具有鲜明的特点,从20km开始,温度随高度增加保持不变,一般来说,25km以下温度基本不发生变化,25km以上时温度随高度增加而明显增加,30km高度大约能够保持在-55℃[20]。我们把这个从对流层顶起,温度随高度变化保持不变或变化非常小的大气层,称为同温层;从同温层向上,温度随高度迅速增加,升温速率约为2℃/km,平流层顶部温度升至-3℃~-17℃。平流层温度升高的原因是臭氧吸收太阳的紫外线,同时能量以热的形式释放出来,释放出的这个热量影响着臭氧层,特别是平流层的温度结构和大气环流。另外,平流层白天黑夜温差达50℃以上,主要影响材料的性能,会使材料发脆,因而影响飞艇的寿命。因此,"飞艇用材料对高低温交变性能的稳定性要求较高"。

随着海拔高度的逐渐增加,平流层的大气密度逐渐减小,大气压力也随之降低[3]。在约20km高度时,大气压力为$5.53×10^3$Pa,接近地面的1/18,大气密度为0.0889kg/m³。

臭氧层是指集中在距离地面20~40km臭氧浓度最大的大气层,几乎全部位于平流层内。平流层臭氧是平流层最重要的微量成分,其浓度分布特征为垂直分布。在30km左右,臭氧浓度达到最大,然后减少,到平流层顶就微乎其微了。臭氧处于分子态,具有强氧化性和化学活性。臭氧可导致高分子材料产生大分子链裂解、交联等效应,其对飞艇表面的材料会产生较大影响,如飞艇用囊体材料、薄膜太阳电池材料等,都会在臭氧环境下出现性能退化甚至失效,直接影响其功能的发挥,其在促使高分子材料老化方面的作用不可轻视。因此,平流层高浓度的臭氧环境,对平流层飞艇耐臭氧能力要求较高。

对于平流层空间来说,紫外辐照效应是导致飞艇材料发生老化现象的突出影响因素之一。紫外线波段,波长范围在10~400nm。其中10~200nm波段称为远紫外,或者称为真空紫外。把200~400nm的紫外波段范围称为近紫外。真空紫外波长短能量高,易被吸收,并且有机物结合键的键能恰好处在紫外光特别是真空紫外的光子能量以下,所以尽管真空紫外占太阳总辐照度的比例极低,却危害极大。波长10nm的真空紫外线光子能量约可达到1196kJ/mol,因此对高分子有机物破坏较严重。平流层的紫外线随高度不同会有很大的差异,波长较短的真空紫外绝大部分被臭氧层吸收,而近紫外由于波长较长,可以穿过臭氧层(20~40km),到达20km以下的高度,因此,对于平流层飞艇的紫外辐照效应主要体现在近紫外区段(表1-4)。到达地面的太阳光比例中,波长约为290nm的紫外线已经被吸收完全,波长290~320nm部分占2.0%,波长320~360nm部分占2.8%,波长360~480nm部分占12.0%。

表1-4 紫外线的能量和聚合物材料典型化学键键能对比

波长/nm	光子能量/(kJ/mol)	化学键类型	键能/(kJ/mol)
290	419	C—H	380~420
300	398	C—C	340~350
320	375	C—O	320~380
350	339	C—Cl	300~340
400	297	C—N	320~330

为实现平流层飞艇长期驻空,提升制备飞艇用主体材料——囊体材料的抗紫外线辐射水平,一直是材料研制的重点和难点。

总之,平流层环境复杂,具有昼夜温差大、高强度紫外线辐射和高浓度臭氧等特点。

1.3.2 平流层飞艇囊体材料性能特点

平流层飞艇制造者对囊体材料的要求异常苛刻,他们需要的囊体材料具有轻质高强等基本性能和耐环境等多种功能。平流层飞艇囊体材料要综合考虑飞艇于平流层实际环境长期驻空的使用需求，在结构及功能实现上，具有以下突出特点。

（1）面密度小。平流层飞艇设计工作高度一般是在18～24km，该高度的空气密度仅为地面的1/14。相比于低空飞艇，携带同样的有效载荷情况下，平流层飞艇需要更大的体积来实现。在飞艇的设计过程中，自身重量的估算和控制十分重要。因此，囊体材料研究的首要目标是轻量化，囊体材料自身要具备轻质特性，才能最大程度上减轻飞艇重量，产生较大浮力，增加有效载荷，延长飞艇的续航时间。

（2）强度大。囊体材料在轻量化的同时，又要兼具超高的拉伸强度和抗撕裂强度，才能实现飞艇的安全负载。提高囊体材料的抗撕裂性能，避免由于飞艇囊体局部受损而引发大面积撕裂，对于提高飞艇的使用安全性有重要意义。

（3）气体渗透率低。囊体材料必须具有良好的氦气阻隔功能，才能保证飞艇在长期工作状态下浮力稳定，并延长飞艇的驻空时间。

（4）环境适应性。适应平流层工作环境的紫外线辐射、高低温交变、臭氧、应力作用等复杂因素综合作用。其中，对囊体材料损伤较大的环境因素是紫外线辐射和臭氧侵蚀。

（5）耐揉搓和耐弯折性能。耐揉搓性是囊体材料柔韧性和抵抗弯曲变形能力的综合体现，对具有多层结构形式的囊体材料而言，在艇体制作、检验、折叠、运输、展开和使用过程中不可避免地受到往复揉搓和弯折可能造成局部破损或层间分离，主要影响艇体的气密性，也会导致囊体材料的拉伸强度略有降低。

（6）抗蠕变性能。高分子材料的粘弹性特性决定了其在一定应力作用下，即使应力低于弹性极限，材料也会随时间而发生缓慢的塑性变形，这种现象称为蠕变。囊体材料尤其是焊接结构在使用过程中应能保持飞艇气动外形，避免产生较大蠕变，保证焊接结构的稳定性。

（7）光热控制性能。太阳光直接辐射将造成飞艇气囊中填充气体的温度升高、压力增大，从而产生超压，这种现象由于昼夜交替而周期性变化。具有光热控制功能的囊体材料能够在很大程度上减轻飞艇的超压现象。

（8）工艺适应性。飞艇艇体由多幅材料相互连接制成，连接工艺包括热焊接和胶接。良好的热焊接或胶接工艺适应性及易于修补等性能是囊体材料的加工应用基础。

综合以上特点，平流层飞艇囊体材料的性能取决于多方面的因素，衡量材料的技术指标需要形成完整的体系，生产者和使用者能够使用相同的标准检验囊体材料的质量。衡量囊体材料的性能可以分为常规性能和应用性能两类,如图 1-15 所示。

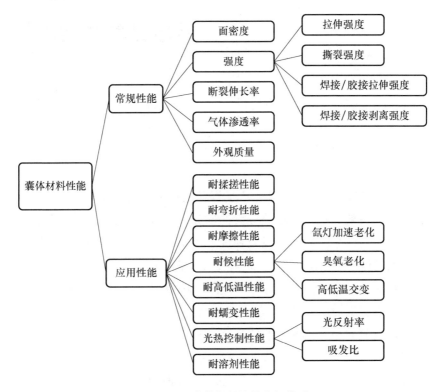

图 1-15 囊体材料性能指标体系

衡量囊体材料的常规性能需要满足一定的指标要求,而应用性能则是材料经历模拟使用过程后指标降低的程度不超过给定的界限。

第 2 章
囊体材料结构设计

囊体材料是制备飞艇等轻于空气的浮空器主体结构的柔性多层复合材料。囊体材料作为飞艇结构组成中最庞大的部分，其重量占到飞艇结构重量的 2/3 左右，是飞艇的关键技术之一，很大程度上决定了飞艇的使用性能。平流层飞艇具有庞大的体积，工作于具有高低温交变、高强度紫外线辐射和高浓度臭氧的平流层环境中，并且需要长期驻空。这些因素决定了囊体材料必须具备较高的性能指标以满足使用需求。

早期的飞艇囊体采用天然材料制作而成，一般使用牛肠皮膜作为阻隔层，衬在两层棉或麻制作的织物中来防止漏气。到 20 世纪上半叶，囊体基布发展为尼龙、涤纶等人造合成材料，用天然橡胶、动物胶、蜡、硝酸酯和醋酸酯等交替涂在织物上形成阻隔气体渗透的气密膜。自 20 世纪 70 年代后，得益于材料科学和加工工艺的发展，囊体材料实现了多层结构设计。采用聚酯、聚偏氯乙烯、乙烯–乙烯醇共聚物等材料制作的薄膜作为气体阻隔层，提升了飞艇的气密性，有时还在这种膜材料表面上镀一层铝，进一步提高气体阻隔效果。近年来，高比强度的芳纶、聚芳酯等纤维材料编织而成的织物替代了传统的涤纶织物成为大型飞艇囊体材料的承力层织物材料。本章中所涉及的各种高分子功能材料的特性只做简要介绍，详细特性将在下一章中说明。

2.1 囊体材料的多层结构与组成

为满足平流层飞艇对囊体材料的高技术要求，囊体材料需要采用耐候性、高阻隔性、高强度纤维等多种高功能化高分子材料。为最大限度发挥各功能材料的使用性能，需要采用多层结构形式将各层功能材料集成组装为一个整体，形成柔性的高分子多层复合材料。这种多层结构中的各功能层材料通过适宜的优选和替换,能够获得更好的综合使用性能,满足不断更新的设计要求。

2.1.1 囊体材料的多层结构形式

历经40多年的发展,囊体材料的组成结构依然是多层结构,应用于平流层飞艇的囊体材料结构也是沿用了低空飞艇或系留气球的这种多层形式。

早期的系留气球囊体材料的组成结构采用过双层阻隔层的结构设计,双阻隔层设计起到增强阻隔性能并能够避免单层膜材料可能出现缺陷的影响,如美国TCOM公司的Mark7-s系留气球与YEZ-2A飞艇。这种囊体材料组成结构中的阻隔层采用了PET薄膜,具体的组成结构为Tedlar/Hytrel/Mylar/Hytrel/Mylar/Hytrel/Dacron/Hytrel,囊体材料的透氦率约为$0.5L/(m^2 \cdot 24h \cdot atm)$。美国TCOM公司的Mark7-s系留气球多层结构示意图如图2-1所示,其中Tedlar为聚氟乙烯膜,Hytrel为聚醚聚酯弹性体,Mylar为聚酯膜,Dacron为涤纶织物。

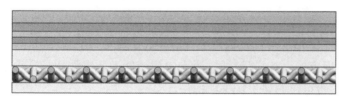

图2-1 美国TCOM公司的Mark7-s系留气球多层结构示意图

英国Lindstrand公司的HALE Airship囊体材料的结构设计中也采用了双层阻隔膜材料(图1-12),主阻隔膜为PVDC,次阻隔膜为Kapton,常温常压(NPT)下囊体材料的透氦量为$0.003L/(m^2 \cdot 24h)$。

日本宇宙航空研究开发机构(JAXA)在其平流层飞艇囊体材料研究中,设计了基于Vectran织物和Zylon织物的两种囊体材料[21]。两种囊体材料的耐候层和热封层都采用TPU,阻隔层采用EVAL(EVOH的商品名称)。有所不同的是,在各层结构排列上,阻隔层分别在织物的内侧和外侧(图2-2)。具体的结构组成分别是:外层TPU/黏接层/Vectran/黏接层/EVAL/黏接层/TPU,外层TPU/黏接层/镀铝 EVAL/黏接层/Zylon/黏接层/TPU,材料的面密度分别为$196g/m^2$和$208g/m^2$,拉伸强度分别为817N/cm和1060N/cm。

---

① Dacron,聚对苯二甲酸乙二醇酯纤维

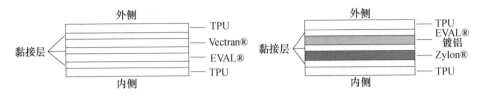

图 2-2 日本 JAXA 的囊体材料多层结构设计示意图

在囊体材料的耐候层表面镀铝可以提升材料的光热控制功能和气体阻隔功能。美国高空飞艇项目中高空长航时演示样机(HALE-D)囊体材料采用了镀金属层的结构(图 1-2)。美国 NASA 的金星探测样球(Alpha)囊体材料设计中为减小昼夜温差也采用了 Teflon 镀铝的耐候层结构设计,而且阻隔层采用了镀铝聚酯膜(图 1-9),使得材料的氦气渗透率接近于零。日本的 Z2929T-AB 和 Z4040T-AB 囊体材料采用了 Tedlar 镀铝的耐候层结构设计(图 1-10)。

美国专利 US20030388772 通过使用特殊功能材料应对激光定位威胁,体现了隐身功能设计[22],如图 2-3 所示。这种囊体材料由 PVDF 层/Kapton™/Vectran 组成,各层间以含氟聚氨酯黏合剂复合为一体。其中,聚酰亚胺薄膜(Kapton™)具有良好的气体阻隔性能并具备优良的电容率,能够对激光产生漫反射作用,以使定位信息不再返回定位设备,起到抵抗激光定位威胁的防御作用。这种结构设计中没有热封层,也可以归属于特殊结构设计。

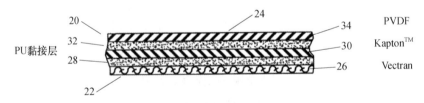

图 2-3 美国专利 US20030388772 的囊体材料多层结构示意图

在一些特殊结构设计中,囊体材料结构中只体现了最基本的强度和阻隔性能设计,而缺少耐候层、热封层等功能层,如 Hisentinal 飞艇和 Star Light 飞艇囊体材料(图 1-12)。这种简化结构的低成本囊体材料虽然看似简单,但却是囊体材料型谱设计中不可或缺的一种,至少能够满足目前尚处于初级阶段的平流层飞艇的低成本和短期飞行试验任务需求。

具有高红外发射率、低太阳光热吸收率(低吸发比)的囊体材料能够体现光热控制功能,能够更好地减小整个艇体昼夜温差变化。平流层飞艇的昼夜温度变化过大给飞艇的驻空高度控制、定位、功耗以及囊体材料的结构强度带来重大安全隐患。囊体材料的光热控制功能主要由材料表面功能热特性决定,含有金属氧化物的白色表面有利于获得红外发射功能,具有镜面反射特性的金属镀层具有极好的光反射功能。美国 TCOM 公司比较研究了几种材料的吸发比特性(表 2-1),对比研究的材料有白色 Tedlar、特氟龙镀银、银表面镀二氧化硅以及平流层飞艇囊体材料实验样品,结果表明,采用表面为金属镀层的囊体材料实验样品表现出极好的热控制参数[23]。

表 2-1　几种耐候层膜材料和囊体材料的热控制性能

项目	太阳光热吸收系数 α	红外发射率 ε	吸发比 α/ε
白色 Tedlar	0.3	0.85	0.35
特氟龙镀银	0.08	0.6	0.13
银表面镀二氧化硅	0.077	0.79	0.10
囊体材料实验样品	0.07	0.75	0.09

低空飞艇囊体材料的基本结构由外及里的主要功能层至少包含耐候层、阻隔层、中间层、承力织物、热封层(图 1-6),为使上述各功能层间有足够的黏合强度并保持材料整体的柔韧性,需要相应增加黏合层,只是这种黏合层的面密度很小,一般每平方米只有几克。

对于平流层飞艇而言,在轻量化设计前提下囊体材料的功能特性需要增加和强化,但主体结构设计有可能精简。在平流层飞艇囊体材料的组成结构中可能存在厚度几十纳米的镀层,可以是金属镀层(如图 1-10 中的 Tedlar 镀铝层),也可能是非金属镀层。这种镀层的面密度很小,其所能发挥出的功能特性往往是多种功能(如光热控制、阻隔、耐候等)的集成,与人们所熟知的耐候层、阻隔层等厚度为数十微米量级的功能层的含义截然不同。因此,可以将含有镀层的、能够体现多种功能特性的最外层材料统称为组合功能层。如果这样,囊体材料的主要功能层可以归纳为组合功能层、中间层、承力织物、热封层,如图 2-4 所示。其中的组合功能层可以是单一功能或是多种功能的组合式膜材料,如在耐候性膜材料表面镀层能够体现耐候性、阻隔性、光热控制、耐磨损等多种功能。

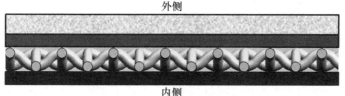

图 2-4　平流层飞艇囊体材料多层结构示意图

2.1.2 基本功能材料

（1）耐候性膜材料。位于囊体材料的最外层，一般厚度在 $20\mu m$ 左右，其功能性设计和材料的本征特性决定了囊体材料的耐环境（如紫外线、溶剂、臭氧等）、耐磨损、自清洁性、使用寿命长等特性。在高分子材料中，聚氟乙烯（PVF）和 PVDF 等氟化物树脂具有优异的耐候性；另外，添加抗老化剂的 TPU 也可以具备较强的耐候性。国外的高性能飞艇囊体材料多采用聚氟乙烯（PVF）为耐候层材料。美国也有专利技术将聚偏氟乙烯（PVDF）设计为浮空器外层材料。PVDF 和 PVF 同样具有出色的耐候性，而且具有比 PVF 更好的热封性能。除了氟树脂以外，TPU 作为耐候层主体树脂，已经在浮空器囊体材料上普遍使用。TPU 具有高柔韧性、高强度、耐弯折、耐高低温、良好的热封性等优良性能。

（2）阻隔性膜材料。囊体材料的气密性主要取决于所用阻隔层功能材料，阻隔层既可以是一个涂层（厚度几十纳米至微米量级），也可以是一层薄膜（厚度 $10\mu m$ 左右）。阻隔层材料也不局限于这一种功能，除了要具备低气体渗透率以外，还应拥有良好的耐揉搓性和耐候性以使囊体材料整体具有较长的使用寿命。EVOH、聚氟乙烯薄膜（PVF）、Mylar、PVDC 都是阻气性较好的高分子材料，在国外囊体材料中被广泛使用。

镀铝膜是在真空状态下将金属铝融化蒸发，使铝均匀沉积在塑料薄膜表面上，形成具有金属光泽的膜材料，其中镀铝层厚度一般只有几十纳米。这种镀铝膜材料具有优良的气体阻隔性、耐弯折性、良好的韧性和较高的光反射率。蒸镀金、银等其他金属层都能像镀铝一样在很大程度上提升材料的气体阻隔性能。美国 HAA 高空长航时演示样机（HALE-D）的囊体材料外表面耐候层采用了含有金属镀层的结构设计（图 1-2）。

（3）承力织物。承力层承受飞艇载荷，对整个囊体材料起支撑作用。高比强度（强度/重量比）纤维织物是囊体材料中最关键的功能材料，是平流层飞艇囊体材料的一个技术瓶颈。目前，在浮空器上使用的纤维材料有聚酯纤维（涤纶）、尼龙纤维（锦纶），以及具有高比强度的纤维材料，如 Vectran、Kevlar、UHM-WPE（商品名称为 Spectra）、Zylon。

对载荷要求不高的低空飞艇或者平流层飞艇缩比艇的囊体材料可以采用较低比强度的涤纶类织物作为承力层纤维材料，但对于体积巨大的平流层飞艇囊体材料，为了保证艇体的安全性以及担负有效载荷，必须使用高比强度纤维材料。国内外普遍采用的是 Vectran 纤维。PBO 是目前已知比强度最高的有机纤维,在日本已经应用于飞艇囊体材料。

(4) 热封层材料。热封层位于囊体材料内侧,是囊体材料中用于热合或胶接的涂层或薄膜。热封层材料需要具备热熔性、柔韧性、耐磨损、耐溶剂等特性,以满足飞艇制作过程中的热合或胶接工艺的要求。目前,国内外热封层材料普遍采用 TPU 弹性体。

(5) 中间层材料。中间层有时也称为黏接层,是囊体材料中用于将其他功能层材料黏接在一起的材料层,起到桥梁和纽带的作用。中间层既要有助于囊体多层复合层压材料的生产,又要确保黏接面的可靠性。黏接工艺过程既可以是热熔黏接,也可以是胶黏剂黏接。

目前,国内外浮空器囊体材料中间层材料普遍采用热塑性聚氨酯弹性体。这种高分子弹性体材料是一种具有高柔韧性的材料,在提供层间黏接力的同时还可以在一定程度上为囊体材料提供耐揉搓性能。囊体被揉搓或弯折时,弹性体材料层可以为纤维、阻隔层这样的刚性材料提供一定的缓冲作用,防止相对硬而且脆的阻隔层发生开裂、破损。

2.2 囊体材料组成结构设计

高性能囊体材料是实现平流层飞艇驻空和承载工作载荷的基础。对于软式结构的平流层飞艇而言,为适应飞艇自身庞大的体积和载荷任务,实现长期定点区域驻空目标,平流层飞艇所用囊体材料与低空飞艇所用材料在组成结构与功能化设计方面都有本质的区别。合理设计囊体材料的组成与结构,对有效地减轻囊体材料的面密度和实现多功能化是非常必要的。

囊体材料的组成结构设计是选用不同功能层的高分子材料、综合各种性能指标要求,设计材料的组成和多层结构形式、复合加工方式,并进行充分的优化与验证的过程。对囊体材料各项具体指标要求的提出是飞艇平台设计者的事情,而囊体材料的制造者在对组成结构的设计过程中必须考虑的一些主要因素包括面密度、拉伸强度、耐候性、光热控制性能、研制成本、制造工艺、质量控制、焊接/胶接结构稳定性等。

囊体材料的组成结构设计主要包括以下几项基本内容。

(1) 以需要的使用性能要求为设计输入条件。

(2) 依据性能指标要求,优选所需功能材料,开展组成与结构设计。

（3）兼顾组成材料的功能性、加工性和相互间的匹配性，开展加工工艺设计。

（4）综合性能测试，优化定型。

目前，平流层飞艇技术尚处于关键技术突破和演示验证阶段，对囊体材料的功能性要求有时并不涉及长期驻空和反复使用等方面，因此，也会出现一些简化结构的囊体材料设计形式，以满足低成本和一次性使用的目的。例如，由 Near Space Systems Inc. 研发的 Star Light 混合动力飞艇采用了组成结构为"透明聚酯阻隔膜/黏接层/涤纶织物"的简化结构形式的囊体材料[14]，这种材料不必考虑耐候性等长期使用功能要求，因此，可以简化耐候性设计或者取消耐候层，具有经济性和轻量化特性。

2.2.1 囊体材料设计步骤

1. 输入设计条件

在囊体材料的结构设计中，首先应明确设计条件，即根据飞艇的使用条件和载荷情况提出性能要求，如性能指标要求、使用期限和使用条件要求、储存和工作环境条件、焊接或胶接工艺适应性、设计安全系数等。这些要求一般是由飞艇平台设计者提出，囊体材料的设计者将这些要求转换为材料的面密度、强度、气体渗透率、耐候性等常规性能和应用性能要求，并作为设计输入条件开始囊体材料的组成与结构设计。

受环境条件影响的应用性能是评价囊体材料技术水平的重要因素，也是平流层飞艇长期驻空的重要保障条件。一般中低空飞艇囊体材料设计中需要考虑的环境条件主要有以下几方面。

（1）力学条件，如载荷、冲击、振动、摩擦、揉搓和弯折等。

（2）物理条件，如压力、温度、湿度等。

（3）气象条件，如冰雪、太阳光辐射、霉菌、盐雾、风沙等。

平流层飞艇自身体积庞大，需要长期驻空，尤其是所处环境条件比低空更加严苛，所用囊体材料与低空飞艇所用材料在组成结构与功能化设计方面有很大不同。在需要考虑的影响因素方面还要重点关注强紫外线辐射、高浓度臭氧侵蚀、高低温交变等严苛使用环境条件。上述各种环境条件对囊体材料的强度、气密性等性能的影响会随着时间的推移而出现潜移默化的变化，这种性能的变化在设计的使用寿命期间内不能超过一定的比例。

此外，平流层飞艇囊体材料在功能设计方面应该充分考虑到光热控制功能,在整体设计方面还需要重点把握轻量化设计原则。

2. 组成与结构设计

依据设计输入条件,对囊体材料的各项技术指标进行分解,合理设计多层结构形式,优选基础功能材料,确定各功能层材料的组成结构与功能体现,将各项技术指标的实现途径与各功能层材料的设计以及工艺技术流程相关联,确保在有限重量限制条件下所需功能性的充分体现。

一般来说,要求体现结构性能的主要内容有以下几方面。

(1) 结构所能承受的各种载荷,确保在使用寿命内的安全。

(2) 材料的阻隔性能,以及经受揉搓之后的阻隔性能,确保飞艇艇体的驻空时间能够满足要求。

(3) 组合功能层隔绝外界的环境状态而防护内部功能层不受影响。

不同功能层材料构成的复合材料将会有不同的性能,例如,在相同面密度条件下,承力层织物中纤维的编织方式不同将影响囊体材料的撕裂强度等性能。另一方面,新材料与新技术的成功应用也将使得囊体材料的组成结构产生更先进的设计形式,更能体现多功能化和轻量化特性。

功能层材料的选择与复合材料的性能关系甚大,正确选择合适的功能层材料,完成囊体材料的整体设计,是囊体材料结构设计中的重要一步,一些成功的经验能够指导囊体材料的组成结构设计工作。

(1) 承力层织物纤维选择。面密度要求与纤维比强度相匹配。平流层飞艇囊体材料中承力层织物可能会占到囊体材料面密度的 60%~70%,这种结构特性要求其必须具有极高的比强度。承力层织物纤维应尽量选择高比强度纤维,国外的设计中主要采用 Vectran,日本的设计中也有采用 PBO。此外,聚酰亚胺(PI)、芳纶系列(包括 Kevlar 和芳纶Ⅲ)、UHMWPE 等高比强度纤维也能应用于制作承力织物。

(2) 阻隔功能设计。一般中低空飞艇囊体材料中含有一层 $10 \sim 20 \mu m$ 厚的阻隔层膜材料,如 EVOH、PVDC、PET 等。根据对囊体材料性能指标的要求和面密度的限制,采用厚度仅有几十纳米的金属或金属氧化物镀层的方式代替传统的阻隔层设计能够有效降低面密度。

(3) 组合功能层设计。氟化物如 PVF 和 PVDF 具有极好的耐候性,适宜做组合功能层的基体膜材料。在氟化物薄膜表面镀金属、镀氧化物等镀层可以增强材料的气体阻隔性和耐磨损性,而且如镜面一样的金属镀层能够有效反射太阳光辐射,起到光热控制作用。相应的设计实例可以参考美国的 HALE – D 飞艇(图1-2)以及日本的 Z2929T-AB 和 Z4040T-AB 囊体材料(图1-10)的设计。组合功能层的设计取决于实际应用需要以及可以实现的工艺过程,还需要进行必要的试验验证。

(4) 后加工工艺适应性设计。囊体材料的组成结构应该满足飞艇平台艇体加工工艺适应性。工艺适应性要求与热封层选择的基体树脂材料、功能膜材料和承力层织物材料有关,应该确保焊接或胶接结构的长期稳定性。

(5) 工艺简约化设计。加工步骤少,便于质量控制。在实现同样的结构性能要求的前提下,尽可能减少加工步骤、简化囊体材料功能层组成结构。结构和加工工艺的简化,有利于囊体材料质量稳定性和均一性的实现,更有利于加工成品率的提高。

3. 加工工艺设计

加工工艺设计包括囊体材料功能层材料制备工艺的设计、囊体材料承力层织物设计、复合工艺设计等。

(1) 专用料制备。采用熔融挤出方式将树脂原料和所需添加剂熔融混合,加工生产 GPE 专用料分别用于黏合层和热封层材料,或者采用高速搅拌、研磨等溶液混合方式制备涂层专用料。

优选高比强度纤维,按照一定的组织结构织造承力层织物。

(2) 膜材料制备。氟化物膜、EVOH 膜、PET 膜、尼龙膜一般通过流延和双向拉伸工艺制备,市售的上述膜材料可以作为基础功能膜材料使用。

用于中间层和热封层的 TPU 膜材料一般需要与聚乙烯类材料一起采用高分子共挤出复合膜技术生产。

(3) 镀层工艺。在真空中把金属、合金或化合物进行蒸发或溅射,使其在基体膜材料表面上凝固并沉积,形成厚度几十纳米的镀层。在镀层前需要对基体膜材料进行表面处理,确保镀层与基体膜材料间有足够的界面结合强度。多层镀层的设计需要考虑功能需要和相互间的匹配性。

(4) 涂层复合工艺。复合膜涂层工艺是在 PET 膜、尼龙膜表面涂覆 PVDC、聚乙烯醇等高阻隔性材料,这种高阻隔涂层的面密度增加很小,但气体阻隔性能却有数量级的变化。

采用涂层复合工艺可以在承力层织物纤维表面形成有利于提高层间结合强度的涂层,提高织物纤维与功能膜材料的层间剥离强度。对于多层复合材料而言,层间界面是至关重要的。对织物和相对应的膜材料进行有效的表面化学修饰,增加材料表面的润湿性和反应功能基团,能够构造高强度层间复合界面。这一过程需要结合电晕或等离子体等表面处理工艺,优选涂层材料,严格控制涂布量、温度、张力和速度等工艺参数。

采用涂层复合工艺还可以在承力层织物表面直接制备热封层、中间层,依据工艺设计和设备技术条件,可以在涂层中间层材料后与耐候层或组合功能层复合,实现功能膜材料与织物间的有效复合,制备囊体材料。

(5)层压复合工艺。功能膜材料与织物间的有效复合也可以采用层压复合工艺实现。这种工艺路线需要预先制备好各种功能膜材料,严格控制温度、压力、张力和速度等工艺参数。相对于涂层复合工艺,层压复合工艺能够更好地控制囊体材料的面密度。

4. 结构设计验证

按照设计内容,制备囊体材料初样,对初样进行各项性能指标测试,同时测试囊体材料的使用性能及热合或胶接等后加工性能。依据测试结果,做进一步的优化设计和验证,与用户协商实现定型生产。另一方面,囊体材料的耐候性、焊接或胶接结构的抗蠕变性能等长期使用性能的优化和验证工作需要很长时间,相关的材料和技术常识、成功案例及设计者的经验就显得尤为重要。

囊体材料的试验验证结果对飞艇平台设计者有很好的参考价值。高分子材料的性能具有明显的温度依赖性,囊体材料也是这样。囊体材料的拉伸强度主要取决于纤维织物,Vectran 纤维织物是目前国内外飞艇囊体材料普遍使用的高比强度纤维织物。对比 3 种采用 Vectran 纤维织物的囊体材料的试验结果表明, -50℃时囊体材料的拉伸强度比室温下强度增加约 30%,如表 2-2 所列。

表 2-2 囊体材料拉伸强度(N/cm)的温度依赖性试验结果

湿度 样品	室温	0℃	-10℃	-20℃	-30℃	-40℃	-50℃
材料 1	871	945	946	995	967	1009	1142
材料 2	747	841	852	838	979	956	986
材料 3	1037	1241	1330	1316	1413	1425	1500

不同的纤维材料对温度变化产生不同的响应。我们在 -70~80℃温度范围内,对 Vectran 纤维、PI 纤维及芳纶Ⅲ纤维的拉伸强度变化进行测试,分析以

上 3 种纤维分别在不同温度下拉伸强度的变化情况。这 3 种纤维材料在不同温度下的强度变化率(与常温强度对比)情况如图 2-5 所示。

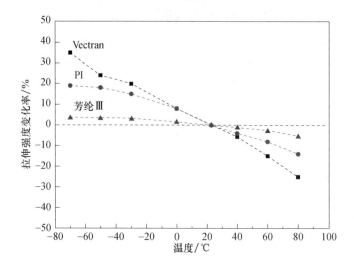

图 2-5 3 种囊体材料拉伸强度随环境温度的变化率

强度变化率试验结果表明,在 -70~80℃的温度范围内,Vectran 纤维、聚酰亚胺纤维、芳纶Ⅲ纤维的拉伸强度均表现出随着温度的升高逐渐降低、随温度的降低逐渐增大的趋势,其中 Vectran 纤维的拉伸强度随温度的变化最为明显。相对于室温下的拉伸强度,80℃时,Vectran 纤维的拉伸强度减小了 25%;-70℃时,拉伸强度增加了 35%。相对而言,芳纶Ⅲ纤维的拉伸强度随温度的变化较小。80℃时,芳纶Ⅲ纤维的拉伸强度仅减小了 5.5%;-70℃时,芳纶Ⅲ纤维的拉伸强度仅增加了 3.6%。这一试验结果表明,在我们的试验温度范围内,Vectran 纤维的拉伸强度对温度更为敏感,其次是 PI 纤维,而芳纶Ⅲ纤维的拉伸强度随温度变化比较小。

2.2.2 囊体材料结构设计案例

低空飞艇囊体材料的研发和生产已有 50 余年的历史,形成了完整的技术体系。平流层飞艇需要长期工作于具有高低温交变、高紫外线辐射强度和高臭氧浓度的平流层环境,对囊体材料的各项性能指标提出了更高的要求。这就需要囊体材料研究者依据现有的各种功能材料,对可能的组成结构形式以及所需焊接带等辅助材料进行全面的设计和验证研究。

日本 National Aerospace Laboratory 的小松敬治等对比研究了 30 多种采用

不同纤维织物、不同耐候层（文中称保护层）、不同阻隔层材料制备的囊体材料的组成结构设计与耐候性、轻量化、光热控制、焊接结构稳定性等多种性能之间的关联[12]。

该项研究中囊体材料的多层结构设计为保护层/黏接层/阻隔层/黏接层/承力织物/黏接层，各种囊体材料的组成结构设计与性能如表2-3所列和图2-6所示。该项研究中所涉及的各种功能性材料基本涵盖了目前国内外浮空器囊体材料研究已有报道中所采用的功能性材料，使用的各种功能材料的代码含义如下：

织物层——Z：Zylon；V：Vectran；K：Kevlar；N：Nylon。

耐候层、黏接层——PU：聚氨酯；PE：聚乙烯；PEA：聚乙烯镀铝；H：Hytrel。

防护层——T：Tedlar；TA：Tedlar镀铝。

阻隔层——M：Mylar；XL：EVOH；XLD：EVOH Applied；XLA：EVOH 镀铝；MI：Mictron。

表2-3 囊体材料结构与性能

编号	囊体材料组成结构	纤维股数/25.4mm	面密度/(g/m²)	拉伸强度径向/纬向/(N/cm)	撕裂强度径向/纬向/N	氦气渗透率/(L/(m²·24h·atm))	备注
A1	Z500-100PU-XL	22×21	244	1304/1293	926/838	0.2	Z500-100代表织物面密度100g/m²，采用500D Zylon纤维
A2	Z250-94PU-XL	36×35	235	1091/1244	455/494	0.13	
A3	Z250-79PU-XL	30×33	226	882/1117	442/414	0.13	
A4	Z250-47PU-XL	19×18	193	627/555	288/280	0.12	
A5	Z250-47PU	19×18	164	624/604	212/202	3.1	
A6	Z250-40PU	15×14	154	519/477	185/178	1.8	
B1	V-PU-XL		198				B3、B5是升级版 B1、B2、B4是已有材料
B2	V100-31PE-XLA	33×34	150	609/608	224/265	0.126	
B3	V-PU-XL	39×43	111	347/314	163/160		
B4	V200-102PU-XL	60×60	274	1000/1068	222/184	0.12	
B5	V-PU-XL		120				
C1	TA-Z250-110PU	45×41	198	1173/1327	223/123		是A1~A6的改进型
C2	T-Z250-110PU	45×41	225	1227/1313	199/133		
D1	Z250-110PUA-XLD	45×41	163	1327/1337	291/173		
D2	Z250-110PU-XLD	45×41	171	1330/1350	264/152		
D3	Z250-110PEA-XL	45×41	260	1250/1313	326/211		

续表

编号	囊体材料组成结构	纤维股数/25.4mm	面密度/(g/m²)	拉伸强度 径向/纬向/(N/cm)	撕裂强度 径向/纬向/N	氦气渗透率/(L/(m²·24h·atm))	备注
E1	N30-40PU-XLD		78	111/93	12/11		轻量化材料
E2	K200-H-MI		130				
E3	T-K200-H-MI		170				
E4	V-H-MI		104				
E5	Z-H-MI		117				
F1	Z500-37M		161				两层Mylar膜中间夹一层粗Zylon纤维
F2	Z1000-74M		198				
F3	Z1500-111M		236				
F4	Z1000-44M		170				
F5	Z1500-67M		193				
F6	Z2000-89M		210				

研究结果表明,多层结构设计对囊体材料的性能有很大影响。囊体材料的强度决定于承力层织物的强度;耐候层(文中称保护层)含镀铝的结构设计影响材料的光热特性;采用气体阻隔性能优异的 EVOH 使得囊体材料的透氦率小于 $0.2L/(m^2 \cdot 24h \cdot atm)$;织物的组织结构对囊体材料的撕裂强度有一定的影响;改进型的囊体材料面密度小于 $230g/m^2$ 时能够保证拉伸强度大于 $1000N/cm$;焊接结构随时间和温度变化的稳定性是需要关注的问题,可以通过蠕变试验加以验证。

需要指出的是,上述各种囊体材料的剥离强度普遍较低,其中数值最大的编号为 A4 材料的剥离强度为 $25.5N/2cm$,数值最小的 A3 材料的剥离强度仅为 $8.8N/2cm$。另一方面,囊体材料的撕裂强度也普遍较低,改进型 C 和 D 的囊体材料的撕裂强度都小于 $300N$。

囊体材料的强度决定于承力层织物的强度,平流层飞艇囊体材料中承力层织物的面密度占囊体材料面密度的 1/2 以上,因此,采用高比强度纤维是获得轻量化囊体材料的先决条件。采用不同承力层纤维制备的囊体材料拉伸强度与面密度关系如图 2-6 所示。

早期飞艇如 GZ20、ZPG3W 囊体材料采用涤纶织物。这类囊体材料需要在很大的面密度的情况下才能获得理想的设计强度。图 2-6 中 * 号以及右下方

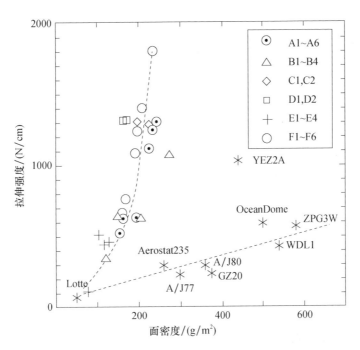

图 2-6　囊体材料拉伸强度与面密度关系（A、C、D、F 采用 PBO 纤维织物，
B 采用 Vectran 织物，E 采用 Kevlar 纤维）

的直线表达了这类囊体材料的面密度与拉伸强度间的近似关系。高比强度纤维（如 PBO 纤维、Vectran 纤维）的出现和成功使用使得囊体材料在获得高强度的同时，面密度明显降低，如图 2-6 中左上方曲线所示。目前，PBO 纤维的使用使得囊体材料具有更明显轻量化特征，这种囊体材料只是在平流层飞艇设计中有所体现。

上述研究结果给出一个启示：在囊体材料的多层结构中，鉴于上述囊体材料的强度与面密度间的近似线性关系，能够在一定范围内预测囊体材料的强度和相应的面密度水平。在其他各功能层材料组成结构不变的情况下，通过改变承力织物的面密度可以预期得到不同强度和面密度的系列囊体材料。在这种预期中，囊体材料的面密度与其中的承力织物层的面密度基本保持同步增长或者减小的关系，这种同步增长或者减小并非是简单的直线关系。随着承力织物面密度的增加，织物的厚度也相应增加，在设计时还应当适当增加中间层或热封层的厚度，以获得更好的承力织物与中间层或热封层材料间的层间结合强度，并确保焊接结构稳定性。

2.3 副气囊材料的组成与结构

在飞艇中,除了充有浮空气体(如氦气)的主囊外,一般还包括充有空气的副气囊。

飞艇的浮力平衡主要是通过与主气囊组合的副气囊来控制的。最典型的飞艇副气囊是一个充以空气的气袋,它被组合于飞艇艇囊之中。图 2-7 是飞艇副气囊在主气囊之中的囊体结构纵剖面示意图,其中副气囊以半圆虚线表示。副气囊中的气体(空气)与艇囊中的浮空气体(氦气)相隔绝,并且在需要时可以通过软管和阀门与外部空气连通,对副气囊进行充气或放气[3]。副气囊通过空气的释放量和进气量控制飞艇的上升与下降,以保持飞艇的浮力平衡。

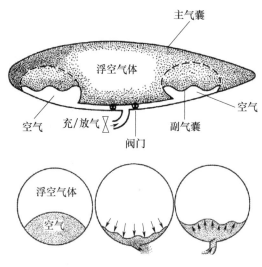

图 2-7 平流层飞艇中的主气囊和副气囊示意图

2.3.1 副气囊材料性能特点

由于所涉及的作用不同,对于副气囊材料的要求与主气囊亦有不同。主副气囊之间无压差,副气囊受力很小,因此对其强度要求不高。显然,与主气囊一样,副气囊材料还应该具备轻量化和低渗透性,不仅阻止浮空气体由主气囊向副气囊内渗透,而且还要防止副气囊内部空气渗透进主气囊,污染主气囊内部浮空气体。另外,由于副气囊在使用过程中经常进行充气和放气,因此,副气囊材料还应具备良好的低温柔韧性,能够在长期平流层环境下驻空过程中保障副气囊的充气和放气调节功能。

与前述应用于飞艇主体结构的囊体材料相比较,副气囊材料的性能特点主要有以下几点。

(1) 轻量化。副气囊主要用于隔绝浮空气体和空气,不直接承受载荷,对其拉伸强度的要求相对较小,但对轻量化要求较高。

(2) 气体阻隔性好。副气囊主要作用是隔绝浮空气体和空气,避免二者出现混合的情况。一旦发生大量的气体混合,会导致飞艇的姿态无法控制、浮力失效等情况。

(3) 环境适应性好。为了调节飞艇的驻空高度,副气囊材料在工作状态下需要随外部环境温度的变化进行多次的充、放气操作,这就要求副气囊材料能够耐低温、耐臭氧、有良好的柔韧性,避免在多次充放气操作后出现破损、阻隔性能失效等现象。

2.3.2 副气囊材料结构设计

1. 带有织物的副气囊材料

针对副气囊性能特点,一般选用带有织物和涂层的结构实现其柔韧性、阻隔性和轻量化等性能指标。图2-8是典型的副气囊组成结构,由两层聚氨酯涂层夹一层织物的方式实现。对比前述的图2-4平流层飞艇囊体材料多层结构,副气囊的组成结构中不含耐候性、光热控制等功能层。

聚氨酯涂层可以保证材料具有优秀的柔韧性和耐摩擦性,但是无法提供优异的阻隔性能,如果飞艇总体设计方对副气囊材料提出较高的要求,需要在聚氨酯涂层内引入一层高阻隔树脂层。

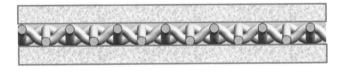

聚氨酯
承力织物
聚氨酯

图2-8 副气囊材料组成结构示意图

由于副气囊的性能要求,目前用作副气囊承力织物的纤维主要从聚酰胺纤维(锦纶)与聚酯纤维(涤纶)两大类中选用。锦纶纤维具有初始模量低、断裂伸长大、弹性好等特点。纤维初始模量低,有利于织物将外界压力分布到较大面积上,从而使应力分布均匀;纤维断裂伸长大、弹性好,可使织物具有高能量吸收性和高抗冲击性。

涤纶纤维的耐高温性和耐冲击性不如锦纶纤维,但随着织物整理技术的发展,涤纶纤维以其成本低、强度高、耐化学性好、受湿度变化的影响小等优点而逐渐被用于副气囊材料承力织物。

此外,超高分子量聚乙烯纤维的密度较小,而且强度远大于涤纶和锦纶纤维。但超高分子量聚乙烯纤维的耐热性低、层间界面黏接性较差,容易对热合焊接结构稳定性产生安全隐患。

2. 薄膜材料用作副气囊材料

选择适宜的薄膜也可以用作副气囊材料。通常状态下,副气囊不会长期承受载荷。另外,在处于应力状态时,薄膜可以出现形变以减轻压力。如果应力低于薄膜的屈服点,则在移除负载时,薄膜将完全恢复原有形态。

平流层飞艇副气囊材料用薄膜的理想特性包括低温柔韧性、低透气性、低面密度、良好的黏合性、耐磨性和耐臭氧性等。低温柔韧性是其中最重要的参数,可以作为副气囊的薄膜材料是聚烯烃、聚氨酯、乙烯-丙烯橡胶和硅橡胶[3]。表2-4比较了这些聚合物材料以及可能用于副气囊的其他薄膜材料。

表2-4 可用于副气囊材料的薄膜材料

薄膜材料	密度/(g/cm³)	低温柔韧性	耐臭氧性	热封性	渗透率/((cm³·mm)/(m²·24h·atm))		
					O_2	N_2	He
聚氟乙烯(PVF)	1.4	较差	优秀	无	1.2	0.1	59
氟化乙烯-丙烯共聚物(FEP)	2.2	好	优秀	是	40	125	—
聚酯膜(PET)	1.4	较差	较差	弱	2.4	0.39	67
乙烯-乙烯醇共聚物(EVOH)	1.1~1.2	较差	好	是	0.02	0.003	9
聚酯弹性体	1.17~1.25	一般	一般			147	1356
聚氨酯弹性体(TPU)	1.05~1.3	一般	好	是	141~1067	35~297	687~2340
低密度聚乙烯(LDPE)	0.91~0.94	好	好	是	102~188	—	
乙烯-丙烯橡胶(EPDM)	0.96~1.05	好	好	无	—	553	1410
硅橡胶	1.1~1.16	优秀	优秀	无	19685	17280	19050

第3章 高功能化材料

当前飞艇囊体材料几乎全部由耐候层、气体阻隔层、承力层、黏合层等各功能层材料经层压复合工艺制成，功能材料的优劣决定了平流层飞艇的各项性能，因此，若要全面提升飞艇性能，就要系统且深入地研究各功能层材料的工作环境、结构组成及综合性能，本章在第2章囊体材料结构设计的基础上，对各功能层材料做详细介绍与分析。

囊体材料耐候性一般是通过耐候层实现的，目前可应用到平流层飞艇上的耐候材料几乎全部为含氟材料，含氟材料含有的 C-F 键能高达 485kJ/mol，高于紫外线能量，是制造耐候层的最佳材料，其中性能较好的为 PVF 和 PVDF。

飞艇依靠轻于空气的氦气或氢气产生浮力，满足升空及滞空要求，因此，囊体材料的气体阻隔性是确保飞艇正常工作和延长驻空时间的关键因素。当前，气体阻隔性最好的高分子材料是 EVOH，可有效地满足飞艇氦气阻隔率小于 $0.5L/(m^2 \cdot 24h \cdot atm)$ 的要求。

目前，符合飞艇承力层材料要求的主要是具有高比强度的高性能纤维织物，如 Vectran、对位芳纶(PPTA)、UHMWPE、PBO 等，已广泛应用于飞艇囊体材料承力层。

囊体材料的加工主要依靠焊接热封层进行，热封层通常为 TPU；焊接工艺可以为高频焊接，也可以为直热式焊接，还可以采用胶黏剂进行黏接。

中间层的作用是将各功能层黏接到一起，中间层使用的材料主要为热塑性弹性体，如 TPU 和热塑性聚酯弹性体(TPEE)，目前，TPEE 已应用到飞艇囊体材料中。

下面对各功能材料进行详细的介绍。

3.1 耐候性材料

高分子材料在室外经受光照、冷热、风雨、细菌等造成的综合性破坏,其耐受能力称为耐气候老化性,简称耐候性。

高分子材料在储存、加工或使用过程中,由于受到本身结构及热、氧、应力等内外因素的影响,并且随着时间的推移而发生一系列可逆和不可逆化学性能及物理性能的变化,这种现象称为老化。也就是说,老化就是聚合物材料的性能由好变坏的一个过程。

老化分为物理老化和化学老化2种类型。物理老化是指不涉及聚合物分子结构的变化,仅仅是因为物理作用而发生的可逆性的变化;化学老化是指聚合物在储藏、运输、加工和使用过程中,受到各种外界环境因素,如热、光照、臭氧、湿热、空气污染物、机械应力、高能辐射以及聚合物本身内在因素的影响,使聚合物的性能发生下降的不可逆的变化。

由于聚合物的种类和使用条件的不同,因此会有不同的老化现象和特征,老化现象归纳起来有如下4种情况。

(1) 外观的变化。出现斑点、银纹、喷霜、污渍、裂缝、粉化、翘曲、发黏、鱼眼、光学畸变、起皱、焦烧以及光泽颜色的变化。

(2) 物理性能的变化。如耐寒、耐热、耐光、透水、透气、溶解、溶胀、流变等性能的变化。

(3) 力学性能的变化。抗张强度、弯曲强度、剪切强度、冲击强度、压缩强度、抗疲劳、定伸变形、伸长率、可塑性能、应力松弛、蠕变等性能的变化。

(4) 电性能的变化。表面电阻、体积电阻、介电常数、电击穿强度等电性能的变化。

以上4种情况是高分子材料普遍出现的老化现象,但实际老化现象可能会更多,表现方式也不限于上述几种。

3.1.1 囊体材料的老化行为

平流层飞艇主要工作区域在平流层,平流层具有臭氧浓度高、紫外线辐射强、温差较大等特点,较之地面环境更为严酷,因此也对囊体材料提出了更高的耐老化要求。下面具体介绍一下囊体材料在平流层环境中几种老化行为及其机理,并对囊体材料在地面大气环境中加工、运输、存储、试验过程中遇到的几种老化行为做简要介绍。

1. 紫外老化机理

对于平流层空间来说,紫外辐照效应是突出的影响因素之一。紫外线波段,波长范围在 10~400nm。其中 10~200nm 波段称为远紫外,或者称为真空紫外,而 200~400nm 的紫外波段范围称为近紫外。由于真空紫外波长短、能量高,易被吸收,并且有机物结合键的键能恰好处在紫外光特别是真空紫外的光子能量以下,所以尽管真空紫外占太阳总辐照度的比例极低,但危害极大,特别是对高分子有机物的破坏较严重[24],如表 3-1 所列。

表 3-1 不同波长紫外线能量与高分子材料化学键键能对比表

波长/nm	光子能量/(kJ/mol)	化学键类型	键能/(kJ/mol)
290	419	C-H	380~420
300	398	C-C	340~350
320	375	C-O	320~380
350	339	C-Cl	300~340
400	297	C-N	320~330

紫外线的波长范围是 190~400nm,能量是 313~419kJ/mol。高分子材料化学键的离解能是 168~417kJ/mol,因此,紫外线的能量足以使高分子材料中大部分单键断裂,如 C-H 键能为 413kJ/mol、C-O 键能为 314~355kJ/mol、C-C 键能为 347kJ/mol、C-N 键能为 290.9kJ/mol 等,这是导致聚合物材料老化的直接原因。

当前,广泛应用于囊体材料上的气体阻隔层材料为 EVOH,EVOH 所含主要化学键为 C-H、C-O、C-C,其键能分别为 413kJ/mol、314~355kJ/mol、347kJ/mol,均小于紫外线能量,耐紫外老化能力很弱,过量辐照紫外线容易导致 EVOH 阻氦率、力学、热学性能大幅下降,甚至会导致化学键断裂,进而发生降解。

目前所用的承力层纤维材料中均含有苯环、羧基、酮等刚性基团,这些刚性基团提高了承力层纤维材料的力学性能,但由于这些基团极易吸收紫外线,会导致材料遭受更大的破坏[25],甚至发生断裂。

目前,TPU 材料已广泛应用到飞艇囊体材料中,聚氨酯可充当中间层及胶黏剂,因此,聚氨酯材料的耐老化性能也引起了人们广泛的关注。TPU 的吸收波长为200～400nm,吸收特定波长后的聚氨酯分子会发生断键或链交联。在紫外线辐照下,TPU有两种降解机理[26]。

第一种降解机理:当TPU吸收的紫外线波长大于340nm时,TPU开始出现黄变,同时生成二醌-酰亚胺结构,最终导致黄变加深;当TPU吸收波长小于340nm的紫外线时,会在TPU中引发Photo-Fries重排,导致伯芳香胺的生成,进而使得材料降解。

第二种降解机理:TPU中氨基甲酸酯基团中键的断裂,包括C-N键的断裂和C-O键的断裂。

这两种降解均会对TPU材料造成严重损伤,甚至导致TPU材料降解,因此,在聚氨酯材料性能评估中,紫外线辐照对其老化的影响成为研究的重点。

由于气体阻隔层、承力层等功能层材料均不耐紫外辐照,为了提高囊体材料的耐紫外老化能力,需要在囊体材料最外层复合一层耐候材料,现如今飞艇大量采用的耐候层材料为PVF、PVDF等氟化物材料,氟化物含有的C-F键能高达485kJ/mol,高于紫外线能量,是制造耐候层的最佳材料,但氟化物材料对紫外线吸收能力不强,紫外线容易穿过氟化物材料对内部功能层造成损伤,因此需要添加助剂,防止紫外线穿过。

2. 臭氧老化机理

平流层含有大气中几乎全部的臭氧,臭氧有很强的氧化能力,它对囊体材料的侵袭及破坏作用比氧气强得多。臭氧可直接和高分子材料生成络合物,络合物会进一步分解生成单线态氧。单线态氧容易与高分子链发生反应,尤其是与高分子链中的不饱和键和还原性基团反应生成氢过氧化物,而氢过氧化物会进一步分解引发高分子材料的氧化降解反应。同时,臭氧还能对高分子链中不饱和的化学键和还原性基团发生氧化作用,导致囊体材料力学、阻氦率、耐揉搓、抗蠕变等性能的下降,并最终导致飞艇各项性能全面衰退。

对于气体阻隔材料,臭氧氧化后材料表面变脆变薄,最终出现裂痕甚至发生破损,氦气阻隔率大幅增加甚至出现漏气的情况;对于承力层材料来说,臭氧氧化后材料会发生大分子链裂解、断裂等效应,导致材料的力学性能大幅降低,加速材料老化,降低了材料的使用寿命,进而降低了飞艇的综合性能;对于聚氨酯来说,聚醚型聚氨酯在氧气及臭氧的条件下发生的氧化降解都是自由基反应:聚醚型聚氨酯醚键的α碳被激发,失掉一个H后生成的仲碳自由基被氧化生成过氧化物自由基,过氧化物自由基进一步反应生成氢过氧化物。该氢过氧化物不稳定,被分解生成氧化物自由基和羟基自由基,而羟基自由基可进一步被分解生成烷基自由基和烷氧基自由基；对于耐候层材料来说，目前广泛使用的氟化物材料 PVF 和 PVDF 均不含不饱和及还原性基团，不易被臭氧氧化破坏，因而具有很好的防护功能。

3. 低气压对聚合物材料的影响

飞艇长期工作的平流层气压较低，在 32km 高度时，气压相当于地面气压的 1/100 左右，到 50km 的高度，气压低于地面气压的 1/1000。

为了提高囊体材料性能，各功能层材料在制作过程中均加入了一定量的小分子添加剂，这些小分子添加剂在地面环境中很稳定，但在平流层低气压环境中容易溢出，凝聚在功能层冷表面上，造成表面污染。同时，功能层中小分子添加剂的溢出，会加速材料老化降解，失去功能。

对于气体阻隔层材料来说，小分子添加剂溢出后，容易导致 EVOH 表面出现不规则的孔洞，导致其氦气阻隔率大幅增加甚至出现漏气的情况，同时，小分子添加剂的溢出也使得 EVOH 的综合性能全面下降，并加速 EVOH 老化，失去阻氦功能。

承力层纤维材料中小分子添加剂溢出后，纤维会出现不均一的孔洞，降低了其与胶黏剂、其他功能层间黏接强度，同时也降低了纤维的力学性能。

对于充当胶黏剂中间层的聚氨酯材料来说，由于其所用添加剂含量较多，低气压环境对其影响较大，小分子添加剂溢出后，聚氨酯材料的各项材料均会大幅下降，同时聚氨酯材料与其他功能层间黏接界面会出现空隙乃至孔洞，导致飞艇的力学、耐揉搓、耐挠曲等性能全面下降。

对于耐候层材料来说，小分子添加剂溢出后，耐候层材料表面出现孔洞；同时，由于平流层环境紫外辐射作用较强，真空与紫外线协同作用，紫外线降解生成的小分子物质在低气压环境中极易溢出，导致耐候层材料表面被破坏，使得紫外线能够进一步深入到耐候层材料的内部，进一步破坏囊体材料，从而导致囊体材料耐候性、气体阻隔性、力学性能全面衰退。

4. 高低温交变

平流层温度呈现出下低上高的特点，底端温度约为 -55℃，层顶温度升至 -3℃以上，垂直温差较大；此外，平流层白天黑夜温差达 50℃以上。飞艇在平流层飞行时，由于受太阳光照射而吸热，也会导致其表面温度升高，进一步增大了飞艇与平流层环境间的温差。高低温交变会导致囊体材料内部应力集中，加速材料老化，导致材料出现裂痕，甚至破损变成孔洞，进而严重影响飞艇的综合性能。

对于气体阻隔层材料来说,高低温交变容易导致材料变薄变脆,表面出现不规则的孔洞,导致其氦气阻隔率大幅增加甚至出现漏气的情况;对于承力层纤维材料来说,高低温交变会加速纤维老化,降低力学性能和使用寿命;对于聚氨酯材料来说,高低温交变会使得其与其他功能层间黏接界面出现空隙乃至孔洞,导致飞艇的力学、耐揉搓、耐挠曲等性能全面下降。

5. 氧化老化机理

囊体材料在加工、储存、运输、使用过程中,会与氧气大量接触,发生氧化老化。囊体材料的氧化反应,与小分子碳氢化合物的氧化反应基本一致,有着大体相同的规律。它们氧化的特点是自动催化氧化,属于游离基链式反应机理。氧化的链式反应过程是由3个阶段(即链的引发、链的增长和链的终止)组成的。自由基链式反应始于聚合物主键断裂形成自由基,这些自由基是一种中间物,它可以和其他聚合物分子反应生成新的自由基,使链式反应历程继续进行下去。在聚合物的链式历程中,链引发一般比较慢,而链增长却很快,在链终止前的增长阶段,活性中心能数百次甚至数千次循环传递。因此,在一个分子上引发反应就能导致邻近许多分子的破坏。链式反应的终止一般是缓慢的,要经过一系列复杂的反应,最后增长中的自由基相互结合或歧化,形成惰性产物而终止。

对于各功能层材料来说,氧化老化均会导致材料分子结构发生破坏,性能大幅下降甚至失效。因此,要尽量少用甚至不用含有活泼性基团的功能材料,在囊体材料加工过程中,尽量避免囊体材料长期暴露于室外环境中,减少囊体材料氧化老化作用。

6. 热氧老化

囊体材料在加工、储存、运输、使用过程中,因同时受到加热和氧化作用而发生老化的现象称为热氧老化。与氧化老化相比,热氧老化增加了温度这一因素,而高分子材料的氧化反应对热有很强的敏感性,在加热的影响下可剧烈地加速高分子材料的氧化反应,其化学反应速度随温度升高而增大,热氧老化对囊体材料的影响主要是通过热与氧的共同作用得以实现的。囊体材料的老化主要是氧化降解,而热会加速氧化反应的进行。当囊体材料的化学键被热能打开后,如果其周围环境中又有氧存在时,将会发生自动氧化催化反应。即首先是热起活化作用,由热能引发生成自由基,然后发生氧化反应。

由于囊体材料在加工过程中需要使用热压焊接或高频焊接等加工方式,材料温度升高不可避免,在热与氧的共同作用下,囊体材料的分子链很容易发生自动脆化氧化反应,产生一些氢过氧化物和极具活性的自由基,从而引发分子链发生降解,并且往往伴随有交联反应发生,结果会造成囊体材料综合性能急剧下降。热氧老化是高分子聚合物材料的共性问题,即使是比较稳定的聚合物,在高温空气中长期暴露后,也会严重老化变质。

7. 水分对材料老化影响

囊体材料在加工、储存、运输、使用过程中,不可避免地与水分接触,水分表现形式为降水、潮湿、凝露等,水分也对材料起加速老化的作用。

目前,广泛使用的承力层材料如 PET 纤维、聚酰亚胺(PI)纤维、芳纶纤维等含有可水解酯基和酰胺基,在水的作用下,这些材料往往会发生水解反应,加之这类水解基团在大分子的主链上,水解反应的结果将导致分子链断链,引起材料物理力学性能的大幅下降。

聚氨酯耐水性是非常差的,因为其内部结构中存在一些具有极性很强的亲水基团,如氨基甲酸酯基和脲基等。这样水分子就比较容易与聚氨酯材料结构中的亲水基团发生化学反应,从而使材料内部分子内化学键断裂甚至降解,直接导致力学强度下降。降雨等湿度较大的环境是引发聚氨酯材料发生降解的主要因素。

8. 湿热老化

囊体材料对湿热因素比较敏感,在湿热环境中,囊体材料更容易发生老化变质,如含有极性基团的聚氨酯和芳纶纤维等在湿热环境中很容易发生水解反应。水分子渗透到材料内部聚集后会形成水泡,并且在渗入过程中,可能导致高分子材料组分中的增塑剂、着色剂等助剂的溶解和迁移,从而使材料的性能劣化。湿热老化中,热的作用主要有以下两方面:一方面是温度的升高,使环境的水蒸气的气压增大,水分子的渗透能力增加,从而加速高分子材料的受潮;另一方面是温度的升高,高分子链的运动加剧,分子间作用力降低,形成分子间空隙,有利于水分子的扩散,同样加速了高分子材料的受潮。

因此,通过对高分子材料湿热老化行为的研究,不仅可以有针对性地采取有效的措施改善高分子材料的耐湿热老化性能,降低材料的降解,同时也可估算出其使用寿命,避免不必要的经济损失。

9. 应力作用对囊体材料的影响

囊体材料环境应力开裂(ESC)是指囊体材料暴露于化学介质中,受到低于其屈服点的应力或者说低于其短期强度的应力(包括内、外应力及两种应力的组合)的作用时发生的提前开裂破坏现象。ESC 影响因素极为复杂,与聚合物种类、环境暴露条件、成型方式以及应力大小和性质都有关,如图 3-1 所示。

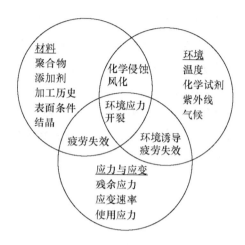

图 3-1 环境应力开裂影响因素示意图

当对囊体材料施加一个应力,只要时间足够长,即使应力很低,受到应力作用的囊体材料最终也会发生破裂而失效,这种失效方式是由高分子的粘弹性本质所决定的。有许多因素会加速这种自然发生的脆化过程,这包括应力集中(缺口敏感性)、温度升高、循环荷载(动态失效)以及和特定活泼溶剂接触(ESC失效)。

对于空气环境下的开裂行为,从微观角度可认为是囊体材料的表面存在高密度的应力集中缺陷点。当囊体材料受到应力作用时,如果应力超过了囊体材料的屈服强度,那么,就会在这些缺陷点发生局部屈服,在较高应力作用时,就会出现高密度的局部屈服点。由于应力作用时间的延长会逐渐降低材料屈服强度,局部屈服点随着应力作用时间的增加而成倍增长并逐步聚集,形成初始银纹甚至逐步发展为裂纹,导致材料在宏观上的最终屈服失效。

一些研究人员认为,环境应力开裂的失效机制与蠕变失效类似,化学溶剂的存在使得囊体材料易发生塑化,降低其屈服强度,从而使蠕变过程易于发生。从微观角度可以认为,溶剂的渗透作用降低了分子间作用力,加速了分子链解缠结的过程。这种加速效应明显缩短银纹/裂纹萌生的时间,并且增加了裂纹的扩展速度,从而缩短了失效时间,或者说,相对于空气中的蠕变失效,环境应力开裂是在较小的应力或应变下产生的。

10. 盐雾腐蚀老化

盐雾腐蚀是一种常见的海洋性大气腐蚀,其主要腐蚀成分是氯化钠,破坏区域主要集中在沿海地区,每年因盐雾腐蚀给全球经济带来巨额损失。据美国有关资料统计表明,在美国军用飞机的现场故障中,50%左右是由环境造成的。其中,温度占40%,振动占27%,湿热占19%,沙尘占5%,盐雾占4%,可见,盐雾影响在近20种环境因素中位居第五,这是一个不可忽视的破坏性因素。

为了模拟海洋性大气腐蚀造成的危害,可利用试验设备模拟盐雾环境条件考核产品或材料的耐腐蚀性能,这就是盐雾试验。盐雾试验分为中性盐雾试验(NSS)、乙酸盐雾试验(AASS)和铜加速乙酸盐雾试验(CASS)。盐雾腐蚀老化试验对象主要是海洋涂料和海上船舶以及海洋运输等场所使用的高分子材料。

其中,中性盐雾试验适用范围最广,可用于考核各类无机或有机镀层产品的耐腐蚀性能。乙酸盐雾试验和铜加速乙酸盐雾试验则适用于考核铜+镍+铬或镍+铬装饰性镀层,也适用于考核铝的阳极氧化膜。

自应用以来,盐雾试验在提高材料与产品的耐盐雾腐蚀方面起到了非常重要的作用。随着环境科学技术的发展以及人们对工业产品可靠性要求的提高,盐雾试验的应用范围越来越多,现在已经应用到有机涂层、防锈油脂、金属材料甚至元器件和整个完整产品。

3.1.2 耐候性树脂

目前使用的耐候性树脂主要有氟化物材料、有机硅改性醇酸树脂、ASA树脂等。氟化物材料中PVF和PVDF有很好的耐紫外老化、耐臭氧老化、耐氧化老化等耐候性能,目前已成功应用于系留气球和飞艇囊体材料。

1. 氟化物材料

氟化物材料是性能优异的高分子材料,具有热稳定性高、介电常数低、吸湿性低、可燃性低、表面能低、优异的耐候性和极好的耐化学性。目前,已被广泛应用于航空航天、原子能、电子、电气、化工、机械、建筑、轻纺、医药等工业部门,并日益深入到人们的日常生活中。

高分子氟化物是目前耐候性最好的材料,这主要是由氟碳树脂的化学组成和结构特征所决定的。首先,C-F键能高达485kJ/mol,很难被外加能量破坏,再加之氟化物结构特殊,使得氟化物在耐热性、耐酸性、耐碱性、耐药品性、耐候性、疏水疏油性、耐玷污性、不黏性、生物体适应性、气体选择透过性、射线敏感性和低摩擦系数等方面有优良的表现。其次,氟元素是电负性最强的元素,氟原子的电负性为4.0,对核外层电子吸附能力强,难以阳离子化。再次,C-F键距短,不易被极化,范德华半径为13.5nm,C-F键的极化率为0.68(c·m^2)/v。因此,氟树脂是制备高耐候性材料的最佳选择。但氟树脂必须添加防老化剂实现对紫外线的吸收和屏蔽作用,以避免紫外线透过氟化层伤害到囊体材料的内层材料。

目前,使用中的氟树脂品种主要有聚四氟乙烯(PTFE)、聚三氟氯乙烯(PCTFE)、PVDF、PVF、四氟乙烯－氟丙烯共聚物(FEP)、乙烯－三氟氯乙烯共聚物(ECTFE)、乙烯－四氟乙烯共聚物(ETFE)、四氟乙烯－全氟烷基乙烯基醚共聚物(PFA)、四氟乙烯－六氟乙烯－偏氟乙烯共聚物(THV)和四氟乙烯－六氟丙烯－三氟乙烯共聚物(TFB)等。

目前,应用于飞艇和系留球的氟化物材料有 PVF、PVDF,在耐候性、耐弯折、耐磨损、自洁性等方面都有不错的表现。

1) PVF 树脂

PVF 树脂是白色粉末状部分结晶性聚合物,具有轻质、高强、弹性系数大、尺寸稳定、伸长变形小、自洁性好、耐候性好、气密性好等优点。PVF 密度为 $1.39g/cm^3$,熔点为 190～200℃,软化点约 200℃,分解温度 210℃ 以上,但在 200℃ 下,15～20min 就开始热分解,若在 235℃ 时,经 5min,则剧烈分解而最后碳化。PVF 长期使用温度为 -100～150℃,分子量为 6 万～18 万。PVF 是氟塑料中含氟量最低、密度最小、价格最便宜的一种,由于分解温度接近于加工温度,不宜用热塑性成型方法加工,因此大多加工成薄膜和涂料。PVF 稍重于聚氯乙烯薄膜,具有一般含氟树脂的特性,并以独特的耐候性著称。根据不同的加工条件及制品厚度,PVF 有不同透明度,能透过可见光和紫外线并强烈吸收红外线。正常室外气候条件下 PVF 使用期可达 25 年以上,是一种高介电常数(8.5)、高介电损耗(0.016)的材料,且 PVF 收缩小且稳定。PVF 还具有耐挠曲性能好,反复折叠不易开裂的特点。

目前,杜邦公司生产的 Tedlar 牌 PVF 薄膜已成功应用于系留气球和飞艇囊体材料。Tedlar 薄膜有着出色的韧性、耐久性和 25 年以上的耐候性,是目前最优异的囊体材料耐候层材料之一。

2) PVDF 树脂

PVDF 是一种白色线状结晶聚合物,分子量 40 万～60 万,结晶度 60%～80%,分子中含氟量为 59%,密度 1.75～1.78g/cm³,吸水率 <0.04%,玻璃化温度为 -39℃,脆化温度在 -62℃ 以下,结晶熔点约 170℃,热分解温度 >316℃,长期使用温度 -40～150℃,具有自熄性。韧性高是 PVDF 最重要的特点,PVDF 是氟塑料中拉伸强度较高的产品,冲击强度和耐磨性能较好。PVDF 的抗紫外线和耐老化性能优异,在波长 2000~4000Å 的紫外线辐照下,仍然能保持稳定,其薄膜置于室外一二十年也不变脆龟裂。PVDF 的物理性能如表 3-2 所列。

表 3-2 PVDF 物理性能

项目	数值	项目	数值
密度/(g/cm³)	1.75~1.78	热分解温度/℃	379
硬度/HS	76~80	燃烧速度	V-0
熔化温度/℃	165~170	屈服强度/MPa	34~48
折射率	1.42	拉伸强度/MPa	28~41
耐磨性/(mg/1000(r/min))	17.6	断裂伸长率/%	50~250
吸水率/%	0.03	抗拉模量/MPa	1399~2099
成型收缩率/%	2.0~3.0	抗弯强度/MPa	48~62
热传导率/(W/(m·K))	0.11~0.13	抗压强度/MPa	69~103
热膨胀系数/℃	10.5	冲击强度(悬臂切口)/(J/M)	160~267
热变形温度/℃	125~135	冲击强度(悬臂无切口)/(J/M)	1068~2136

在室温下 PVDF 的抗拉强度是 PTFE 的 2 倍多,而在 1000℃ 以上是 PTFE 的 3.5 倍;压缩强度是 PTFE 的 6 倍,抗弯强度是 PTFE 的 4 倍,抗蠕变性能也优于 PTFE,在荷重 100kg 下经 100h 后,常温的蠕变值只有 2.2%;PVDF 的硬度较高,其耐磨性略低于尼龙;PVDF 在 80℃ 时的吸水性仅为 0.03%;此外,PVDF 的化学稳定性良好,只有发烟硫酸、强碱、酮、醚等少数化学品能使其溶胀或部分溶解。

与丙烯酸树脂、聚酯、有机硅及其改性的产物相比,含氟树脂涂料可为基材提供更长久的保护和装饰,以 PVDF 树脂涂层为例,与丙烯酸树脂、聚酯、有机硅树脂进行了耐候性比较。研究表明,以 PVDF 为基础制得的涂料无论是加速老化实验,还是天然曝晒 10 年或更长时间,其涂膜均未发生显著的化学变化。PVDF 涂料目前已得到广泛应用,如美国 Atofina 公司的 Kynar500 和意大利 Ausimont 公司的 Hylar5000。对于含氟涂料的耐盐雾性能,国外文献已有报道,如日本旭硝子公司生产的室温干燥型含氟面漆耐盐雾时间可达 3000h 不起泡、不脱落。国内报道的含氟涂料可以做到 500h 漆膜无变化,飞机蒙皮含氟涂料经 2500h 后基本无变化。

3) PTFE 树脂

PTFE 为全氟化直链高聚物,由四氟乙烯单体(TFE)聚合制得,PTFE 表观呈半透明或不透明,密度为 2.1~2.3g/cm³,具有极高的相对分子质量,为高结晶度(92%~98%)有蜡状感觉的热塑性材料,熔点为 327℃,在熔点以上为透明状态,几乎不流动,为非熔流性材料。

由于 PTFE 分子结构简单、完全对称、无支链、线性好、氟碳键的键能高,因而,决定了它具有结晶度高、耐候性好、不吸水、不燃、不粘、介电性能优异、热稳定性和耐化学腐蚀较高及在较宽温度范围内的低摩擦系数等特殊性能。

PTFE 为全氟化直链结构,非极性分子,C-F 键和 C-C 键的键能分别为 485kJ/mol 和 347kJ/mol,其中 C-F 键能是所有化学单键中最高的。F 原子的范德华半径为 0.135nm,导致 PTFE 在晶态中采用螺旋构型,由于 F 原子的范德华半径较大而引起不成键氟原子之间有较大的排斥力,使得全氟乙烷(CF_3-CF_3)中转动势垒($16.7kJ \cdot mol^{-1}$)较大,揉曲性较小,使 PTFE 具有很高的熔点和熔融黏度。此外,氟原子的半径数值,使连接碳原子上的 F 原子恰好能够和扭转约 17°的第 3 个碳原子上的 F 原子紧靠着,这种紧密的连接和靠拢,正好把 C-C 主链覆盖起来,从而使 PTFE 耐化学腐蚀。PTFE 基本性能如表 3-3 所列。

表 3-3 PTFE 基本性能

项目		数值
拉伸强度/MPa		7~28
断裂伸长率/%		100~200
挠曲强度/MPa		无断裂
挠曲模量/MPa		350~630
负荷下形变/%	26℃,6.86MPa,24h	—
	26℃,13.72MPa,24h	15
肖氏硬度/HSD		50~60
吸水率/%		<0.01

PTFE 具有非常优异的使用性能,但是因其高熔体而使它不能延用通常较方便的熔融加工方法加工,这就促使人们寻找可熔融加工的氟碳聚合物。FEP 就是采用共聚的方法改进聚四氟乙烯加工性能的可熔融加工的氟碳聚合物。

4) FEP 树脂

FEP 简称 F46,是四氟乙烯和六氟丙烯的共聚物,其中六氟丙烯的含量约为

18%，是PTFE的改性材料，FEP和聚四氟乙烯一样，也是完全氟化的结构，不同的是，PTFE主链的部分氟原子被三氟甲基（$-CF_3$）取代。

FEP既具有与PTFE相似的特性，又具有热塑性塑料的良好加工性能，其基本物理性能如表3-4所列。因此，它弥补了PTFE加工困难的不足，使其成为代替PTFE的材料。FEP具有优良的耐热性、低摩擦性、不黏性、润滑性、耐化学腐蚀性、热稳定性、电绝缘性和可熔融加工性，广泛应用于电气、电子、化工、航空、机械等工业部门及火箭、导弹、宇航等尖端科学技术和国防工业等部门。FEP适用于氟塑料所能应用的各个领域，并能制作难于加工、形状复杂的制品，例如机械工业用作密封圈、仪器仪表零部件等；电气工业用作电线绝缘层、电缆护套等；化学工业用作泵、阀门、精馏塔、热交换器及其零部件、密封件；原子能工业中用作设备防腐材料及密封材料；医学上用作修补心脏瓣膜和细小气管等。此外，FEP因其具有质轻、耐候性好及太阳能输送率高，可用在太阳能收集器上。

表3-4　FEP基本物理性能表

项目	数值
密度/（g/cm^3）	2.12~2.17
拉伸强度/MPa	16~20
断裂伸长率/%	250~400
冲击强度/（J/m^2）	>12
布氏硬度/（kgf·mm^2）	3~4

FEP是改性的PTFE，它可用一切通用方法加工成型，特别是可挤出和压铸，这是PTFE无法比拟的。FEP能用通用方法加工是因为其熔融黏度比PTFE低百万倍。FEP与PTFE树脂某些性能对照如表3-5所列。

表3-5　FEP与PTFE的某些性能对照

项目	PTFE	FEP
熔点/℃	327	265~285
熔融黏度/（Pa·s）	10^{11}（350℃）	10^3~10^5（350℃）
熔融指数/（g/10min）	不流动（400℃）	0.5~35（327℃）
长期使用最高温度/℃	250~260	200~210

FEP具有结晶结构，其结晶度为30%~55%，与PTFE不同，FEP的结晶结构对成型条件特别是对冷却速度较不敏感，在加工温度下，可获得真正流动的

熔体,在其冷却时,一般不会生成气孔,因此其制品一般无气孔。FEP在不使用高压情况下可焊接,它比PTFE更耐辐射,在辐射和紫外线的作用下可以发生交联。FEP比PTFE更透明、较低冷流,但使用温度较低(比PTFE低50℃)、熔点较低(265~285℃),基本相近的分解温度(>390℃),在高频下(106Hz)有较高的介电损耗角正切值和高温下(200℃)体积电阻率。

FEP和PTFE一样,除了熔融的碱金属、氟、某些氟化物(如ClF_3)外,耐一切溶剂、浓酸、碱、氧化剂,在高温下,在乙醇、苯、四氯化碳、98%硫酸、96%硝酸(发烟)、氢氟酸、35%盐酸、50%液碱中,均不发生变化。FEP的渗透性低于PTFE,气体和液体通过FEP的渗透性极低,浸蚀性介质的扩散时间取决于厚度和使用温度。

2. 有机硅改性醇酸树脂

有机硅中硅氧键的键能达460kJ/mol,高于太阳光中的紫外线能量(315~415kJ/mol),因此,有机硅具有突出的耐紫外线分解能力。此外,有机硅还具有很好的热稳定性和耐化学腐蚀性。200℃时,有机硅才开始被氧化,生成甲醛、甲酸、二氧化碳和水,质量不断减少,同时黏度上升,逐渐成为凝胶,在250℃以上的高温下有机硅发生断裂,生成低分子环体。有机硅长期暴露在室外或臭氧浓度很高的环境中,也不会发生龟裂和黏性蠕变,物理性能和电性能基本无变化。有机硅由于难以产生由紫外线引起的自由基反应,也不易产生氧化反应,所以具有突出的耐候性。

有机硅的亲水/疏水特性、软硬度、热稳定性、化学反应活性等性能还可通过改变侧基基团来调节[27],从而大大拓展了其应用场合。有机硅不能直接制成薄膜,但可改性醇酸树脂、环氧树脂、聚氨酯树脂等,以提高上述树脂的耐候性;有机硅改性醇酸树脂既保留了醇酸树脂室温固化以及物理和机械性能好的优点,又兼具有机硅树脂耐热、耐紫外线老化及耐水性好的特点[28],是一种综合性能优良的树脂。王瑞莲[29]利用环氧基有机硅氧烷中的环氧基与醇酸树脂分子链中的醇羟基、羧基进行反应,从而将有机硅氧烷链段引入水性醇酸树脂体系中,合成了耐水性、防污性、耐候性、滑爽性及防腐性均优良的水性环氧基有机硅氧烷改性醇酸树脂。

环氧基有机硅氧烷单体含有甲氧基甲硅烷无机活性基官能团,该官能团水解后形成的硅羟基与无机材料表面的羟基发生缩合反应,从而可以提高水性醇酸树脂对底材的附着力,同时,由于醇酸树脂支链部分有机硅氧烷链段的引入,大大提高了该水性醇酸树脂的干燥性能、耐候性、耐久性、耐热性和耐水性。

水性醇酸树脂也可应用于水性工业防腐涂料中,将其与有机胺中和,制得水性工业涂料,采用喷涂方式涂覆于标准马口铁板表面上,室温放置7天后,铁板表面形成一层厚度为25~30μm的漆膜,取出放至恒温,进行各项性能检测,检测结果如表3-6所列。

表3-6 水性醇酸树脂检测结果

项目	检测结果
固含量/%	74~76
酸值/(mgKOH/g)	100~120
漆膜厚度/μm	27
附着力/级	1
耐水性	240h 不起泡、不脱落
耐盐雾	240h 无异常
耐老化	500h 不起泡、不开裂、不剥落

由测试结果可以发现,制得的产品各项性能很好,同时也有很好的耐老化性。

3. ASA 树脂

ASA 树脂是丙烯酸酯类橡胶体与丙烯腈、苯乙烯的接枝共聚物,密度为 $1.07~1.09g/cm^3$,与丙烯腈-丁二烯-苯乙烯(ABS)塑料相比,由于引入不含双键的丙烯酸酯橡胶取代丁二烯橡胶,因而,耐候性有了本质的改变,比 ABS 高出 10 倍左右;该树脂除有显著的耐候性外,还具有下列特点。

(1)耐冲击性好,在宽广温度范围内都保持高的冲击强度。

(2)机械强度高,拉伸强度、挠曲强度和刚性等良好,而且这些性能间可以取得均衡。

(3)耐热性优良,在高温下强度不下降、不变形、热稳定性优良。

(4)较好的电绝缘性能。

(5)耐药品性好,能耐碱、动物油、植物油。

(6)具有非常好的着色性,可以染成各种鲜艳的颜色。

(7)具有非常好的加工性能,可用通常的成型机械进行加工。

BASF 公司生产的 ASA 树脂,商品名称为 Lurans。Lurans 有两种性能较好的挤出级耐候性 ASA 树脂,分别是新 Lurans 776SE 和 Lurans 797SE。新 Lurans 776SE 熔体指数为8g/10min,缺口悬臂冲击强度331J/m,拉伸模量为2299MPa,热变形温度75℃;Lurans 797SE熔体指数为7g/10min,缺口悬臂冲击强度597J/m,拉伸模量1999MPa,热变形温度92℃,两者都有好的光泽和耐化学性。

一般来说,能引起ASA树脂老化的光波长为250~290nm,此波长在太阳光中几乎不含有,所以阳光对它没有重大的影响。ABS树脂中的橡胶成分是丁二烯,双键上邻位氢的解离能为163.25kJ/mol,而与此对应的ASA树脂主链上 – CH_2 – 的氢的解离能高达376.74kJ/mol,如果将这一解离能推算成波长,则ABS树脂在700nm以下,ASA树脂在300nm以下,阳光中仅含极少量能引起ASA树脂光氧化的波长部分。因此,ASA树脂难以发生光氧化,与此相反,ABS树脂则受到各种波长光的影响,因此很容易老化。表3-7所列为某款ASA树脂成型制品用日光老化测试仪(主要发射波长为290~400nm的短波紫外光,可有效模拟太阳光中短波紫外光)老化100h和200h后性能变化,并与室外暴露结果进行对比。可以发现,ASA树脂具有很好的抗紫外老化性能。

表3-7 ASA树脂老化后物性变化

性能	初始值	紫外老化		室外暴露	
		老化100h后	老化200h后	3年后	6年后
拉伸强度/MPa	37	38	38	37	36
断裂伸长率/%	30	24	19	23	20

4. 氟硅改性丙烯酸树脂

溶剂型丙烯酸类树脂具有较好的成膜性、保光保色性,且干燥迅速,涂膜光泽高,成本较低廉,因此广泛应用于涂料领域。但丙烯酸树脂自身的结构特征决定其耐候性、耐水性不够理想,耐寒、耐热、耐紫外老化及耐沾污性较差,使其应用受到一定限制[30]。含硅有机聚合物具有较低的玻璃化转变温度、优良的耐高低温性、耐氧化降解性、耐候性和优异的疏水性、保光性、耐紫外光等性能[31-32]。含氟有机聚合物具有疏水性、疏油性、化学稳定性、耐候性、耐腐蚀性、耐氧化性等优异性能[33]。

综合考虑氟硅二者的优缺点,若将氟硅两种元素同时引入到丙烯酸酯聚合物中,扬长避短,互相补充,制成的氟硅改性丙烯酸树脂(简称氟硅树脂)应该具有更优越的性能。然而,能否将各自的优点结合在一起,仍需进一步研究。

大连振邦氟涂料股份有限公司的李娜等[34]将带有双键的有机硅聚合物与含双键的氟单体及丙烯酸类单体直接进行自由基共聚,生成改性的共聚物树脂,所用配方如表3-8所列。

表3-8 氟硅改性丙烯酸树脂配方

原料名称	规格	质量份
丙烯酸酯类单体(3种)	工业级	364.1
有机硅聚合物	自制	84.9
含氟单体	试剂级	31.0
引发剂	工业级	7.9
羟基酯单体	工业级	49.1
分子量调节剂	试剂级	4.7
醋酸丁酯	工业级	458.3

对所合成的氟硅树脂进行检测,其检测结果如表3-9所列。

表3-9 氟硅树脂性能检测结果

项目	结果
外观	无色透明液体
固体含量/%	≥50
色泽	≥1
酸值/(mgKOH/g)	≥0.4
羟值(原液)/(mgKOH/g)	33
密度/(g/cm^3)	1.007

将氟硅树脂、钛白粉、助剂、溶剂等依次加入罐中,经过高速分散、研磨、过滤得到涂料成品,对其进行性能测试,如表3-10所列。其中老化测试采用的是QUV-B 313nm人工加速老化机,业内认为313nm紫外加速老化机测试结果相当于氙灯老化机测试结果的2倍左右。

表3-10 涂料的检测结果

项目	结果
厚度/mm	1
附着力(级)	1
储存稳定性(50℃)/天	>30
耐高温	200℃黄变
耐老化(老化测试机为QUV-B 313nm)	2648h后保光率为73.4%,色差为0.91
耐盐雾/h	≥600

5. 氯磺化聚乙烯

氯磺化聚乙烯(CSM),系聚乙烯经氯化和氯磺化反应而制得的具有高饱和化学结构的含氯特种弹性材料,属高性能橡胶品种。由于分子结构含有起交联点作用且极性强的氯磺酰基团,故 CSM 具有良好的耐热、耐候性、抗氧化性能以及抗化学腐蚀、抗离子辐射和色泽稳定性,此外,其物理机械及电绝缘、抗磨蚀、耐油、耐燃等性能良好,实用价值高。氯磺化聚乙烯胶黏剂具有优良的弹性、坚韧性、耐磨性和高度抗化学品性,与颜料并用时能吸收紫外线,耐久性好,但附着力较差。

氯磺化聚乙烯是具有高饱和化学结构的弹性体。CSM 平均数均分子量范围一般在 40000~130000,其中 CSM2910 为 30000、CSM4010 为 40000、CSM3304 为 120000、CSM2305 为 100000,相对密度为 1.06~1.29,门尼黏度为 30~90,脆性温度为 -58~39℃,氯、硫含量范围分别为 25%~45% 和 0.5%~2.0%。CSM 的热塑性使其外观多呈白色和乳白色的颜色,能溶解在烃中,在醚和酮中只发生溶胀,在醇和脂肪烃中既不溶胀也不溶解。CSM 分子中的氯磺酰基使其具有良好的机械性能和高活性性能。

美国杜邦公司在 1952 年中试生产 CSM,以 Hgpalon-S-2 商品名上市,1955 年实现工业化生产,1957 年大规模建装置。20 世纪 80 年代初,日本电化和东曹公司拥有了工业化生产能力。目前,全球仅美、日、俄、德和中国生产 CSM,总产能已超 6.5 万吨/年。由于 CSM 的诸多优异性能,使其在电工、化工、汽车、救生器材、制鞋等行业应用,逐渐引起人们的重视。

由于 CSM 的高饱和化学结构及含强极性氯磺酰基团但不含双键,故其具有良好的耐热、耐候和抗氧化性能、化学稳定性强(对氧化剂、硫酸、硝酸、铬酸、次氯酸钠等)。氯磺化聚乙烯的基本物理性能是由原料聚乙烯的品种引入的氯原子及氯磺酰基基团决定的。氯磺酰基基团活性很高,为 CSM 提供交联点,使之易于硫化,其他的物理性能主要由原料品种和氯含量决定。由于主链上无不饱和键,故与其他二烯类橡胶相比,在耐候性、耐臭氧性和耐热性等方面更加卓越,而分子链中氯的引入使聚乙烯的结晶性消失而产生弹性的同时,又凭其极性赋予 CSM 耐油性和耐燃性。其突出特性如下。

(1) 抗臭氧性能优异,制品中无需加抗臭氧剂。

(2) 耐热老化性能优良,加入适当的防老剂,耐热性可达 150℃。

(3) 在日光暴晒下的自然老化性能优越,耐候性优良。与适当的紫外线遮蔽(TiO_2、炭黑等)配用,在大气中曝晒时间可以达到 3 年以上。

(4) 低温性能差，-30℃以下有一定屈挠性，-50℃发脆。

(5) 物理机械性能良好，但压缩永久变形大。

(6) 耐燃性能良好。

(7) 耐化学药品性良好。

(8) 耐油性好，仅次于丁腈橡胶和氯丁橡胶。

(9) 加工性能好，有较大的热塑性，不必塑炼。

原料聚乙烯的分子量、支化度和结晶度对氯磺化聚乙烯性能的影响大。随着分子量的增大，聚合物的刚度增高，热塑性减小，所制得的氯磺化聚乙烯的加工性变差，由这种氯磺化聚乙烯制得的胶料的永久变形增大。随着平均分子量的降低，所制得的氯磺化聚乙烯，其硫化胶的物理机械性能变坏。用分子量分布较窄、结构规整且结晶度高的聚乙烯制得的氯磺化聚乙烯，具有最佳的性能。

3.1.3 耐候性薄膜

耐候性薄膜一般都被设计在飞艇囊体材料的外层，用于防紫外线辐射。早期飞艇并没有耐候层，自20世纪60年代末以来，人们在飞艇囊体材料外层增加了耐候层（同时也兼具气密作用），从而使得囊体寿命大大延长。

目前，应用较广泛的耐候性能好的耐候层材料主要有PVF、PVDF和热塑性TPU薄膜。在耐候层材料中添加一定量的填料，如铝粉、二氧化钛等，它们不仅起装饰作用，还可反射热量，减低飞艇表面温度，从而有效地避免了飞艇内部气体受热膨胀导致的材料受损。

1. PVF薄膜

PVF薄膜可不受油脂、有机溶剂、碱类、酸类和盐雾的侵蚀，电绝缘性能良好，还具有良好的低温性能、耐磨性和气体阻透性。PVF涂料也具有良好的耐候性，对化学药品有良好的抗腐蚀性，但不耐浓盐酸、浓硫酸、硝酸和氨水。

目前，美国杜邦公司生产的Tedlar得到了广泛的应用，它具有质轻、高强、尺寸稳定、气密性好的特点，同时也具有不错的耐磨损、自清洁性能，加速老化试验证明它的使用寿命可达20年之久。1991年，美国海军Sentinel 1000飞艇首飞，其囊体材料主要由Tedlar薄膜与PET织物复合而成，不仅具有优异的耐候性，而且对雷达具有隐身性能。此外，Tedlar膜还被应用到Sheldahl公司生产的CBV-250A型系留气球上。目前，国内已开展PVF生产工作，其物理性能如表3-11所列。

表 3–11　PVF 物理性能

项目	数值	项目	数值
密度/(g/cm³)	1.39	拉伸强度/MPa	30~50
厚度/μm	40~50	断裂伸长率/%	75~85
紫外透过率/%	<0.1	可见光透过率/%	10
表面张力/(N/m)	28	氦气渗透率/(L/(m²·24h·atm))	1.5

2. PVDF 薄膜

除 PVF 之外，PVDF 也是一种很好的耐候性材料，PVDF 具有以下特性。

（1）完全抵御日光降解。

（2）优异的耐化学品和耐溶剂性。

（3）高耐磨性。

（4）很好的耐沾污性。

（5）不支持真菌和细菌的生长，具有较好的阻燃和低烟特性。

（6）对大多数气体和液体的低渗透性。

（7）高介电强度和体积电阻。

（8）很好的热稳定性。

（9）在高温下的高机械强度。

（10）易于加工、成型与焊接。

（11）高纯度。

（12）耐 γ 射线和电子束照射。

（13）材料的可得性。

众所周知，PVDF 树脂制备的氟涂料具有无与伦比的耐候性，因此，作为膜材料它也有着比 PVF 更好的耐候性，其黄变指数和老化后的机械强度等性能也都要好于 PVF 材料。对于电性能而言，PVDF 制备的膜与 PVF 相比其表面/体积阻抗、介电强度、耐干电弧性能和热线融化率与 PVF 相当，而阻燃性比 PVF 更好。至于气体渗透性，PVDF 与 PVF 相比毫不逊色。

PVDF 分子链中聚烯烃分子的碳链呈锯齿形，其氢原子被电负性较大的氟原子取代后，氟原子与相邻的氟原子相互排斥，从而使得各个氟原子不在同一平面内，并沿碳链呈螺旋分布，故碳链的四周被一系列性质稳定的氟原子包围，这种几乎无间隙的空间屏障使得任何原子或基团都不能进入其结构内部破坏碳链。这样的分子结构使其表现出极高的化学稳定性和热稳定性，同时，由于

PVDF中氟原子的极化率很低,所以其聚合物还表现出高度的绝缘性。另外,这种氟有机化合物的共价键足以阻止对有机物起破坏作用的可见光-紫外光波段中光子的进入,所以PVDF粉末涂料的耐候性极好,可抗拒紫外线与核辐射,同时,对大多数气体与液体渗透力低,并具有防霉菌性能而被应用于医药与食品工业上。正因为PVDF具有上述的结构特点,使得这种材料是含氟树脂中综合性能最好的一种通用树脂,被誉为含氟树脂中的"贵金属"。

在含氟树脂中,PTFE性能出色,但其加工性能却较差;PCTFE成型加工较困难;聚全氟乙丙烯(PEP)的机械性能差;可溶性PFA价格昂贵。PVDF却独具耐热、耐蚀、耐候、抗氧化、抗辐射、不老化、机械强度高、加工性能好和使用寿命长等特性而倍受注目。特别是在一些腐蚀条件苛刻的场合,过去用钛合金、蒙乃尔等合金制品,当今则可以用PVDF成型制品取代,从而在防腐工程中获得良好效果。

PVDF不同于其他氟塑料,有着极好的耐辐射性,其薄膜制品在室外阳光风雨中淋晒3000h,抗张强度无大变化;在化工环境中使用一年,其机械性能未见下降。这是任何其他氟塑料所不具备的耐候性。PVDF薄膜经$3 \times 10^8 Gy$ γ射线辐照后,其性能未见严重下降;而PTFE在$8 \times 10^6 Gy$下,已发脆到不能测试。

PVDF的熔点(约170℃)与分解温度(316℃)相差100℃以上,热稳定性高,因而,具有良好的成型加工条件,但是其导热较差,熔体黏度较高,在选择加工设备时,应予以充分考虑。

PVDF通常的加工方法是模压、挤塑、注塑、浇铸等。其中注塑成型更能显示其优良的成型加工性能。成型温度为200～280℃,超过300℃即发生热分解而炭化,故应避免长期高温条件下使用。PVDF通过挤出成型,可加工成管材、软管、薄膜、片材、单丝、电线电缆护套以及异型制品等。

李同兵等[35]对囊体材料用耐候层材料展开了深入研究。当前,耐候层材料几乎全部为透明聚合物薄膜,具有很高的紫外-可见光透过率,不能实现对紫外及可见光等敏感物质的遮蔽和保护,紫外线容易穿过薄膜对囊体材料内部造成损伤,为了弥补这个缺陷,李同兵研发了一种白色、完全不透明的单层耐候层薄膜,该薄膜通过光散射原理可散射掉绝大多数的可见光和紫外线,具有出色的紫外-可见光阻隔功能,提高了复合薄膜使用寿命。

该复合薄膜可由聚合物和无机填料的混合物制造而成。其中聚合物可为PVF、PVDF、聚对苯二甲酸乙二醇酯(PET)、热塑性TPU、聚氯乙烯(PVC)、PE和聚丙烯(PP)中的任意一种或几种,可按需求进行组合。TiO_2、ZnO是常用的无机紫外吸收剂,紫外吸收效率高且无毒,耐候性好。此外,TiO_2、ZnO 具有较高的光折射率,对可见光具有很强的散射效应。颜料级的 TiO_2、ZnO 更是具有较高的背向光散射效率,可有效地反射可见光,降低可见光透过率,赋予薄膜可见光阻隔功能,外观为白色。$CaCO_3$ 也是一种常见的白色填料,与 TiO_2 或 ZnO 共用产生更好的光遮蔽效果,经济实用。炭黑对紫外和可见光区的辐射都有很高的吸收效率,是最常用的抗老化剂之一。

对制备好的复合薄膜进行紫外-可见光光透过率和反射率测试,结果如图 3-2 所示,可以发现复合薄膜总的可见光透过率小于 10%,紫外光透过率几乎为 0,在全可见光波段内有很高的反射率。此外,复合薄膜白度值(WI)为 90,对比率值超过临界值(98%)呈完全不透明状态。

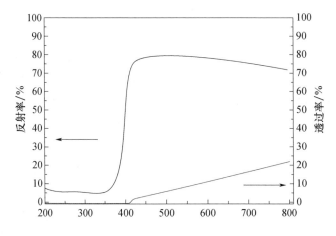

图 3-2 复合薄膜紫外-可见光光透过率和反射率谱图

将制备好的复合薄膜室外放置 3 个月后,其紫外光透过率仍为零,对比率值≥98%,其耐候性能优于市面上常见的耐候层功能薄膜。

3. 耐候性聚氨酯

聚氨酯和其他高分子材料一样,耐候性较差,户外使用时易发生泛黄、龟裂、力学性能下降等现象。自聚氨酯工业化以来,工业界一直在研究光氧化和降解问题,但是由于聚氨酯结构随工艺的变化很大,所使用的添加剂必须与树脂的各组分相容,最终成为树脂的一部分,这给研究聚氨酯的耐候性增加了难度,因此,关于这方面的报道较少。

提高聚氨酯材料的耐候性大致有两种途径,即改变聚氨酯的结构和添加稳定剂,本书仅就后者进行讨论。聚氨酯稳定剂大致可分为无机稳定剂和有机稳定剂两类。有机稳定剂是用于聚氨酯的主要品种,主要分为以下几种。

1) 自由基链封闭剂

自由基链封闭剂的稳定机理是其大分子中所含的活性氢原子与降解过程中生成的大分子自由基反应,生成稳定的大分子氢过氧化物自由基。

该类封闭剂包括受阻酚和芳香族仲胺等。受阻酚类自由基链封闭剂主要有抗氧剂264、抗氧剂1010、抗氧剂2246、三甘醇双-3-丁基-4-羟基-5-甲基苯基丙酸酯等。芳香族仲胺类自由基链封闭剂有 $N,N'-2$ 二苯基对苯二胺、$N-$苯基$-N'-$环己基对苯二胺、$N-$苯基$-N'-\beta$ 萘基对苯二胺、$N-$苯基$-N'-$异丙基对苯二胺等。胺类稳定剂易使产品着色,应慎用。

2) 过氧化物分解剂

过氧化物分解剂有硫酯和亚磷酸酯两类。硫酯类抗氧剂有 DLTP-2,2′硫代双[3-(3,5-二叔丁基-4-羟基苯基)]丙酸乙酯等,亚磷酸酯类化合物有抗氧剂168、亚磷酸(壬基苯基)酯、二亚磷酸季戊四醇二异癸酯和亚磷酸苯二异癸酯等。该类稳定剂常与自由基链封闭剂并用,一般不单独使用。该类稳定剂抗过氧化物分解的作用机理是:将氢过氧化物还原成相应的醇,而自身则转化成磷酸酯。

3) 紫外线吸收剂和受阻胺光稳定剂

传统的紫外线吸收剂有苯并三唑、二苯酮、三嗪类等,是用于聚氨酯的重要的光稳定剂,受阻胺类光稳定剂(HALS)是一类新型光稳定剂,其稳定机理独特,也是用于聚氨酯的主要光稳定剂。二苯酮和苯并三唑稳定剂的光稳定机理基本相同,其分子结构中都存在着分子内氢键构成的一个螯合环,当它们吸收紫外光能量后,分子做热振动,氢键破坏,螯合环打开,分子内结构发生变化,将有害的紫外光变为无害的热能放出,从而保护了材料。

HALS光稳定剂是20世纪70年代发展起来的一类新型光稳定剂,其稳定机理独特,不吸收波长高于250nm的光,具有优异的稳定性能,而被广泛应用。在光氧化的条件下,HALS可以转化(至少部分地)成硝酰自由基,被认为是真正的稳定组分,它可以捕获自由基,起到稳定的作用。

苯甲酸酯类光稳定剂,由于其价格较低,有一定的稳定效果,也被用作聚氨酯的光稳定剂,但是用它稳定的材料光照后易变黄,限制了其应用。

虽然我国的聚氨酯工业已形成了一定的规模,但关于聚氨酯耐候稳定性的研究还较少。山西化工研究所、中国工程物理研究院化工材料研究所和中国兵器工业集团第五三研究所等对此进行过一些研究。

聚氨酯的降解具有双重机理，即通过直接吸收紫外线辐射进行光致费瑞(Fries)重排，重排产物与由光引发的自由基进行氧化反应。聚氨酯的稳定化处理，必须从两方面进行：一是加入紫外线吸收剂，以减少直接吸收光辐射；二是加入诸如酚类抗氧剂或HALS，以抑制自由基氧化反应的进行。

(1) 紫外线吸收剂的使用。常用的紫外线吸收剂有苯并三唑、二苯酮和三嗪类稳定剂，实验结果表明，苯并三唑类中的UV2327和UV2328的作用相近，而三嗪类的UV21164和UV2531（二苯酮）的稳定作用较好。一般来说，任何一种稳定剂单独使用时往往效果较差，必须与其他稳定剂并用。以聚氨酯样品经氙灯照射500h后的黄度指数变化值为指标时，有如下情况。空白试样黄度指数变化值为52；单独使用UV2328时，黄度指数变化值为46.8；UV2328与UV2765并用时，黄度指数变化值为31.6；单独使用UV21（一种高效光稳定剂）时为37.3，UV21与UV2765并用时，黄色指数变化值为22。从上述数据中可以看出，稳定剂的协同作用明显。

(2) 抗氧剂、紫外线吸收剂、光稳定剂并用。对于聚氨酯泡沫塑料制品的光稳定性，除了加入HALS和紫外线吸收剂外，还必须加入抗氧剂。表3-12列出了不同抗氧剂对白色聚氨酯泡沫塑料光稳定性的影响。

表3-12　不同抗氧剂对白色聚氨酯泡沫塑料光稳定性的影响

抗氧剂	黄度指数增加20个单位所需的时间/h
AO-35	80
AO-5	130
AO-3	140
AO-10	140
AO-4	180
AO-9	220

从表3-12中可以看出，不同的抗氧剂的稳定作用相差很大，AO-35分子中含有氨基，易引起色变，黄度指数增加20个单位所需时间为80h；AO-3、AO-5和AO-10为受阻酚类抗氧剂，效果较好；AO-4、AO-9是相对分子质量较高的酚类抗氧剂，效果最好；其中AO-4价格较低，效果好，是聚氨酯稳定体系中首选的品种。聚氨酯材料的稳定化技术十分复杂，除了前述添加稳定剂外，合成聚氨酯所用原料的结构、规格、制造工艺等对其稳定性的影响都很大。

3.2 高阻隔性材料

3.2.1 高阻隔性树脂

囊体材料的阻隔性能是以阻氦层为主、耐候层和热合层兼顾的方式实现的。20世纪60年代以前曾用天然橡胶、动物胶、蜡、硝酸酯和醋酸酯等交替涂在织物上形成气密膜,如Hindenburg飞艇囊体材料用纤维素膜做气密层。随着材料工业的发展,出现了氯丁橡胶、丁基橡胶等合成材料,大大提高了气密性。20世纪70年代后出现了更多阻隔性薄膜材料,如聚酯、聚偏氯乙烯、聚偏氟乙烯等。高分子薄膜之所以具有高气体阻隔性能,除了与其自身分子结构有关以外,还与在薄膜加工过程中可以采用双向拉伸提高高分子材料的结晶度有关。这种高分子膜不仅具有高阻隔性,而且具有高模量,可承受剪切应力。由此可见,具有高气体阻隔性能的高分子材料是平流层飞艇囊体气密层的首选材料。

1. 聚偏二氯乙烯(PVDC)

PVDC密度为$1.96g/cm^3$,玻璃化转变温度为$-17℃$,熔融温度为$198\sim205℃$,具有阻燃、耐腐蚀、气密性好等特性。由于极性强,常温下不溶于一般溶剂。它的缺点是光、热稳定性差,加工困难。

PVDC由于其分子间凝集力强,结晶度高,PVDC分子中的氯原子有疏水性,不会形成氢键,氧分子和水分子很难在PVDC分子中移动,从而使其具有优良的阻氧性和阻湿性,且其阻氧性不受周围环境湿度的影响。也就是说,在任何温度或湿度条件下,兼具卓越的阻隔水汽、氧气、气味和香味的能力,是公认的在阻隔性方面综合性能最好的塑料包装材料。

2. 乙烯-乙烯醇共聚物(EVOH)

EVOH是一种具有链式分子结构的结晶性聚合物,其比例通常为20%~40%的乙烯,60%~80%的乙烯醇。工业上制备分两步进行:首先,通过聚合反应制得乙烯-醋酸乙烯共聚物;然后,通过醇解(或成为皂化)反应制得乙烯-乙烯醇共聚物。EVOH与聚偏二氯乙烯和聚酰胺(PA)并称为三大阻隔材料。EVOH树脂的熔体质量流动速率为$0.7\sim20g/10min$,密度为$1.13\sim1.21g/cm^3$,熔点为$158\sim189℃$,拉伸断裂强度为44MPa。由于EVOH包装材料具有高性能、低成本、低污染等优势,使得其在包装材料、医用材料、纺织材料、结构材料以及聚乙烯改性剂等方面具有广泛的应用,开发利用前景广阔。

EVOH 首先由美国杜邦公司在 20 世纪 50 年代通过乙烯与醋酸乙烯共聚、醇解反应得到[36]。1972 年,日本可乐丽公司最早实现了 EVOH 的工业化生产。EVOH 是一种链状结构的结晶性聚合物,集乙烯聚合物良好的加工性和乙烯醇聚合物极高的气体阻隔性于一体,是一种新型高阻隔材料,其阻气性比 PA 高 100 倍,比 PE、PP 高 1 万倍,比目前常用的高阻隔性材料 PVDC 高数十倍以上。另外,EVOH 的透明性、光泽性、机械强度、伸缩性、耐磨性、耐寒性和表面强度都非常优秀,同时,在高性能阻隔树脂中其热稳定性最高。EVOH 具有优良的耐油和耐有机溶剂性,这使得 EVOH 还可用来包装油类食品、农用化学品及有机溶剂等;EVOH 具有很好的抗静电性能,又可作为电子产品包装等;同时,它也能够再生,不含氯和二噁英,结构成分仅为碳、氧、氢,燃烧后不产生有毒气体,并且燃烧热约为乙烯的 1/2,是绿色环保产品,2010 年全球总产量已达 200kt。全世界 EVOH 的需求量正以每年约 10% 的速度增长。目前,我国尚无 EVOH 生产厂家,因此,急需开发高阻隔 EVOH 生产技术满足国内巨大的市场需求。

2010 年世界 EVOH 的生产能力如表 3 – 13 所列。

表 3 – 13 2010 年世界 EVOH 生产能力统计

公司	生产能力/(kt/年)
EVALCA	68
NotlexLLC	28
EVAL	44
合成化学	50
可乐丽	21
总计	211

EVOH 的显著特点是对气体具有极好的阻隔性和极好的加工性,EVOH 的阻隔性能取决于乙烯的含量,一般来说,当乙烯含量增加时,气体阻隔性下降,但难于加工。另外,EVOH 透明性、光泽性、机械强度、伸缩性、耐磨性、耐寒性和表面强度都非常优异。目前,国外主要生产商有美国的 EVAL 公司,日本的可乐丽公司和合成化学工业公司等。

3. 聚对苯二甲酸乙二醇酯(PET)

PET 分子结构的高度对称性和对亚链的刚性,使此聚合物具有高结晶度、高熔融温度和不溶于一般有机溶剂的特点,熔融温度为 257~265℃;它的密度随着结晶度的增加而增加,非晶态的密度为 1.33g/cm³,拉伸后,由于提高了结晶度,从 X 射线研究,计算出完整结晶体的密度为 1.463g/cm³。非晶态聚合物的玻璃化温度为 67℃,结晶聚合物为 81℃。聚合物的熔化热为 113~122J/g,比热容为 1.1~1.4J/(g·K),介电常数为 3.0~3.8,比电阻为 1011~1014Ω·cm。PET 不溶于普通溶剂,只溶于某些腐蚀性较强的有机溶剂,如苯酚、邻苯二酚、间甲酚等,PET 纤维对弱酸、弱碱稳定,其拉伸强度为 45MPa,抗裂伸长率为 350%,硬度为 130,吸水率为 90%。

4. 聚萘二甲酸乙二醇酯(PEN)

PEN 是由 2,6-萘二甲酸(NDCA)或 2,6-萘二甲酸二甲酯(NDC)与乙二醇(EG)反应生成的单体缩聚所得产物。它与 PET 结构类似,但由于萘环比苯环具有更大的共轭效应、更大的平面状结构,故分子链刚性高,因而,使它具有比 PET 更优异的物理机械性能、气体阻隔性能、化学稳定性及耐热、耐紫外线、耐辐射等性能,可代替 PET 广泛应用于薄膜、灌装容器、工程塑料、声光载体和纤维等领域,拥有广阔的潜在市场,是一种极具开发前景的新型热塑性聚酯材料。

PEN 和 PET 性能比较情况分别如表 3-14 所列。

表 3-14 PEN 和 PET 性能比较情况

性能	PET	PEN
熔点/℃	265	260
玻璃化转变温度(T_g)/℃	121	78
耐热性/℃	175	120
长久使用温度/℃	160	120
绝缘破坏电压/(CV/μm)	40	40
齐聚物抽出量/(mg/(m²·h))	2	15
耐水解性(在水中拉伸强度降低 60% 的时间)/h	200	50

PEN 的结构与 PET 相似,不同的是用萘环取代了苯环,几乎在各方面都优于 PET,其阻隔性约为 PET 的 5 倍,耐热性、耐化学药品性能更好[37]。随着其合成原料 2,6-萘二甲酸合成技术取得突破,国外 ICI 公司、Shell 公司、阿莫科公司、伊士曼公司等著名化工公司进行了生产并加快了应用研究。目前,在食品、饮料、药品、化妆品等方面已获得应用,如小尺寸碳酸饮料瓶、果汁、矿泉水、牛奶、啤酒瓶,婴儿食品(可蒸煮消毒)包装,要求高阻隔、耐辐射和耐化学药品

性的医药包装和强度高、耐冲击、耐化学药品、高阻隔的工业包装等。在啤酒、饮料包装方面,更是弥补了 PET 和玻璃的缺陷,成为近年来的热点话题。

西欧一些国家已经开始在市场上使用 PEN 啤酒瓶,保鲜效果与玻璃瓶相同,且更耐冲击、易回收。近年来,我国也进行了一定的研究,如仪征化纤股份公司产品技术开发中心进行了 PEN 的合成与工艺优化,桂林电科所也尝试合成了 PEN。目前,制约其发展的是原料合成技术不成熟,国内许多科研机构均进行研究,但是没有取得突破性进展,也有企业计划引进国外原料生产技术,进而合成 PEN。

尽管近年来国外对 PEN 合成技术进行了相当大的改进与完善,但是应用成本依然偏高,因此,复合化成为扩大 PEN 应用范围的有效途径之一。一方面,在 PEN 性能变化不大的前提下,降低生产成本;另一方面,在价格提高不多的情况下,大幅度提高复合材料的阻隔性及其他性能。目前,PEN 复合化研究成为包装业的热点话题,由于 PET 与 PEN 结构相似、来源丰富、价格便宜,并且在包装业中应用广泛,因此,研究最多的是 PEN/PET 复合材料。PEN/PET 共混成型关键在于二者的相容性,其衡量指标是酯交换率,因此,选择合理酯交换率是关键。PEN/PET 复合材料可以在现有用于 PET 的拉伸吹塑机上稍作修改后生产;PEN 与 PET 共聚后形成多种嵌段共聚物,可以在传统的拉伸、吹塑、注射设备上进行加工,从而使 PEN 在包装领域中处于更有利的地位。目前,利用 PEN/PET 共聚物和共混物可以制作耐热瓶、高阻隔瓶、紫外线吸收瓶、热成型容器等[38]。在聚酯中,PEN 阻隔性最好,但其价格昂贵,是 PET 的 8~10 倍,而且加工困难,这限制了其进一步应用。

5. 聚酰胺(PA)

PA 是一种结晶型塑料,俗称尼龙,密度为 $1~1.16g/cm^3$,制品坚硬有光泽,熔点为 215℃,热分解温度大于 300℃,平衡吸水率为 3.5%,拉伸强度大于 60MPa,伸长率大于 30%,弯曲强度为 90.0MPa,缺口冲击强度大于 $5kJ/m^2$;PA 一直作为多层复合膜中的重要阻隔材料而不断发展。PA 与聚烯烃复合,可以满足许多食品需要阻隔气体、香味、保持湿气的要求[39]。

近年来,国内外成功开发出 PA6 纳米阻隔复合材料,在阻透性、拉伸方面有明显提高,如国内岳阳石化研究院成功开发的纳米 PA6,与普通 PA6 相比,有更佳的阻氧性和耐热性;中国科学院化学所与日本尤尼奇卡公司也进行了纳米 PA6 的研究;美国伊士曼公司和 Nanolor 公司共同开发的 PA6/n-MMT 复合物,不仅有较高气体阻隔性能,而且与 PET 加工特性相符,相容性能好,也可以在

PET 加工机械上进行加工或者与 PET 进行共混合金化。

尼龙 MXD6 是近几年高速发展的一种结晶性芳香族尼龙,其主要性能如下。

(1) 在很宽的温度范围内,保持高强度、高刚性。

(2) 热变形温度高,热膨胀系数低。

(3) 吸水率低,且吸水后尺寸变化小,机械强度降低少。

(4) 成型收缩率很小,适宜精密成型加工。

(5) 涂装性优良,尤其适合高温下表面涂装。

(6) 对氧、二氧化碳等气体具有优良的阻隔性。

我国对塑料包装材料尤其是高阻隔性能包装材料的开发与生产尚处于起步阶段,在上述典型的高阻隔材料中,国内仅能够生产 PVDC 和 PA,其他方面的开发还处于空白状态[40]。一方面,我国许多塑料包装材料,尤其是食品、药品包装用高阻隔性材料,无法满足国际市场竞争;另一方面,国内对食品、药品的高阻隔性包装要求越来越高。我国目前高阻隔性包装材料研究开发生产均不能适应国内市场快速增长的需求,大力发展高阻隔性包装材料的社会效益和经济效益都非常明显[41]。

PET、PA 以及 PVDC 等具有优良的阻隔性能,但远不能满足 $0.1L/(m^2 \cdot 24h \cdot atm)$ 的平流层飞艇囊体材料阻隔性要求。因此,飞艇的囊体材料多采用 EVOH(乙烯-乙烯醇聚合物)等高阻隔性材料作为专门的阻隔层[42]。

3.2.2 高阻隔性薄膜

气体阻隔层能提供很好的阻气性能。早期的飞艇将牛肠皮膜衬在两层棉织物中作为气体阻隔层,以防止飞艇漏气。20 世纪 60 年代以前,人们曾尝试将天然橡胶、蜡、硝酸酯、动物胶和醋酸酯等交替涂在织物上形成气体阻隔层,如德国兴登堡号飞艇用纤维素膜作气体阻隔层。20 世纪 60 年代,人们将氯丁胶、丁基胶等合成材料涂于布上作气体阻隔层,使飞艇的气密性大大提高,但此时采取的方法都是将阻隔材料涂于基布上制成阻隔层,并没有出现专门的阻隔性材料。直到 20 世纪 70 年代,才出现了许多具有阻隔性的薄膜材料,如 PVDC、PET、PI、EVOH、PE、PVC 等。这些高分子聚合物膜不仅具有高气体阻隔性,而且具有高模量,可承受剪切应力。大量试验表明,聚酯是所有高分子材料中最具实际应用价值的气体阻隔层材料,美国系留气球的氦气阻隔层采用的就是聚酯薄膜,这种薄膜结构致密,具有良好的气体阻隔性,耐老化性好,并且不受大多数有机溶剂的腐蚀,是平流层飞艇囊体气体阻隔层的首选材料。美国 Skyship500 系列第一台飞艇的囊体材料采用的就是杜邦公司生产的 Mylar 型聚酯膜作为气体阻隔层。

所谓高阻隔性,即包装物对某种介质的低渗透率。通常,用透过系数即规定厚度的塑料材料在一定压力和温湿度条件下,单位面积、单位时间内透过气体的体积或重量表示。研究表明,可由费克第一定律评价聚合物薄膜的阻隔性,即

$$\Delta M/\Delta T = (P_A \cdot \Delta P_x)/L \tag{3-1}$$

式中:$\Delta M/\Delta T$ 为渗透介质通过薄膜的持续渗透量,数值越小,表明薄膜的阻隔性越好;P 为渗透系数。

高分子材料的化学结构和聚集态结构是决定透气能力的主要因素。通常,极性高分子如 PA、PAN、PVA、PET、PVC、EVOH 等的透气量低,都属于阻隔性包装材料。常见的高分子薄膜的透气量如表 3-15 所列。

表 3-15 几种高分子薄膜的气体透气量

（单位:mL/(m²·24h·atm)）

	H_2O	O_2	CO_2	N_2
PVDC	1~2	0.03	0.1	0.01
OPP	8~12	5~8	25~35	5~8
HDPE	5~10	4~6	20~80	1.0~1.5
PE	6~22	13~16	70~80	3~4
PA	120~150	0.03	0.1	—
PET	20~80	0.03	0.2	—
PVC	25~90	4~10	10~40	0.2~8
PS	700~1000	4500	11000	640
PC	40~50	0.1	1~7	640

由表 3-15 可知,PVDC 阻隔空气和水蒸气的性能优于其他塑料薄膜。PVDC 是法国于 1938 年发现的,后经论证,PVDC 树脂具有结晶构体,故具有优异的阻隔水蒸气和氧气的能力,其阻气性接近于金属。单层 PVDC 薄膜采用双向拉伸吹塑制取,具有收缩性、阻隔性、阻水性,在微波加热的条件下不分解,广泛用于家用保鲜膜;PVDC 与 PE、PP、高抗冲聚苯乙烯(HIPS)等合成树脂多层挤出用于真空奶制品、果酱等包装,其拉伸性能较好,适用于较大容积的包装;PVDC 与 PE、聚氯乙烯的复合片材适用于易吸潮、易挥发药品的包装。目前,国

内许多科研单位和生产厂家正集中研究 PVDC 与其他树脂复合层压薄膜技术及复合薄膜的耐高温技术。

日本吴羽公司在聚对苯二甲酸乙二醇酯、定向拉伸聚丙烯(OPP)、定向拉伸尼龙(OPA)薄膜上涂覆 PVDC 乳液后,其气密性大大提高,如表 3-16 所列。其中,涂覆厚度为 2.5μm。

表 3-16 涂覆 PVDC 前后氧气及水蒸气透过量比较

材料		膜厚/μm	透氧量/(mL/(m²·24h))	透湿量/(g/(m²·24h))
OPP	涂覆前	18	2400	4~10
	涂覆后	22	19	4
OPA	涂覆前	15	40	260~280
	涂覆后	17	16	12
PET	涂覆前	12	77	20
	涂覆后	14	17	12

可以发现,涂覆一层 PVDC 后,材料的氧气与水蒸气透过量均大幅下降。

由于 PVDC 是目前唯一被美国 FDA 认证可以与食品接触的高阻隔透明材料,因此,在许多塑料包装材料上涂覆 PVDC 乳胶也成为国际食品包装业常用的手法之一。PVDC 可用于多种基材上,如 PE、PP、PVC、PA、PET 等,以 OPP 薄膜为例,涂覆后透氧率可降低 100 倍,透湿量可降低 3 倍;涂覆可以是单层或多层,一般单层涂覆为 2.5μm 即可达到良好的阻隔效果。

但由于 PVC 及 PVDC 在回收时需焚烧而产生 Cl_2 对环境造成污染等原因,欧美国家及中国台湾等地区已转向使用 EVOH。

EVOH 中乙烯和乙烯醇的比例直接影响阻隔性,当乙烯醇含量为 60%~75% 时 EVOH 膜有极优异的阻隔性,由于 EVOH 具有易加工、易回收再生等优点,因此发展较快,目前,世界年需求量在 20000t 以上。

日本合成化学株式会社生产的 EVOH 商品牌号为 SOARNOL,各种型号的 SOARNOL 和 OPET、OPP 气体透过性能如表 3-17 所列。

表 3-17 SOARNOL 的气体阻隔性

材料	透气量/(mL/(m²·24h·atm))			
	N_2	O_2	CO_2	He
SOARNOL D、DT	0.018	0.23	0.49	110
SOARNOL DC	0.024	0.30	0.62	120

续表

材料	透气量/(mL/(m²·24h·atm))			
	N₂	O₂	CO₂	He
SOARNOL E,ET	0.041	0.53	1.3	180
SOARNOL A,AT	0.10	1.20	4.4	320
OPET	7.8	30.0	96	2600
OPP	600	1400	10500	25000

日本可乐丽公司生产的 EVOH 牌号为 EVAL,其部分薄膜以及其他高分子薄膜气体透过率如表 3-18 所列,其中 ONY 为聚酰胺,OPET 为单向拉伸 PET,OPP 为单向拉伸聚丙烯,LDPE 为低密度线型聚乙烯。

表 3-18 EVAL 部分薄膜以及其他高分子薄膜气体透过率
(测定条件:0%RH;单位:mL/(m²·24h·atm))

薄膜种类	H_2 (20℃)	N_2 (25℃)	O_2 (25℃)	CO_2 (25℃)	He (25℃)	Ar (35℃)	Ar (50℃)	Kr (35℃)	Kr (50℃)
F101B	30	0.017	0.27	0.81	160	—	0.5	—	0.4
E105B	200	0.13	1.23	7.1	410	1.6	7.0	—	1.8
ONY	—	12	38	205	2000	—	—	—	—
OPET	—	8	54	110	3100	—	—	—	—
OPP	10000	730	3400	9100	—	8100	28000	6900	23000
LDPE	—	3100	12000	42000	28000	19000	46000	25000	74000

可以发现,可乐丽公司生产的 EVOH 有较好的力学和热学性能,尤其是有很好的氦气阻隔性,目前已应用到飞艇囊体材料中。在包装领域,EVOH 可制成复合膜中间阻隔层,应用在所有的硬性和软性包装中;在食品业中用于无菌包装、热罐和蒸煮袋,包装奶制品、肉类、果汁、罐头和调味品;在非食品方面,用于包装溶剂、化学药品、空调结构件、汽油桶内衬、电子元件等。在食品包装方面,EVOH 的塑料容器完全可以替代玻璃和金属容器,国内多家水产公司出口海鲜就使用 PE/EVOH/PA/RVOH/PE 5 层共挤出膜真空包装。在加快 EVOH 复合膜研究的同时,国外也在研究 EVOH 拉伸取向薄膜,新型 EVOH 薄膜对气体的阻隔性能为现有的高性能的非拉伸 EVOH 薄膜的 3 倍。另外,EVOH 也可以作为阻隔材料涂覆在其他合成树脂包装材料上,起到增强阻隔的效果。

除此之外,PET 也具有良好的气体阻隔性,其氧气透过量为 194mL/(m² · 24h · atm),化学性质稳定,力学强度高、质量轻,因此有很好的发展前景。如美国 Dupont 公司生产的 Mylar 聚酯膜就是一种双向拉伸的 PET 膜,应用相当普遍。美国系留气球的防氦气渗漏层采用的 PET 薄膜是由分子量 20000~24000 的 PET 材料经双向拉伸而成,其厚度在 0.02~0.03mm,这种薄膜由于结构致密,因而具有良好的抗渗透性,且不受大多数有机溶剂的腐蚀,耐老化性能好。

MXD6 是近年来新开发的一种聚酰胺材料,是由间苯二甲胺和己二酸缩聚而成的半结晶性聚合物,气体阻隔性和热性能均明显优于 PA6,并具有较好的透明性,氧气渗透率比 PA6 小 10 倍。国外研究机构试验表明,用 MXD6 做阻隔层,效果要好于 EVOH。目前,美国杜邦公司等数家企业生产的 MXD6 与 PET 的共混料符合 FDA 有关接触食品的要求,低温阻隔性不如 PVDC,当温度升高后阻隔性优于 PVDC,而且其气味阻隔性和力学性能非常优异。

目前,MXD6 主要用于高阻透性薄膜和高强度阻隔性结构材料,其最大的特点是阻隔性不随湿度增加而降低,但是价格较贵,在部分领域使用受到限制。其主要原料间苯二甲胺在国内上海石油化工研究院、浙江温州清明化工厂等均有生产,国内也有部分从事聚酰胺合成与改性研究机构对 MXD6 合成与应用进行研究。

此外,聚烯烃弹性体(POE)也是一种高阻隔包装新材料,POE 本身无毒、无臭、透明,具有良好的抗渗透和抗油脂功能。POE 具有极高的气体阻隔能力,可使被包装产品保持原风味,防止受潮霉变,抑制细菌、蛀虫繁殖。

常用的一些塑料包装材料(如 PP 和 PVC)都具有一定的阻隔气体和水蒸气的性能,但是若用作特殊材料时便不能达到要求,于是,便出现了具有高阻隔性的各种复合包装膜。复合包装膜是塑料包装工业中最有活力、发展最快的一类包装材料,代表当今包装材料的发展方向。近年来,这类材料以 20% 的年增长率发展。典型的复合膜由主要受力层、阻隔层、热封层、可剥离层组成,主要受力层为 PS、HIPS、PP、PET 等,阻隔层为 EVOH、PA、PVDC 等,热封层为 HDPE、LDPE、LLDPE、CPP 等,可剥离层为 PP 等,相邻层之间(如树脂)相容性差,需加中间层。根据不同用途,用不同的材质制成不同结构的复合膜,常用的有 PET/PVDC/PE、OPP/PVDC/EVA、PVDC/PET/PE、EVOH/PVDC/EVA、PVC/PVDC/EVA、NY/EVA/PVDC/EVA 等。

根据工艺不同,复合包装膜及片材可分为涂覆包装膜、层合膜和共挤吹塑复合膜等,下面仅对应用较多的涂覆包装膜和多层共挤膜(片材)作一介绍。

1. 涂覆包装膜

由于PVDC与其他塑料相比,对很多气体和液体具有很低的透过率,为此,常被用作涂覆包装膜的涂层,而基材膜则选用耐穿刺能力强的BOPP、PET等。涂覆效果如表3-19所列。

表3-19 不同材料涂覆PVDC前后阻隔性对比

性能	材料					
	PVC硬片		BOPP膜		PET膜	
	涂覆前	涂覆后	涂覆前	涂覆后	涂覆前	涂覆后
水蒸气透过量 /(g/(m^2·24h·atm)) 38℃,90%RH	3~8	0.3~0.5	6.5	4	20	5.5
氧气透过量 /(mL/(m^2·24h·atm)) 38℃	20~30	1~5	2000	7~10	50	5

新开发的改进途径是采用特殊阻隔性能的涂层材料,即无机-有机混杂聚合物,这种新型材料能改进包装材料的重新利用程度。这种无机-有机聚合物涂层应用于HDPE,对烃类渗透率能降低97%。研究表明,多氧化硅蒸汽沉积在PET薄膜和再生玻璃纸膜上,对氧和水蒸气的阻隔性可以得到进一步改进。利用这些阻隔材料,多氧化硅蒸汽沉积PET膜的水汽阻隔性提高了两个数量级,多氧化硅蒸汽沉积再生玻璃膜的阻隔性则提高了30倍。日本尾池开发研究所最近开发的新产品"MOS",是在12μm厚的PET膜上真空蒸镀30~80nm厚的SiO_x,可用于蒸煮包装。

目前,国外的发展动向是开发具有高阻隔性、多功能、易回收利用的涂覆膜。如1993年日本Kassei公司推出一种透明高阻隔性SiO_x,它具有高阻气性、高阻隔水蒸气性能,其阻隔性相当于7~9μm厚的铝箔,与纸张复合回收时,可分离处理,大有取代PVDC膜的趋势。在英国市场上出现了真空喷涂陶瓷薄膜,可用于任何金属探测器,它既不同于喷镀金属的薄膜,也不会像PVDC和EVOH薄膜那样受温度影响过大,且焚化率高达98%,不产生有毒气体。

美国BOC涂覆技术公司对现有的溅射、蒸发、等离子体增强化学蒸汽沉积技术(PEVCD)进行了全面的研究,对比结果如表3-20所列。

表 3-20　各种涂覆技术比较

参数	溅射法	蒸发法	PEVCD 法
真空度	10^{-3}	10^{-6}	10^{-2}
功率/kW	几百	几十	—
过程温度	高	高	低
材料源	SiO_2	SiO/SiO_2	有机硅单体
原材成本	高	高/中	低
原材利用率/%	≈40	≈25	>50
涂层厚度/nm	40~50	150~300	15~30
薄膜颜色	黄	黄	明亮

根据该公司所进行的涂覆研究,从经济和涂层性能两方面考虑,PEVCD 技术比蒸发技术更有前途。

2. 多层共挤出薄膜(片材)

复合膜中除各种涂覆膜以外,还开发了干法复合、湿法复合、层合膜和共挤吹塑复合膜。复合法一般为热熔融涂布、干复合、热熔融挤出涂布、热熔融共挤出涂布、多层流延、多层吹塑等。

与其他多层复合膜工艺相比,多层共挤出复合膜生产工艺简单,操作人员少、消耗低,在许多情况下,能使聚合物得到良好的结合。多层共挤出复合膜多采用 ABCBA 5 层对称结构,以 PA 或 EVOH 为阻隔层,PE 为热封层。从其功能组合看,主要有阻隔、热封以及黏接 3 个功能。通过不同聚合物的组合满足包装物质防氧、防湿的要求,通常由 4 种聚合物组成,但市场上也已出现了 7 层、9 层、11 层甚至更多层数的共挤出复合膜。其中以 PVDC 类为中间阻隔层的共挤复合膜发展最快、产量最大。这是因为 HCl 的洗脱技术已研制成功并应用于新型喷雾干燥洗脱塔,从而能对产物污染进行有效的控制。

高阻隔性共挤流延薄膜是 20 世纪 80 年代末开发成功的塑料包装材料,现在发达国家已广泛应用于水产品、乳制品、水果等包装上。国内也有厂家具备生产此种材料的能力,如某种高阻隔性共挤流延薄膜的水蒸气透过量达 $3.93g/(m^2 \cdot 24h \cdot atm)$。

此外,高阻隔性共挤流延薄膜还有以下特性。

(1) 气体阻隔性优良。

(2) 良好的热合性能。

(3) 无毒、无味、无溶剂污染。

但是,高阻隔性共挤流延薄膜目前尚无法回收利用,相对增加了生产成本。AlliedSignal 公司推出 NY(尼龙)/EVOH 共挤新产品,其中 PA6/EVOH/PA6 共挤膜透氧率达 $1.55\text{mL}/(\text{m}^2 \cdot 24\text{h} \cdot \text{atm})$,厚度仅为 $15\mu\text{m}$,其成本、透明性均可与 PET/PVDC/PET 共挤膜竞争。

3. 未来发展趋势

为提高塑料的阻隔性,一方面研制开发高阻隔性能的塑料,如 PVDC、EVOH。日本可乐丽公司开发出一种新型复合膜,它以 OPP 为基材,复合一种特殊的 EVAL 制得。这种新型复合薄膜具有 EVAL 和 OPP 两者的综合性能,包括透气性好、透明度高、加工容易、焚化时不产生有害气体。据文献[43]报道,美国 Superex Polymer 公司成功开发了一种多层复合的食品包装材料——液晶聚合物(LCP),其阻隔性能比 EVOH 高出 8 倍,而生产成本却比 EVOH 低至少 20%。其结构采用 LCP 在中间,上下两层使用普通的 PET 或 PP。Allied Signal 公司用三氟氯乙烯的均聚物和共聚物生产出一种名为"Aclar"的薄膜,防潮性能平均提高了 15 倍,配合使用材料范围较宽,硬 PET 及共聚 PE、PP、OPP、PA、PUR 均可。如 $19\mu\text{m}$ 的 Aclar 33C 型复合 $250\mu\text{m}$ 的 PVC 膜,其耐水蒸气值为 $0.28\text{g}/(\text{m}^2 \cdot 24\text{h} \cdot \text{atm})$。

另一方面则是对现有的塑料包装材料进行改性。虽然采用铝塑复合的办法可以解决阻隔性能的问题,但所获得的材料不透明限制了其应用范围。日本开发了一种高阻隔性的非铝箔透明防腐食品包装材料(U – Save)。U – Save 透氧率 $<1\text{mL}/(\text{m}^2 \cdot 24\text{h} \cdot \text{atm})$,水蒸气透过率为 $18\text{g}/(\text{m}^2 \cdot 24\text{h} \cdot \text{atm})$,可见光透过率 $>85\%$。

近年来,用喷涂金属氧化物的方法也为塑料薄膜提供了高阻隔的特性。若将高纯度 SiO_x 喷涂到塑料薄膜表面,沉积厚度为 $80 \sim 100\text{nm}$,这种材料具有接近玻璃的阻隔性,而且透明性好,同时也耐蒸煮,由于 SiO_x 层极薄,对本体薄膜其他性能几乎没有影响。英国的 Danapak 公司研制了 SiO_x 涂镀阻隔薄膜,该阻隔膜的阻氧性能比聚酯膜高 120 倍,阻水性高 45 倍。另外,美国最近开始研制用氧化硫物(SO_x)薄膜作为纸盒包装内顶层的阻隔膜,并打算把它作为替代铝,用于阻隔层薄膜的包装。SO_x 薄膜具有很好的阻隔性能,能抗氧、防潮,而且能增加纸盒的强度。

利用涂层/镀层技术将高阻隔性金属氧化物喷涂/蒸镀到薄膜表面,金属氧化物厚度仅为几十纳米时即可使薄膜获得出色的气体阻隔能力,可取代传统的气体阻隔层,不仅有效地减轻了囊体材料的重量,更提高了囊体材料的耐揉搓和耐弯折性能,这些镀层增加的重量远低于功能膜材料,所起作用则不可比拟。

3.3 承力织物材料

承力层又可称为基布层,几乎承受囊体材料的全部强力,均由织物构成。织物的结构形式一般采用平纹织物,因为平纹织物的黏接性和抗撕裂性相对较好。同时,织物的纱线粗细、捻数和在布中的排列密度对材料的性能也有影响。

3.3.1 高性能纤维

高性能纤维一般是指拉伸强度大于 1.6GPa、弹性模量在 40GPa 以上的纤维。高性能纤维是纤维科学和工程界开发的一批具有高强度、高模量、耐高温的新一代合成纤维。高性能纤维具有普通纤维没有的特殊性能,主要应用于军工和高科技产业各个领域。高性能纤维主要有 PTA 纤维、聚芳酯(PAR)纤维、PET 纤维、UHMWPE 纤维等。

1. 芳纶纤维

芳纶纤维兴起于 20 世纪 70 年代,是一种用芳香族单元取代聚酰胺的某些脂肪族链段而具有优异性能的聚合物[44]。芳纶中由于芳基的引入使分子链的柔性减少,刚性增大,从而得到化学稳定性优异的高强高模量纤维。目前,可以采购的芳纶纤维商品织物主要有 Kevlar、Nomex、Twaron、Technora 等,机械性能如表 3-21 所列。

表 3-21 芳纶纤维的机械性能

品种	强度/GPa	初始模量/GPa	断裂伸长率/%
Kevlar 29	2.03	49	3.6
Kevlar 49	2.08	78	2.4
Kevlar 149	1.68	115	1.3
Nomex	0.485	7.5	35
Twaron	2.10	60	3.6
Twaron 高模量	2.10	75	2.5
Technora	2.20	50	4.4

从表 3-21 中各种纤维的相关机械性能分析发现,除 Nomex 纤维外,其他几种高强高模量纤维均可作为平流层飞艇的囊体材料承力层。其中 Kevlar 系列纤维又称聚对苯二甲酰对苯二胺,是由美国杜邦公司研制生产的,具有超高

强度、高模量和耐高温、耐酸耐碱、重量小等优良性能,在囊体材料中有很好的应用价值。目前,中国航天科工集团公司第六研究院自主研制,具有完全自主知识产权的高科技产品 F-12 高强度有机纤维,其性能已经可以与 Kevlar 相媲美,这将极大地推动我国囊体材料的发展[45];另外,荷兰阿克苏公司研制的 Twaron 系列和日本帝人公司研制的 Technora 系列纤维都具有非常优异的力学性能。

2. 聚芳酯(PAR)纤维

目前,应用较多的聚芳酯纤维织物是由日本可乐丽公司和美国 Celanese 公司共同研发的商品名为 Vectran[46-47]的聚酯纤维。它是一种热致液晶聚芳酯(TLCP)纤维,不仅强度和模量可以与 Kevlar 纤维相媲美,而且具有独特的耐湿热性能、振动衰减性能,以及优良的耐酸碱、耐腐蚀性,制备工艺简单环保。

Vectran 系列是由 Vectran 树脂经过熔融纺丝和热处理所形成的高强度聚芳酯液晶纤维,是世界上第一个商品化的 TLCP 纤维产品。Vectran 纤维具有高强度、低吸水性、高耐磨损性等特征。表 3-22 列出了其基本物性,与芳纶纤维比较,其突出的特点为基本不吸水及其高强度。经过 20 多年的发展,可乐丽公司的 Vectran 纤维已经扩展为三大系列:HT(High Tenacity,高强)、UM(Ultra High Elasticity/Modulus,高模)和 MT(Medium Tenacity,中强)系列,可提供丝的纤度范围也扩充到 28~833dtex。目前,已成功应用到 NASA 的"勇气"号和"机遇"号、"火星探险者"号登陆车的特殊安全气袋,以实施安全车的软着陆,此外,日本宇宙飞艇也使用该纤维,另外,可膨胀空间站设想中也提到使用 Vectran 纤维。

表 3-22 Vectran 纤维与 PPTA 纤维的基本物性比较

物性	Vectran		芳纶	
	Vectran HT	Vectran UM	PPTA(Reg)	PPTA(HM)
密度/(g/cm³)	1.41	1.41	1.44	1.45
热分解温度/℃	>400	>400	>400	>400
LOI	28	28	30	—
吸水率/%	0	0	4.9	4.3
拉伸强度/GPa	3.27	2.9	2.8	2.8
断裂伸长率/%	3.8	2.7	3.9	2.3
拉伸模量/GPa	75.5	105.7	70.4	110.6
吸水强度/GPa	3.3	2.9	2.5	2.6
干燥/吸水强度比/%	100	100	91	95

将 Vectran 纤维与 PPTA 纤维进行性能比较可以发现,尽管 Vectran 纤维与 PPTA 纤维性能相当,如力学性能和热稳定性能等,但两者之间还存在一些差别,尤其是在尺寸稳定性、吸水性、抗变性、耐摩擦性、耐化学腐蚀性、耐日光老化性方面,Vectran 明显高于 PPTA 纤维。这主要是因为在 Vectran 纤维的大分子中连接芳香环的是性能稳定的酯基团,而在 PPTA 纤维大分子中连接芳香环的是易紫外降解的酰胺基团。另外,Vectran 的吸湿性低,其湿热强度保持率也明显高于 PPTA 纤维。这就意味着除了两者相同的应用领域,Vectran 纤维比 PPTA 纤维更适合于恶劣环境,如露天、湿热或酸碱等环境。

Vectran 纤维优异的性能表现在以下几个方面。

(1) 高强度、高模量及优良的力学性能。刚性棒状 LCP 具有自发取向的特征。当熔融加工时,在剪切应力作用下,分子沿流动方向取向而达到高度有序状态,冷却后这种结晶取向被固定下来,因而,具有自增强的特征,表现出高强度、高模量的特点。此外,Vectran 纤维拥有很低的吸湿性,高湿态强度保持率和循环干湿状态下尺寸保持率,使得纤维在一些特殊的湿热环境下的应用成为可能,如表 3-23 所列。

表 3-23 聚芳酯纤维与 PPTA 纤维湿态强度保持率的比较

Vectran(HT)	Vectran(UM)	PPTA(通用型)	PPTA(高模型)
100%	100%	91%	95%

(2) 突出的耐热性。由于液晶聚芳酯纤维是由链间堆积结构紧密的直链高分子形成的,主链的分子间作用力大,加上分子高度结晶取向,大分子的运动困难,致使热变形温度提高。

(3) 极小的线膨胀系数,优异的尺寸稳定性。由于液晶聚芳酯纤维大分子链的刚直结构,伸缩余地小,熔体与固体之间的结构变化和比容量变化十分小,因而,其流动方向的线膨胀系数比普通高分子小一个数量级,成型收缩率比一般工程塑料低,制品尺寸精度高。

(4) 阻燃性能好。液晶聚芳酯纤维大分子链由大量芳环构成,因此,不加任何阻燃剂就可达到很高的阻燃水平,其极限氧指数 LOI 可高达 40%~50%。

(5) 优异的阻气性。液晶聚芳酯纤维结构致密,气体难以渗透,其氧气透过性较 EVOH 低一个数量级,其水蒸气透过性更是较 EVOH 低 3 个数量级。

(6) 优良的电性能。液晶聚芳酯纤维有较高的电绝缘性能,厚度小时介电强度比一般工程纤维高得多,体积电阻率一般可高达 $10^{16}\Omega \cdot cm$,一些 Vectran

牌号甚至高达 $10^{17}\Omega \cdot cm$。

(7) 耐气候老化、耐辐射。纤维的大分子中连接芳香环的是性能稳定的酯基团,而在 PPTA 纤维大分子中连接芳香环的是易紫外降解的酰胺基团。另外,纤维吸湿性低,其湿热强保持率也明显高于 PPTA 纤维。

3. 超高分子量聚乙烯(UHMWPE)

超高分子量聚乙烯纤维(UHMWPE),又称高强高模聚乙烯纤维,是目前世界上比强度和比模量最高的纤维,由分子量在 100 万～500 万的聚乙烯所纺出的纤维。它的密度为 $0.97 \sim 0.98 g/cm^3$,强度为 2.8～4N/tex,模量为 91～140N/tex,断裂伸长率为 3.5%～3.7%。

高强高模量聚乙烯纤维材料在化学上与平常的高密度聚乙烯相似,但在结构上以伸直链结构代替原有的沿纤维轴向排列的折叠连接晶区和无定形区的两相结构,这种结构是纤维具有高强高模量的技术关键。目前,有荷兰的帝斯曼公司和日本的东洋纺织/DSM 合资公司生产的 Dyneema 以及美国霍尼韦尔特种材料公司生产的 Spectra 两种品牌在市面销售,该纤维制成的织品强度大、重量小,具有非常优异的耐磨损和抗疲劳性,并且耐化学腐蚀和紫外光及其他强辐射的性能也很优异,作为囊体材料的承力层会有很好的效果。

4. PIPD 纤维

PIPD 又称"M5"硬杆聚合物,PIPD 纤维的组成为聚 2,5 – 二羟基 – 1,4 – 亚苯基吡啶并二咪唑,是将四氨基吡啶(TAP)盐酸盐和 2,5 – 二羟基对苯二甲酸(DHTA)在多聚磷酸(PPA)中缩聚后,采用液晶溶液的干喷湿纺制成初生丝,再于 400～550℃下热处理而得。这样聚合物链之间可以形成氢键,经研究发现,分子内的氢键增强了纤维的压缩性能,PIPD 纤维与 PBO 相比其不仅表现出高强度、高模量,还具有优异的压缩性能。该纤维的最大特点是压缩强度高,可达 1.5GPa,居高性能纤维之冠,强度为 5GPa,模量达 300GPa,可与俄罗斯的 Armos 和东洋纺的 Zylon(PBO)纤维相媲美。Kevlar 纤维的强度与模量各为 3GPa 和 100GPa,压缩强度仅为 0.5GPa,因此,PIPD 纤维作为代钢筋材料及抗压结构材料具有广阔的发展前景。

PIPD 纤维最早由荷兰的 Akzo Nobel(阿克苏·诺贝尔)公司开发,后由美国 DuPont(杜邦)公司和 Magellan(麦哲伦)公司进一步研发,已进入中试阶段。目前,我国对该类纤维的研制正处于准备阶段。

5. PBO 纤维

PBO 全称为聚对苯撑苯并双噁唑,是 20 世纪末开发出来的超级纤维,原是美国空军作为飞机用的机构材料而着手研究的产品,随后,美国道化学公司进行了工业性开发,并授权日本东洋纺织公司生产,其商品名为 Zylon[48]。

PBO 纤维织物具有极高的强度,拉伸强度可达到 7.0GPa,弹性模量达到 300~400GPa,并且具有非常高的耐热性、热稳定性(分解温度在 600~700℃)、耐化学、磨损性、抗蠕变性。PBO 因具有轻质高强、高弹性模量、高比强、高比刚度、尺寸稳定性好的特点,已在许多应用领域中发挥了很大作用,并形成了这些材料的特有市场[49-50]。

3.3.2 承力层纤维织物

承力层又称为增强体或基布层,它几乎承受飞艇囊体的全部强力,均用织物构成。承重织物层是承受飞艇内压并确保囊体材料强度的功能层,是囊体材料的核心层,主要使用轻质、高强、高模量的纤维织物。一般认为,工作高度为 20km 的平流层飞艇,其囊体织物应满足以下基本要求:拉伸强度 >1000N/cm,面密度 <200g/m^2。

普通高分子材料无法满足要求,因此,织物原材料通常都是由高性能纤维构成的,但目前能用于囊体织物的高性能纤维却寥寥无几。

在 20 世纪 60 年代以前,早期飞艇基布一般都是由麻、棉等天然材料构成,天然材料来源广泛,价格低廉,但其比强度很低,棉纤维的比强度为 2.6~4.5cN/dtex,麻纤维的比强度为 5.6~7.0cN/dtex;到 20 世纪 60 年代,美国和英国相继发展出了以尼龙为基布的改进型早期飞艇,尼龙的比强度为 5.65~7.68cN/dtex,与天然材料相比并没有显著提高,但这却是人类第一次使用合成高分子材料取代天然材料;到了 20 世纪 70 年代至 80 年代,美国又发展出了以涤纶织物为基布的 AD-500、GAC-500 型飞艇以及 Mylar 高空气球,涤纶织物的强度为 5.6~8.0cN/dtex;尼龙和涤纶等人造合成材料的采用,在保证拉伸强度的同时还大大提高了撕裂强度,而这 3 个阶段均属于早期涂胶织物阶段。

第四代囊体材料——层压复合材料,自 20 世纪 90 年代以来已逐渐成为平流层飞艇囊体材料的首选。现代的基布材料一般是合成纤维,主要包括聚酯纤维、尼龙纤维、UHMWPE 纤维、吡啶环的芳杂环纤维(PIPD)纤维、聚酰亚胺纤维、PBO 纤维、FEP 纤维。日本航空宇宙研究所对 Vectran、Kevlar、PBO 等基质的囊体材料进行了研究,结果表明,PBO 囊体的强度、面密度性能最为优异,且在不同环境温度下具有优异的力学性能,能够满足承重织物层的要求,是目前比较合适能够用于制备囊体的纤维材料。

曹旭等[51]用国产 PBO 纤维材料试制了 PBO 平纹、斜纹和两经两纬织物,对平纹、斜纹织物进行了面密度、抗拉性能和抗撕性能测试分析,得到如下结论。

(1) 试制的 PBO 平纹、斜纹织物品质较好,织物纹路清晰、瑕疵很少,而两经两纬织物存在很多瑕疵,不适宜进行性能测试。两经两纬织法不适宜制作 PBO 囊体织物。

(2) 试制的织物厚度和面密度都能满足用于平流层飞艇囊体的承力层,说明 PBO 纤维的编织性能较好。

(3) 平纹织法更适合编织 PBO 囊体织物,其编织工艺较为简单,工艺成熟,织物的抗拉性能满足囊体材料要求,撕裂强度与斜纹相当,而斜纹织物承受载荷时会产生面内剪切效应,有撕裂趋势,对织物造成破坏。

(4) 研究表明,这种编织方法与目前见到的国外高强度复合纤维材料的编织方法相一致。

3.4 热塑性弹性体材料

3.4.1 热塑性弹性体树脂

热塑性弹性体(TPE)具有硫化橡胶的物理机械性能和热塑性塑料的工艺加工性能,常被人们称为第三代橡胶[51-56]。由于不需要硫化成型,加工简单,与传统硫化橡胶相比,TPE 的工业生产流程缩短了 25%,节约能耗达 25%～40%,效率提高了 10～20 倍,堪称橡胶工业的又一次技术革命。目前,热塑性弹性体被广泛应用于汽车、建筑、家用设备、电线电缆、电子产品、食品包装、医疗器械等众多行业。

自从 1958 年 Bayer 公司首次制备出 TPU 以来,TPE 就得到了迅速发展,尤其是 1963 年苯乙烯类热塑性弹性体问世以后,关于热塑性弹性体的制备理论逐步得到完善,应用领域进一步扩大。2013 年,其市场需求总量达到 4200000t。

通常,按制备方法的不同,热塑性弹性体主要分为化学合成型热塑性弹性体和橡塑共混型热塑性弹性体两大类。对于化学合成型热塑性弹性体,其代表性品种有苯乙烯类嵌段共聚物、热塑性聚氨酯弹性体和热塑性聚酯弹性体等。对于橡塑共混型热塑性弹性体,其主要包括聚烯烃类热塑性弹性体(TPO)和热塑性硫化胶(TPV)两大类[57-64]。

从结构上讲,化学合成型热塑性弹性体是由两个或多个聚合物相组成的,其中一相是热塑性的硬相,另一相是橡胶态的软相。化学合成型热塑性弹性体大分子链结构是由硬链段和软链段交替构成,在使用温度下,不同大分子链上的硬链段聚集在一起形成硬的热塑性微区(或称物理交联区),而软链段形成弹性微区,其中较硬的微区限制了软相微区内的链运动,相当于交联的作用;当温度加热到硬相微区的熔点以上时,硬相微区内链段作用被破坏,大分子间可相对滑移,共聚物成为熔融的黏性流体。因此,该类材料可用热塑性塑料的方式进行加工成型。

TPU作为第一个成功开发的热塑性弹性体品种,是由长链多元醇(软链段)、扩链剂和多异氰酸酯为原料制备而成的,通常,根据其软链段类型可分为聚酯型和聚醚型两类。TPU具有强度高、耐磨、耐油、耐低温等优异性能,主要应用于鞋材、成衣、玩具、运动器械、医疗器械、汽车椅座等领域。目前,TPU的高性能化和高功能化成为该技术领域的研究热点。其主要研究方向是:通过分子设计开发新型的二异氰酸酯单体和扩链剂种类,如在其分子链上引入二酰亚胺、三嗪、膦腈等高热稳定性结构单元,从而提高其耐热性;研究TPU分子微观相态结构与宏观性能之间的关系,开发功能型TPU品种;加强生物基TPU的研究,不断拓展其在医用领域的研究。

另一大类合成型热塑性弹性体为TPEE,它是由芳香族聚酯硬链段(如PBT)或脂肪族聚酯(如聚丙交酯PLLA、聚乙交酯PGA、聚己内酯PCL等)与聚醚软链段(如聚乙二醇醚PEG、聚丙二醇醚PPG、聚丁二醇醚PTMG等)组成的嵌段共聚物。

TPEE的研究始于20世纪40年代末期,由美国Du Pont公司于1972年率先推向市场,商品名为Hytrel。此后,荷兰、美国、日本等国的企业相继生产出聚酯类热塑性弹性体,目前,国外生产TPEE的厂家已达10家以上,主要厂家有DuPont、DSM、LG、GE和Eastman Chemical等。我国对TPEE材料的研究较晚,始于20世纪70年代末,目前仅有四川晨光、上海中纺等较小批量的生产线。TPEE与苯乙烯类TPE相比,具有机械强度高、耐寒性和耐油性能好以及较宽的使用温度范围($-70 \sim 200℃$)等优点。

TPEE是一类以聚对苯二甲酸二醇酯(如PBT、PTT等)为硬段(结晶相)、聚醚或聚酯为软段的嵌段共聚物(非晶相)。硬段和软段的比例决定了其硬度与物理机械性能。硬段形成物理交联点,承受应力;软段是自由分布的高弹性链段,贡献弹性。在高温下结晶熔化,硬段失去对分子的束缚力,材料呈现塑性,可用一般塑料加工手段加工。这种交联变化是可逆的,随着温度的下降,硬段对分子束缚功能逐渐恢复,显出硫化橡胶的特性。

TPEE 具有广泛的硬度范围,通过软硬段比例调节,TPEE 的硬度为邵氏 D32~D80,其弹性和强度介于橡胶和塑料之间。与其他 TPE 相比,在低应变条件下,TPEE 模量比相同硬度的其他热塑性弹性体高。当以模量为重要的设计条件时,用 TPEE 可以缩小制品的横截面积,制件的壁厚可以做得更薄,从而减少材料用量。

TPEE 具有极高的拉伸强度,无与伦比的韧度及回弹性,对于蠕变、应力冲击、挠曲疲劳有优异的阻抗力。与 TPU 相比,TPEE 压缩模量与拉伸模量要高得多,用同样硬度的 TPEE 和 TPU 制作同一零件,前者可以承受更大的负载。在室温以上,TPEE 弯曲模量很高,而低温时又不像 TPU 那样过于坚硬,因而,适宜制作悬臂梁和扭矩型部件,特别适合制作高温部件。TPEE 低温柔顺性好,低温缺口冲击强度优于其他 TPE,耐磨耗性与 TPU 相当。在低应变条件下,TPEE 具有优良的耐疲劳性能,且滞盾损失少,这一特点与高弹性相结合,使该材料成为多次循环负载使用条件下的理想材料,齿轮、胶辊、挠性联轴节、皮带等均可采用。TPEE 具有优异的耐热性能,硬度越高,耐热性越好。研究表明,TPEE 在 110~140℃ 连续加热 10h 基本不失重,在 160℃ 和 180℃ 分别加热 10h,失重仅为 0.05% 和 0.1%。等速升温曲线表明,TPEE 自 250℃ 开始失重,到 300℃ 累计失重 5%,到 400℃ 则发生明显的失重。因而,其使用温度非常高,短期使用温度更高,能适应汽车生产线上的烘漆温度(150~160℃),并且它在高低温下机械性能损失小。TPEE 在 120℃ 以上使用,其拉伸强度远远高于 TPU。

TPEE 在低温下更显柔性,低温挠曲性能优异。其脆点低于 -70℃,且硬度越低,耐寒性越好,大部分 TPEE 可在 -40℃ 下长期使用。由于 TPEE 在高、低温时表现出的均衡性能,它的工作温度范围非常宽,可在 -70~200℃ 使用。

耐化学腐蚀性好、耐油性优良是 TPEE 最突出的优点。在室温下,能耐大多数极性化学品,如酸、碱、胺及二醇类化合物等,但对卤代烃(氟利昂除外)及酚类的作用却无能为力。其耐化学品的能力随其硬段含量的提高而提高。TPEE 对大多数有机溶剂、燃料和气体的抗溶胀性能与抗渗透性能是好的,而对燃油渗透性仅为氯丁胶、氯磺化聚乙烯、丁氰胶等耐油橡胶的 1/300~1/3。

但 TPEE 耐热水解性较差,添加聚碳酰亚胺稳定剂可以明显改善其抗水解性。据报道,在 TPEE 分子中的 PBT 硬段引进 PEN 或三苯甲烷共聚酯(PCT),可以获得耐水解和耐热性更好的 TPEE。

TPEE 在很多不同条件下,如在水雾、臭氧、室外大气老化等条件下,化学稳定性优良。如使其在户外曝晒 10 年后拉伸强度和伸长率变化不大,在海水中浸泡 9 年后,其拉伸强度只下降 10%,伸长率几乎没有减少。紫外线是降解的一个主要原因,光和热是 TPEE 降解老化的另外两个主要因素,因此,需在 TPEE 中添加防紫外剂、耐老化剂和热稳定剂。

TPEE 还具有不同程度的水解性。TPEE 在水中产生交联反应,形成凝胶的量增多。

此外,聚酯弹性体还是一种良好的绝缘材料,适合低压电方面的应用。与 ABS、PBT、PC 等树脂有很好的相容性,是一种优良的抗冲击改性剂。

尽管化学合成型热塑性弹性体具有许多优点,但与传统的硫化橡胶相比,它还存在诸如热稳定性差、压缩变形大、制备工艺复杂、价格昂贵等缺点,使得其应用受到一定的限制。橡塑共混型热塑性弹性体具有制备工艺简单、设备投资小、性能可调范围广等优点。因此,近年来,橡塑共混型热塑性弹性体倍受人们的重视,市场发展速度十分迅猛。

目前,市场开发最为成功的热塑性硫化胶品种为 PP/EPDM/TPV,其产量占所有 TPV 品种产量的 90% 以上。自 20 世纪 80 年代首条 TPV 生产线在美国建成以来,其发展非常迅猛,消耗量年均增长率达 15%。据估算,2010 年全球 TPV 总需求量约在 420000t 以上。

动态硫化技术作为反应复杂、工艺控制困难的一种反应加工技术,一直仅有欧美等几个少数发达国家掌握。我国自 20 世纪 80 年代初对动态硫化技术开始研究和开发,研究单位有北京化工大学、青岛科技大学、湖北大学等,目前,仅有北京化工大学取得技术上的重大突破,并在山东道恩集团建成了我国第一条拥有自主知识产权的生产线,产品性能达到国际先进水平,年产规模达到 10000t。

3.4.2 热塑性弹性体在囊体材料中的应用

杜邦公司的 Hytrel 聚酯弹性体,可以用于飞艇的囊体材料中,它是热塑性聚合物,有较高的熔点。聚酯弹性体的熔融黏滞特性使它应用于很多加工工艺中。Hytrel 聚酯弹性体中可以加入黑色颜料、抗紫外线添加剂、抗水解添加剂、热稳定剂及阻燃剂。Hytrel 聚酯弹性体加入一些添加剂之后可以成为很好的飞艇囊体阻气膜材料。

聚酯型的聚氨酯具有较佳的耐热性及耐化学药品性。聚醚型的聚氨酯具有较佳的耐低温性能、耐水解性以及防霉抗菌性能。光稳定的聚氨酯则具有抵抗紫外线的性能,适合长期暴露于紫外线条件下工作。

3.5 其他功能材料

3.5.1 胶黏剂

胶黏剂是囊体材料各层之间的媒介体,承力层、气密层和耐候层需要牢固地黏合为一个整体,因此,胶黏剂是层压复合材料中一项非常重要的组成部分,必须满足经多次屈挠后不得出现离层和脱层的要求,并且耐候性也要好。目前使用的胶黏剂多为聚酯类、聚醚类和聚氨酯类,具体应用时应根据承力层、气密层和耐候层材料的性能选取。例如,聚碳酸酯具有很强的抗紫外能力,适用于外膜。囊体材料选择用聚氨酯胶黏剂是较为理想的[65-66],它具有很高的黏接性,可以实现多种不同材料之间的黏合,并且在极低温度下仍然保持较高的剥离强度,形成的胶膜坚韧,耐冲击、挠曲性好、耐油和耐磨性好。由杜邦公司生产的 Hytrel 牌聚酯型热塑性弹性体,已经在飞艇囊体材料上得到成功应用,其黏合强度达到 0.069MPa 以上,同时,它还有一定的气体阻隔性能。刘贤豪等开发的平流层飞艇囊体材料采用的胶黏剂为国产的双组分聚氨酯胶黏剂,并对胶黏剂的配方、初固化温度、熟化条件等工艺条件进行详细的研究,所研制的囊体材料具有优异的机械强度和耐候性能。

现今的飞艇囊体材料普遍采用聚氨酯胶黏剂。聚氨酯胶黏剂具有很高的黏接性,由于分子链中含有异氰酸酯基(-NCO)和氨基甲酸酯基(-NH-COO),因而,具有很高的极性和活泼性,对多种金属和大多数非金属材料都有极高的黏附性能。它不仅可以胶接聚氨酯海绵和聚氨酯橡胶,而且能胶接橡胶与织物、橡胶与金属、金属与金属、金属与陶瓷、木材与木材、橡胶与塑料等。使用不同原料配制的聚氨酯胶黏剂,由于其配比不同,可以得到从柔软到坚硬的一系列不同硬度的胶黏剂,可以胶接不同的被黏物。由于聚氨酯胶黏剂在常温下有一定的反应速度,反应中没有低分子物产生,所以该胶黏剂可以常温常压下进行固化。

聚氨酯胶黏剂具有突出的耐低温性能。在极低的温度下,一般的高分子材料都转化为玻璃态而变脆,因而,在-100℃以下不能使用。聚氨酯胶黏剂甚至在-250℃以下仍能保持较高的剥离强度,同时,其剪切强度随着温度的降低不但不下降,反而大幅度上升。聚氨酯胶黏剂胶膜坚韧、耐冲击、挠曲性好、剥离强度高、耐油和耐磨性能好。

由于聚氨酯胶黏剂优良的黏接性能和对多种基材的黏接适应性,使其应用领域不断扩大,在国内外近年来成为发展最快的胶黏剂。聚氨酯胶黏剂根据具体的应用,对其原有性能已有很多的改进。

通常,聚氨酯胶黏剂原料之一是芳香族异氰酸酯,如4,4′-二苯基甲烷二异氰酸酯(MDI)、甲苯二异氰酸酯(TDI)等。由于苯环邻近存在氮原子,可在紫外线促进下自氧化,因而,这类聚氨酯胶黏剂对紫外线是敏感的。目前,主要是采用添加含氮的光稳定剂的方法改进聚氨酯制品耐光性能。若以脂肪族二异氰酸酯代替常用的芳香族二异氰酸酯制备胶黏剂,也可改进胶黏剂的耐光性。通常,飞艇复合材料中的聚氨酯胶黏剂采用热熔胶膜的形式,使用胶膜,可以用热熔的方式简单地黏接材料,并且有助于胶膜的均匀分布。

3.5.2 功能性填料

无机填料加入到高分子薄膜中不仅能有效改善高分子薄膜的力学性能、热性能、电性能和加工性能等[67-68],还可以降低高分子薄膜的成本,因此,无机填料/高分子薄膜复合材料应用发展速度很快。

复合材料兼有有机高分子材料与无机材料的特性,在保持有机高分子材料成膜性、透明性、柔软性、易加工等优良特性的基础上,同时引入了无机材料耐热、耐氧化、耐溶剂、耐擦伤性、高强度、高硬度等性能,有时还形成性能上的协同作用,出现一些新的性能。如何将有机和无机材料两者互补的性能结合起来,构筑结构可调、稳定、坚固的新型杂化材料,已成为高分子材料与无机非金属材料学科交叉领域的重要研究内容。

复合材料从结构上来说,可以看作是由增强相(纤维或者颗粒状填料等)、基体相(聚合物、金属或者陶瓷等)和介于两者之间的界面相组成的三相材料。三者在复合材料中分别起着不同的作用,增强相主要起承载作用;基体相主要是将增强相黏接在一起,并传递应力至增强相。界面在复合材料中起着特别重要的作用,它不单是复合材料中基体相和增强相之间的桥梁,是增强相能够充分发挥其提高承载作用的纽带,对复合材料的物理、化学及力学性能有着至关重要的影响,而且由于界面相的存在使复合材料具有许多其他材料所没有的独特性能,因而,界面相又称为复合材料的"心脏"。由于复合材料具有比强度高、比模量高、抗损伤性能好、耐腐蚀性以及可设计性等其他材料不可比拟的优点,使得复合材料无可置疑地成为新材料的重要发展方向。

刚性的纳米粒子填充聚合物可同时起到增韧增强的作用,一般认为其增韧的机制如下。

(1) 在变形中,纳米粒子的存在产生应力集中效应,引发粒子周围的树脂基体屈服(空化、银纹、剪切带),这种基体的屈服将吸收大量变形功,产生增韧作用。

(2) 刚性纳米粒子的存在能阻碍裂纹的扩展或钝化,终止裂纹。粒子钝化或终止裂纹的原因在于纳米粒子不会产生大的伸长变形,在大的拉应力作用下,基体和纳米粒子的界面的部分脱粘形成空穴,使裂纹钝化,不至于发展成破坏性裂缝。应力集中产生屈服界面脱粘都需要消耗更多的能量,从而起到增韧作用。

(3) 由于纳米粒子的比表面积大,表面的物理和化学缺陷越多,粒子与高分子链发生物理或化学结合的机会越多,因而与基体接触面积增大,材料受冲击时,会产生更多的微开裂,吸收更多的冲击能。

1. 二氧化钛

二氧化钛粉末又称为钛白粉,分子式为 TiO_2,分子量为 79.9,其质量组成中 59.95% 为 Ti,O 占 40.05%。

二氧化钛具有寿命长、力学强度高、光催化活性强、化学结构稳定等优点,如今广泛应用于抗菌塑料和涂料行业。

塑料是二氧化钛颜料的第二大用户,占世界二氧化钛总需求量的 18% ~ 20%。二氧化钛在塑料中的加入量随其品种和应用场合而异,一般为 0.5% ~ 5%。

钛白粉在塑料制品中的应用,除了利用它的高遮盖力、消色力以及与其他颜料拼用性能好之外,它还能提高塑料制品的耐热、耐光、耐候性能以使塑料制品免受 UV 光的侵袭,改善塑料制品的机械强度和电性能。几乎所有热固性和热塑性的塑料中都使用它,如聚烯烃类(主要是低密度的聚乙烯)、聚苯乙烯、ABS(丙烯腈 - 丁二烯苯乙烯的共聚物)、聚氯乙烯等。它既可以与树脂粉末干混合,也可以与含增塑剂的液体相混合,还有一些是把钛白粉先经过中间工厂制成色母料后再使用。因此,对用于塑料的二氧化钛的性质要求主要是粒径细、粒径分布均匀,以增强对短波长光线的反射能力和制取色相更好的塑料制品。另外,二氧化钛颜料必须具有良好的耐热性能以及高分散性。所以用于塑料的二氧化钛一般都经过无机包膜和有机包膜处理,与涂料系统一样,户外塑料用二氧化钛应为金红石型,其他可以用锐钛型。

二氧化钛作为一种重要的无机材料,具有紫外线屏蔽性好、强度高、热稳定性出色等优异性质,与聚合物复合可以使复合材料的耐热性和力学性能变好,还能提高复合材料的抗老化性能。二氧化钛作为无机分散相制备的高分子复合材料也已在光波导、半导体纳米晶体、磁性材料、生物材料等领域得到应用。将高分子膜良好的韧性、可加工性与二氧化钛具有的抗紫外线、高强度、热稳定性等功效相结合,可以制备出综合性能良好的高分子膜/TiO_2复合材料。

2. 氧化锌

氧化锌(ZnO)是一种宽禁带半导体材料,室温下的能带带隙为 3.37eV,电子束缚能高达 60meV,因此,它在紫外波段具有较强的自由激子跃迁发光的能力。氧化锌还具有良好的化学稳定性、近紫外发射、透明导电性和压电性能等。这使得氧化锌纳米材料从理论上在光电转化、光催化、导电材料等领域具有广阔的应用前景。此外,氧化锌对环境无污染,原料易得,价格低廉,并具有生物安全性和生物兼容性,有望不需要包覆即可在生物医学上得到应用。

氧化锌由于其本身优异的光电、压电、气敏、催化等性能在很多领域具有广阔的应用和潜在应用,而纳米氧化锌的小尺寸、大表面、量子隧道等特殊效应,使得其性能进一步优化。另外,氧化锌制备工艺简单、成本低廉,使得其无论在工业、民用还是高新技术和军事领域都具有很好的应用前景。

氧化锌可以作为制备耐磨橡胶制品的添加剂。氧化锌的添加使得橡胶制品具有防老化、抗摩擦着火、使用寿命长等优点。这些优点不仅改善了橡胶制品的质量,而且纳米氧化锌的使用量很少。另外,纳米氧化锌作为添加剂与其他材料配合使用,在建筑涂料及其他涂料中,使得涂层具有屏蔽紫外线、吸收红外线以及抗菌、防霉的作用,同时,还具有增稠作用,便于提高颜料的分散和稳定性。

将纳米氧化锌掺杂进囊体材料中,不仅可以大幅提高飞艇的雷达隐身性能,提升战场生存率,同时也可提升囊体材料的耐磨和抗紫外能力。

3. 空心微球

微球是由无机或聚合物制备而成的球形粒子,能够将不同结构或性能的材料通过一定的方式复合,使之优势互补[69]。空心微球是一类具有特殊结构的材料,从外观来说,是直径微米级甚至纳米级的微球颗粒,其实是一种具有核壳结构的高分子颗粒,核壳层数可能是双层也可能是多层,而且核壳结构具有可设计性。由于其独特的形态结构,所以具有比表面积大、密度低、稳定性和过滤性好等特性。因此,空心微球作为一种新型功能材料已经被广泛应用于化学、生物医药和材料等领域中。

从化学组成来说,空心微球主要分为无机空心微球和有机空心微球。从空心形式来说,空心微球可以分为已发泡微球和未发泡微球。无机微球又包括二氧化钛微球、玻璃微球、碳酸钙微球、四氧化三铁微球等。有机空心微球分为有机硅微球、聚酰亚胺微球、聚丙烯酸酯微球、聚苯乙烯微球等。已发泡微球是与聚合物混合之前已经是核壳结构的空心微球,混合前后形态结构和大小不发生变化。未发泡微球是热发泡微球,它具有核壳结构,在内部封装有低沸点的烃类液体,其直径一般为 5~100μm 不等。当微球被加热到 80~200℃时,低沸点烃类液体迅速汽化产生内压力,同时,壳层受热软化[70],在内压力的作用下,壳层膨胀使微球体积增大到原始体积的 50~100 倍。

空心微球比表面积大,制成催化剂,可以增加催化剂与反应物的接触面积,大大提高了催化效率。空心微球相比实心材料,具有质量较轻的特性,用作建筑材料可以降低单位体积的质量,而且由空心结构的金属或聚合体材料组成的复合泡沫还具有较好的吸声、隔热、阻燃等功能。

将空心微球引入到囊体材料中,可制成发泡型囊体材料,不仅可以减少囊体材料的重量,同时也提高了囊体材料的阻燃性能。

4. 聚倍半硅氧烷(POSS)

近二十年以来,含有 $RSiO_{3/2}$ 单元的多面齐聚倍半硅氧烷化合物的报道受到广泛关注[71-72]。这些化合物具有介于无机陶瓷材料和有机硅高分子材料的结构单元,并且被认为是具有杂化特性的材料。一方面,具有化学稳定性和无机 Si—O—Si 键片段的热稳定性[73];另一方面,具有潜在的反应活性和容易改进的 R—Si 片段[74]。含有 $RSiO_{3/2}$ 结构单元的有机硅化合物较容易制备,他们中有结构不定的高分子化合物、梯形的高分子化合物,也有分子式为 $(RSiO_{3/2})_n$ 的一类高分子化合物。这里的 n 通常为 6、8、10。含有 $(RSiO_{3/2})_8$ 结构的化合物受到广泛关注,从 2003 年以来,在一些领域取得了重要的研究进展[75]。

上述内容表明,这些分子的重要结构包括笼型硅氧烷和在三维立方体 8 个顶角上的互相排斥的 R 基(R 为烷基、芳基、烷氧基、卤代基等)。顶角上的 R 基是具有易于被功能化改性的取代基,在很多高分子材料中容易形成纳米尺寸的构型[76]。目前,这些化合物被称为多面体低聚倍半硅氧烷、多面齐聚倍半硅氧烷等,英文缩写为POSS。POSS结构新颖、种类繁多,具有重要的学术价值和许多潜在的商业可利用价值,其应用得到快速发展。每一个硅原子连接有3个氧原子再连接R基的组合方式以"T"表示。因此,当R=X=H时,这种结构可以简单地表示为T_8H_8,通常统称为T_8POSS。

由于POSS具有Si–O–Si键为核心的无机纳米笼型结构,外围含有R基有机基团,其核心具有无机材料的耐热等性能,外围的有机基团可以根据需要进行化学修饰,以适应各种聚合物体系。

POSS作为一种新型的有机–无机纳米结构杂化材料,它的合成及其对聚合物的改性已得到广泛的关注,目前,主要用于改性环氧树脂、聚氨酯等聚合物。POSS的引入将给聚合物的性能带来极大的改变,不仅提高了聚合物的热学性能,同时,也提高了聚合物的力学和老化性能。

5. 二氧化硅

二氧化硅化学式为SiO_2,是一种无定形结构材料,其补强效果可以和炭黑相媲美。由于自身是白色的,所以又称白炭黑。我们通常讲的白炭黑是一种水合化合物,其中SiO_2含量占到99.8%,密度介于$2.319 \sim 2.653 g/cm^3$,熔点可达1750℃。白炭黑因具有耐高温、优异的稳定性、极好的电绝缘性,使其在橡胶、塑料、涂料、医药、造纸及日用化工等领域得到广泛的应用。

6. 气凝胶

隔热材料又称为绝热材料,是指能阻滞热流传递的材料。目前,常用的保温隔热材料在应用上都存在着不同的缺陷,难以满足各个领域对保温材料的要求。因此,研究一种性能更全面、更优越、更经济适用的隔热保温材料是隔热材料发展的重要趋势。

超级绝热材料是指在预定的使用条件下,其导热系数低于"无对流空气"的导热系数的隔热材料。该材料的主要特征如下。

(1) 材料内几乎所有的孔隙都应在100nm以下。

(2) 材料内80%以上的气孔尺寸都应小于50nm。

(3) 材料应具有很低的体积密度。

(4) 材料在常温和设定的使用温度下都应该有比"无对流空气"更低的导热系数。

目前,超级绝热材料主要有真空隔热材料和纳米多孔隔热材料,其中纳米多孔超级绝热材料被认为是最有发展潜力的隔热保温材料。到目前为止,国内外报道的所有纳米孔绝热材料均以气凝胶作为纳米孔的载体,因此,研究气凝胶及其隔热复合材料,充分利用其纳米多孔的结构优势,提高其实际应用能力,是隔热材料发展的战略手段,也是科技发展对隔热材料提出的战略要求。

气凝胶,英文 aerogel,又称为干凝胶,是一种密度很小的固体。因为密度极小,目前最轻的气凝胶仅有 0.16mg/cm^3,比空气密度略低,所以也称为"冻结的烟"或"蓝烟"。

由于气凝胶中一般 80% 以上是空气,所以有非常好的隔热效果,1 英寸厚的气凝胶相当 20~30 块普通玻璃的隔热功能。气凝胶在航天探测上也有多种用途,在俄罗斯"和平"号空间站和美国"火星探路者"号探测器上都用到这种材料。

静态空气的热导率为 0.024W/(m·K), Nilsson 等测出室温下气凝胶的热导率为 0.013~0.016W/(m·K),即使在 800℃ 的高温下其导热系数才为 0.043W/(m·K),是目前隔热性能最好的固态材料。

与传统绝热材料相比,纳米孔气凝胶超级绝热材料可以用更轻的质量、更小的体积达到等效的隔热效果。这一特点使其在航空、航天应用领域具有举足轻重的优势。

现阶段飞艇囊体材料几乎都采用防老化层/气体阻隔层/承力层的复合结构,该复合结构可有效保障飞艇在平流层高紫外高臭氧环境下平稳运行,但由于平流层温度可低达 -60℃,远远低于地面温度,因而,飞艇在上升或下降过程中,由于内外部温差会导致囊体内部氦气热胀冷缩,进而对现有的软质囊体材料造成损害。如果气凝胶薄膜引入到囊体材料中,可以利用气凝胶非常优异的隔热性能减小甚至避免氦气热胀冷缩对囊体材料的损耗。

碳气凝胶密度极小,引入一层碳气凝胶薄膜只会稍稍增加囊体材料的重量,而碳气凝胶具有优异的隔热性能,会大幅减少甚至避免囊体内外温差对囊体材料的损耗,进而提高飞艇的滞空时间。

7. 石墨烯

石墨烯作为一种新型的碳纳米材料,是由碳原子构成的单层苯环结构(六方点阵蜂巢状)二维晶体碳单质,这样的结构非常稳定。理想的石墨烯结构中,每个碳原子均与相邻的碳原子之间形成相当牢固的 σ 键,而剩余的那个未成键 p 电子则在垂直于石墨烯平面的方向上,也就形成了 sp^2 杂化轨道,并形成了贯穿全层的大 π 键,便于电子自由移动,因此,石墨烯有了金属般的特性,导电性能十分优异。单层石墨烯厚度只有一个碳原子厚,约为 0.335nm,是目前已知的、最轻薄的一种材料,其具有很多碳材料所不具备的超强特性[77]。石墨烯中碳原子之间的作用力较小,当施加有外力时,整个大平面就会随之发生弯曲变形,继而保障了石墨烯结构的稳定性,使其成为目前世界上强度最高的物质,比金刚石还要坚硬。石墨烯是自然界最薄最坚韧的材料,其理论比表面积高达 $2630m^2/g$[78],并且兼具非比寻常的导热性能,其导热系数为 $3000W/(m·K)$,模量为 $1060GPa$,以及室温下的电子迁移率高达 $15000cm^2/(V·s)$[79];石墨烯几乎完全透明,只吸收大约 2.3% 的光,同时,它还具有一些其他的优异特性,如非定域性、量子力学效应和双极性电场等[80]。

石墨烯得天独厚的优异物理性能,尤其是力学性能,使得它对复合物基体材料的物理性能有很大的改善和提高,特别是在增强增韧复合物基体材料方面的作用十分显著;陶瓷、水泥、金属以及聚合物这些传统材料在引入石墨烯形成复合材料后,物理性能均有显著的提高。例如,石墨烯加入到陶瓷基体后可以大幅提高陶瓷基复合材料的机械性能,尤其是对断裂韧性方面的增强效果十分显著;这主要是石墨烯可以起到细化陶瓷晶粒、使其形成更加致密的结构和阻碍陶瓷裂纹扩展的积极作用,研究表明,石墨烯对陶瓷基体力学性能的提高非常有效。在金属基体中引入石墨烯片后,也同样可以很大程度上提高金属基体材料的物理性能。众所周知,金属材料的热学、电学性能已经十分优异,当然不希望引入石墨烯后牺牲其原有的优势特性;然而,研究表明,引入石墨烯后,几乎不影响甚至还能够提高金属基体材料的热学以及电学性能;在石墨烯增强铝基、镍基以及铜基复合材料方面已经取得了一定的进展[81-82]。与此同时,石墨烯还常被用来增强聚合物材料;通常,石墨烯经过改性和还原后可以在聚合物基体中形成纳米级分散,从而很好地改善聚合物基体复合材料的力学性能,如拉伸强度、断裂伸长率、硬度等方面;石墨烯聚合物复合材料由于拥有较大的比表面积和出众的力学性能,经过大量的探索研究,已经可以得到结构上和功能上的优良体系。研究表明,完美石墨烯片层的本征强度约为 $130GPa$,弹性模量约为 $1.0TPa$[83]。

高性能石墨烯复合材料的出现为开发研制新型轻量化高强度飞艇囊体材料提供了可靠的材料支持,石墨烯的应用不仅可以大幅降低囊体材料的质量,降低成本,同时,还大大增强了囊体材料的力学性能和耐腐蚀性能等综合性能,有效地提升了飞艇的各项性能。

目前,添加无机填料的高分子基复合材料已得到了广泛应用,与纯高分子材料相比,质量很少的无机填料即可大幅提升高分子材料的各项性能,如 SiO_2、

ZnO、石墨烯可提升高分子材料的力学性能,碳气凝胶可大幅提升高分子材料的绝热性;将高分子基复合材料应用到飞艇囊体材料中,不仅可以提升囊体材料的各项性能,同时还可以大大减少囊体材料的重量,延长飞艇的使用寿命和滞空时间。通过添加无机填料实现单膜多功能化,进而取代多层功能层,对飞艇材料的发展会起到至关重要的推动作用。

第4章
囊体材料层间界面技术

界面是指两个物体的相态相接触的分界层,是与两本体相的化学组成、分子排列、结构、能量、热性能、力学性能等呈现连续的阶梯性变化的过渡区域。界面可分为气/液、气/固、液/液、液/固、固/固5种。

界面是独立存在的相,厚度约为几个分子,却有极其复杂的结构和组成。界面有如下效应。

(1) 热效应(导热系数、膨胀系数的不同)。

(2) 界面化学效应(官能团之间的作用或反应)。

(3) 界面结晶效应(成核诱发结晶、横晶)。

这些效应会引起界面微观结构和性能特征的变化,对材料的整体性能具有决定性的影响。材料的腐蚀、老化、硬化、印刷、涂膜、黏合、复合等性能都与材料的表面和界面密切相关。

通常,界面是指两相接触的约几个分子厚度的过渡区,而表面属于界面的一种。

人们把肉眼能见到的物体(包括液体和固体)的外部称为表面,这只是一种习惯称呼,并不是严格的科学定义。对表面较严格的科学定义是:在真空状态下,物体内部和真空之间的过渡区域,是物体最外面的几层原子和覆盖其上的一些外来原子与分子所形成的表面层。严格来讲,表面应是液体和固体与其饱和蒸汽之间的界面,但习惯上把液体或固体与空气的界面称为液体或固体的表面。

固体表面上的原子或分子与液体一样,受力也是不均匀的,所以固体表面也有表面张力和表面能。

固体表面的特点是:

(1) 固体表面分子(原子)移动困难,只能靠吸附降低表面能。

(2) 固体表面是不均匀的,不同类型的原子的化学行为、吸附热、催化活性和表面态能级的分布都是不均匀的。

(3) 固体表面层的组成与体相内部组成不同。

当前的飞艇囊体材料几乎全部为多层复合材料,主要由耐候层、气密层、承力层和黏接层等功能层组成,中间层是囊体材料各层之间的媒介体,要求把承力层、气密层、耐候层都牢固地黏合为一体,各功能层材料几乎全部为高分子材料,其中大部分为高分子共混材料,因此,研究飞艇功能材料界面相互作用,即为研究高分子共混材料间界面相互作用。

4.1 聚合物共混体系界面及其相容性

对已有高分子材料进行共混改性实现材料宏观性能的优化是当前高分子材料科学研究的热点之一。但对于大多数聚合物共混体系而言,共混组分间的相容性较差或很差,那么,如何实现组分间相容性的改善,使二者间形成具有一定相互作用和稳定结构的界面层,就成为高聚物共混材料普遍关注的科学问题。

4.1.1 聚合物共混体系

随着科学技术的不断进步和人们物质文化生活的提高,人们对材料也提出了越来越高的要求,单一组分的高分子材料因其本身的局限性已经不能满足现代科技的需求。高分子共混是把两种或两种以上,现有的高聚物混合起来以形成某种具有所要求特性的新材料的改性方法。高分子共混比合成一种新型聚合物更为容易、简单,是制备具有特殊用途新材料的最有效的方法。因此,人们在不断开发研制新型高分子聚合物的同时,更多地侧重于将已有的聚合物材料通过共混改性的方法制备具有不同的新功能的多相聚合物材料,获得了事半功倍的效果[84-85]。

进行高分子共混的目的主要包括以下几点。

(1) 综合均衡各高聚物组分的性能,取长补短,消除各单一高聚物在性能上的弱点,获得综合性能较为理想的高聚物材料。例如,聚丙烯与聚乙烯相比虽然有密度小、透明性好、拉伸强度大及耐热性好等优点,但是其冲击强度、耐应裂性却不如聚乙烯。由聚丙烯和聚乙烯共混制成的聚合物共混物同时保持了两组分的优点,具有较高的拉伸强度和冲击强度,且耐应力开裂性比聚丙烯好,耐热性优于聚乙烯。

(2) 可以使用少量的某一高聚物作为另一种高聚物的改性剂。如在聚苯乙烯、聚氯乙烯等脆性材料中掺入 10%～20% 的橡胶类物质,可使它们的冲击强度大幅度提高。

(3) 改善高聚物的加工性能。将流动性好的高聚物作为改性剂,在不影响其他性能的前提下降低材料的加工温度。

(4) 可以制备具有特殊用途的新型高聚物材料。如将聚合物与含卤素的耐燃高聚物共混可制得耐燃高分子材料。

(5) 对某些性能卓越,但价格昂贵的工程塑料,可通过共混,在不影响使用要求的条件下降低成本。

4.1.2　高分子共混物的制备方法[84,86-89]

制备高分子共混物的方法主要有以下几种。

1. 物理共混法

物理共混法是依靠物理作用实现高聚物共混的方法,工程界又常称为机械共混法。共混过程在不同种类的混合或混炼设备中完成。

大多数高聚物的共混物均可用物理共混法制备,在混合及混炼过程中通常仅有物理变化。但有时由于强烈的机械剪切作用及热效应使一部分高聚物发生降解,产生大分子自由基,继而形成少量接枝或嵌断共聚物,但这类反应不应成为主体反应。

以物理形态分类,物理共混法包括粉料(干粉)共混、熔体共混、溶液共混及乳液共混四类。

1) 干粉共混法

将两种或两种以上品种不同的细粉状高聚物在各种通用的塑料混合设备中加以混合,形成均匀分散的粉状高聚物的方法,称为干粉共混法。用这种方法进行高聚物共混时,也可同时加入必要的各种塑料助剂。

经干粉混合所得高聚物共混料,在某些情况下可直接用于压制、压延、注射或挤出成型,或经挤出造粒后再用于成型。

该法的优点是设备简单、操作容易;缺点是所用高聚物主要为粉状,若原料颗粒大,则需粉碎,干粉混合时,高聚物料温低于黏流温度,物料不易流动,混合分散效果较差。一般情况下,不宜单独使用此法。

2) 熔体共混法

熔体共混也称为熔融共混,此法可将共混所用高聚物组分在它们的黏流温度以上用混炼设备制取均匀的高聚物共熔体,然后再冷却,粉碎或造粒。

熔融共混法的优点如下。

(1) 共混的高聚物原料在粒度大小及粒度均一性方面不像干粉共混那样严格,所以原料准备操作较简单。

(2) 熔融状态下,异种高聚物之间的扩散作用,使得混合效果显著高于干粉混合。共混物料成型后,制品内相畴较小。

(3) 在混炼设备强剪切力作用下,导致一部分高聚物降解并可能形成一定数量的接枝或嵌段共聚物,从而促进了不同高聚物组合直接的相容。

3) 溶液共混法

将原料各组分加入共同溶剂中,或将原料高聚物组分分别溶解,再混合,搅拌溶解混合均匀,然后加热蒸发或加入非溶剂共沉淀,获得高聚物共混物。

溶液共混法运用于易溶高聚物和某些液态高聚物以及高聚物共混物以溶液状态被应用的情况,工业上应用意义不大。

4) 乳液共混法

将不同高聚物乳液一起搅拌混合均匀后,加入凝聚剂使异种高聚物共沉淀以形成高聚物共混体系。

当原料高聚物为高聚物乳液时,或共混物将以乳液形式应用时,此法最有利。

2. 共聚-共混法

共聚-共混法是制备高聚物共混物的一种化学方法,这一点与机械共混法显然不同。共聚-共混法又有接枝共聚-共混与嵌段-共混之分,在制备高聚物共混物方面,接枝共聚-共混法更为重要。

接枝共聚-共混是首先制备一种高聚物(高聚物组分I),然后将其溶于另一高聚物(高聚物组分II)的单体中,形成均匀溶液后再依靠引发剂或热能引发,使单体与高聚物组分I发生接枝共聚,同时,单体还会发生均聚作用。上述反应产物即高聚物共混物,通常包含着3种主要高聚物,即高聚物I、高聚物II及以高聚物I为骨架接枝上高聚物II的接枝共聚物。接枝共聚组分的存在促进了两种高聚物组分的相容。所以接枝-共混产物的相畴较机械共混产物的相畴微细。

接枝共聚-共混法由于性能优越,近年发展很快,应用范围逐步推广。目前,主要应用于橡胶增韧塑料,如抗冲聚苯乙烯及 ABS 树脂。

3. 互穿聚合物网络(IPN)法

IPN 法形成互穿网络高聚物共混物,是一种以化学法制备物理共混物的方法,其典型的操作是先制备一交联高聚物网络(高聚物Ⅰ),将其在含有活化剂和交联剂的第二种单体中溶胀,然后聚合。于是,第二步反应所产生的交联高聚物网络与第一种高聚物网络互相贯穿,实现了两种高聚物的共混。在这种体系中,两种高聚物网络之间不存在接枝或化学交联,而是通过在两相界面区域不同链段的扩散和纠缠达到两相之间良好的结合,形成一种互穿网络高聚物共混体系,其形态结构为两相连续。

4.1.3 高分子共混物的相容性

聚合物之间的相容性是选择适宜共混方法的重要依据,也是决定共混物形态结构和性能的关键因素。了解聚合物之间的相容性是研究聚合物共混物的基础。相容性包括来自溶液理论的相容性(Miscibility)和工艺方面的相容性(Compatibility)。

1. 高分子共混物溶液理论相容性

溶液理论相容性,是从热力学的角度来看的,聚合物之间的相容性就是聚合物之间的相互溶解性,即两种聚合物形成均相体系的能力。聚合物之间的相容性存在两种极端情况。其一是完全不相容,是相分离的体系,表现为各组分有自己特有的玻璃化温度或熔融温度,在两种聚合物链段之间相互扩散的倾向极小,相之间结合力很弱,相界面明显,其结果是混合效果差,共混物性能不好,共混物的性能不仅取决于各组分的性能,而且在很大程度上取决于共混物的相结构和界面性质。其二是完全相容,则是指从热力学上讲能达到分子级混溶的共混物,主要表现为它们能形成均相体系且只有一个玻璃化温度,聚合物相互完全溶解而形成均相或相畴极小的微分散体系,共混物的性能为各组分性能的加权平均值。这两种极端情况都不是共混改性的目的。一般而言,我们所需要的是两种聚合物有适当的相容性,从而制得相畴大小适宜,相之间结合力较强的复相结构的共混产物。这类共混聚合物所呈现的相分离是微观的或亚微观的相分离,在外观上是均匀的,而不再有肉眼看得见的分层现象。当分散程度较高时,甚至在光学显微镜下也难以观察到两相的存在,但是用电镜在高放大倍率下还是能观察到两相结构的存在。

2. 高分子共混物工艺上的相容性

工艺方面的相容性,往往具有不同的含义,这时一般是指两种聚合物容易相互分散而制得性能稳定的共混物的能力,即从动力学的角度分析共混体系相容性的决定因素,如分子量、结晶度、黏度以及混合条件等。两种聚合物尽管溶解度参数较接近,热力学上有很好的相容性,但由于工艺方面的原因,仍然不能实现混溶。反之,即使两种聚合物相容性较差,如果通过机械方法或其他条件将其混合,也常常能获得足够稳定的共混产物。这是由于聚合物的黏度特别大,分子链段移动困难,尽管在热力学上有自动分离为两相的趋向,但实际上相分离的速度极为缓慢,以至于在极长的时间内难于将共混体系分成两个宏观相。这就是说,共混体系在宏观范围内仍会保持其基本完整性,而只是由于柔性链分子在极小区域内的活性使难混溶的共混体系在微观区域内分成两个相,从而构成多相形态。当两种聚合物具有一定程度的热力学相容性时,由于分子链的相互扩散,而使分子链段位移,可在两组分的相界面上形成所谓的过渡层,这可进一步提高共混物的稳定性。从理论上讲,热力学相容的聚合物分子可扩散至完全溶解,并形成均相的热力学稳定溶液;当缺乏热力学相容性时,则只能发生局部扩散,扩散程度取决于共混聚合物溶解度参数的比值。此外,在共混时,由于高剪切应力作用,会有少量高分子链断裂而生成链自由基,继而形成嵌段或接枝共聚物。这种共聚物的性质介于原来两种聚合物之间,它们在共混物中起着桥梁作用,从而提高共混体系的相容性[84,90-91]。

4.1.4 高分子共混物的形态

按相的连续性,两相聚合物共混物的形态可以分为 3 种,即单相连续结构、两相交错和相互贯穿的两相连续形态结构。

1. 单相连续结构

根据分散相相畴的形状、大小以及与连续相结合情况不同而表现为多种形式:有的体系分散相的形状很不规则,也有一部分体系分散相颗粒较规则,分散相也可以是片层状的,还有分散相为胞状结构或香肠状结构的。其特点是分散相颗粒内包含连续相成分所构成的更小颗粒。连续性较小的相或不连续的相被分成很多的微小区域,称为相畴。成核及增长机理就是形成这种结构。

2. 两相互锁或交错结构

两相互锁或交错结构也称为两相共连续结构。这种结构在本质上不是热力学稳定结构,但是由于屈服应力的存在,此结构可以长期稳定存在。旋节分离机理形成的是这种结构。

3. 相互贯穿的两相连续形态结构

相互贯穿的两相连续形态结构的典型例子是互穿网络聚合物（IPN），在其中两种聚合物网络相互贯穿，使得整个混合物成为一个交织网络，两个相都是连续的。它还具有胞状结构，胞的尺寸为 500~1000Å。

4.1.5 高分子共混体系的增容方法

共混物的形态结构对其性能有着至关重要的影响，而其形态结构又首先受参与共混的高聚物组合之间的热力学相容性制约。对于大多数共混高聚物，各高聚物组分间尽管缺乏热力学相容性，但至少应具有工程相容性。然而，许多性能上频有互补的高聚物混合物，却因热力学相容性差，以至尽管采用强有力的混炼措施，也难以实现工程上的相容性，尤其是共混操作完成后时间的延长，相分离现象越加明显，导致性能的不稳定和劣化。

为了获得性能优良的共混物，需要共混组分之间的物理性能有较大的差异，而且组分之间应该有一定的相容性，形成宏观上均相而微观上非均相结构的多相体系。在这种微观多相体系中，每一组分均以协调的方式对整个体系提供新的宏观性能的同时，又能保持其大部分性能的独立性，从而获得类似于合金的优异的协调效应。然而，在实际的聚合物共混材料的制备过程中，大部分聚合物由于分子结构、极性、结晶性等的差异，相容性较差，即使在较强的机械作用下，也很难获得相间界面作用强、力学性能好的共混物。因此，提高共混组分之间的相容性是制备性能优良的共混物材料的关键。

1. 化学改性法

化学改性法是对现有的聚合物进行改性，在其大分子链上引入适当的极性基团，从而改善或提高聚合物的反应性，以及提高与其他聚合物的相容性。在一个组分或两个组分上引入极性基团或反应性基团，属于聚合物后反应的一大类型。目前，常用的化学改性法主要有氯化法、氯磺化法、氢化法和环氧化法等。最为典型的例子是制备 PE/PVC 共混物，因为 PE 与 PVC 的结晶性、极性差异很大，导致它们的相容性很差，但将 PE 氯化后制得的 CPE 却与 PVC 具有良好的相容性[92-93]。

2. 共聚法

通过共聚使整个聚合物分子链的极性改变，增加了与其共混的聚合物的亲和能力，从而达到增加相容性的目的。例如，非极性的聚丁二烯（PB）与 PVC 不相容,但是丁二烯与丙烯腈的共聚物(NBR)同PVC却是相容的。此外,将乙烯与某些极性单体共聚,其产物可用于共混物的制备,通过共聚是改善相容性的一个较为行之有效的方法[94-95]。

3. 在聚合物上引入具有特殊作用的基团

共混聚合物分子链上引入能形成较强相互作用的基团,通过非键合作用,如氢键、离子与偶极、偶极与偶极等,可以使完全不相容的共混体系的相容性得到根本改善。例如,PVC与PCL、PAA与PEO、EVA与PVC共混高聚物之间都是通过氢键作用形成稳定的共混体系,PPO与PS共混高聚物之间存在π-氢键,PMMA与PC之间、PC与PBT之间存在n-π络合作用等。Coleman等[96-98]研究了一系列共混体系,从理论上阐述了引入氢键对相容性的影响,并通过实验考察了形成的不同氢键对不同共混体系的增容效果。

4. 形成互穿网络结构(IPN)

典型的操作是先制备一个交联聚合物网络(聚合物Ⅰ),将其在含有活化剂和交联剂的第二种聚合物(聚合物Ⅱ)单体中进行溶胀,然后聚合,于是,第二步反应所产生的交联聚合物网络与第一种聚合物网络相互贯穿,实现了两种聚合物的共混。在这种共混体系中,两种不同聚合物之间并不存在接枝或化学交联,而是通过在两相界面区域不同链段的扩散和纠缠达到两相之间良好的结合,形成一种互穿网络的聚合物共混体系,其形态结构为两相连续。使用这种方法可以把许多聚合物体系结合起来,使它们接近分子水平的混合。这种互穿网络结构为特殊的多相体系,其某些方面的性能比含有接枝共聚物或嵌段共聚物的合金性能还更为优良[99]。

5. 单互穿聚合物水基微乳液法

如果能减少相畴尺寸至纳米级或微米级,使共混组分近似呈分子链(或分子簇)之间的相互贯穿缠结,而在复合材料的加工过程中又能保持这种相互缠结的结构,就可以改善共混组分间的相容性,提高复合材料的性能。用普通的熔融共混或溶液共混方法很难实现共混物组分之间这种分子链水平的相互贯穿缠结,而用单互穿聚合物水基微乳液方法就可以达到这一目的。例如,将聚苯乙烯制成纳米级或微米级的水基微乳液,加入亲油性单体,如甲基丙烯酸甲酯等,选择合适的引发体系使单体聚合,制成相互缠结互穿的聚合物微粒水基微乳液。利用这一方法可使两种不相容聚合物分子链发生相互贯穿缠结,改善聚合物的相容性,从而提高复合材料的性能。

6. 加入第三组分[100-103]

当相容性较差的聚合物进行共混时,由于分散相和连续相界面的张力过大,使组分间缺乏亲和性,故界面黏合力低,力学性能大幅度降低,导致在加工或产品使用过程中会出现分层或断裂等现象。增容剂以界面活性剂的形式分布于共混物两相界面处,大幅度地降低了界面张力,提高了相互分散性,增加了界面黏合力,从而大大提高了聚合物合金的性能。它的作用一方面提高了共混的分散度,使分散相颗粒细微化和均匀分布;另一方面加强了共混物两相间的黏合力,使不同相区间能更好地传递所受的应力,使热力学不相容的共混物成为工艺上相容的共混物。故要求增容剂具备以下条件:能降低表面自由能;在混合过程中具有良好的分散能力;能与共混物的两个相均有良好的相容性和黏合力,并优先集聚在两相表面而不单独溶于共混物中的任何一相。

1) 非反应型增容剂

在反应型共混的条件下,第三组分物质与聚合物共混组分发生化学或物理作用。第三组分与共混组分通过物理的作用,主要是分子间力或氢键作用,实现体系的增容,称这类第三组分为非反应型增容剂。应用最多和最普遍的增容剂是一些嵌段共聚物和接枝共聚物,尤以前者更重要。其可降低两相之间界面能,在聚合物共混过程中促进相的分散,阻止分散相的凝聚,强化相间黏接。嵌段共聚物和接枝共聚物都属于非反应型增容剂(又称亲和型增容剂)。图4-1是非反应型增容剂的作用模型示意图。

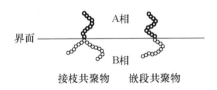

图4-1 非反应型增容剂的作用模型示意图

最初,提高共混物的相容性通常是采用与均聚物有相同或者相似重复单元的共聚物来实现。这种类型的相容共混物通常是像"A/B/A-B"这样的共混体系,增容剂是依靠在其大分子结构中同时含有与共混组分 A 及 B 相同的聚合物链,因而,可在 A 及 B 两相界面处起到"乳化作用"或"偶联作用",使两者相容性得以改善。

另一种方式是使用 A-C 型共聚物增容 A/B 共混物,其中 C 嵌段与 B 组分相容。PMMA 经常用作"A/B/A-C"体系的增容剂,它可以与很多聚合物相容,如 PVC、PVDF、SAN 等。

最后一种体系是用 C-D 共聚物增容不相容的 A/B 共混物。

2) 反应型增容剂

这类增容剂主要是与共混组分通过化学反应,实现体系的增容作用。它们通过与共混组分生成较强的共价键或离子键,实现增容作用。反应型增容剂主要是一些含有可与共混组分起化学反应的官能团的共聚物,它们特别适用于那些相容性差,且带有反应官能团的聚合物共混物的增容。反应增容的概念包括外加反应型增容剂与共混聚合物组分反应而增容;使共混物组分官能化,并凭借相互反应而增容。在聚合物共混反应增容体系中,一般情况为共混的一个组分(或增容剂)带有亲核或亲电端基,而另一个组分则带有亲电或亲核端基,通过亲核基团与亲电基团的化学反应,形成接枝或嵌段共聚物,从而实现共混体系的增容。常用的反应包括酸酐与氨基的反应,环氧基团与羧基和氨基的反应,以及碳化二亚胺、异氰酸酯与含有端羧基、端氨基聚合物的反应等。例如,在含有聚酰胺组分的共混物中加入乙酸化或羧酸化的共聚物作增容剂,是反应型增容剂的典型代表。在 PE/PET 共混体系中加入羧基化的 PE,虽无化学反应,但因羧基与 PET 支链上的酯基形成氢键而增容。

反应型增容剂的增容的形式有以下 4 种形式。

(1) 聚合物官能团之间的反应,即带有反应性官能团的聚合物在共混时原位生成接枝或嵌段共聚物增容共混体系。

(2) 聚合物与增容剂之间的反应。该方法是指在共混体系 A/B 中加入反应性共聚物或带有反应性官能团的聚合物 A-C(C 是可反应部分),C 可以与 B 发生反应,生成嵌段或接枝共聚物,增容共混体系。

(3) 共混体系中加入低分子物质促进共聚物的形成或同时形成共聚物和交联结构,或发生共交联。

(4) 原位增容和原位聚合同步实施制备聚合物纳米共混物。如在 PP 基质中阴离子开环聚合 PA6 单体——己内酰胺,体系中有一部分 PP 接枝上异氰酸酯基团,以异氰酸酯为生长中心引发己内酰胺聚合,随着 PA6 聚合物和 PP 与 PA6 接枝共聚物的同时生成,得到了 PA6 纳米分散的共混物。

为实现反应增容需具备如下 4 个条件。

(1) 充分混合,以便得到两种聚合物分散均匀的理想形态结构。

(2) 在聚合物分子链上存在有利于形成共价键的反应性官能团,其中一种聚合物带有亲和官能团,而另一种聚合物则带有亲电性官能团;或者两聚合物含有可反应的离子性基团,如一种聚合物含有酸性基团,而另一种聚合物则含有碱性基团。

(3)反应必须在聚合物加工的时限内发生。

(4)所形成的共价键或离子键在后续的加工条件下是稳定的。

比较而言,反应型增容剂其优点为用量少、效果好,缺点为容易因为副反应造成物性下降;非反应型增容剂优点为无副作用,使用方便,缺点为用量较多,效果较低,成本较高。

7. 低分子量化合物

利用某些低分子量的化合物与聚合物组分反应,产生交联或接枝等化学作用,生成的交联或接枝的产物存在于共混物的相界面层中,起到类似嵌段共聚物的作用,结果改善了体系的相容性。根据添加的小分子试剂种类的不同,可以分为下面4种情况。

(1)添加过氧化物,在聚烯烃主链上形成活性点,最终可以形成支化或者接枝共聚物。

(2)添加具有双官能团的化学试剂,可以接合两种聚合物形成嵌段共聚物。

(3)添加过氧化物和双重官能团试剂的混合物,它们可以形成支化或接枝共聚物。

(4)添加能在聚合物分子链之间直接发生化学反应的物质,使得聚合物大分子之间直接形成接枝共聚物。

低分子量化合物要选择能与橡胶组分交联的化合物,这样才能使热塑性树脂与橡胶共混物获得良好的物理力学性能。例如,双马来酰胺与 NR 和 PP 进行共混时,由于与橡胶相交联,以及在相界面上形成了接枝、嵌段共聚物,使其冲击强度大大提高。

4.1.6 共混体系界面理论

大多数聚合物共混材料是不相容或部分相容体系,存在3种区域结构,即两种聚合物各自独立的相和两相之间的界面层。界面层也称为过渡区,在此区域发生两相的黏合以及两种聚合物链段之间的相互扩散。界面层的结构对共混物的性质起着决定性的影响。当构成共混物的两种聚合物之间具有一定程度的分子级混合时,相互之间有一定程度的扩散,界面层的作用就十分突出。

聚合物共混物界面层的形成可分为两个步骤:第一步是两相之间的相互接触;第二步是两种聚合物大分子链段之间的相互扩散。增加两相之间的接触面积无疑有利于大分子链段之间的相互扩散,提高两相之间的黏合力。因此,在共混过程中保证两相之间的高度分散,适当减小相畴尺寸是非常重要的。界面层的厚度主要决定于两种聚合物的相容性,此外,还与大分子链段尺寸、组成以及相分离条件有关。基本不混溶的聚合物,链段之间只有轻微的相互扩散,因而,两相之间有非常明显和确定的相界面。随着两种聚合物之间混溶性的增加,扩散程度提高,相界面越来越模糊,界面层厚度越来越大,两相之间的黏合力增大。完全相容的两种聚合物最终形成均相,相界面消失。

界面层厚度一般在 2~50nm 范围,而研究这一过渡的界面相的结构及其调控不仅具有理论上的意义,更具有技术上的重要性。长期以来,对聚合物共混体系界面来说,实验上的困难在于对镶嵌在材料内部的界面不能孤立出来进行直接和准确的研究。近年来,人们逐渐清楚地认识到处于表面层内的聚合物分子链段的活动性与其在本体内存在较大差异,处于表面层的聚合物玻璃化转变温度明显低于本体。因此,对聚合物-聚合物薄膜表面层内分子链段通过相互扩散而形成的界面性质的研究逐渐受到重视,该领域内的一些研究进展使我们在更深层次上分析高分子复合材料中界面微结构的形成与优化控制成为可能。

界面相形态与聚合物共混材料的物理性能之间有着十分密切的关系。例如,通常来说,不相容聚合物共混物的界面区域内的分子链段不能彼此向对方渗透,使得界面层非常薄。聚合物力学性能来源于链段间的相互缠结。只有界面区域不同分子间发生链缠结,界面才有一定的力学强度。对于不相容的聚合物界面,几乎没有分子间的链缠结。只有通过增容剂在界面间聚集,向相应的聚合物本体扩散,才能提高界面的力学强度。人们希望尽可能多地获得聚合物共混材料界面相结构的形成、发展、演变等方面的认识,以通过对界面相形态的控制获得性能更为优越的新型高分子材料。

4.1.7 增容剂在共混物中的分布

增容剂在共混物中只有两个去处:一是分布在均相区;二是分布在界面。当两个主体相几乎相容时,增容剂倾向于分布在均相区,使两种组分有更多的接触机会。当两个主体相高度不相容时,增容剂趋于分布在界面,这也就是添加增容剂后效果有明显不同的一个原因。增容剂分布是在均相区还是在界面区域是由热力学原因推动的,根据热力学第二定律,任何一个自发过程均是自由能减小的过程。所以在不考虑动力学因素时,当共混体系的自由能最小的状态即是最有可能存在的状态。不过,在很多情况下,动力学因素不可以忽略,则不能简单地以自由能最低来决定。事实上,对于不相容体系并不太希望加入的增容剂分布在均相区域,而希望增容剂聚集在界面区域,降低界面张力,促进分散度的提高,通过分子间的链缠结提高界面的黏接性,提高共混物体系的稳定性。

4.2 PVDF/TPU 增容共混体系

PVDF 作为一种性能优良的高分子材料,具有耐化学腐蚀性、高阻隔性、优异的耐候性等优点,在化工、电子及航空航天领域有着广泛的应用。TPU 具有很高的拉伸强度和断裂伸长率,作为弹性体,它可以在很宽的温度范围内保持相当好的弹性。PVDF 和 TPU 都已成功应用于飞艇和气球的充气结构材料。如果将 PVDF 和 TPU 进行共混制成复合材料,既可以综合 PVDF 和 TPU 的优点,也可以根据添加比例进行性能的调控,为更高性能的飞艇和气球囊体材料的制备提供一种新途径。

但 PVDF 化学惰性很大,与 TPU 相容性很差,需要进行增容处理。对于 PVDF/TPU 增容共混体系中,增容剂上的接枝官能团必须要与 TPU 具有可反应性,才能达到反应增容。在 TPU 中,氨酯键 - NHCOO - 与不同官能团的反应性从大到小依次是:一级胺 > 二级胺 > 羟基 > 羧酸 > 酸酐 > 环氧基团。由于碱性基团与 PVDF 间可以发生化学反应,使得 PVDF 碳化,因此不能使用。同时,在构成梳状共聚物的条件中,接枝官能团必须能发生自聚反应。

基于以上两点,马海瑛[104]采取 PVDF 接枝 AAc 的方法制备了具有梳状结构的 PVDF/TPU 共混体系的增容剂 PVDF – g – AAc。此接枝反应选择的引发方式为预辐照接枝,这是因为预辐照接枝操作工艺简单,所需的反应条件不高,可以完成化学法难以进行的接枝反应。预辐照接枝不需要引发剂,所以可以得到较为纯净的接枝产物。单体不直接受辐照,所以能够控制单体均聚物的生成。

马海瑛将 PVDF 进行辐照剂量为 15kGy 的 $^{60}Co-\gamma$ 射线辐照,在 CH_2 上产生自由基,自由基可以与氧分子发生反应,产生过氧化物。在加热的条件下,过氧化物发生分解,可以引发 AAc 的接枝,制备 PVDF – g – AAc。通过化学滴定,计算出其接枝率为 5.88wt%。

红外吸收光谱表明,接枝 AAc 后,在波数 $1730cm^{-1}$ 处出现了羧酸的特征吸收峰,证实了接枝反应的发生。XPS 表明,接枝后的 PVDF 在 532.0eV 明显显示出 O1s 电子峰,并通过谱图分峰处理,可以进一步得到接枝物的详细化学结构。^{1}H - NMR 测试结果显示,在 PVDF - g - AAc 梳状接枝物中,每条接枝上的 AAc 分子链大约包含 4 个 AAc 单元,而每两条 AAc 支链间,大约又间隔了 30 个 VDF 单元。

以上测试结果表明,PVDF - g - AAc/TPU 共混体系已成功制出,但要想对其形成以及微观结构进行表征,必须首先建立界面相直接而准确的研究手段。为此,马海瑛利用旋涂法制备了 PVDF/TPU、PVDF - g - AAc/TPU 的双层膜体系,利用衰减全反射红外光谱与原子力显微镜,对反应增容体系中界面层的形成、组成以及微观结构进行表征,对界面相问题有了深入了解。

4.2.1　PVDF/TPU、PVDF - g - AAc/TPU 双层膜界面形貌及分析

利用旋涂法制备 PVDF/TPU、PVDF - g - AAc/TPU 双层膜,随后利用 THF 刻蚀掉 TPU,利用 AFM 检测界面形貌和粗糙度。图 4 - 2 是 PVDF/TPU 与 PVDF - g - AAc/TPU 双层膜界面的 RMS(均方根)粗糙度数值随退火时间的变化。对于 PVDF/TPU 双层膜,在退火 0.5h 和 1h 后,界面仍然保持较为平整,继续退火,RMS 粗糙度略有增加,但最终保持在 10nm 以下。对于 PVDF - g - AAc/TPU 双层膜,界面粗化要明显得多。在退火 0.5h 后,粗糙度就超过了 10nm,在退火 20h 后,达到了 20nm。

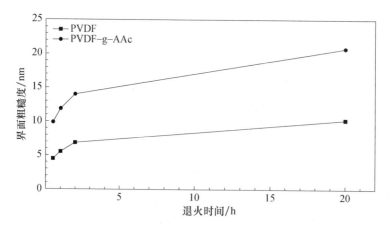

图 4 - 2　PVDF/TPU 与 PVDF - g - AAc/TPU 双层膜界面的 RMS 粗糙度数值随退火时间的变化

经过分析研究,马海瑛建立了 PVDF‑g‑AAc/TPU 双层膜体系界面模型(图 4‑3)。在 PVDF‑g‑AAc/TPU 双层膜于 190℃ 退火的过程中,羧酸基团可以与 TPU 的氨酯键发生化学反应,原位生成 PVDF‑g‑AAc‑g‑TPU 接枝聚合物,降低了界面张力。同时,热波动使界面发生了轻微变形,局部增容剂分子覆盖率减少,这时,更多的 PVDF‑g‑AAc 与 TPU 会迁移到界面处形成 PVDF‑g‑AAc‑g‑TPU 接枝聚合物,使界面处的增容剂分子饱和,稳定了增加的界面面积。

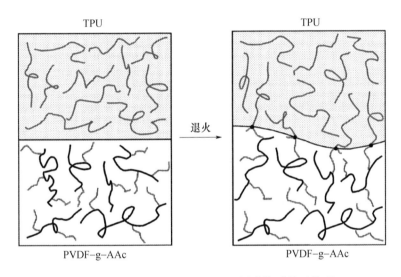

图 4‑3　PVDF‑g‑AAc/TPU 双层膜体系界面模型

4.2.2　含有不同含量 PVDF‑g‑AAc/TPU 增容共混体系性能研究

共混物中增容剂的加入可以降低共混体系的界面张力,提高分散度、相形态的稳定性和界面黏接强度。界面张力的降低不但与增容剂的分子结构有关,而且与增容剂的浓度密切相关。

马海瑛将 PVDF、PVDF‑g‑AAc 与 TPU(预先真空干燥 24h)按表 4‑1 中的质量配比混合,用转矩流变仪混炼后再真空干燥。在熔融共混的过程中,TPU 中的氨酯键在加热的条件下,会变得不稳定,发生分解,生成异氰酸酯基团和醇。接下来,异氰酸酯基团可以进一步与羧酸发生反应生成一个酰胺结构。因此,TPU 的氨酯键可以与丙烯酸发生化学反应,在界面处原位生成接枝共聚物 PVDF‑g‑AAc‑g‑TPU,如图 4‑4 所示。

表 4-1 PVDF/TPU 增容共混物的组成

共混物	质量分数/wt%		
	PVDF	PVDF-g-AAc	TPU
PVDF/TPU90/10	90	0	10
	89.5	0.5	10
	88.5	1.5	10
	87.5	2.5	10
	86.5	3.5	10
	85.5	4.5	10
PVDF/TPU10/90	10	0	90
	9.5	0.5	90
	8.5	1.5	90
	7.5	2.5	90
	6.5	3.5	90
	5.5	4.5	90

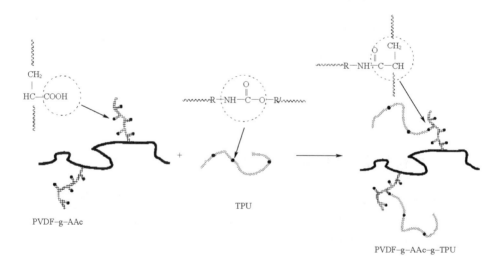

图 4-4 接枝共聚物 PVDF-g-AAc-g-TPU 的生成过程

图 4-5 是不同含量 PVDF-g-AAc 对 PVDF/TPU 增容共混体系复合黏度的影响曲线。当共混体系中加入有效的增容剂后，体系的储能模量、损耗模量和复合黏度会明显增大，说明体系中形成物理或化学网络，粒子与基体间存在很强的界面作用。可以看出，增容剂的加入在一定程度上提高了共混体系的复合黏度。在整个频率变化范围内，增容后的共混物复合黏度基本随着 PVDF-g-AAc 含量

的增加而增大,在增容剂用量为4.5wt%时,其复合黏度达到最大值。共混体系复合黏度的增加归因于两相相容性的改善,两相界面间作用力变大。

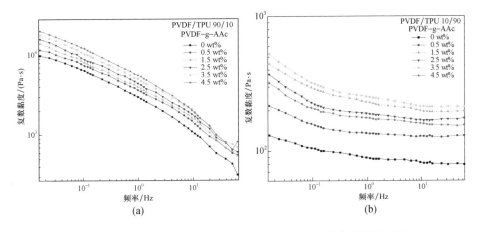

图4-5 不同含量PVDF-g-AAc对PVDF/TPU增容共混体系的复合黏度的影响曲线

图4-6是不同含量PVDF-g-AAc对PVDF/TPU90/10增容共混体系的储能模量和损耗模量随频率变化的曲线。从图中可以看到,总体趋势是,随着频率的增加,储能模量和损耗模量都会随之增大。其中,PVDF-g-AAc含量为4.5wt%的PVDF/TPU90/10增容共混物的储能模量和损耗模量最大。

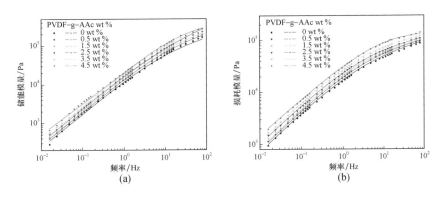

图4-6 不同含量PVDF-g-AAc对PVDF/TPU90/10增容共混体系的储能模量和损耗模量随频率变化的曲线

接下来应用非线性最小二乘法,采用广义的齐纳(Zener)模型方程对实验数据进行拟合,拟合参数列在表4-2中。图上的连续曲线就是拟合曲线,可以看到拟合曲线和实验数据重合得很好,说明广义的Zener模型在这里是十分适用的。对于这些 PVDF/TPU90/10 共混物,G_e、τ_0 和 α 值都相差不大,但在加入增容剂后,共混物的 G_0 值增大了,而 β 降低了。所有这些 PVDF/TPU90/10 共混物的最终行为都可以描述为 $G' \propto \omega^\alpha, G'' \propto \omega^\alpha$ 的幂律行为。

表 4-2 Zener 模型的拟合参数

PVDF-g-AAc/wt%	G_e/Pa	G_0/Pa	τ_0/s	α	β
0	0	8.7×10^4	2.5×10^{-1}	0.80	0.33
0.5	0	1.1×10^5	2.2×10^{-1}	0.79	0.26
1.5	0	1.1×10^5	2.7×10^{-1}	0.81	0.27
2.5	0	1.3×10^5	2.5×10^{-1}	0.80	0.31
3.5	0	1.4×10^5	2.5×10^{-1}	0.80	0.28
4.5	0	1.8×10^5	2.1×10^{-1}	0.80	0.25

图 4-7 是不同含量 PVDF-g-AAc 对 PVDF/TPU10/90 增容共混体系的储能模量和损耗模量随频率变化的曲线。从图中可以看到,这些变化与 PVDF/TPU90/10 增容共混体系很相似。总体趋势是,随着频率的增加,储能模量和损耗模量都会随之增大。其中,PVDF-g-AAc 含量为 3.5wt% 的 PVDF/TPU10/90 增容共混物的储能模量和损耗模量最大。在低频区,储能模量会出现一个平台。在损耗模量的变化曲线上,低频区没有出现类似平台的变化。

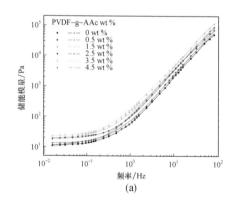
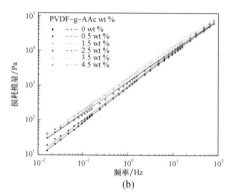

图 4-7 不同含量 PVDF-g-AAc 对 PVDF/TPU10/90 增容共混体系的储能模量和损耗模量随频率变化的曲线

接下来应用非线性最小二乘法,将广义的 Zener 模型方程对实验数据进行拟合,拟合参数列在表 4-3 中。图 4-7 中的连续曲线就是拟合曲线,可以看到拟合曲线和实验数据重合得很好,说明广义的 Zener 模型在这里也是十分适用的。在这些 PVDF/TPU10/90 共混物中，α 值都相差不大，但在加入增容剂后，共混物的 G_0 值和 G_e 增大了，而 β 和 τ_0 值降低了。其中，PVDF – g – AAc 含量为 3.5wt% 的 PVDF/TPU10/90 增容共混物的 G_e 最大，这一现象可以解释为增容反应带来的 TPU 粒子间的弹性相互作用。所有这些 PVDF/TPU10/90 共混物的最终行为都可以描述为 $G' = G_e$，$G'' \propto \omega^{\alpha}$ 的幂律行为。

表 4 – 3　Zener 模型的拟合参数

PVDF – g – AAc/wt%	G_e/Pa	G_0/Pa	τ_0/s	α	β
0	10	2.6×10^5	6.5×10^{-3}	0.98	0.23
0.5	10	6.0×10^5	2.8×10^{-3}	0.97	0.27
1.5	17	6.5×10^5	3.4×10^{-3}	0.95	0.21
2.5	18	6.5×10^5	3.1×10^{-3}	0.95	0.14
3.5	22	7.2×10^5	4.0×10^{-3}	0.95	0.15
4.5	13	7.5×10^5	2.8×10^{-3}	0.96	0.28

4.2.3　SEM 分析

图 4 – 8 是不同含量 PVDF – g – AAc 的 PVDF/TPU90/10 增容共混体系的断面扫描电镜照片。所有的 PVDF/TPU90/10 增容共混物都显示为粒子分散结构。这里的断面是用四氢呋喃刻蚀过的，因此空洞为 TPU。在没有加入增容剂的共混物中，TPU 分散相尺寸为 4~5μm，尺寸分布很不均匀，一些 TPU 分散相尺寸甚至达到了 10μm。在加入增容剂后，形貌变化很明显，随着增容剂含量的增加，TPU 分散相的尺寸逐步减小，在增容剂含量为 4.5wt% 时，分散相尺寸降为原有的 1/5。同时，分散相分布更为均匀。

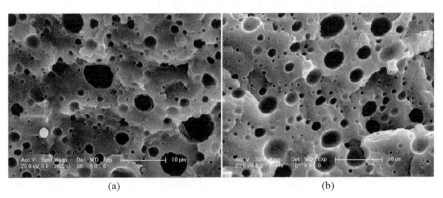

(a)　　　　　　　　　　(b)

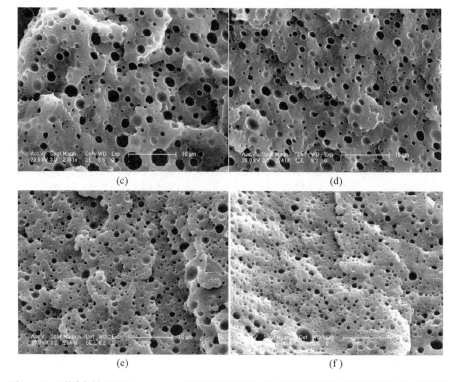

图4-8 不同含量PVDF-g-AAc的PVDF/TPU90/10增容共混体系的断面扫描电镜照片
(a)PVDF-g-AAc-0wt%；(b)PVDF-g-AAc-0.5wt%；(c)PVDF-g-AAc-1.5wt%；
(d)PVDF-g-AAc-2.5wt%；(e)PVDF-g-AAc-3.5wt%；(f)PVDF-g-AAc-4.5wt%。

图4-9是不同含量PVDF-g-AAc的PVDF/TPU10/90增容共混体系的断面扫描电镜照片。所有的PVDF/TPU90/10增容共混物都显示为粒子分散结构。这里的断面是没有经过刻蚀的，因此粒子状即为PVDF。在没有加入增容剂时，PVDF粒子尺寸为$2 \sim 3 \mu m$。在加入增容剂后，PVDF粒子尺寸随着增容剂含量的增加而逐渐减小，最后降为原位尺寸的1/2。

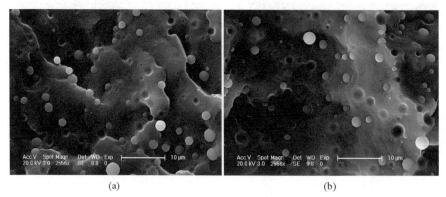

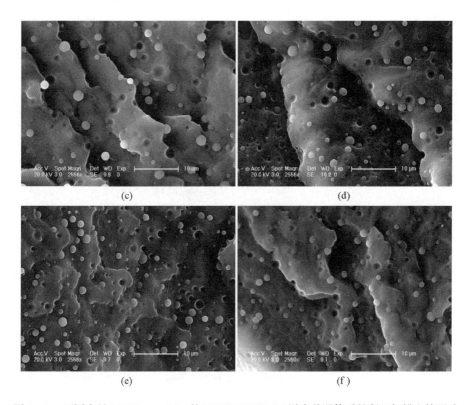

图4-9 不同含量 PVDF-g-AAc 的 PVDF/TPU10/90 增容共混体系的断面扫描电镜照片
(a)PVDF-g-AAc-0wt%;(b)PVDF-g-AAc-0.5wt%;(c)PVDF-g-AAc-1.5wt%;
(d)PVDF-g-AAc-2.5wt%;(e)PVDF-g-AAc-3.5wt%;(f)PVDF-g-AAc-4.5wt%。

未增容的 PVDF/TPU 共混物,界面张力很大,所以形成的是不均匀、不稳定的形貌。一旦加入增容剂后,界面处可以生成 PVDF-g-AAc-g-TPU 接枝聚合物,降低界面张力,因此可以形成更为均匀、稳定的形貌。

4.2.4 机械性能

这里对共混体系进行的是拉伸测试,图4-10所示的是不同含量 PVDF-g-AAc 的 PVDF/TPU90/10 与10/90 的增容共混体系的应力应变曲线,其中,共混物的断裂伸长率和屈服强度的具体数值列在了表4-4中。

在 PVDF/TPU90/10 共混物中,增容剂的加入可以明显提高共混物的断裂伸长率和屈服强度,并且断裂伸长率的增加更为显著。在增容剂只加入0.5wt% 时,断裂伸长率就增长了72%;在增容剂含量达到4.5wt% 时,断裂伸长率增长到比原来的4倍还要多。

由于 TPU 本身是弹性体，因此，在 PVDF/TPU10/90 的共混物中，不能观测到屈服行为，这里只考察断裂伸长率。从数值上看，断裂伸长率在加入增容剂后确实发生了一定程度上的增长，但增长并不十分显著，这是由于纯的 TPU 断裂伸长率本身很大，而这个组分中 TPU 的含量达到 90%，所以增容剂带来的断裂伸长率的变化相对于原本就是很大的数值，看起来不再那么明显。从拉伸测试的结果看到，PVDF－g－AAc 可以有效地增强 PVDF/TPU 界面黏接力。

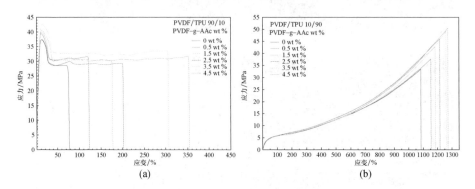

图 4－10　不同含量 PVDF－g－AAc 的 PVDF/TPU90/10 与 10/90 的增容共混体系应力应变曲线

表 4－4　PVDF/TPU90/10 与 10/90 的增容共混物的断裂伸长率和屈服强度

PVDF－g－AAc 含量/wt%	PVDF/TPU90/10		PVDF/TPU10/90
	断裂伸长率 ε_b/%	屈服强度 σ_y/MPa	断裂伸长率 ε_b/%
0	71	37	1085
0.5	122	39	1156
1.5	177	41	1186
2.5	202	37	1218
3.5	306	43	1260
4.5	353	40	1273

4.3　具有紫外线屏蔽功能聚偏氟乙烯膜的制备及性能研究

4.3.1　背景简介

PVDF 是一种具有优异耐化学品性、热稳定性、机械性能、加工成型性能的半结晶型高分子材料,目前已被用作飞艇囊体耐候层材料。为了提高 PVDF 的性能或者使材料具有新的特性,许多改性方法(如表面接枝、共混、表面涂层等)已经得到了广泛的应用和研究[105]。下面简要介绍一下这些改性方法。

1. 表面修饰

在 PVDF 表面化学处理过程中,膜表面通过碱处理、辐照、化学接枝等方法进行修饰,在材料本体不被破坏的情况下,使表面的性能显著提高。此外,与简单的物理沉积相比,化学接枝法使改性分子链与 PVDF 表面通过化学键连接,得到的改性膜具有长期的化学稳定性;表面修饰还可以避免共混过程中出现的不相容问题。

2. 本体接枝

虽然膜表面接枝的方法可以更直接地对薄膜性能进行改进,但是也存在一些弊端,如表面接枝率难以控制,导致接枝程度有很大的差异性,并且膜内部的接枝受限。在成膜之前制备功能性共聚物,控制共聚物的组成及成膜条件,将改性共聚物均匀地分散在基体中,制备出的功能膜[106]就可以解决以上问题。

原子转移自由基聚合(ATRP)是一种活性聚合技术,该方法能有效地控制接枝分子量及组成,形成的聚合物有更窄的分子量分布。Lanzalaco 等[107]直接以 PVDF 为 ATRP 反应引发剂接枝甲基丙烯酸羟乙酯(HEMA)。实验结果显示,C－F 键具有很高的稳定性,PVDF 分子难以被活化,需要改变实验条件降低催化剂复合物稳定性。

3. 共混

由于操作简便,物理共混已经应用于多种有机材料/PVDF 共混膜、有机－无机复合膜的制备[108-110]。其中,已有很多研究者将 PVDF 与其他单体的接枝共聚物作为填料加入 PVDF 基体中进行改性。

4.3.2 紫外线屏蔽材料简介

为了防止长期紫外线辐照对材料的破坏,制备具有优异紫外线屏蔽功能的材料具有非常重要的意义。许多研究者进行了相关的实验研究,已经通过多种实验方法将不同有机紫外线吸收剂(如二苯甲酮类、苯并三唑类、三嗪类等)、无机纳米粒子(如二氧化钛、二氧化硅、二氧化铈、二氧化锌等)引入材料表面或基体内部[111-113]。此外,随着研究的不断进展,聚多巴胺、碳量子点、木质素、氧化石墨烯等新型的紫外线吸收剂逐渐被发现及应用[114-116]。

1. 无机粒子的应用

通过对紫外光的反射和散射,无机粒子可以实现对高分子材料的光保护。但是,金属粒子直接与高分子聚合物共混成膜时,不可避免地出现聚集现象,导致复合材料内部的纳米粒子分布不均匀。因此,对纳米粒子表面进行修饰,提高其与高分子共混时的分散性、相容性或者将无机紫外线屏蔽剂涂覆在材料表面已成为主要的研究趋势。

Du 等[117]制备了具有优异紫外线屏蔽功能、高抗氧化剂负载能力的高分子/二氧化钛(TiO_2)囊状复合材料。聚环氧乙烷 – b – 聚甲基丙烯酸 N,N – 二甲基氨基乙酯 – b – 聚苯乙烯(PEO – b – PDMAEMA – b – PS)三嵌段聚合物自组装可以形成囊状结构。利用钛酸四丁酯在 PDMAEMA 和 PS 层的选择性沉积,最终得到了与 TiO_2 复合的结构,进一步通过对紫外光的反射和散射增强了材料的紫外线屏蔽功能。

Guo 等[118]通过常温常压条件下向 TiO_2 中加入硝酸铈铵的方法,在木板表面修饰透明的 TiO_2/Ce 干凝胶,减少了紫外光辐照引起的老化降解。具有强氧化性的 Ce(Ⅳ)与氧原子结合,可以作为 Ti – O 网状结构增长的连接中心,形成大面积的 TiO_2/Ce 干凝胶,制备的凝胶在保持透明性的同时可以屏蔽所有紫外线。

2. 有机紫外线吸收剂的应用

近年来,随着紫外线屏蔽材料需求的增加,与其相关的研究也不断增多。其中,有机紫外线吸收剂作为一种重要的屏蔽剂,可以通过分子内氢键作用将紫外光辐照的能量转化成较低的振动能,然后将能量耗散。小分子紫外线吸收剂在材料长时间使用过程中或处于高温、接触溶剂时容易迁移,需要通过接枝到高分子链、制备交联的高分子纳米/微米颗粒或者插入其他结构等方法,提高紫外线吸收剂的稳定性。

Cohen 等[119]通过乳液和分散聚合方法制备了纳米级的聚苯并三唑(PNB-NPs)及微米级(PNBMPs)颗粒,之后将颗粒分散液与成膜剂(改性聚乙烯亚胺)混合,刮涂在电晕辐照过的 PP 膜表面,制备具有紫外线吸收性能的高透明性 PP 膜。将浓度为4% 的 PNB 溶液在 PP 膜表面涂覆形成 $2\mu m$ 涂层可以实现对 UV 光的全部阻隔,并且可见光透过率只降低5%。此外,改性膜热稳定性与之前相比没有发生变化,涂层纳米粒子有很好的耐迁移性能。

3. 新型紫外线吸收剂

1)黑色素紫外吸收剂

黑色素是一种广泛分布于生物体内的聚合物,具有光防护、金属离子螯合、抗菌、自由基清除等作用。Wang 等[120]通过一系列的提取,从乌贼体内得到了具有紫外线屏蔽作用的真黑素(SE),然后将其加入聚乙烯醇(PVA)溶液中搅拌均匀置于培养皿中干燥涂膜,得到厚度约为 $100\mu m$ 的 SE/PVA 复合膜。实验结果证明,随着 SE 含量的增加,复合膜的紫外线吸收性能逐渐增强;当 SE 质量分数为 5wt% 时,薄膜在 $200\sim400nm$ 范围内可以实现完全吸收。

2)氧化石墨烯紫外吸收剂

氧化石墨烯的制备与应用在近年来有很多相关的研究,而且其紫外线吸收性能的应用也逐渐增加[121-124]。上海应用物理研究所的谢思远等利用改进的 Hummer's 方法制备了氧化石墨烯(GO),将其均匀分散于水中,与亲水性 PVA 进行混合制得了 GO/PVA 复合膜,并将有机硅树脂预聚物(STARKONSI-200)涂覆在 GO/PVA 复合膜表面提高膜的疏水性。结果表明,当 GO 含量为 2.0wt% 时,紫外光区的辐照能被全部屏蔽,可见光区仍有光透过。GO 中 C、O 元素比例对紫外光区以及可见光区的光吸收均有影响,对于可见光区影响更加明显,随着 C/O 比值增加,可见光透过明显减少。通过 GO 与醋酸纤维素(CA)共混,可得到分散均匀的 CA/GO 紫外光屏蔽膜。当 GO 含量为 0.5wt% 时,复合膜可以屏蔽 57% UVC、44% UVB 和 36% UVA,可见光透过率为 79%。

3)多巴胺紫外吸收剂

多巴胺聚合可以在金属、玻璃、高分子材料表面形成稳定的黏附层,其结构与黑色素类似,具有吸收紫外线以及猝灭活性自由基的性能,同时 PDA 易于溶解于多种溶剂中,与材料有很好的相容性。在多巴胺(DOPA)沉积过程中,溶液 pH 值、沉积温度、沉积时间、氧气含量均对沉积过程产生重要影响,最终影响聚多巴胺(PDA)颗粒的粒径、PDA 膜的厚度。

Zhu 等[125]通过表面修饰 PDA 和 GO 两种涂层的方法制备了具有高紫外线屏蔽性能,同时表面活性、热性能及机械性能明显增强的芳纶纤维(KF-PDA-GO),并探讨了多巴胺浓度、GO 浓度、反应温度对于改性纤维结构与性能的影响,证明了反应温度是纤维表面反应活性和材料紫外线屏蔽性能的决定因素。最佳条件下改性的纤维经过 168h 的紫外光辐照后仍然保持很好的力学性能,且拉伸强度是近几年报道的最高值。

4.3.3　聚偏氟乙烯改性方法研究

PVDF 材料本身有很好的加工性能、热性能、机械性能以及耐候性等特性,且应用范围广泛。但是纯 PVDF 薄膜没有紫外线吸收功能,当与其他材料结合制备多层复合材料使用时,可见光与紫外光同时透过 PVDF 膜辐照下层材料,引起下层光敏感材料的降解,进而影响复合材料的使用性能。因此,提高 PVDF 膜材料的紫外线屏蔽性能有重要的意义。

高分子材料中引入紫外线吸收剂能够对紫外光进行屏蔽。然而,直接加入小分子吸收剂会出现迁移、渗出现象,还会引起分散不均匀的问题。因此,需要通过化学键连接将紫外线吸收剂接枝到 PVDF 本体分子链或 PVDF 薄膜表面,或者将其牢固地黏附在薄膜表面,解决外迁移问题,使紫外线吸收剂稳定地存在于材料中。

然而,具有优异紫外线屏蔽功能 PVDF 薄膜的制备及相关研究较少。当 PVDF 膜在多层复合膜材料中使用时,其高透明性致使下层光敏感材料发生降解,从而影响材料的使用寿命。因此,提高 PVDF 膜的紫外线屏蔽性能具有非常重要的意义。

为了提高 PVDF 膜的紫外线屏蔽能力,董莉采用如下 4 种方法对 PVDF 进行改性。

(1) 碱处理 PVDF 本体接枝紫外线吸收剂。

(2) 预辐照 PVDF 接枝紫外线吸收剂。

(3) PVDF 膜表面多巴胺沉积。

(4) PVDF 膜表面接枝紫外线吸收剂。

下面我们对这 4 种改性方法分别进行介绍。

4.3.4 碱处理 PVDF 本体后接枝紫外线吸收剂

二苯甲酮类有机紫外线吸收剂作为一种重要的屏蔽剂,可以通过分子内氢键作用将紫外光辐照的能量转化成较低的振动能,然后将能量耗散掉,在提高材料紫外线吸收性能领域有重要应用。但是,如果直接将小分子紫外线吸收剂加入高分子材料中,会使其容易发生迁移。为了避免这类问题在 PVDF 薄膜中出现,需要通过化学键将紫外线吸收剂与 PVDF 基材连接。

董莉先通过简单的有机碱处理方法提高 PVDF 反应活性,使 PVDF 分子链上形成一定量的碳碳双键;然后利用引发剂过氧化苯甲酰引发自制的 2 - 羟基 - 4 - (3 - 甲基丙烯酸酯基 - 2 - 羟基丙氧基)二苯甲酮(BPMA)在 PVDF 分子链上进行接枝反应,得到了 PVDF - g - PBPMA 共聚物;同时研究了反应溶剂四乙基氢氧化铵(TEAH)溶液的浓度、单体 BPMA 与 PVDF 的质量比、TEAH 改性时间等条件对接枝率以及紫外吸收性能的影响。最终确定了碱处理接枝方法制备

PVDF-g-PBPMA 薄膜的最佳条件:TEAH 浓度为 0.7wt%、碱处理时间为 20min、BPMA 与 PVDF 质量比为 1:1。此条件下制备的 PVDF-g-PBPMA 薄膜在 200~388nm 范围内的透过率小于 1%,可以完全吸收紫外线;在 200~378nm 范围内的透过率小于 0.1%;在对材料影响最严重的 280~320nm 内的透过率降至 0.02%;制备的薄膜显示出优异的紫外线吸收功能。

利用上述最佳条件制备了 PVDF-g-PBPMA 薄膜,对其紫外光屏蔽功能进行了研究。将以 TiO_2 作为光催化剂的 10ml RhB 溶液置于试剂瓶中,分别以纯 PVDF 膜及 PVDF-g-PBPMA 膜作为保护膜置于试剂瓶上方,室温下搅拌溶液并进行紫外光辐照(紫外灯与膜的距离为 8cm)。图 4-11 为 RhB 溶液的光降解趋势图。结果显示,纯 PVDF 膜保护下的 RhB 溶液的吸光度在紫外光辐照后急剧降低,随着辐照时间增加至 5h,溶液的吸光度降至原来的 12%。但是,以 PVDF-g-PBPMA 薄膜作为保护膜的溶液吸光度下降幅度并不大。

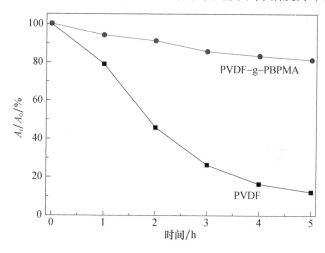

图 4-11　纯 PVDF 及 PVDF-g-PBPMA 膜保护
紫外辐照 RhB 溶液的光降解趋势图

综上所述,实验中制备的 PVDF-g-PBPMA 膜具有非常优异的紫外线屏蔽功能,在作为材料保护层方面具有广泛的应用前景。

4.3.5　预辐照接枝紫外线吸收剂

在过去的几十年里,钴源辐照引发接枝聚合已经成为制备新的功能材料的常用方法。辐照聚合可以分为同时辐照和预辐照两种方式,在聚合过程中有更少的均聚物形成,并且能应用于改性聚合物的大量制备。PVDF 粉末或者薄膜经过辐照后，在分子链上产生自由基；由于γ射线的能量较高，在 - CH2 - 和 - CF2 - 上均可产生自由基；但是 C - F 比 C - H 化学键更加稳定、键能更高。因此，在 - CH2 - 位置上产生自由基的概率更大，在该位置更容易进行接枝反应。

利用钴源预辐照接枝的方法，董莉首先对 PVDF 粉末进行辐照，在分子链上形成大量可反应的位点，然后将其与苯并三唑类紫外线吸收剂 2 - [2 - 羟基 - 5 - [2 - (甲基丙烯酰氧)乙基]苯基] - 2H - 苯并三唑(RUVA - 93)在熔融条件下共混进行接枝反应，得到含 PRUVA - 93 侧链的 PVDF 聚合物，通过计算可知，RUVA - 93 的接枝率为 13.03%。

通过一系列对比实验确定了制备 PVDF - g - PRUVA - 93 膜的最佳条件：预辐照剂量为 25kGy，RUVA - 93 含量为 12wt%。该条件下制备的薄膜在 200 ~ 387nm 范围内的透过率低于 1%，该范围内的紫外线能够被完全吸收；对材料影响严重的 280 ~ 320nm 范围内的透过率低于 0.04%。

利用紫外线辐照(45W)改性膜保护的亚甲基蓝溶液，并对溶液吸光度变化进行测试，如图 4 - 12 所示。

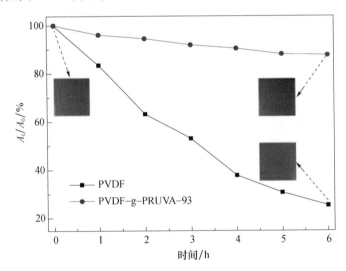

图 4 - 12　纯 PVDF 膜及 PVDF - g - PRUVA - 93 膜保护的
亚甲基蓝溶液的降解图

由图 4 - 12 可知，PVDF 膜保护的溶液经过辐照后吸光度急剧降低，辐照 6h 后的溶液吸光度减少了 74.93%。然而，PVDF - g - PRUVA - 93 膜保护的溶液吸光度变化较小，最终降解的亚甲基蓝仅为 12.37%。

综上所述，测试结果证明最佳条件下制备的 PVDF - g - PRUVA - 93 膜具有优异的紫外线屏蔽功能,可以作为光敏感材料的保护层。

4.3.6 PVDF 膜表面聚多巴胺沉积

除了本体修饰外,表面修饰也是一种很重要的薄膜改性方法,可以在多种材料表面形成功能膜。

研究人员发现,盐酸多巴胺(DOPA)在碱性的环境中可以通过聚合反应在金属、玻璃、高分子材料等多种基材表面稳定地黏附。自从 Messersmith 将不同材料浸入碱性 DOPA 溶液进行表面修饰以来,这种表面改性方法也迅速引起了大家的广泛关注。

董莉将 PVDF 膜、PVDF - OH 膜分别置于 DOPA 的碱性溶液中,通过 DOPA 在膜表面聚集形成致密的 PDA 层,制备了具有紫外线屏蔽功能的薄膜。通过一系列对比实验最终得到了 PVDF - OH 膜表面沉积 PDA 的最佳条件,制备的 PVDF - OH@ PDA 改性膜表现出优异的紫外线屏蔽功能。将 PVDF - OH 膜置于 DOPA 浓度为 2.0g/L,缓冲溶液 tris 浓度为 0.05mol/L,pH 值为 8.5,温度为 60℃ 的溶液中沉积 21h 得到的 PVDF - OH@ PDA 膜在紫外光区的透过率明显降低;在 400nm、320nm 的透过率分别为 0.51% 和 0.12%;在 325nm 处的透过率小于 0.1%,吸光度达到 3;在 200~400nm 的透过率小于 1%,可以实现对紫外线的全部吸收。附着力测试胶带的剥离实验以及耐久性测试证明 PDA 层与 PVDF - OH 膜之间有很大的黏附力,形成的 PDA 稳定地黏附在薄膜表面。

4.3.7 PVDF 膜表面接枝紫外线吸收剂

原子转移自由基聚合作为一种重要的活性可控聚合方法可以很好地控制接枝分子量,并且获得分子量分布较窄的聚合物;但是,聚合过程中需要加入大量的昂贵、对生物有害且后续需要多次清洗才能去除的金属催化剂,而且聚合条件较为苛刻。电子活化再生原子转移自由基聚合(AGETATRP)对原有 ATRP 进行了改进,反应中加入的还原剂可以不断地使催化剂还原,降低了金属催化剂的添加量;并且反应过程中氧气的敏感性降低,实验更易于操作。

AGETATRP 方法可用于多种功能 PVDF 薄膜制备。当反应单体为有机小分子紫外线吸收剂时,反应完成后可以在薄膜表面形成紫外线屏蔽层。与本体接枝的实验方法相比,达到相同的紫外线屏蔽效果,此方法需要更少的紫外线吸收剂,接枝之后薄膜质量变化较小,并且有效地避免了紫外线吸收剂分布不均匀的现象。虽然已经有研究者将 PVDF 分子链上的氟原子作为大分子引发剂直接进行表面接枝,但是接枝含量有限。因此,需要通过 PVDF 薄膜表面预处理进行活化,然后引发反应。

董莉通过有机合成方法成功制备了反应型二苯甲酮类的紫外线吸收剂 BP-MA,随后利用 AGETATRP 方法可以在 PVDF-Br 膜表面引发 BPMA 的接枝,1H-NMR、FT-IR、XPS 测试结果显示接枝后薄膜的化学结构发生明显变化,且峰强度与反应时间有关。

制备的 PVDF-g-PBPMA 膜在紫外光区的透过率明显降低,反应时间为 6h 和 12h 的改性薄膜在 240~350nm 的透过率分别低于 1% 和 0.7%;增加反应时间会有更多的 PBPMA 分子链引入薄膜表面;当延长反应时间至 24h 时,得到的薄膜在 240~350nm 的透过率仅为 0.4%,有更好的紫外线吸收功能。

利用 SEM 发现,未经修饰的 PVDF 膜表面光滑;接枝反应发生后,薄膜表面出现明显的颗粒;颗粒密度及表面粗糙度随反应时间增加而增大,并且会形成聚集颗粒。

接枝后的薄膜仍然具有很好的热稳定性、耐久性,并且该方法还可以用于其他反应型紫外线吸收剂的引入以及其他功能性薄膜的制备。

由于 PVDF 的化学稳定性高,常规化学接枝的方法很难应用于其中。通过碱处理或预辐照或羟基化处理等,在 PVDF 的分子链中引入可反应的活性基因,进而再利用自由基聚合等方式将紫外吸收剂通过化学键的方式引入到本体中或表面上,可以得到无迁移且紫外吸收性能优异的复合膜,这为实现 PVDF 在耐候层中的应用提供了更多的优化方案。

4.4 自修复聚氨酯材料结构与性能研究

如今,高分子材料已经被应用于人类生活及生产等各个方面。随着科学技术的极速发展,人们对材料使用性能要求也越来越高。然而,在使用过程中,材料表面或内部都无法避免受到各类损伤,并且某些损伤很难被检测到,这些损伤会使材料的使用性能,尤其是力学性能劣化。如果不能及时修复这些损伤,不但会缩短材料的使用寿命,带来严重的隐患,而且会造成一定的资源浪费。科学家将生物体的自修复功能引入到高分子材料中,在材料遭受损伤时可以自行修复,不但可以延长材料的使用寿命,而且提高材料使用安全性的同时,还可以节约维护成本。作为一种新型智能材料,自修复材料在许多领域具有巨大的应用前景[126-129]。

聚氨酯是一类化学结构及性能可灵活调节的弹性体材料[130]，具有优异的耐磨、耐臭氧、耐低温及耐化学药品性等优点，是目前应用最广泛的高分子材料之一。为了满足聚氨酯材料在航空航天、电子、建筑、医疗器械等领域的需求，制备出具有自修复性能的聚氨酯材料对学术界和产业界都具有非常重要的意义。

4.4.1 自修复材料简介

根据物质和能量补给方式不同，自修复材料可以分为埋植型自修复材料、本征型自修复材料两大类。

1. 埋植型自修复材料

埋植式的自修复是发展比较早，并已得到较多应用的一种修复方法，修复剂通常存储在一种"容器"中，如微胶囊和管道（中空纤维和微脉管网络）。在制备自修复材料前，提前将修复剂预埋在聚合物基质中。当材料受损时，不需要人为干预划痕感应和修复活动，外界刺激（如力、pH 值、温度等）会使损伤区域的修复剂释放、扩散至整个划痕中，最终按某种反应机理黏合划痕从而实现修复。虽然这种修复方式需要在复合材料中额外添加修复剂，但由于其修复过程对基体本身化学结构要求不高，因此，在实际应用中具有较好的普适性。

2. 本征型自修复材料

与埋植型修复不同，本征型自修复不需外加修复剂，而是材料本身含有特殊的物理、化学或超分子相互作用等实现自修复功能。但这种修复体系通常需要对损伤材料施加外部刺激实现最终的修复。本征型修复不依赖于修复剂，省去了修复剂预先包埋技术等复杂步骤，且对基体性能影响小，但对基体材料分子结构设计要求较多，也是该类修复体系目前研究的重点。设计分子结构时通常将可逆键引入分子结构中，这些可逆键包括动态可逆共价键，如 Diels – Alder 键[131]、酰腙键[132]、烷氧基胺键[133]、双硫键[134-135]、双硒键[136-137]和动态可逆非共价键，如金属配位键[138]、主 – 客体键[139-141]、氢键[142-143]、离子键等。

4.4.2 石墨烯（GO）自修复材料

石墨烯独特的二维单原子片层结构，赋予其突出的电、光、磁、热和机械性质[144]。另外，石墨烯与碳纳米管等碳材料相比，价格便宜，可大批量生产高质量石墨烯产品。因此，石墨烯材料受到化学、物理、材料、生物以及交叉学科等众多领域科学家的广泛关注[145]。GO 具有机械强度高、比表面积大、含氧基团表面丰富以及易化学改性等优点，使其可以与聚合物发生物理吸附作用或化学反应，增强聚合物材料机械性质或其他功能性。因此，为了拓宽自修复材料的应用范围，许多科学家将 GO 引入到聚合物体系中制备高性能自修复材料。

1. GO 表面原位聚合

氧化石墨烯表面丰富的含氧基团使其可直接作为反应引发剂或交联点制备复合材料。例如，Li 等[146]在 GO 表面原位制备了聚氨酯/氧化石墨烯复合材料（PU/GO）。GO 表面上的羟基（-OH）和聚氨酯链上的异氰酸酯基团（-NCO）发生共价反应使聚氨酯链段接枝在 GO 表面。此外，糠醇作为聚氨酯链段末端基团可以与双马来酰亚胺发生 Diels-Alder(D-A)反应制备自修复材料。添加了 GO 的复合材料表现出比纯聚氨酯优异的力学强度，但是 GO 的引入同时也限制了聚合物的链段运动和 DA 基团的交联和解交联，最终复合材料修复效率比纯聚氨酯降低很多。

2. 直接共混

GO 除了可以与聚合物链段之间发生共价键交联以外，表面的羟基、环氧基、羧基等基团还可以通过氢键作用与聚合物链段形成物理吸附，最终，链段缠结和氢键相互作用致使体系形成 3D 网络，GO 可代替一般的交联剂增强复合材料的机械性质[147]。

鲍哲楠教授研究组[148]制备了一种弹性纳米复合材料，GO 的引入使复合材料的机械性质增强，与聚合物网络的氢键作用使聚合物表现出优异的自修复能力，在室温下能够快速修复，表现出比商业橡胶更强的机械性质。

3. 表面改性

为了同时提高复合材料的机械强度和自修复效率，改善填料在聚合物基质中的分散性以及填料与聚合物基质之间的界面相互作用是关键[149-151]。GO 的侧面和表面存在大量的含氧基团（羟基、环氧基、羧基），由于这些含氧基团的存在使得 GO 在极性有机溶剂和聚合物中得以分散。对于石墨烯而言，由于层与层之间具有很强的 π-π 堆积作用，很难在聚合物基体中分散。相比之下，对 GO 进行共价、非共价改性再还原是一种改善石墨烯与聚合物之间相容性的有效方法[152-153]。

Sun 等[154]利用带有氨基的环糊精与 GO 表面上的环氧基团、羧基发生反应，还原后得到环糊精改性的石墨烯（RGO-CD）作为纳米填料，与接枝有二茂铁的聚丙烯酰胺和聚丙烯酸（PAA）复合物发生主客体相互作用制备出了复合材料(bPEI-Fc&RGO-CD)。可逆主客体相互作用使制备的薄膜具有非常优异的机械和自修复性能,可多次修复数十微米宽的损伤。

针对目前聚氨酯树脂基复合材料经常出现的损伤,导致材料最终破损失去功能性的问题,林长红[72]利用可逆 D-A 共价键作为反应单元,设计、制备了具有高机械性能和高修复效率的自修复聚氨酯材料。具体的研究内容包括以下几个方面。

(1) 采用石墨烯增强聚氨酯体系的方法制备了双交联点聚氨酯/石墨烯复合材料。具有优异综合性能的氧化石墨烯(GO)以及表面马来酰亚胺功能化改性氧化石墨烯(mGO)作为增强纳米粒子,分别制备了 PU-DA/GO 和 PU-DA/mGO 聚氨酯复合材料。相比于 GO,mGO 与聚合物基质之间界面结合力更强,在体系中的分散性更好,最终得到的复合材料体系获得了较高的机械强度和修复效率。

(2) 以还原氧化石墨烯(rmGO)作为光热转换单元制备了可热修复和光修复的聚氨酯复合材料,研究了 rmGO 添加量及激光光强等因素对修复效果的影响。rmGO 优异的光热转化效应赋予了聚氨酯材料光诱导修复的能力,另外,rmGO 与聚合物基质之间良好的界面结合性可增强复合材料的机械性能。

(3) 自修复可逆非共价、共价键双网络聚氨酯体系研究。以吡啶-Fe^{3+}的络合作用作为物理交联点,Diels-Alder 相互作用作为化学交联点,得到非共价键与共价键双交联的自修复聚氨酯材料,并对影响材料机械性能的因素和拉伸过程中断裂机理、自修复性能进行了研究。

4.4.3　双交联点聚氨酯/石墨烯体系自修复性能研究

目前报道的自修复材料因不能同时满足高修复效率和高机械强度这两个关键性能而不能达到实际应用的要求。因此,制备同时满足高机械强度和高修复效率的自修复材料成为科学工作者的主要研究目标。

石墨烯具有高强度和高弹性模量(130GPa 和 1.0TPa)的特点,可用于增强聚合物,但增强效果受很多因素影响。石墨烯在聚合物中的分散情况和与聚合物基质的界面结合强度是影响增强效果的关键因素。通常为实现石墨烯的良好分散,先制备 GO,然后再进行还原。氧化石墨烯表面含有的丰富含氧基团使其易于被化学改性。对氧化石墨烯进行共价、非共价改性后再还原能够更好地控制石墨烯与聚合物之间的界面结合力,提高复合材料机械性能,其中共价改性效果更好,当对复合材料施加外力时,可以有效地避免石墨烯与聚合物基质之间的相对滑移,增强机械性能。

林长红先制备了分别带有呋喃侧基的聚氨酯(PUE)、马来酰亚胺侧基的聚氨酯(PUT),这两种聚氨酯可通过侧基基团发生 DA 反应制备自修复材料(PU-DA)。另外,制备了氧化石墨烯(GO)和带有马来酰亚胺末端基团的硅烷改性的氧化石墨烯(mGO)。随后以 mGO 为增强纳米粒子与聚氨酯基质复合得到了 PU-DA/mGO 复合材料,其中 mGO 的添加量分别为 0.5wt%、1wt%、2wt% 和 3wt% 的复合材料,被命名为 PU-DA/mGO0.5、PU-DA/mGO1、PU-DA/mGO2、PU-DA/mGO3。

不含任何填料的对照样品(PU-DA)和 PU-DA/GO 复合材料制备方法与上述工艺相同,分别得到了 PU-DA/GO0.5、PU-DA/GO1、PU-DA/GO2、PU-DA/GO3 几种不同 GO 添加量的复合材料。

FTIR、DSC 和 ^{1}HNMR 测试分析表明,因为体系中引入的 DA 键,使得 PU-DA 材料具有热可逆性,可多次加工。POM 测试表明,对于 PU-DA 样品,在 120℃ 处理 10min,样品上的刀痕可完全愈合,这一性质主要归结为在高温下聚合物链段运动、填充划痕。另外,在高温/降温过程中,PU-DA 中 DA 键发生解离,然后再加成,这一过程可修复损伤。

拉伸测试表明,GO 和 mGO 改性复合材料的机械性能较纯 PU-DA 均得到增强。在相同添加量时,PU-DA/mGO 复合材料机械性能优于 PU-DA/GO 复合材料的机械性能。PU-DA/GO 复合材料在 GO 添加量为 1wt% 时达到最高拉伸强度 32.06MPa;继续增加 GO 含量,复合材料机械性能降低。PU-DA/mGO 复合材料在 mGO 添加量为 1wt% 时达到拉伸强度 35.17MPa;继续添加 mGO,复合材料机械强度仍可缓慢增加,在添加量为 3wt% 时拉伸强度达到 35.6MPa。实验结果表明,虽然 GO 表面存在的含氧基团可以与聚氨酯链段之间发生氢键作用,有利于提高复合材料机械强度,但是,氢键作用较弱,导致 PU-DA/GO 机械强度提高有限。mGO 与聚氨酯链段之间除了氢键作用外,表面上的马来酰亚胺基团与聚氨酯中呋喃侧基可发生 DA 加成,因此,在聚氨酯基质中具有更好的分散性,界面结合强度更高,mGO 的增强效果更好。

修复测试研究表明,PU-DA 受损样条经热处理修复后拉伸强度可以恢复到原始材料的 90% 以上;修复效率随着修复次数的增加而稍微降低。PU-DA/GO 复合材料的修复效率比 PU-DA 的修复效率低,是因为 GO 分散在体系中阻碍了 DA 基团有效接触与重新链接,进而导致修复效率降低。PU-DA/mGO 复合材料的修复效果最好,可能是因为 mGO 在聚合物体系中分散更好,利于修复;另外,mGO 表面带有的马来酰亚胺基团起到关键作用,可以弥补因为引入 mGO 而引起的对 DA 重新键接的阻碍作用。修复效率先稍微增加然后降低,可能是因为 mGO 添加量过多之后,导致对 DA 键接的阻碍作用大于弥补作用,因此,使修复效率表现出降低趋势。

4.4.4　近红外光修复聚氨酯/还原氧化石墨烯体系研究

Diels – Alder 反应具有许多优点,因此,该反应在自修复高分子材料的研发过程中表现出巨大的应用潜力。但同时该类自修复材料也存在一些关键的限制条件,热引发只能短距离引发自修复,并且热引发自修复方法的加热过程可能会使材料受损部位及其周围的聚合物材料的结构受到破坏,这是一种侵入式的修复方法。另外,当材料所处的环境温度较高时,不仅浪费热能,而且由于高温下聚合物链段强烈运动和材料内部的 DA 键发生断键,使材料发生变形或者降解,影响了该类材料的应用。相比热引发修复,光引发自修复(lighttriggered self – healing)显现出很大的优势。

(1) 由于光能够进行远距离传播,因此,可以利用光远程引发自修复。

(2) 光的传播在空间上是可控的,可以实现聚合物的定点自修复。

(3) 通过停止光照或开始光照,光引发自修复过程可以瞬间停止或开始。

因此,光引发自修复具有非常大的潜在应用,尤其是近红外光(NIR),可以穿透到生物体组织内部,而且没有伤害。

还原氧化石墨烯的特殊结构使其具有吸收近红外光并将光能高效转化成热能的能力,可以使复合材料局部快速升温。与金属(如金纳米粒子)和碳纳米管相比,石墨烯具有更大的比表面积和更低的成本,这使得石墨烯在制备 NIR 自修复材料方面更具优势。

林长红合成了末端带有马来酰亚胺基团的交联剂(edm),通过 FTIR 及 ^{1}HNMR 谱确定了 edm 的结构,并利用 edm 与 PUE 交联制备自修复聚氨酯材料 (PU – edm)。另外,利用还原剂制备表面接枝马来酰亚胺功能基团氧化石墨烯还原产物(rmGO),并制备了复合材料 PU – edm/rmGO。

rmGO 优异的光热转换性质使复合材料 PU – edm/rmGO 具有近红外光修复的性质。将不同 rmGO 添加量的 PU – edm/rmGO 膜在 808nm 的近红外光下进行辐照,研究表明,rmGO 具有非常优异的光热转换性质。PU – edm/rmGO 中随着 rmGO 添加量增加,复合材料表面温度升温速率越快,最终极值温度越高,当 rmGO 添加量为 2wt% 时,复合材料经 NIR 辐照下 1min,表面温度可达到 150°C。

对材料拉伸测试表明,rmGO 有效增强了聚氨酯基质的机械强度,当 rmGO 添加量为 1wt% 时,PU – edm/rmGO 复合材料拉伸强度由 23.82MPa 增加到了 31.16MPa,但继续增加 rmGO 的添加量,复合材料强度表现出下降趋势,可能是因为在高添加量时,rmGO 扰乱了聚合物链段排列,阻碍了 DA 基团的有效加成。rmGO 表现出的轻微团聚也会降低 DA 键在整个体系中的含量,交联密度降低使复合材料机械强度降低。

对材料的自修复性能测试表明,PU – edm 和 PU – edm/rmGO 均可利用热处理和 NIR 辐照两种方式修复损伤。对照样 PU – edm 因为不含任何光热转换粒子,在 NIR 辐照下修复效率仅仅为 61.75%;添加了不同质量分数,rmGO 的复合材料表现出随着 rmGO 添加量增加,复合材料的修复效率增加的趋势。

虽然 Diels – Alder 反应制备的自修复聚合物材料体系不需外加催化剂、修复剂或单体,也不需要进行表面处理,无副反应,直接通过加热便可控制 Diels – Alder 化学键的形成和断裂,实现对损伤材料多次修复的目的,但也存在只能短距离引发修复、加热过程可能会使未损伤部位材料的结构受到破坏、浪费热能等缺点。对自修复材料研究发展趋势分析显示自修复材料普遍存在不能同时满足高机械性能和高修复效率这一关键问题,限制了自修复材料的实际应用。通过对分子结构进行合理设计,引入可与聚合物基体形成动态共价键的纳米粒子可以解决这个问题。

4.5 胶黏剂黏接理论简介

胶黏剂与被粘贴物表面之间通过界面相互吸引和连接作用的力称为黏接力。

黏接是被黏物与胶黏剂接触后分子间的作用力作用下的结果。黏接中胶黏剂必须具有与被黏物表面相同或相似的分子间作用力,易于浸润被黏物表面,是可以自由流动的液体,使两者间有尽可能多的接触点,最好是面接触,完成初始界面的接触。高聚物经固化(可以高温高压)后完成内聚性黏接,同时补充完成界面的黏接。

在层压复合材料中,高分子膜之间以及高分子膜与织物之间主要靠胶黏剂进行黏接,要使黏接充分,必须满足以下条件。

(1) 被黏物表面光滑,不存在着不容忽略的缺陷(不连接性)。

(2) 胶黏剂对被黏物的浸润充分。因此,胶黏接头整个来看,决定黏接强度的是胶黏剂本身的强度、胶黏剂的弱边界层(Weak Boundary Layer – WBL)是否存在、胶层厚度、被黏物的强度、接头使用环境(受力情况和环境情况)等。

(3) 由于被黏物表面被污染或存在弱边界层或不适合胶黏时,被黏物在胶接前必须进行表面处理,使表面可黏接,但这种处理必须充分考虑被黏物材料的整体性质和表面性能,否则得不到想要的效果。

(4) 减少胶接区域的缺陷和赶走气泡。

(5) 原则上,在不缺胶的前提下应使胶层尽可能薄一些,以获得较高的黏接强度。

(6) 对基膜表面进行适当的处理,如电晕处理、等离子处理等,增加基膜表面性能。

4.5.1 复合材料界面黏接机理

复合材料界面作用机理的研究是进行界面优化设计的基础。已有的研究成果总结为以下几种理论,包括化学键理论、表面浸润理论、变形层和抑制层理论、扩散理论、机械互锁理论等[156]。

1. 化学键理论

化学键理论是最古老和最重要的理论。该理论认为,增强材料和树脂基体之所以形成强的结合,是通过化学键连接在一起的。化学键连接有几种类型,包括树脂基体分子链上的官能团与增强纤维结合在一起;增强材料表面用处理剂(偶联剂)处理,表面处理剂分子的一部分带有可与增强纤维表面官能团反应的基团,另一部分含有可与树脂基体大分子反应的官能团,形成了增强纤维与树脂基体间的化学键连接;界面区中有表面活性剂(表面处理剂)分子,其一端与增强材料表面的官能团反应形成化学键,另一端与树脂基体不发生化学反应,但以某种形式形成强的物理作用,如共结晶等。

2. 表面浸润理论

浸润理论又称为物理吸附理论,它认为增强体在加工过程中被液体树脂良好浸润是决定界面性能的主要因素,浸润不良会在界面产生空隙,使应力集中而发生复合材料开裂,若完全浸润,则由物理吸附提供的黏接强度能超过树脂基体的内聚能。表面浸润理论可作为化学键理论的一个补充,但不能排斥化学键理论。

3. 变形层理论和抑制层理论

变形层理论认为,表面处理剂能在界面形成一层塑性层,能松弛界面的应力,减少界面应力的作用;抑制层理论认为,处理剂是界面的组成部分,是介于高模量增强体和低模量基体之间的中等模量物质,能较均匀地传递应力。

4. 扩散理论

扩散理论认为,偶联剂形成的界面应该是带有能与树脂基体相互扩散的聚合物活性硅氧烷层或其他偶联层。它建立在聚合物材料相互黏接时引起表面扩散层的基础上,随着偶联剂的使用及其偶联机理的研究深入而逐步得到承认。近年来提出的相互贯穿网络理论,实际上就是扩散理论和化学键理论在某种程度上的结合。

5. 机械互锁理论

该理论认为,基体与增强体之间仅仅依靠纯粹的粗糙表面相互嵌入(互锁)作用进行连接,纤维表面的粗糙程度及与基体的嵌合情况决定界面的好坏。事实上,纯粹的机械连接是不存在的,机械互锁理论是与其他理论协同作用的理论。

除以上一些理论外,还有酸碱相互作用理论、静电理论、摩擦理论、可逆水理论、减弱界面局部应力理论等。基体与增强材料间界面的形成与破坏,是一个复杂的过程,因此与此过程有关的物理化学因素,都会影响界面的形成、结构、形态及其作用,从而影响复合材料的性质。

在上述研究基础上,人们从化学结构和相互作用力的观点总结,认为广义的界面作用类型可归纳为 6 类[157]。

(1)界面层两面都是化学结合。

(2)界面层一面是化学结合,另一面是色散作用。

(3)界面层一面是化学结合,另一面是酸、碱作用。

(4)界面两面都是酸、碱作用。

(5)界面层一面是酸、碱作用,另一面是色散作用。

(6)界面两面层都是色散作用。

4.5.2 胶黏剂黏接过程

在黏接过程中,由于胶黏剂的流动性和较小的表面张力,对被黏物表面产生润湿作用,使界面分子紧密接触,胶黏剂分子通过自身的运动,建立起最合适的构型,达到吸附平衡。随后,胶黏剂分子对被黏物表面进行跨越界面的扩散作用,形成扩散界面区。

胶黏剂在涂胶阶段应当具有较好的流动性,而且其表面张力应小于被黏物的表面张力。这意味着,胶黏剂应当在被黏物表面产生润湿,能自动铺展到被黏物表面上。当被黏物表面存在凹凸不平和峰谷的粗糙表面形貌时,能因胶黏剂的润湿和铺展,起填平峰谷的作用,使两个被黏物表面通过胶黏剂而大面积接触,并达到产生分子作用力的0.5nm以下的近程距离。

若胶黏剂与高分子材料间相容性好,胶黏剂分子或分子链段与处于熔融或表面溶胀状态的被黏聚合物表面接触时,分子之间会产生相互跨越界面的扩散,界面会变成模糊的弥散状,两种分子也可能产生互穿的缠绕。这时,虽然分子间只有色散力的相互作用,也有可能达到相当高的黏接强度。

若胶黏剂与高分子材料被黏物的相容性不好,或润湿性不良,则胶黏剂分子因受到斥力作用,链段不可能发生深度扩散,只在浅层有少许扩散,这时界面的轮廓显得分明。只靠分子色散力的吸引作用结合的界面,在外力作用下,容易发生滑动,所以黏接强度不会很高。

4.5.3 界面黏接强度的影响因素

单位黏接面积上承受的黏接力称为黏接强度。界面的黏接强度主要包括基体树脂层的内聚强度和基体与增强体之间的黏接强度,其大小与界面的浸润性、反应性及界面的残余内应力等因素有密切关系[158]。

1. 浸润性

浸润性是形成界面良好黏接的必要前提。增强材料表面如果能被基体树脂液体浸润,则两者间的分子接触有可能达到50nm近程距离,分子间就能产生巨大的范德华作用力,其强度远大于本体内聚强度。如果能达到30nm近程距离,又具备量化条件,则会形成极强的化学键力,这是材料具备抗腐蚀耐老化必不可少的条件。此外,只有在良好的浸润过程中才能排除吸附在增强材料表面的气泡和污物,减少黏接界面的空隙率和薄弱层,极大地提高界面的黏接强度。要使界面获得良好的浸润效果,必须遵循界面的最佳黏接准则。界面最佳黏接准则包括最大热力学黏接功准则和最小界面张力准则。

由Dupre方程知道热力学黏接功为γ,即

$$W_a = \gamma_s + \gamma_l - \gamma_{sl} \tag{4-1}$$

或

$$W_a = \gamma_l(1 + \cos\theta) \tag{4-2}$$

式中:γ_s为增强体固体表面张力(N/m);γ_l为基体树脂液体的表面张力(N/m);γ_{sl}为固液间界面张力(N/m);θ为液体对固体的浸润接触角(°)。

大量实验事实证明,热力学黏接功最大时,界面黏接强度最高,液体对固体

浸润性最佳。由式(4-2)可知，$\theta = 0°$时，$W_a = 2\gamma_l$，黏接功最大。因此，在增强材料表面改性时必须遵循这一准则，使树脂基体对增强体的接触角θ为$0°$，才能得到最佳的界面黏接。

由式(4-1)可知，当γ_{sl}趋向于零时，W_a趋向于最大，这时界面黏接强度最高。所以在树脂基体改性时，必须遵循这一准则，使γ_{sl}尽可能趋向于零。根据Sell–Neumann方程，有

$$\gamma_{sl} = [(\gamma_s)^{1/2} - (\gamma_l)^{1/2}]^2 / [1 - 0.015(\gamma_s\gamma_l)^{1/2}] \quad (4-3)$$

$$\gamma_s = \gamma_l, \gamma_{sl} = 0$$

2. 反应性

界面反应性对界面黏接强度的贡献具有积极因素，因此，在改性增强材料表面时，引入活性反应基团，复合材料的界面黏接强度就会得到显著提高，这是由于向界面层引入较多化学键所致，尤其是提高复合材料耐腐蚀和耐老化性能，更要充分注意到这一点。

3. 界面残余内应力

复合材料在成型过程中，由于增强材料和基体树脂膨胀系数的差异，产生一个热应力残留在界面上，另外，由于树脂反应过程体积变小，产生一个化学应力而残留在界面上，这两种残余应力的存在，导致复合材料受到外力破坏时，其强度相应减小。另外，内应力的产生还与界面层的老化过程密切相关。在热老化过程中，由于热氧的作用和挥发性物质(如增塑剂)的逸出，会使界面进一步收缩。相反，在潮湿环境中，由于界面的吸湿会造成界面膨胀，因此，在老化过程中内应力是不断变化的，还可能加速老化的过程[159]。因此，在界面工程设计时，应使设计的界面层具有一定的可塑性，尽可能减小界面残余的内应力。

4.5.4 飞艇用胶黏剂简介

胶黏剂是结合囊体材料各层间的媒介体，要求把承力层、气密层和耐候层之间都牢固地黏合为一个整体，因此，它是层压复合材料中一项非常重要的组成部分。

飞艇囊体材料用胶黏剂应具有黏接强度高、剪切强度高、耐候性好、气体阻隔性好、柔性好、低蠕变、耐揉搓、易操作等特点，一般使用的胶黏剂多为聚酯类、聚醚类或聚氨酯类，应用时根据各层材料的性能选取。

通常，囊体材料选择用聚氨酯胶黏剂较为理想，聚氨酯胶黏剂具有很高的黏接性，可以实现多种不同材料之间的黏合，并且在极低温度下仍然保持较高的剥

离强度,形成的胶膜坚韧、耐冲击、绕曲性好、耐油和耐磨性好。在极低的温度下,一般的高分子材料都转化为玻璃态而变脆,而聚氨酯胶黏剂即使在-250℃以下仍能保持较高的剥离强度,同时其剪切强度随着温度的降低反而大幅度上升,特别适合应用在平流层低温环境下工作的平流层飞艇。

聚氨酯胶黏剂可分为单组分胶黏剂和双组分胶黏剂。单组分胶黏剂可直接使用,施工方便,但同时也存在耐热性和耐水性差等缺陷,目前广泛使用的是双组分胶黏剂,双组分胶黏剂由主剂和固化剂两个组分组成,平时,将主剂和固化剂分开包装储存,在使用时需要将两组分按比例混合均匀,再用溶剂(通常为乙酸乙酯)稀释到一定浓度(通常为20%~80%)后进行涂布。这种胶的主剂由含许多活泼氢(如羟基、羧基和氨基)的物质组成,通常为无色或浅黄色的聚氨酯预聚物,而固化剂则由多异氰酸酯的小分子化合物组成。当固化剂中的异氰酸酯基与主剂分子中的活泼氢接触时,便会自动进行加成反应,生成氨基甲酸酯结构,使主剂和固化剂相互结合,分子量成倍增加,甚至生成带支链结构或立体构象的交联产物,具有黏接力强、耐高低温性好、抗介质侵蚀等特点。由于聚氨酯分子中含有大量极性基团,偶极距大,对被黏材料有很大的亲和力,所以能同时对多种材料起到黏接作用,甚至对不同极性的材料起到很好的黏接作用。另外,固化剂中的异氰酸酯基团(-NCO)是一个十分活泼的反应性基团,它除了能与主剂分子中的活泼氢反应外,也可以与被黏的两种材料起桥接作用,产生更强的黏接力,这就是聚氨酯胶黏剂能对各种材料都有很好的黏接力的原因。

聚氨酯胶黏剂是所有已知胶黏剂中,耐低温性能最好、耐高低温范围最大的胶黏剂,甚至在-170℃深度冷冻条件下也有极高的黏接力,非常适合应用到平流层飞艇上,能有效提升飞艇的柔韧性、抗蠕变性、拉伸强度、撕裂强度和剥离强度及高低温交变性能等物理性能,满足飞艇在大气密度低、昼夜温差大、紫外和臭氧辐射强的平流层中的飞行需要。

双组分聚氨酯胶黏剂自问世以来,由于具有性能可调节性、黏合强度大、黏接范围广等优点,已成为聚氨酯胶黏剂中品种最多、产量最大的产品。目前,飞艇囊体材料加工中所用的胶黏剂大多为双组分聚氨酯胶黏剂。

刘贤豪等人开发了平流层飞艇囊体材料用的双组分聚氨酯胶黏剂,并对胶黏剂的配方、初固化温度、熟化条件等工艺条件进行了详细研究,利用该胶黏剂制作出来的囊体材料具有优异的机械强度和耐候性能,同时还有较好的耐高低温交变性能。

中国科学院长春应用化学研究所是国内第一家可提供多种型号囊体材料的单位,其所用的胶黏剂也为聚氨酯双组分胶黏剂。该胶黏剂是以聚己二酸乙二醇酯为主剂,以三羟甲基丙烷加成物为固化剂,乙酸乙酯为溶剂的双组分聚氨酯胶黏剂。中国科学院长春应用化学研究所对该胶黏剂的配方、工艺过程、熟化条件等进行了研究,制作的囊体材料具有较强的机械强度和耐候性,已接近世界领先水平,如表4-5所列。

表4-5 囊体材料性能比较

公司或型号	面密度/(g/m^2)	拉伸强度/(N/cm)	氦气渗透率/(L/(m^2·24h·atm))
UreTech 公司(美)	146	900	~1
Z0404T-AB(日)	203	1313	≤0.5
Z2929T-AB(日)	157	997	≤0.5
KS127-197(日)	197	860	0.24
FV-1140	172	1186	0.29

4.6 涤纶材料表面功能化对黏接性能的影响

涤纶(PET)是合成纤维中的一个重要品种,目前已被广泛应用于飞艇囊体材料上,但 PET 表面光滑,内部分子排列紧密,与其他材料黏接强度小。为了改善其黏接强度,人们提出了许多改性方法,其中表面改性是较为理想的方法,表面改性主要有低温等离子体处理法、紫外光引发接枝法、湿法化学法、离子束照射法、光化学法等改性方法。刘向东[160]系统地研究了各种表面改性法对 PET 各项性能尤其是黏接性能的影响,并提出了最佳处理方法,经过改性后,PET 的黏接性能有了很大提高。

4.6.1 空气电晕等离子体对 PET 薄膜及纤维表面改性研究

空气电晕等离子体在塑料工业中,对于提高烯烃类薄膜表面润湿性能与黏合性能的应用尽管已日趋成熟,但在提高纺织品基材表面润湿性能与黏合方面才刚刚起步,原因是各种纺织品表面凹凸不平整,处理加工时不仅难于控制工艺,同时也给被处理基材表面润湿性能的表征工作带来许多不易解决的问题。刘向东分别对 PET 薄膜和 PET 纤维进行了空气电晕等离子体处理,并研究了其表面润湿与黏合性能随处理工艺的变化规律。

1. 电晕处理对润湿性能的影响

1) 电晕处理对 PET 薄膜润湿性能的影响

如图 4-13 所示,采用电晕等离子体处理聚酯薄膜,通过测量薄膜与水的接触角,可以观察到其表面润湿性能得到了极大改善。

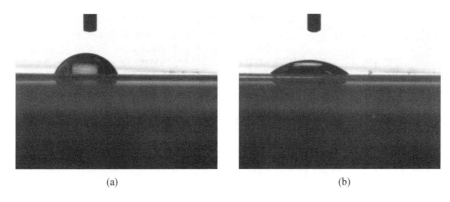

图 4-13 电晕前后聚酯薄膜浸润性能的变化

(a)电晕处理前;(b)电晕处理后。

由图 4-14～图 4-16 中可以看出,随着电晕处理工艺参数的变化,聚酯薄膜润湿性能大体变化趋势如下。

(1) 随着处理时间(减小车速,增加处理次数)的延长,初期被处理薄膜的临界表面张力和接触角涨落明显,但后期的临界表面张力和接触角的变化都逐渐趋于缓慢。

(2) 随着处理电流强度的增大,可以显著提高被处理基材的临界表面张力,降低与蒸馏水的接触角。

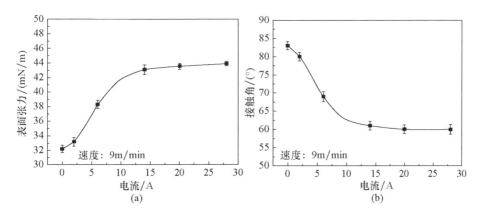

图 4-14 电流强度对聚酯薄膜润湿性能的影响

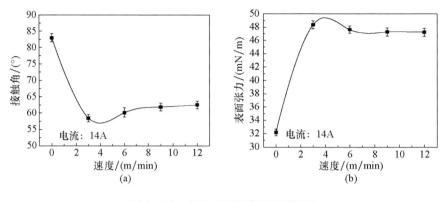

图4-15 车速对聚酯薄膜润湿性能

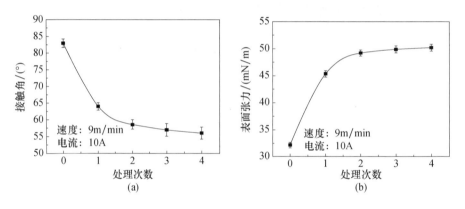

图4-16 处理次数对聚酯薄膜润湿性能的影响

实验证明,尽管在一定程度上减慢处理车速,增大处理电流强度都可以更多地改善PET的表面润湿性能,但是由于电晕放电易产生局部过热,因此,为确保基材不变形、不出现黏辊现象,处理车速应该远大于2m/min,处理电流远小于20A为佳。通过增加处理次数作为一种延长处理时间的方法来改善PET薄膜基材表面润湿性能的效果,在某种程度上,比用减慢处理车速方法对基材软化点的要求要低,这主要是因为前者能使表面热量即时消散。但处理次数过多,对增大改善被处理基材表面润湿性能的效果基本失去了意义,这是因为随着处理时间的延长,表面引入的极性含氧基团逐渐达到平衡,并向次表面发展,故其表面张力的变化逐渐趋缓。因此,处理次数小于4次更合理一些。实际中,根据电晕设备输出功率的大小、处理电极的形式、自行设定的工艺参数以及档位等因素不同,上述参数会有些变化,但基本规律应该一致。

2) 电晕处理对聚酯纤维润湿性能的影响

与薄膜相比,考虑到聚酯织物表面毛羽偏多,容易产生集中电场,造成涤纶平纹布被烧焦和产生空洞的现象,对聚酯织物的电晕等离子体处理工艺采用车速 11m/min、电流强度 15A。

从图 4-17 可以发现,电晕处理后,织物的润湿时间呈下降趋势。但是,随水滴转移方式的不同,20μL 水滴在织物表面的润湿扩散时间有着极大的差异。当水滴平移至织物时,润湿需要相当长的时间,且在实验中可以观察到,水滴长时间静置在织物表面,静止不动,润湿时间不会短于 400s,甚至极个别情况下,直至水滴完全蒸发也不产生润湿行为。当水滴从 3cm 处滴落时,润湿时间由电晕处理前的 50s 缩短至 30s 左右。这说明水滴与织物表面有一层扩散屏障,当从高处滴落时,借助重力作用,水滴直接冲入织物的毛细结构当中,由此说明水滴在织物中的扩散主要依赖于纤维之间的毛细结构。扩散时间的缩短则说明了电晕处理有助于消除织物表面的润湿屏障,这是由于电晕等离子体中含有丰富的基态和高能量的激发态氧原子,涤纶纤维大分子能与其发生反应,生成多种高分子含氧自由基,进而产生各种含氧极性基团,提高了涤纶的润湿性能[161]。随着处理次数的增加,活性粒子的数量增多,在纤维分子结构中引入的极性基团数目相应增加,润湿性则越好。

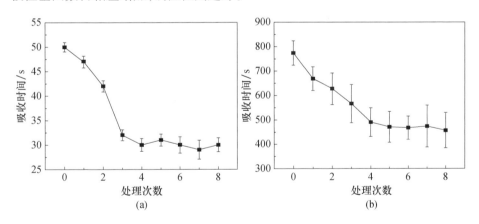

图 4-17 处理次数对聚酯织物浸润性的影响

(a)0cm 处平移水滴;(b)3cm 高度滴落水滴。

2. 经时效应

对 PET 薄膜经电晕处理后,进行亲水效果测试发现,PET 薄膜在经空气电晕等离子体处理后,常温常湿条件下亲水性消退非常快,不到 2 天时间基本上接近未处理时的表面润湿性能,具体数据列在了表4-6中。

表4-6 织物表面润湿时间随处理后放置时间的变化

放置时间/h	0.12	1	2	4	8	12	24	48	150	192
浸润时间/s	5	10	20	20	25	30	40	40	60	70

图4-18给出了PET薄膜经空气电晕等离子体处理后,3个被处理样品在3种不同环境温度中,随放置时间的延长表面润湿性能的变化情况。放置初期,被处理的PET基材表面与水的接触角增大较快,即润湿性能下降较快。随着时间的延长基本上达到一种平衡状态。就本实验采用的PET薄膜经空气电晕等离子体处理后,实验结果表明,环境因素对电晕处理后的经时效应影响很大,显然,相对亲水环境有利于PET薄膜处理后润湿性的保持,这主要是因为经电晕等离子体处理后的PET表面的活性基团,在表面呈亲水性环境中,更倾向迁移于其表面,而不是向次表面或基材本体内迁移。

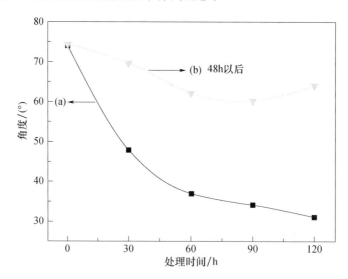

图4-18 接触角随处理时间及放置时间的变化
(a)放置初期;(b)放置48h后。

3. 测试结果分析

电晕辐照后,对聚酯薄膜表面进行测试,结果如下。

(1) FTIR测试结果表明,空气电晕等离子体处理后,薄膜表面含氧极性基团有所增加,但是其含量会随着电晕处理后放置时间的延长而降低,放置6天后,织物表面羰基和羟基的增量趋近于零。

(2) XPS 测试结果表明，C1s 的分峰图没有出现新峰，但是 C1s 的 3 个小峰 C1s1、C1s2 和 C1s3 的分峰比，即结合能峰强发生了变化（表 4-7），可以认为空气电晕等离子体放电过程中，在 PET 表面形成了许多 -COOH 基团所致。

未经空气电晕等离子体处理的 PET 薄膜有羰基峰 O1s1(O=C,531.52eV)，单键氧峰 O1s3(O-C,533.18eV)，两者的比例为 53.4:46.6。经空气电晕等离子体处理的 PET 薄膜的 O1s 出现了 3 个分峰，双键氧峰 O1s1(O=C,531.50eV)，单键氧峰 O1s3(O-C,533.15eV)，新峰的结合能是 O1s2(532.49eV)，可能是因为经空气电晕等离子体处理的 PET 薄膜产生某些过氧化物的 -O-O- 峰所致。

表 4-7 PET 薄膜表面化学组成比

电晕处理	组成	C1s			O1s		
	O/C	C1s1(C-H)	C1s2(C-O)	C1s3(COO)	O1s1(C=O)	O1s2(O-C)	O1s3(OOC)
PET（前）	0.42	66.31	15.32	18.37	47.64		52.36
PET（后）	0.47	49.12	30.46	20.42	33.76	6.98	59.26

(3) 图 4-19 和图 4-20 分别是聚酯薄膜经空气电晕等离子体处理前后的 AFM 三维轮廓图对比照片，前者扫描尺寸为 5μm，后者扫描尺寸为 2μm。从图中可以很直观地观察到聚酯薄膜经空气电晕等离子体处理前后的形貌变化特征。

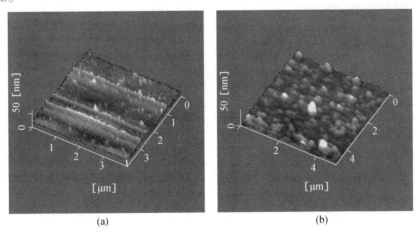

(a)   (b)

图 4-19 聚酯薄膜 AFM 三维轮廓图照片（5μm）
(a)电晕处理前；(b)电晕处理后。

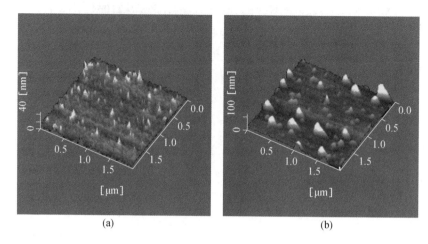

图 4-20　聚酯薄膜 AFM 三维轮廓图照片（2μm）
(a)电晕处理前；(b)电晕处理后。

图 4-21 和图 4-22 是聚酯薄膜经空气电晕等离子体处理前后的 AFM 二维平面图照片（扫描尺寸同上）。从两个不同扫描尺寸来观察，对 AFM 二维平面图照片来说，与扫描尺寸 5μm 相比，扫描尺寸为 2μm 时的照片表面经空气电晕等离子体微刻蚀后的形貌特征变化更清晰一些。扫描尺寸为 5μm 时的 AFM 三维轮廓图照片立体感更强，尤其对于微观粗糙度尺寸变化的定量化分析观察起来似乎更直观一些。

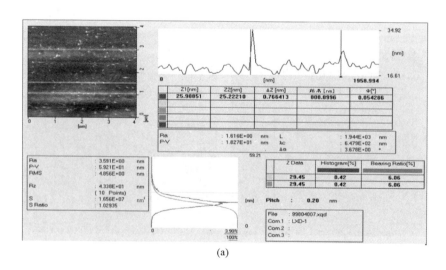

(a)

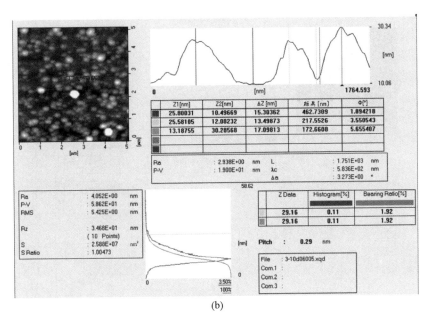

(b)

图 4-21　聚酯薄膜 AFM 二维轮廓图照片（5μm）
(a)电晕处理前；(b)电晕处理后。

结合图 4-21 中表面轮廓定位标记的数值，进行了经空气电晕等离子体处理前后基材表面各项标记数值的差值计算（表 4-8 和表 4-9），"+"表示数值增加，"-"表示数值减少。计算发现空气电晕等离子体处理前后的聚酯基材表面仅仅出现了非常显著的微层次（接近纳米级尺寸）的粗糙化形貌特征，表面粗糙单元尺寸的变化更加微细化了，且表面粗糙尺寸的变化范围在 100nm 左右。

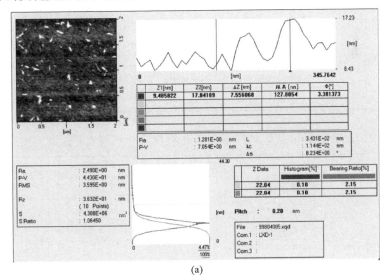

(a)

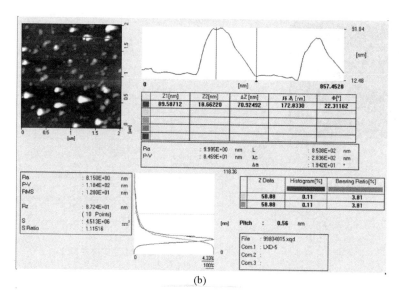

(b)

图 4-22 聚酯薄膜 AFM 二维轮廓图照片(2μm)

(a)电晕处理前;(b)电晕处理后。

表 4-8 聚酯基材电晕处理前后表面粗糙度尺寸的变化(扫描尺寸:5μm)

方向	表面粗糙尺寸	电晕前	电晕后	差值
水平	表面距离/nm	156.32	78.31	-78.01
	水平距离/nm	156.25	78.12	-78.13
	垂直距离/nm	0.06	4.59	+4.53
	角度/(°)	0.03	3.34	+3.31
垂直	表面距离/nm	132.87	113.52	-19.35
	水平距离/nm	132.81	113.28	-19.53
	垂直距离/nm	2.99	0.12	-2.87
	角度/(°)	1.24	0.03	-1.21

表 4-9 聚酯基材电晕处理前后表面粗糙度尺寸的变化(扫描尺寸:2μm)

方向	表面粗糙尺寸	电晕前	电晕后	差值
水平	表面距离/nm	173.92	78.34	-95.58
	水平距离/nm	172.82	78.13	-94.69
	垂直距离/nm	0.03	0.03	0.00
	角度/(°)	0.01	0.02	+0.01

续表

方向	表面粗糙尺寸	电晕前	电晕后	差值
垂直	表面距离/nm	150.45	66.53	-83.92
	水平距离/nm	150.45	66.41	-84.04
	垂直距离/nm	3.34	3.84	+0.50
	角度/(°)	1.28	3.33	+2.05

通过 AFM 方法观察到的结果和对照片的分析研究表明,聚酯基材表面经过空气电晕等离子体处理后,其表面粗糙尺寸的变化十分显著,且表面粗糙单元尺寸的变化更加细微化。因其表面粗糙尺寸的变化仅仅是在微层次的水平上(接近纳米级别),表面粗糙尺寸的变化范围在 100nm 左右。

(4) 对电晕处理前后的 PET 织物进行了力学性能表证:由图 4-23 可以发现,随着电晕处理强度的增加,PET 织物的断裂强度有所下降,在张力作用下,由于捻度造成纱线外层纤维承受更大的力,外层纤维首先断裂。电晕处理主要作用于外层纱线,在拉伸过程中,外层纱线纤维首先断裂,故宏观表现为断裂强度有所下降。另外,在空气电晕等离子体氛围中,对纤维起了均匀化作用,故在强度下降的同时,伸长率有所上升。

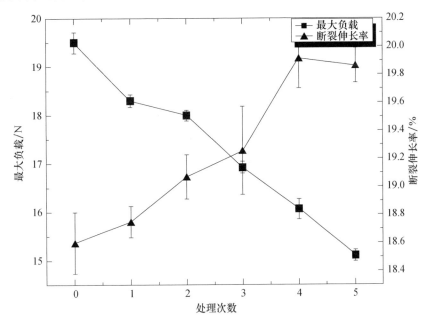

图 4-23 电晕处理次数对 PET 织物单丝最大负荷及断裂伸长率的影响

图 4-24 和图 4-25 所示结果表明,空气电晕等离子体处理在一定程度上对涤纶平纹布的黏合性能有所改善。从剥离力来看,电晕处理后,层压复合材料的剥离强度从处理前的 0.66kN/m 上升到了 0.73kN/m。随着电晕处理次数的增加,剥离强度小幅提高,这同样是由于空气电晕等离子体处理使得表面形成自由基的缘故,使表面黏合性能得到提高。

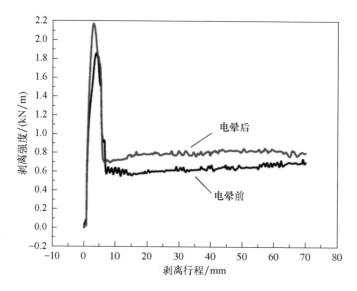

图 4-24 电晕处理对黏接性能的影响

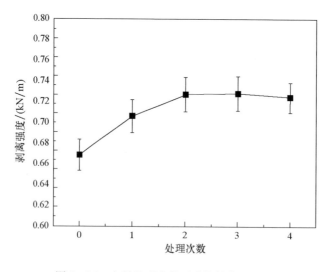

图 4-25 电晕处理次数对黏接性能的影响

空气电晕等离子体处理可以显著地提高机织布基材表面的黏合强度,但当基材表面张力值提高到一定程度时,因为胶黏剂的表面张力与被黏合表面临界张力值之间超越了最佳黏合状态的范围[162],黏合强度有下降的趋势。另外还有一种可能就是高强度的空气电晕等离子体会加大 PET 表面分子链断裂的机会,在 PET 基材表面形成一层"分子灰",这层物质的产生会加大复合材料的弱界面层特性,对黏接来说,明显是不利因素。对于具有不同临界表面张力的 PET 薄膜来说,除了润湿吸附作用对黏合的贡献以外,还有化学键合对黏合起作用,事实证明,几种黏合理论的协同作用,才能更好地解释实际发生的现象[163]。

由于经空气电晕等离子体处理后,PET 表面的极性基团在亲水环境中更倾向于向表面迁移,而不向次表面或者基材本体内转移,根据其对亲疏水环境的亲水性测试结果,建立薄膜表面活化基团经时效应随环境改变的感应模型。

在 PET 薄膜表面引入含氧极性基团,可在界面垂直方向有特殊作用力,这种效应能改善高聚物表面的润湿与黏合性能。

通过空气电晕等离子体处理 PET 薄膜和织物,可改善它们的亲水性,但随着存放时间的延长,亲水性能下降。对于放置时间较长的样品需进一步处理。另外,空气电晕等离子体处理使织物断裂强度略有下降,断裂伸长率略有上升。总体来讲,影响不大。电晕处理后,由于表面含氧基团的增加,层压复合材料剥离强度略有提高。

4.6.2 紫外光辐照对聚酯薄膜及织物表面改性研究

紫外光直接照射聚合物表面可不同程度引起化学反应,如链裂解、交联和氧化等,从而提高表面张力,改善聚合物的润湿性和黏接性。如用波长 184nm 的紫外光在大气中照射聚乙烯能使表面发生交联,黏接的搭接剪切强度由原来的 1.75MPa 提高到了 15.4MPa[164]。紫外辐射对高分子材料的性能影响已经有了很多研究,但其中相当多的研究集中在聚烯烃的降解及稳定化上[165-166],聚酯的紫外降解和稳定化的研究相对要少得多。

1. 实验过程

首先将 PET 薄膜洗涤干燥后将其放入带有石英盖板的密封玻璃容器中,在空气下进行 UV 辐照,通过调整辐照距离和辐照时间,制备了一批辐照后的 PET 薄膜。

2. 测试结果分析

1）紫外光辐照对润湿性能的影响

如图4-26所示,采用 UV 辐照聚酯薄膜,通过测量薄膜与水的接触角,可以观察到其表面润湿性能得到了极大改善,由83°减小为55°。由图4-27可知,随着辐照时间的增加,PET 薄膜的表面润湿性能也在逐渐增加,但当辐照时间增加到20min后,表面接触角几乎不变,而长时间辐照会对 PET 的力学性能有所损伤,所以辐照时间控制在20min 为佳。尽管在一定程度上缩短辐照距离,延长辐照时间都可以更多地改善 PET 的表面润湿性能,但是由于高压汞灯辐照易产生局部过热,即使石英隔热板在长时间照射下也会发热烫手,而且长时间 UV 辐照对 PET 力学性能会有损伤,为确保基材不变形、力学性能不下降,辐照距离应控制在20cm 以上。

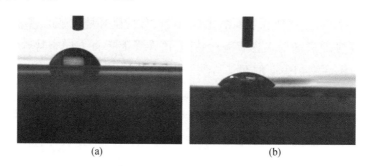

图4-26 紫外光辐照前后聚酯薄膜浸润性的变化

(a)辐照前;(b)辐照后。

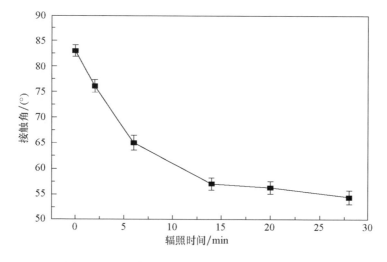

图4-27 UV 辐照时间对聚酯薄膜润湿性能的影响

2）聚酯纤维润湿性能的变化

采用将 20μL 蒸馏水从距离织物高度为 3cm 处垂直落下，通过记录水滴消失的时间来评定织物表面的润湿性。从表 4-10 中可以看出，电晕处理后，织物的润湿时间呈下降趋势。PET 织物经 UV 辐照后表面润湿性能提高，这可能是由于辐照在 PET 织物表面引入极性含氧基团的结果。辐照结果与电晕处理结果类似，在纤维分子结构中引入的极性基团数目相应增加，润湿性则越好。

表 4-10　UV 辐照对聚酯织物润湿性能的影响

UV 辐照时间/min	润湿时间/s
0	107
1	90
3	85
5	63
10	49
20	43
30	43

3）经时效应

对 PET 薄膜经 UV 辐照处理后，进行亲水效果测试发现，与空气电晕等离子体处理后相比，常温常湿条件下亲水性保持良好，10 天以后接触角仍保持在 65°左右，没有明显消退，如图 4-28 所示。除去表面极性基团的影响，这可能是经 UV 处理后，表面粗糙化所致。

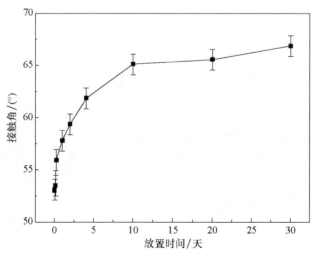

图 4-28　接触角随放置时间的变化

4) FTIR 测试结果

FTIR 测试结果表明,PET 薄膜表面 C＝O 和 O－H 的引入量随 UV 辐照时间的增加而增大。在 10min 时呈现最大值。UV 辐照处理后的 PET 薄膜表面羰基和羟基的引入量随着存放时间的延长而下降。存放 6 天后,织物表面羰基和羟基的增量趋近于 0。

5) XPS 测试结果

XPS 测试结果表明,经 UV 辐照后,PET 表面形成了许多－COOH 基团,同时 PET 薄膜表面产生了某些过氧化物的－O－O－峰,如表 4－11 所列。

表 4－11　PET 薄膜表面化学组成比

UV 辐照	组成	C1s			O1s		
	O/C	C1s1(C－H)	C1s2(C－O)	C1s3(COO)	O1s1(C＝O)	O1s2(O－C)	O1s3(OOC)
PET(前)	0.42	66.31	15.32	18.37	47.64	—	52.36
PET(后)	0.48	53.27	23.19	23.54	35.47	31.55	32.98

6) 表面形貌变化

图 4－29 为聚酯薄膜及纤维经 UV 辐照后的 SEM 照片。可以看出,原膜质地均匀,表面光滑;UV 与表面相互作用后,薄膜表面经刻蚀形成小山丘,SEM 照片 10μm 尺度下即可观察到表面粗糙度的明显增加,表面微结构发生了变化。UV 辐照过程中,PET 表面在被氧化的同时伴随着分子链的断裂形成许多碎片小分子,使其表面产生微刻蚀效应。这也是 UV 处理后的聚酯薄膜,其表面含氧量下降之后,与水接触角仍能保持在 55°的较低水平的根本原因。

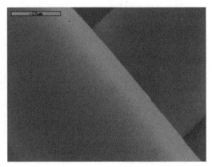

(a)

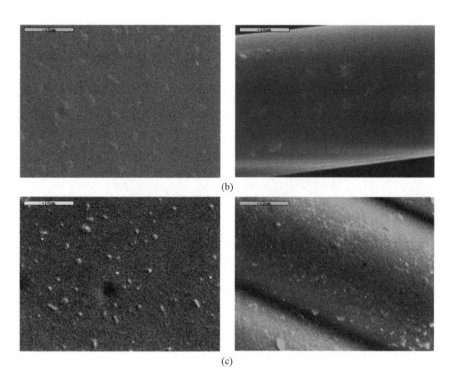

图 4-29 聚酯薄膜及纤维经 UV 预辐照的 SEM 照片
(a)辐照 0min;(b)辐照 5min;(c)辐照 10min。

7) UV 辐照前后拉伸强度、断裂伸长率、剥离强度的变化

随着 UV 辐照时间的延长,PET 织物的断裂强度有所下降(图 4-30)。在 UV 辐照下,外层纤维受到光降解的作用,力学性能下降,拉伸过程中,外层纤维首先断裂,故宏观表现为织物断裂强度有所下降。与电晕处理相比,UV 对 PET 织物的作用深度大,断裂伸长率随 UV 辐照时间的延长而略有减小,但总体来说,在可控条件下,UV 辐照对织物断裂伸长率的影响较小。

图 4-31 所示结果表明,UV 辐照处理在一定程度上对涤纶平纹布的黏合性能有所改善。从剥离力来看,UV 辐照处理后,层压复合材料的剥离强度从处理前的 0.66kN/m 上升到了 0.74kN/m。随着 UV 辐照时间的增加,剥离强度小幅提高。一方面,UV 辐照处理使得表面形成自由基,增加了有氧基团的含量;另一方面,UV 辐照使得表面被刻蚀,粗糙度增加,二者综合作用,使得黏合性能得到提高。

聚酯薄膜经 UV 辐照处理后的测试结果表明,PET 薄膜表面大分子经氧化产生断裂碎片,使其表面发生微刻蚀以及过氧化物改善其表面润湿性能,而且润湿性能降幅较小,虽然 UV 辐射对 PET 力学性能造成了损伤,但影响并不大。

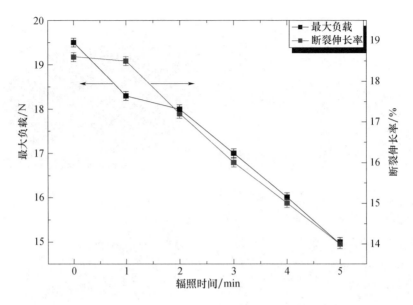

图4-30 UV辐照时间对PET织物单丝最大负荷及断裂伸长率的影响

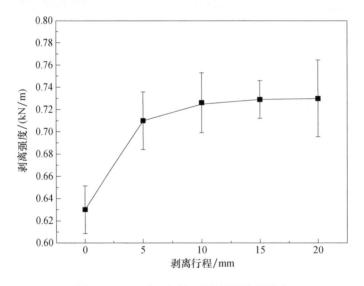

图4-31 UV辐照时间对黏接性能的影响

4.6.3 光化学接枝共聚改性PET薄膜及纤维的研究

表面光接枝反应是利用紫外光引发单体在聚合物表面进行接枝的反应。紫外光能量低,条件温和,只在聚合物表面引发接枝聚合反应,很难影响聚合物本体。利用光接枝表面改性可以改进聚合物的亲水性、染色性、黏接性、抗静电、耐磨性、防腐性、光稳定性和生物相容性等;该技术需求的设备简单、反应易控制、使用范围广,易于在工业生产中普及应用。

1. 实验过程

将干燥后的 PET 薄膜放入带有石英盖板的密封玻璃容器中,在氮气保护下进行 UV 辐照。随后关闭 UV 灯,将配制好的 10.0wt% 的丙烯酰胺水溶液倒入玻璃容器,控制其高碘酸钠含量在 5×10^{-4} mol/L,以石英盖板密封,静置 1h,使丙烯酰胺单体与薄膜表面充分接触。开启 UV 灯,重新在 UV 辐照下反应一定时间,反应结束后,用 70℃蒸馏水连续搅拌洗涤两周,充分除去吸附的均聚物,50℃真空干燥至恒重。

接枝效率 GY(Grafting Yield)采用如下公式计算,即

$$GY = (W - W_0)/S \tag{4-3}$$

式中:W_0、W 和 S 分别为接枝前后 PET 膜的质量以及接枝前膜面积,最终的接枝效率的单位为 mg/cm^2。

2. 测试结果分析

制备好光化学接枝的 PET 薄膜后,对其进行测试,测试结果如下。

1) FTIR 测试结果分析

FTIR 测试结果表明,在氮气保护下对聚酯薄膜进行辐照,PET 薄膜表面化学组成及基本结构没有变化,但相对含量发生了改变。随着 UV 辐照时间的延长,羰基吸收峰强度下降,苯环的相对含量上升。随着 UV 辐照时间的增加,聚酯薄膜表面晶区含量减少,无定形区含量增加。当辐照时间继续延长至 10min 时,无定形区的高分子链被紫外光打断而引起了高聚物的降解,导致了晶区含量的提升。

2) XRD 测试结果分析

图 4-32 所示是经 UV 预辐照处理后样品薄膜的 XRD 谱图,从 4-32(b) 中可以看出,没有出现新的衍射峰,并且各衍射峰 2θ 的位置不变,都在 17.6°、22.9°、25.9°处出现了 3 个强的衍射峰,它们分别属于(010)、($\bar{1}$10)、(100)晶面;PET 无定形区衍射峰 A 位置为 23.4°,结晶度可由结晶峰面积与各峰面积总和之比求出。在生产过程中,拉伸工序完成后,薄膜即在大约 200℃的热烘炉中热定型。这一步是为了防止薄膜收缩和在薄膜平面锁住分子取向。由于取向的干扰,使用峰面积比求结晶度势必造成结果偏高,在使用 XRD 数据计算结晶度时,预辐照前后薄膜结晶度均在 85% 以上,而根据 DSC 数据计算结晶度结果

为40%左右;因此,我们以初始膜各峰所占面积比例为100%,研究 UV 辐照后各峰面积比例增量的变化趋势。

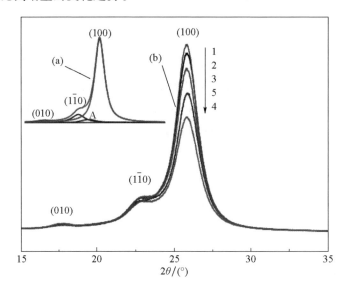

图 4 – 32　UV 预辐照聚酯薄膜的 XRD 谱图

(a)UV 辐照前;(b)UV 辐照后。

1—辐照 0min;2—辐照 1min;3—辐照 3min;4—辐照 5min;5—辐照 10min。

由表 4 – 12 可见,聚酯薄膜经 UV 预辐照处理后,(100)晶面的衍射峰的增量为负值,其余晶面衍射峰所占比例均增加。结合图 4 – 32 可知,由于(100)晶面衍射峰强度所占比例最大,虽然其增量绝对值较小,但是其余各衍射峰相对含量的增加多源于(100)晶面衍射强度的降低。其中以 A 衍射峰增加最为明显,UV 预辐照 5min 后增量达到 +142.74%,这说明,随着 UV 辐照时间增加,薄膜表面无定形区含量增加;但是处理时间再延长,A 峰增量有下降趋势,这是由于紫外线对无定形区的"清洗效应"导致的,这一点与 ATR 测试结论一致。另外,考虑到辐照时间过长,会导致薄膜表面黄变,所以薄膜 UV 预辐照处理 5min 比较合适,在后面的接枝反应中,均采用 5min 预辐照处理的聚酯薄膜。

表 4 – 12　衍射峰面积增量随 UV 辐照时间的变化表

编号	UV 预辐照处理时间/min	(010)17.6°	($1\bar{1}0$)22.9°	(100)25.9°	A23.4°
1	0	100.00%	100.00%	100.00%	100.00%
2	1	+9.96%	-16.18%	+1.61%	+11.62%
3	3	+44.81%	+27.42%	-7.34%	+78.42%

续表

编号	UV 预辐照处理时间/min	(010)17.6°	($1\bar{1}0$)22.9°	(100)25.9°	A23.4°
4	5	+37.34%	+61.07%	-13.63%	+142.74%
5	10	+76.35%	+31.92%	-8.06%	+50.21%

注:% 为摩尔分数比;"+"为增加;"-"为减少

3) 预辐照时间对接枝率的影响

聚酯薄膜经 UV 预辐照处理后,在 10wt% 的丙烯酰胺水溶液中进行光接枝反应,反应后洗涤称重,接枝率变化如图 4-33 所示。

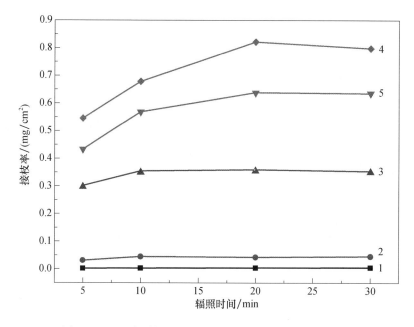

图 4-33 反应时间对 UV 预辐照聚酯薄膜接枝率的影响
1—0min;2—1min;3—3min;4—5min;5—10min。

可以看出,随反应时间的延长,薄膜接枝率增大。但 10min 后,继续延长辐照时间,接枝率增加放缓,这表明薄膜接枝反应受薄膜初始状态影响较大,丙烯酰胺单体一定要在反应初期完成对薄膜表面的抓取,因为表面光接枝反应的同时,UV 也会引发丙烯酰胺单体均聚,丙烯酰胺的均聚物对 UV 吸收也是很强烈的,这样会导致 UV 就无法传导到薄膜表面引发光接枝反应,只能停留于外层参与丙烯酰胺均聚物的生成或者聚丙烯酰胺的断链行为。未经 UV 预辐照处理的薄膜接枝率很低,这是因为未经预处理的薄膜表面结晶度较高,单体与薄膜表面接触不充分,单体吸附量小;无定形区含量较低,在 UV 引发光接枝反应开始时,薄膜表面反应活性点少,随后丙烯酰胺的均聚物又很快将这些活性点覆盖,而且均聚物吸光严重,造成表面有效接枝链生长困难,接枝率较低。随着 UV 预辐照处理时间延长,薄膜表面晶区被破坏,有序非晶态解取向,同时晶体间距增大,聚酯薄膜易于吸附单体。

4) FTIR 测试结果分析

FTIR 测试结果表明,在 1648cm^{-1} 附近出现了酰胺基中的 C=O 基团的伸缩振动吸收峰,这是 NH_2 的面内变形振动与 PAM 的 C=O 特征峰的组合,3189cm^{-1} 为胺基 N—H 的伸缩振动吸收峰,这说明在 PET 的表面已经成功地接枝了聚丙烯酰胺。

5) XPS 测试结果分析

从表 4-13 中可以看出,在接枝率较低时,N 元素含量随接枝率的提高而提高。当达到一定接枝率后,接枝膜表面元素含量几乎不再随接枝率的变化而变化,其原因在于表面光接枝是在膜的表面形成一层接枝物,当接枝率很低时,接枝层没有覆盖膜表面,还有部分基膜暴露在表面;随着接枝程度的提高,接枝层几乎全部覆盖膜表面,所测得的 XPS 谱图中,N 元素的含量几乎不随接枝率的增加而增加。

表 4-13 聚酯薄膜表面 C1s、N1s 和 O1s 的 XPS 谱图数据

样品	C1s/%	N1s/%	O1s/%
原始膜	98.97	0.00	1.03
GY = 13.2μg/cm^2	84.73	5.59	9.68
GY = 97.8μg/cm^2	78.28	8.45	13.29
GY = 156.3μg/cm^2	59.32	16.51	24.17
GY = 437.4μg/cm^2	57.35	17.19	25.46
GY = 822.1μg/cm^2	57.16	18.36	25.48
PAM	55.34	20.13	24.53

6) 接枝膜的表面形貌

从图 4-34 可以看出,未接枝的 PET 膜的表面光滑平整,当接枝丙烯酰胺后,接枝物呈现出表面起伏的形貌。随着光照时间的增加,可以看到表面的凸起逐渐增加,当光照时间增加到 10min,凸起增多直至相互连接,形成波纹形貌,PAM 接枝链将薄膜表面全部覆盖。

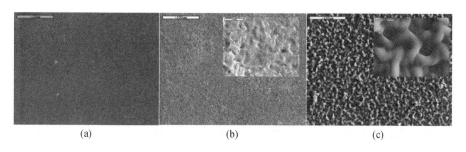

图4-34 聚酯薄膜接枝前后的SEM照片

(a)空白膜;(b)辐照接枝5min;(c)辐照接枝20min。

7) 接触角测试

未经光接枝的PET空白膜与水的接触角为83°,UV预辐照处理5min的聚酯薄膜,在其后的光接枝反应中,伴随着UV辐照时间的延长,即接枝率的提高,接触角下降。当接枝率达到13.2μg/cm² 时,接触角下降至53°;当接枝率达到822.1μg/cm² 时,薄膜与纯水的接触角由处理前的83°下降至35°,亲水改性效果显著。

8) 接枝对PET织物抗弯长度的影响

织物的刚柔性以抗弯长度测量,抗弯长度又称硬挺度,长度越大,标志织物越硬挺,越小则越柔软。以斜面法测量织物刚柔性是一种常用而简便的方法。

图4-35的结果表明,随着织物表面增重率的增加,织物硬挺度增加,丧失

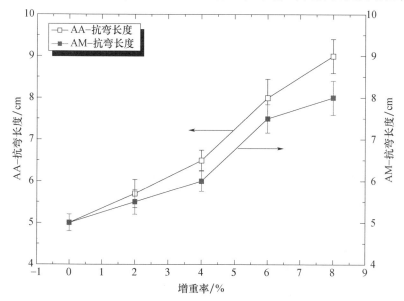

图4-35 增重率对织物柔性的影响

了部分柔性。这可能是由于织物表面包裹聚合物凝胶,限制了纤维和纱线的移动,而且局部包裹凝胶的纤维形成的 FRP,使得织物强度增强,而影响了柔性。无论接枝率大小,织物的抗弯长度总是在增加,柔性相对下降,在追求接枝率的同时,务必要保证织物的柔性特征。

9) 表面接枝共聚对织物力学性能的影响

图 4-36 和图 4-37 为 PET 织物分别接枝丙烯酰胺和丙烯酸的力学性能变化情况。接枝织物的强度随增重率(WGR)的提高而逐渐下降,断裂伸长率也逐渐下降。PET 织物表面接枝后,拉伸移动性受到限制,造成应力集中,这应该是力学性能下降的主要原因。另外,聚丙烯酰胺的力学性能稍差于聚丙烯酸,所以它对织物的拉伸强度和断裂伸长率的影响弱于聚丙烯酸。

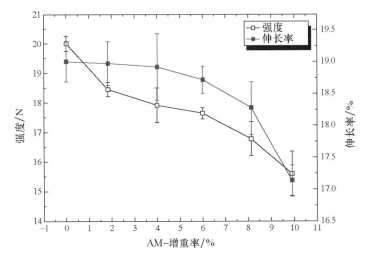

图 4-36　PET 织物表面接枝共聚 AM 对拉伸强度及断裂伸长率的影响

10) 表面接枝对 PET 织物黏接性能的影响

由图 4-38 可以发现,织物表面接枝后,黏接强度并未表现出如所预期的那样,初期基本无变化,后期随着接枝增重率的提高,黏接强度反而有所下降。接枝丙烯酸的织物黏接强度时有上升,这可能是由于羧基基团与黏合剂发生作用,但是织物表面凹凸不平,很有可能造成黏合剂涂层无法填满整个表面,而弱化了这种作用,甚至有时候减弱了原有的黏接强度。丙烯酸接枝并未如所预想的那样,带来剥离强度的提高,这可能是聚丙烯酸凝胶包覆在 PET 纤维表层,造成涤纶平纹机织布表面粗糙过大,在层压工艺中,涂胶层不能填满织物表面,而造成织物与黏合剂之间的有效连接点减少所致。

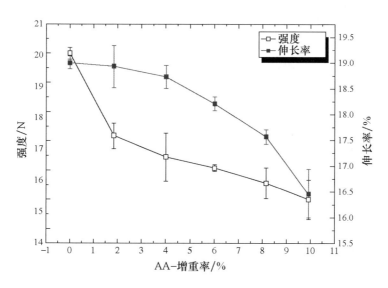

图 4-37 PET 织物表面接枝 AA 对织物力学性能的影响

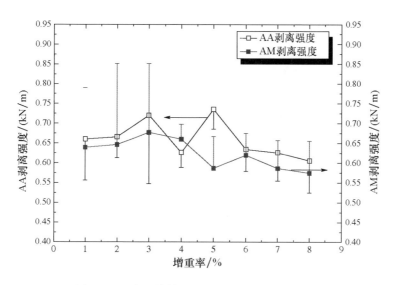

图 4-38 表面接枝对 PET 织物黏接性能的影响

4.6.4 PET 纤维表面异氰酸酯化对黏接的促进作用研究

PET 纤维的化学性质不活泼,不易与黏合剂、油墨、油漆等产生足够的化学键及氢键,而其光滑的表面形貌也不利于锁钥结构的机械键合。这种典型的黏接问题常常出现在输送带和运输带这种由织物和聚合物涂层所构建的多层系统中[167]。鉴于这样的背景下,研究直接交联的潜在应用以促进这些材料之间的黏接就变得十分有意义。

实际上,各种表面改性方法已经应用到高性能纤维的处理上以改变它们的表面特性,但没有人利用异氰酸酯与含活泼氢基团的反应增加 PET 的黏接性能。

刘向东将 PET 织物室温下浸泡于不同浓度的异氰酸酯的甲苯溶液中,取出后干燥,标记为 f2;室温下将 PET 织物浸泡于不同浓度的过氧丁二酸(BOS)丙酮与水的混合溶液中,UV 辐照 15min;取出后干燥,将所得织物标记为 f3;将未经处理 PET 织物标记为 f1;将所得织物 f1、f2、f3 分别与涂胶 TPU 薄膜层压复合,得到样品 1#、2#、3#,随后进行测试。

在实验中,PET 表面羧基化反应流程如图 4-39 所示。

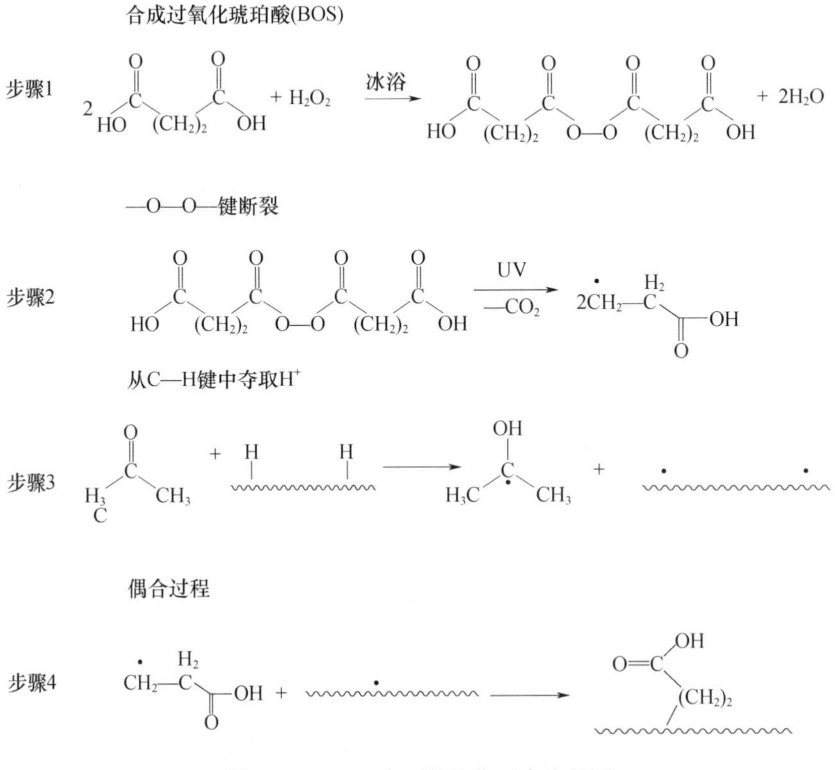

图 4-39 PET 表面羧基化反应流程图

丙酮在紫外光照射下激发为半频哪醇,捕获 PET 表面的氢原子产生表面自由基。BOS 的过氧键在同一时间被分解,生成羧基自由基·$CH_2CH_2COOH(R·)$,

通过夺取氢原子而产生的表面自由基,可以很容易地与 R·结合,单分子层的羧基就可以被引入到 PET 表面上。

1. FTIR 测试结果分析

图 4 – 40(a)给出了未经处理的 PET 纤维的红外谱图。1714cm^{-1} 和 1242cm^{-1} 处的吸收峰归属于 PET 酯键的 C=O 对称伸缩振动。弱的 C – H 伸缩、C – H 弯曲以及苯环上 C – C 面外弯曲振动分别发生在 2967cm^{-1}、721cm^{-1} 和 871cm^{-1} 处。– OH 吸收峰在 3423cm^{-1} 处有微弱表现,与 968cm^{-1} 处的吸收峰共同归属于 O – H 与 C = O 的分子间键合及 PET 分子链上端羟基 – OH 的面外弯曲振动。在 1400 ~ 1600cm^{-1} 和 950 ~ 1250cm^{-1} 的其他尖锐谱带归属于 C – C 伸缩和苯环平面的 C – H 弯曲。

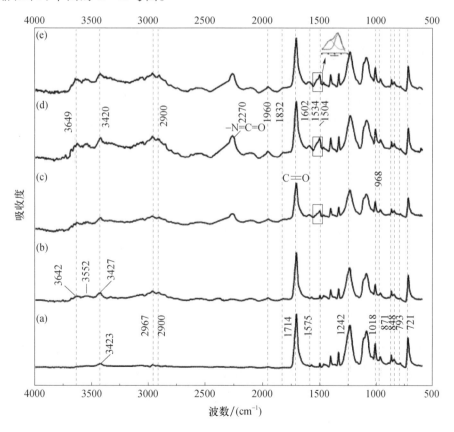

图 4 – 40　PET 织物的 FTIR 谱图

(a)原始 PET 纤维;(b)表面羧基化的 PET 纤维;(c)1wt% BOS 和 7wt% MDI 处理后的 PET 纤维;(d)3wt% BOS 和 7wt% MDI 处理后的 PET 纤维;(e)5wt% BOS 和 7wt% MDI 处理后的 PET 纤维。

在图 4-40(b)中,3551cm^{-1}、2967cm^{-1}和 1960cm^{-1}处的谱带吸收强度得到增强,说明 O—H 伸缩振动和 CH$_2$ 伸缩振动在 BOS 处理后得到加强,并且 O—H 的伸缩振动吸收峰变得更加宽泛。2800~3050cm^{-1} 区域被认为是 C—H 伸缩振动的特征吸收谱带,3100~3600cm^{-1} 处宽泛的肩峰归属于羧基官能团上的 O—H 伸缩振动。近 3642cm^{-1} 处的弱吸收峰的出现表明少量的自由羟基存在。

图 4-40(c)~(e)中出现的 3420cm^{-1}、1600cm^{-1}、2900cm^{-1} 和 1534cm^{-1} 吸收峰,被认为分别与—CO—NH—和—O—CO—NH—基团有关。为了进一步观察,截取图 4-40(e)的 1480~1580cm^{-1} 区间可以发现,在低波数处 1534cm^{-1} 位置有一肩峰出现,对应—O—CO—NH—基团的存在,而这个肩峰在图 4-40(a)和 4-40(b)中并没有被观察到。3000~3200cm^{-1} 处吸收强度的增加表明 CH$_2$ 含量的增加。

伴随着 2270cm^{-1} 处吸收峰的出现(—NCO 基团的特征吸收峰),清楚地解释了 PET 表面异氰酸酯化的发生。此外,图 4-40(c)~(e)的吸收峰位几乎相同,但是 2270cm^{-1} 处的吸收强度随着 BOS 用量的增加而增加,由此可见,PET 表面羧基官能团的含量对于纤维表面异氰酸酯化的作用是十分明显的。根据红外谱图分析,我们推测在 PET 表面发生反应,如图 4-41 所示。

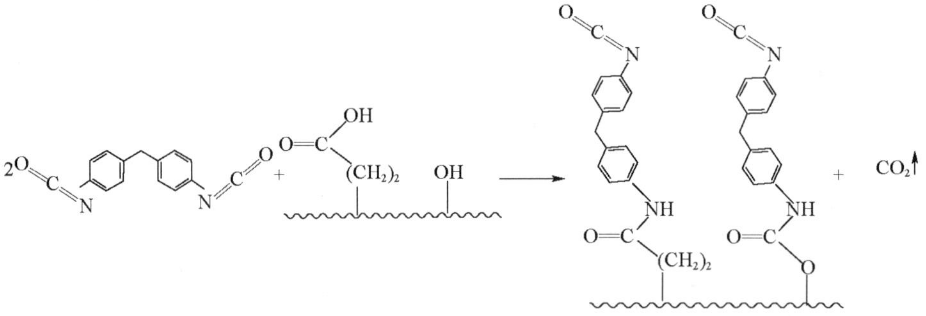

图 4-41　MDI 与—OH、—COOH 的反应

MDI 中的两个—NCO 基团由于处在对称的位置,而且周围没有取代基,这让它们拥有相等的反应活性。如果其中之一参与了与—OH 或—COOH 的反应,那么,另一个—NCO 基团会由于失去活动能力和缺乏诱导效应而导致反应活性降低,但总体来说反应活性仍然很强。图 4-42 给出了 PET 表面异氰酸酯化的流程简图。

2. 黏接效应

3 种处理方法所获得的 PET/TPU 层压样品的最大剥离强度及断裂伸长率

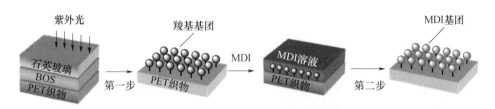

图 4-42　PET 表面异氰酸酯化流程简图

被记录于表 4-14 中。与未经处理的 PET 织物相比，MDI 处理和 BOS&MDI 处理后的层压复合材料的剥离强度从原来的 0.73kN/m 分别上升到了 1.15kN/m 和 2.27kN/m，单丝最大负荷从原来的 19.5N 下降到了 18.2N 和 17.9N，断裂伸长率从原来的 18.6% 下降到了 18.5% 和 17.2%，轻微的最大负荷及断裂伸长率的损失换取了剥离强度的极大提高。

表 4-14　表面处理对剥离强度及力学性能的影响

样品	剥离强度/(kN/m)	剥离力/N	断裂伸长率/%
1	0.73	19.5	18.6
2	1.15	18.2	18.5
3	2.27	17.9	17.2

3. 表面形貌

图 4-43 显示了未经处理的 PET 纤维表面及 1# 层压复合材料剥离后的表面，二者表面均十分光滑。在图 4-43(b) 中，只有极轻微的压痕和极少量的残胶遗留在 PET 纤维表面上，这表明纤维与胶黏剂基体之间没有产生有效的结合，胶黏剂很容易在剥离过程中从纤维表面脱离。

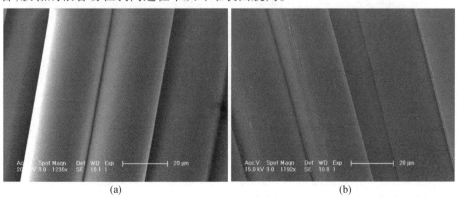

图 4-43　PET 纤维表面 SEM 照片

(a)原始面；(b)剥离面。

如图 4-44 所示,经 MDI 处理后,织物表面粗糙度增加,所得层压织物剥离面有胶黏剂残留,并且在图 4-44(b)、(d)、(f)中观察到轻度的纤维本体撕裂,内聚破坏的发生验证了异氰酸酯处理对黏接强度的提高具有积极效果。

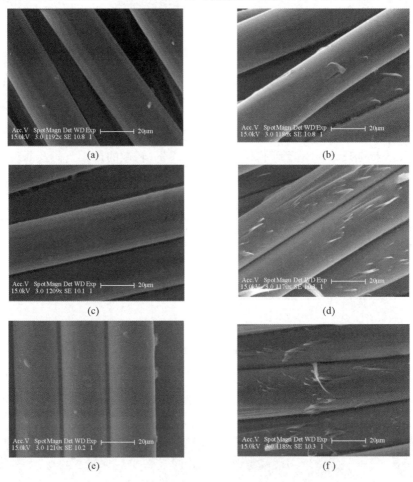

图 4-44 MDI 处理 PET 纤维后 SEM 图片

(a)1wt%;(b)3wt%;(c)7wt%;(d)、(e)、(f)黏接失效图片。

表 4-15 显示了异氰酸酯浓度对织物层压复合材料的剥离强度的影响。7wt% 浓度的 MDI 处理后的织物的剥离强度相对最高。基于这些结果,在随后的过程中,经 BOS 处理的 PET 织物都放入了 7wt% 浓度的 MDI 的甲苯溶液中浸泡。

表 4-15 异氰酸酯浓度对 PET/TPU 层压复合材料剥离强度的影响

MDI 含量/wt%	1	3	5	7	10
剥离强度/(kN/m)	0.83	0.97	1.11	1.15	1.05

如图4-45所示,表面处理不仅改变了纤维表面的化学组成,也同样改善了表面粗糙度。经过BOS中间工序处理后,纤维的撕裂程度大幅提高,在图4-45(c)、图4-45(f)和图4-45(i)中可以清楚地观察到。同时,黏接破坏的模型在图4-46中给出。

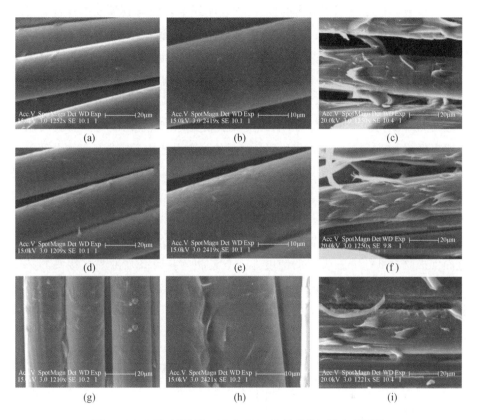

图4-45　PET纤维用BOS和MDI处理后的扫描电镜图片

(a)、(b)1wt% BOS～7wt% MDI处理;(c)黏接失效;(d)、(e)3wt% BOS～7wt% MDI处理;
(f)黏接失效;(g)、(h)5wt% BOS～7wt% MDI处理;(i)黏接失效。

图4-46　黏接失效模型

(a)黏附破坏;(b)内聚破坏。

结合所有 SEM 照片来说,对于未经任何表面处理的 PET 纤维来说,几乎所有的黏接失效模型都是黏附破坏,即黏合剂从纤维表面脱黏。对于经 MDI 处理以及 BOS 和 MDI 处理的 PET 纤维来说,黏接失效模型全为混合破坏(当黏附破坏和内聚破坏同时发生时,称为混合破坏),但是经羧基化处理程序之后,3#样品的内聚破坏程度得到了极大的提升,这表明纤维表面与胶黏剂矩阵具有极高程度的有效黏接。相应地,若要使二者分离,则需克服更大的阻力。

图 4-47 显示了测试过程中的实际剥离曲线图,3#样品的剥离强度明显高于 1#和 2#样品的剥离强度,并且 3#的剥离曲线由于交联点的不均匀分布而出现剧烈的抖动。此现象可以与图 4-45(f)中所观察到内聚破坏现象相联系起来。未经处理的 PET 织物由于与黏合剂基体之间具有较少的交联点,所以在剥离过程中不需要克服较大的抵抗力,所得层压复合材料的剥离强度相对较小且剥离曲线相对平坦与光滑。在实践中,很少有黏接失效面可以恢复到剥离前的状态,因此,实际测量所得到的剥离强度并不能真实代表界面的黏合强度。但很显然的是黏接强度取决于黏合体系的自身特性,并且可以通过剥离破坏面的特征评价体系的黏接性能。

纤维表面的粗糙度在微米级尺度得到了改善,这有助于提高表面润湿性,进而促进胶黏剂在纤维表面的铺展。完全浸润是获得高强度黏接接头的必要条件。粗糙度的增加也同时允许界面处产生锁钥形式的机械结合方式。在实验中,3wt% 浓度的 BOS 较为合适。

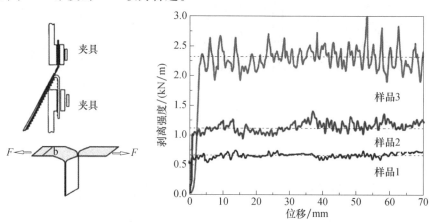

图 4-47　测试过程中的实际剥离过程及曲线图

在层压复合阶段,高温能软化胶黏剂涂层,加速胶黏剂分子的移动,胶黏剂分子在界面处建立最合适的构象以达到吸附平衡。随后,胶黏剂分子跨过界面形成扩散区与纤维基体达到分子水平上的紧密接触。在随后的熟化阶段中,高温不仅能加速胶黏剂自身的固化反应,同时也能加速纤维表面上 –NCO 基团与胶黏剂基体中的活泼氢的交联反应(这些活泼氢源于双组分聚氨酯胶黏剂中的多元醇组分以及三乙醇胺催化交联剂)以产生氨基甲酸酯基团实现纤维与矩阵的共价键连接,如图 4–48 所示。剥离强度的增强主要依赖于 –CONH– 和 –OCONH– 这些衍生基团的出现。

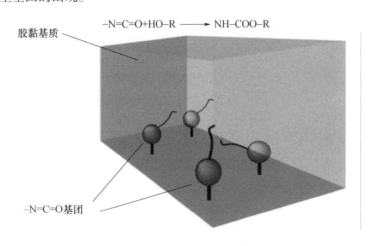

图 4–48　界面交联模型

我们推测随着表面羧基含量的增加,越来越多的 MDI 被固定在 PET 表面上,而 MDI 中另一个未参与反应的 –NCO 基团在固化过程中与胶黏剂矩阵发生交联反应而产生高密度化学键连接,正是这些化学键的产生导致了弱界面层的破坏或消失,被胶黏剂矩阵包裹的系带分子给黏接强度带来了巨大提升并直接加剧了剥离过程中内聚破坏的发展程度。

如图 4–49 所示,一旦发生内聚破坏,能量会通过纤维本体所产生的裂纹释放,此时,会在垂直于纤维的方向上产生分子链取向,而取向势必导致材料被破坏的部分模量增加,这也应该是剥离强度得到增加而不可忽视的一部分因素。

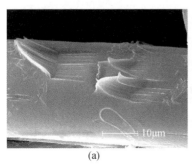
(a)

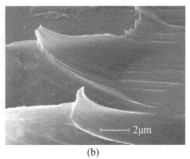
(b)

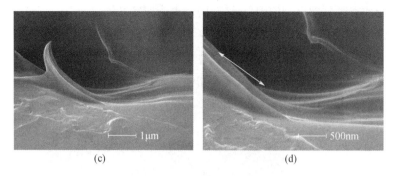

图 4-49 内聚破坏而导致的塑性形变

4.7 囊体材料界面相互作用

4.7.1 界面与薄膜附着

由于囊体材料基本采用层压复合法加工,黏接层也可视为薄膜。薄膜可以看作在 XY 平面是无限的,而在 Z 轴方向距离是很小的固体。因此,存在着薄膜表面和薄膜与基底材料之间的界面。该表面与界面的结构对薄膜的特性有重大影响。

1. 附着与附着力

薄膜对基底的附着力直接影响材料的各种性能。附着是指两种物质在有界面层或没有界面层时相互黏附在一起的状态,具体是指薄膜和基底接触,两者的界面间原子力相互作用所导致的结合。附着力是支配囊体材料耐用性和寿命的主要因素之一。囊体材料的强度在很大程度上取决于黏接层与各功能层之间的附着力,因此,在囊体材料制备中,黏接层与功能材料层间的附着情况,以及如何处理功能层表面状态和制定加工工艺就显得格外重要。

附着的类型大致可分为以下两种。

(1) 黏接层与功能层附着在轮廓分明的界面上,这是最简单的一种附着。

(2) 在黏接层与功能层界面上相互扩散的附着。这种附着由两种物质间的固态扩散或溶解引起,它可以使一个不连续的界面被一个由一种物质逐渐变化到另一种物质的过渡层替代。同时,由于基体材料表面不可能很平,因此,必然存在着不同程度的机械结合,称为宏观结合。

从本质上讲,以上所有类型的附着结合现象都是建立在原子间电子的交互作用的基础上的。

由于黏接层薄膜在制作过程中其结构受到制作工艺等因素的影响致使薄膜内部产生一定的内应力,同时,因基底材料与薄膜材料之间热膨胀系数的不同,还会使薄膜产生热应力,应力过大将会使膜层开裂甚至脱落,因此,在层压复合材料中,其黏接层薄膜的附着力和应力仍是值得研究的课题。

2. 薄膜与基底附着机理

薄膜与基底附着的机理是吸附作用。吸附作用分为物理吸附和化学吸附。

物理吸附主要是范德华力和静电力吸引,范德华力作用能为 $0.04\sim0.4\mathrm{eV}$,对附着贡献较小,静电力数值小,但对附着的贡献较大。

化学吸附主要是薄膜与基体间形成化学键结合力(离子键、共价键、金属键)产生的一种吸附,这种力是短程力,数值上比范德华力大,为 $0.5\sim10\mathrm{eV}$。

原子与原子间的相互作用往往是物理和化学作用交织在一起,而不是单纯的某一种作用,因此,薄膜对基底的附着常常不是单纯的某一种附着力,而是多种附着综合后的结果。

4.7.2 飞艇囊体材料界面

1. 囊体材料界面作用

飞艇囊体材料为层压复合材料,层压复合材料是由织物纤维和高分子薄膜经胶黏剂黏合后结合为一个整体,使复合材料具备了原组成材料所没有的性能,并且由于界面的存在,织物纤维和薄膜所发挥的作用,是各自独立而又相互依存的。

界面是囊体材料的重要组成部分,它的结构与性能,以及黏合强度等因素,直接关系到囊体材料的性能,所以,囊体材料界面问题的研究有着十分重要的意义。

了解界面结构对囊体材料整体性能的影响,必须先表征界面相的化学、物理结构,厚度和形貌,黏接强度和残余应力等,从而寻找它们与囊体材料性能之间的关系。

层压复合材料具有如下的界面结构与性能特点。

(1)界面为非单分子层,其组成、结构形态和形貌十分复杂,同时形式多样。界面区至少包括基体表面层、增强体表面层、基体/增强体界面层3个部分。

(2)具有一定厚度的界面相(层),其组成、结构、性能随厚度方向变化而变化。

(3) 界面的比表面积或界面相的体积分数很大,界面效应显著,而这也是层压复合材料复合效应产生的根源。

(4) 界面缺陷形式多样(包括残余应力),对复合材料性能影响十分显著。层压复合材料界面效应如下。

1) 物理效应,引起各组分之间互相浸润、扩散、相容性、界面自由能结构网络互穿的变化。

2) 化学效应,导致界面上的化学反应,形成新的界面层结构。

3) 力学效应,引起界面上的应力分布。

界面在层压复合材料中的作用是不可忽视的,因此,界面规律的研究是层压复合材料的基础理论之一。

2. 囊体材料界面作用力

在复合材料的制备过程中,要求组分间能牢固结合,并有足够的强度。要实现这一点,必须使材料在界面上形成能量最低的结合。由于囊体材料成型加工方法与工艺差别很大,各有特点,使复合材料界面形成过程十分复杂,通常复合材料界面间存在着如下4种作用。

1) 浸润作用

根据浸润性理论,欲使胶黏剂能基底上铺展,胶黏剂的表面张力必须要小于基底的临界表面张力。例如,在飞艇囊体材料中,PET 纤维是一种常用的织物纤维,其表面张力为 41~44mN/m,所以要求胶黏剂的表面张力对 PET 纤维应在41mN/m以下,否则,胶黏剂不能完全浸润织物纤维,在界面上将会引起空隙。

2) 扩散作用

扩散作用是指在各功能材料组分之间发生原子或分子间的扩散或反应,从而形成反应结合或扩散结合。

Barodkuu 提出了高聚物—高聚物黏接作用的扩散理论,其观点是高聚物之间的黏接作用与其自黏作用(同种分子间的扩散)一样,也是高聚物分子链及链段的相互扩散(不同种分子)引起的。

对于囊体材料来说,胶黏剂与功能层材料分子之间的相互扩散实际是相互溶解,相互溶解能力的大小由溶解度参数决定,溶解度参数越相近,二者越容易互溶,黏接强度也就越大。

3) 化学键力

在层压复合材料中,各功能层之间主要靠胶黏剂进行黏接,黏接强度直接取决于胶黏剂分子与膜以及织物间范德华力的大小,但范德华力较小,并且很容易受到外界条件的干扰,导致其剥离强度较低。为了避免这一缺陷,可预先对高分子膜以及织物表面进行电晕或等离子体处理,使其表面形成一些活性基团(如 $-OH$、$-C=O$、$-COOH$、$-NH_2$ 等),随后这些活性基团会与胶黏剂中的异氰酸酯等基团发生化学反应形成化学键,通常化学键键能比范德华力大 1~2 个数量级,这将大大增加其黏接强度。

各种主价键键能的数值如表 4-16 所列。胶黏剂与被黏物之间,如能引入共价键黏接,其胶接强度将有显著提高。

表 4-16 键能对比表

主价键	键能数值/eV
离子键	585.76~1046
共价键	62.76~711.28
金属键	112.92~347.27

4) 机械黏接作用

机械黏接作用认为,胶黏剂与被黏体的黏接存在着纯机械作用,首先液态胶黏剂渗入被黏体的空隙内,然后在一定条件下胶黏剂凝固或固化而被机械地"镶嵌"在孔隙中,于是,便产生了犹如螺栓、钉子、钩子那样的机械结合力,如图 4-50 所示。

图 4-50 机械黏接理论示意图

由此可见,机械结合力主要取决于材料的几何因素。事实上,机械理论是与其他黏接理论的协同作用的理论,没有一个黏接系统是只由机械作用而形成的。

在囊体材料中,黏接界面可分为胶黏剂与薄膜黏接界面、胶黏剂与织物黏接界面,两种界面形成机理及界面相互作用基本相同,但各自存在着特点。

4.7.3 胶黏剂与薄膜黏接界面特点

对于薄膜而言,最外层为吸附层,即迁移至表面的低分子量组分以及表面吸附的润滑油、迁移到薄膜表面的添加剂等形成的半液体或液体薄层。该层对胶黏剂与薄膜表面的附着起着破坏作用。第二层是薄膜的表面层,其后为聚合物本体。由于形成条件和存在条件等原因,薄膜表面层在结晶形态、结晶度、晶粒大小等方面均与本体有较大差异,其应力状态、分子链的缠结状态等也与本体不尽相同。又由于薄膜表面层分子链的活动空隙大,故其玻璃化温度低于本体;聚合物链段由内部向外部移动对体系能量更为有利,故表层分子链含量高于本体。

胶黏剂与薄膜的黏接在表面层进行,牢固与否主要受以下因素影响。

1. 薄膜表面清洁度

薄膜表面容易吸附油脂和其他低分子物质。这些附着物影响胶黏剂对薄膜表面的浸润,减少胶黏剂和被黏物的相互接触,严重影响薄膜的黏接性能,因此,必须保持薄膜表面清洁。

2. 薄膜表面能

塑料的表面能一般低于50mN/m,比金属的表面能(约100mN/m)低得多,高能表面利于液体在上面展开,而低能表面将使液体在上面形成不连续的液滴。因此,为了使胶黏剂能在被黏薄膜表面上展开,薄膜就得有足够的表面能。也就是说,为了使薄膜表面能够被胶黏剂浸润,薄膜的临界表面能应接近或大于胶黏剂的表面张力。有了良好的浸润,才有可能形成胶黏剂和薄膜表面分子间的紧密接触;否则,黏接界面存在空气,减少了有效的接触面积,并由于应力集中使黏接破坏。为提高低表面能薄膜的黏接强度,必须提高薄膜的表面能,然后用表面张力较低的胶黏剂(极性胶黏剂)黏接。薄膜的表面能主要取决于薄膜表面的化学结构,表面处理就是通过不同程度地改变薄膜表面化学结构,提高薄膜的表面能。

3. 表面极性

一般情况下,胶接界面主要是靠胶黏剂同被黏物分子间次价力的作用结合起来的,形成化学键的主价键力结合是很少的。分子间的作用力包括范德华力和氢键力。范德华力包括色散力、偶极力、诱导偶极力。色散力产生于所有极性分子、非极性分子之间,作用能为 $0.84 \sim 8.37 J/mol$;偶极力产生于极性分子之间,作用能为 $12.55 \sim 20.92 kJ/mol$;诱导偶极力产生于非极性分子与极性分子之间,作用能为 $6.28 \sim 12.55 kJ/mol$。聚乙烯和聚丙烯分子中没有极性基团,是典型的非极性高分子材料。用非极性胶黏剂黏接这些薄膜时,仅能靠分子间的色散力作用,胶接强度较低。当用极性胶黏剂黏接极性薄膜时,两者分子间的作用力除色散力外,还有偶极力,有些情况下,还有氢键力,两者的黏接强度较高。

只有当分子间的距离达到约10Å时,分子间作用力才能产生,因此,为得到较高的胶接强度,胶黏剂必须浸润被黏物表面。

极性胶黏剂对非极性塑料薄膜表面的润湿性差,两者间的作用力很弱。通过表面处理,向非极性塑料薄膜表面引入极性基团,可提高薄膜表面的极性,同时也能提高其表面能。这样,既有利于改进极性胶黏剂对薄膜表面的润湿能力,又增加了两者分子间的作用力,从而提高胶接强度。

4. 结晶度

塑料薄膜的黏接性能除和塑料的表面能、极性有关系外,还和结晶性能有关。结晶度高的分子处于热力学的稳定态,难以溶解或溶胀。一般情况下,用溶液型或反应型胶黏剂黏接非结晶高聚物时,胶黏剂在固化前可使塑料表面发生不同程度的溶胀,在被黏物和胶黏剂界面处发生分子间的扩散,形成强黏接。结晶性聚合物,特别是结晶度高的聚合物不能被这些胶黏剂溶胀,因此不能发生被黏物和胶黏剂分子间的扩散,胶接强度较低。聚乙烯为非极性塑料又是结晶性聚合物,因此难以黏接。聚酯属于高结晶度聚合物,也比较难黏接。通过表面处理,降低塑料表面的结晶度,可改善结晶性塑料的黏接性。

5. 弱界面层

由于弱表面层的内聚强度要比主体的内聚强度低得多,黏接破坏往往发生于弱界面层。为提高胶接强度必须除去塑料表面的弱界面层。或者通过表面处理使塑料表面的低分子交联成大分子,提高表面层的内聚强度。

4.7.4 薄膜与织物黏接界面特点

囊体材料承力层均为高性能合成纤维织物,高性能纤维织物具有高强度、高模量等特点,目前广泛使用的有芳香族聚酰胺纤维、芳纶纤维、聚酯纤维、聚乙烯纤维等,其中聚酯纤维应用最为广泛。下面以聚芳酯纤维为例,介绍织物与薄膜黏接界面的特点。

Vectran 系列是由聚芳酯 Vectran 树脂经过熔融纺丝和热处理所形成的高强度聚芳酯液晶纤维,是世界上第一个商品化的 TLCP 纤维产品。目前,Vectran 纤维已广泛应用在飞艇囊体材料上,与芳纶纤维相比,聚酯纤维具有更好的力学和热学性能,如表 4-17 所列。

表4-17 Vectran纤维与芳纶纤维的基本物性比较

物性		聚芳酯		芳纶	
		VectranHT	VectranUM	常规PPTA	改性PPTA
密度/(g/cm³)		1.41	1.41	1.44	1.45
热分解温度/℃		>400	>400	>400	>400
LOI		28	28	30	—
吸水率/%		0	0	4.9	4.3
拉伸强度	GPa	3.27	2.9	2.8	2.8
	kg/mm	330	290	284	287
断裂伸长率/%		3.8	2.7	3.9	2.3
拉伸模量	GPa	75.5	105.7	70.4	110.6
	kg/mm	7610	10620	7230	11440
吸水强度/GPa		3.3	2.9	2.5	2.6
干燥/吸水强度比/%		100	100	91	95

Vectran纤维单丝一般呈棒状,纤维表面结晶度高,分子间作用力大,表面形态光滑致密,其本身的化学惰性高,是一种很难黏的材料;此外,在纺丝过程中附着在Vectran单丝表面残留的表面油剂和杂质,更容易润湿纤维表面,生成不易清除的弱界面层,导致纤维表面浸润性较差,单丝与胶黏剂难以形成良好的界面;另外,丝束中单丝彼此靠得很近,它们之间没有空隙,在热压加工中胶黏剂不易渗透到纱线中,有效接触面积较少。以上种种原因大大降低了胶黏剂对Vectran基布表面的亲和力,造成最终产品界面黏接性能差,严重影响了其机械力学性能的发挥。

如果纤维表面没有应力,而且全部表面都形成了界面,则界面区传递应力是均匀的。实践证明,应力是通过胶黏剂与纤维间的黏合键传递的。若胶黏剂与纤维间的湿润性不好,胶接面不完全,那么,应力的传递面积仅为纤维面积的一部分,所以为使复合材料内部能均匀传递应力,显示出优良的性能,要求层压复合材料的层间界面必须是一个完整的界面区。

剥离强度是对界面黏接性能的宏观体现。我们利用不同的处理方法处理织物,随后制备层压复合材料,织物层与TPU薄膜之间的剥离性能试验结果如表4-18所列。

表 4-18　织物层与 TPU 薄膜之间的剥离性能试验结果

处理方式	剥离强度/(N/cm)
未处理	9.1
超声波处理	11.8
碱处理	14.4

从表 4-18 可以看出,经过碱处理之后的基布与 TPU 薄膜之间的剥离强度最高,比未处理的复合材料提高了 60.0%,超声波处理的柔性复合材料次之,而未经处理的材料剥离强度最差,仅为 9.1N/cm。

超声波处理和碱处理不仅能去除纤维表面油剂和杂质,清洁纤维表面,提高纤维表面对基体树脂的浸润性能;超声波的空化作用和碱处理的水解作用在纤维表面产生刻蚀作用,提高了纤维表面的粗糙程度,使得在热压工艺中,熔融的 TPU 基体树脂能充分填充到纤维表面和纤维间,增加薄膜与织物之间的界面强度,提高基体和增强体之间的物理黏接性能,从而提高层压类柔性复合材料的层间剥离强度。

第 5 章
囊体材料轻量化设计

当前飞艇已广泛应用于军事侦察、照相测绘等领域,其应用范围越来越广泛。当前囊体材料的生产还采用传统的层压复合方式,各功能层间靠胶黏剂进行黏接,产生多个黏接界面,而界面又对囊体材料性能有着重大影响,多个黏接界面意味着囊体材料性能不可控因素增多,对于囊体材料的发展不利。因此,在减少重量的同时提高飞艇的综合性能,发展多功能囊体材料以及轻质高性能囊体材料是未来囊体材料的发展趋势。

5.1 新型囊体材料设计技术

临近空间(Near Space)是指距地面 20~100km 的空域,由于其重要的开发应用价值而在国际上引起广泛关注。

平流层飞艇是随着科学技术进步不断发展起来的一种新型近空间多功能飞行平台。不同于飞行在航空层中的飞机、低空飞艇,也不同于工作在低轨道上的卫星,平流层飞艇有非常广泛的军事及民用价值,是集高空观察、通信于一体,新颖的通用航天器平台,因而,广受各国科学工作者青睐。由于平流层飞艇不是低空飞艇,在研制的许多概念上,如工作环境、囊体材料、能源、动力推进等关键技术上都与低空飞艇截然不同,许多方面临着极大的挑战。其中,最首要的问题是飞艇的材料。平流层飞艇的囊体材料必须采用高强度、阻氦气渗漏性能最佳、耐候性最好的轻质材料,否则,无法研制实用的平流层飞艇。

5.1.1 可行性分析

高性能囊体材料的典型特征是高比强度。飞艇囊体是由囊体材料焊接组成,其重量占飞艇总重量的70%左右。过高的囊体材料面密度会导致飞艇的净浮力极大地丧失,难以上升和稳定在平流层高度。因此,囊体材料的轻量化设计及技术可行性研究成果有利于降低飞艇艇身重量、增加飞艇浮力,进而提高飞艇的有效载荷。

平流层飞艇的囊体材料要求具有低面密度、较高的力学性能和气体阻隔性能,一般采用多层复合结构,由耐候层、阻氦层、承力层、中间层4种主要层组成。当前囊体各功能层材料所占的重量比例如表5-1所列,饼状图如图5-1所示。

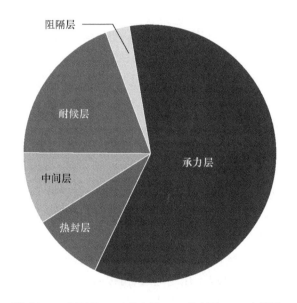

图5-1 囊体各功能层材料所占的重量比例饼状图

表5-1 囊体材料各功能层所占重量比

功能层名称	耐候层	阻隔层	承力层	热封层	中间层
重量比/%	19	3	60	9	9

为获得轻量化囊体材料,需要综合考虑囊体材料的各项使用性能要求,依据要求优选所需的功能材料;兼顾组成材料的功能性、加工性和相互之间的匹配性;在此基础上优化组成与结构,实现有效减重。下面从组成囊体材料的各功能层材料面密度减轻的可行性出发,探讨实现囊体材料轻量化的可能性。

5.1.2 功能材料与技术基础

1. 耐候层

耐候层主要是防紫外线辐射,高分子氟化物是目前耐环境最好的材料,但它也必须添加防老化剂,以避免紫外线通过氟化层伤害到艇膜的内层材料。

耐候层面密度一般占囊体材料总重量的15%~20%,在平流层严苛的使用环境下,符合耐候性的耐候层材料的研制已经非常困难,降低耐候层的面密度是很困难的。因此,降低耐候层面密度是不可行的。

2. 阻隔层

材料的气体阻隔性能与其本身的分子链结构、结晶状态等因素相关 EVOH是阻气性最好的高分子材料,在国内外囊体材料中被广泛使用。已有的研究结果表明,一层12μm厚或两层5μm厚的EVOH膜材料都能够保证$0.5L/(m^2 \cdot 24h \cdot atm)$的氦气泄漏率要求。在没有开发出阻隔性能更强的新材料前提下,还无法做到减轻阻隔层面密度。

镀铝膜是在真空状态下将金属铝融化蒸发,使铝均匀沉积在塑料薄膜表面上,形成的具有金属光泽的膜材料,其中镀铝层一般只有几十纳米。这种镀铝膜材料具有优良的气体阻隔性、耐弯折性、良好的韧性和较高的光反射率。目前已应用到美国及日本平流层飞艇上,测试样球充满气体后,经两个星期的测试,没有发现明显的气体泄漏。

因此,在耐候层膜材料的内表面镀铝,可以实现耐候、阻隔功能一体化,进而减少阻隔层材料的厚度或不用阻隔层,可以有效地减轻囊体材料的面密度。

目前,囊体材料氦气渗透率均是在室温条件下测试得到,而平流层环境温度远低于室温,室温下测试结果并不能正确的反映出囊体材料在平流层中真实的氦气渗透率。为此,我们测试了不同压差和不同环境温度下囊体材料的氦气渗透率,并由此推测出平流层环境下囊体材料的氦气渗透率水平。

试验用的材料分别是囊体材料FV-1140、FV-1505及聚氨酯膜(厚度120μm)和聚乙烯膜(厚度40μm),这些材料的氦气渗透率与测试压差及环境温度的曲线分别如图5-2所示。

在20~300kPa(0.2~3atm)范围内,氦气渗透量(单位面积日泄漏量)与压差呈正比。按照此趋势,在压差为0时,压差导致的氦气渗透量趋近于0。此时,氦气的分压差导致的透过量决定氦气渗透量。

选用40μm PE、HV-200、FV-1140、ETAV-150进行不同温度下囊体材料氦气渗透率测试,如图5-3所示。

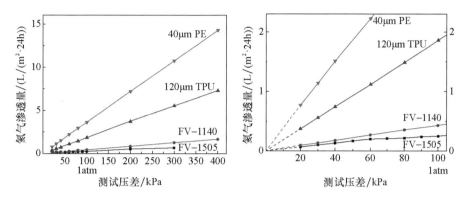

图 5-2 囊体材料氦气渗透率与测试压力差曲线图

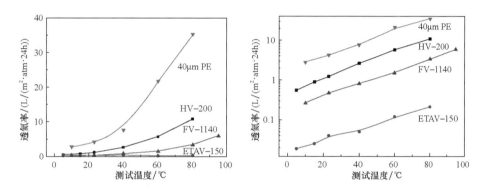

图 5-3 囊体材料氦气渗透率与测试温度曲线图

经曲线模拟发现,气体透过量的对数形式与热力学温度的倒数符合线性经验公式关系,即

$$\ln Q_g = a + \frac{b}{T} \quad (5-1)$$

由式(5-1)可以推测出在平流层环境下,不同类型囊体材料的氦气渗透率,如表 5-2 所列。

表 5-2 不同类型囊体材料在不同测试温度下的氦气渗透率

(单位:L/(m²·24h·atm))

材料	80℃(实测值)	室温(实测值)	-50℃(推算)
40μm PE	35.30	4.30	0.25
HV-200	10.90	1.30	0.07
FV-1140	5.90	0.81	0.03
ETAV-150(镀铝)	0.21	0.04	0.002

由图 5-2、图 5-3 及表 5-2 可以发现,在平流层低气压和低温环境下,囊体材料的氦气渗透率远低于室温下的测试结果,这表明,可以适当地减少气体阻隔层的厚度,从而实现囊体材料轻量化的要求。

3. 承力层

囊体材料需要承受飞艇的全部重量和所受的外剪切力,囊体材料的力学性能是表征其性能最主要的指标之一。囊体材料需要具有高拉伸强度、高撕裂强度和高剪切强度等,这些性能依赖于承力层所选用的高比强度材料。随着纤维材料技术的发展,具有高比强度的纤维材料如 Vectran、芳纶、超高分子量聚乙烯、PBO 等广泛应用于囊体材料承力层。

此外,探索囊体材料经向和纬向(或多轴向)纤维间以平铺形式的组合设计工艺技术或减少经纬线交织点数,建立集纤维组合、多层复合为一体的新型复合结构囊体材料,也是实现囊体材料轻量化的设计之一。

在织造技术方面,研究获得相应有效的防护措施,减少纤维的受损程度,最大限度地提高纤维强度利用率;在组织结构设计方面,采用不同纤度的纤维或者采用不同组织结构设计,更好地实现高强度和轻量化设计;在应用技术研究方面,还需要开展层间界面技术、高低温蠕变性能研究以及工艺适应性研究;在纤维选型方面,以进口 Vectran 纤维为参比,优选比强度和耐候性更加优异的国产高性能聚酰亚胺纤维。

美国 ISIS 飞艇研制过程中,Cubic Tech Corp 设计的囊体材料经向和纬向(或多轴向)纤维间以平铺的形式组合,与传统机织物相比,由于避免了纤维编织产生弯曲而导致的强度损失,最大限度地发挥了纤维的本体强度。这种结构设计可以更好地实现轻量化和高撕裂强度设计。囊体材料的面密度为 $90.6 g/m^2$,所用纤维的比强度为 $1274(kN \cdot m)/kg$(设计指标为 $1000(kN \cdot m)/kg$),纤维可在 22 年内保持 85% 的强度,如图 5-4 所示。

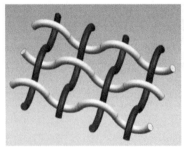 

图 5-4 织物的组织结构示意图

4. 热封层

热封层是囊体材料在飞艇囊体成型时,为相邻两幅囊体材料之间的良好焊接提供可加工性。热封层的面密度通常大于 $20\mathrm{g/m^2}$,该层重量占整个囊体材料的 10%~20%。

黏接层是用于飞艇材料内承力结构的黏接、纤维基布各涂层以及面层之间的胶黏剂胶合层,胶黏剂胶合主要的化合物有聚亚胺酯和聚碳酸酯,聚亚胺酯比较便宜,而聚碳酸酯抗紫外线能力强,适用于外膜。涂覆黏接剂不仅用于层材间不同层之间的层合,同时用于膜片焊合缝,涂覆剂的黏着力强弱反映膜片的焊接强度。目前可以选为黏接剂的材料非常有限。杜邦公司的弹性聚酯 Hytrel 已作为黏接剂应用在艇膜材料的黏接上。

结合面料、功能层薄膜特点以及囊体使用及储存环境的特点,优选黏接强度大、上胶量小、耐老化优异的高性能胶黏剂,可减少囊体材料层间用胶量,进一步降低囊体材料的面密度。

在囊体材料加工过程中,利用胶黏剂将两幅囊体材料黏接在一起,在保证飞艇性能的基础上,可适当减少热封层的厚度,甚至完全取消热封层,进而减少囊体材料的面密度。目前,在飞艇囊体材料加工过程中,多采用焊接(高频焊接或直热式焊接)工艺,这种黏接工艺可有效地减少热封层的使用,但该工艺的稳定性和持久性仍需进一步验证。

5. 中间层

中间层的作用是将阻隔层与耐候层、承力层黏接于一体,起到桥梁和纽带的作用。中间层使用的材料一般为热塑性弹性体如 TPU。聚氨酯弹性体是一种具有高柔韧性的材料,在提供黏接力的同时还可以在一定程度上为囊体材料提供耐揉搓性能。囊体被揉搓或弯折时,中间层可以为阻隔层提供一定的缓冲作用,防止相对硬且脆的阻隔层发生开裂、破损。可以通过改变中间层的面密度,研究中间层的面密度对囊体材料性能的影响,最终确定能保证囊体材料实用性能的面密度最低值,进而实现囊体材料轻量化。

5.2 多功能一体化设计

针对囊体材料中的耐候层、气体阻隔层、承力织物层等功能性材料功能单一的缺陷,进行更高功能化和多功能化技术设计,进一步提升囊体材料的功能特性和使用性能。能够体现多种功能需求是囊体材料设计的目标之一,未来的囊体材料将会更多地考虑与飞艇结构设计相结合，体现系统集成优化的特点。系统集成优化是结构—功能一体化设计思想的源动力。

在囊体外表面镀铝，可以有效地反射太阳光和提高阻隔性能。美国 HAA 高空长航时演示样机(HALE-D)的囊体材料外表面已经采用了镀铝的结构设计。在此基础上进一步研发具有红外发射功能的囊体材料能够进一步满足飞艇对太阳光热实现有效控制功能的需求，增强囊体材料的实用性。

针对囊体材料的表面减阻功能设计、隐身功能设计等也有专利报道。

2004 年始，美国洛克希德·马丁公司将轻质、低功率密度有源相控阵雷达天线与囊体材料结合为一体，实现囊体 ISIS 的设计理念。该计划中飞艇关注的重点是，通过研究超大型定相阵列雷达天线传感器与囊体的层合集成工艺，实现结构的轻量化，从而提高有效载荷的利用效率。

英国 Lindstrand 公司采用系统集成优化的设计思想，提出将太阳能薄膜电池集成到囊体材料表面，实现太阳能电池—囊体材料一体化设计。材料的拉伸强度为 1432N/cm，囊体面密度为 295g/m^2，透氦率小于 0.003L/(m^2·24h·atm)。

在原有氦气阻隔层的基础上，通过引入太阳光热吸收和红外发射功能填料分散相，对各层膜材料结构与组成进行综合优化设计，使其具有气体及红外多重阻隔防护功能；通过引入金属镀层或非金属镀层，提高囊体材料的光反射率和红外发射率；对比和研究同时具有上述两种光热可控方式的阻隔层的组成结构与功能体现，制备具有低太阳光热吸收率、低吸发比的囊体材料；与加工工艺技术研究和应用技术研究的反馈结果相互迭代，研究获得最优化的囊体材料光热调控技术。

5.2.1　轻量化结构与工艺技术可行性

强度大、面密度小是高技术囊体材料的重要标志。囊体材料的多层结构中阻隔层所占比例将越来越少，将以更轻量化的高阻隔性表面涂层或镀层的形式存在。轻量化结构与工艺设计中将可能依赖涂层技术和新材料技术的发展得以实现。

表面涂层技术的研究与应用主要涉及抗紫外线涂层、高阻隔涂层、纤维涂覆、金属镀层等。依托新材料、新结构和新技术等最新研究进展，能够在已有技术的基础上实现囊体材料的更轻量化设计和制备。

采用金属镀层反射太阳光以及具有红外发射功能或低吸发比的囊体材料能够满足飞艇对太阳光热实现有效控制功能的需求，增强囊体材料的实用性。

采用磁控溅射技术制备含有金属镀层的囊体材料,金属镀层不限于铝,还可以是银、钯等金属,并且还可以在金属镀层外面增加防护镀膜。这些镀层增加的重量远低于功能膜材料,所起作用则不可比拟。

5.2.2 高功能化材料工艺实现可行性

涂层复合工艺和层压复合工艺已经过多年的试验验证,中国科学院长春应用化学研究所拥有专用生产线,技术成熟可靠,国内也有多条表面镀层工艺生产线可供使用。

镀层沉积技术的基本原理可分为工艺步骤如下。

(1) 镀料的汽化。即使镀料蒸发、升华或被溅射,也就是通过镀料的汽化源。

(2) 镀料原子、分子或离子的迁移。由汽化源供出原子、分子或离子经过碰撞后,产生多种反应。

(3) 镀料原子、分子或离子在基体上沉积。

镀膜技术工艺过程简单,对环境友好、无污染、耗材少、成膜均匀致密,与基体的结合力强。该技术广泛应用于航空航天、电子、光学、机械、建筑、轻工、冶金、材料等领域,可制备具有耐磨、耐腐蚀、装饰、导电、绝缘、光导、压电、磁性、润滑、超导等特性的膜层。

随着高科技及新兴工业的发展,镀膜技术出现了不少新的先进的亮点,如多弧离子镀与磁控溅射兼容技术,大型矩形长弧靶和溅射靶、非平衡磁控溅射靶、孪生靶技术,带状泡沫多弧沉积卷绕镀层技术,条状纤维织物卷绕镀层技术等,使用的镀层成套设备,向计算机全自动、大型化工业规模方向发展。

利用镀膜方法在集成层基材表面涂覆一层耐磨性好的难熔金属或非金属化合物,形成一个化学屏障和热屏障,减少了基材表面与外界介质间的相互扩散及化学反应,使集成层具有硬度高、耐磨性好、耐热氧老化、摩擦因数小等特性。在集成层基材表面首先涂镀硬度较低的材料作为过渡,可以提高镀层的断裂韧度以增加囊体材料的耐揉搓性能。

现有PVD沉积薄膜的研究表明,在膜/基界面间都有过渡层的存在,且形式多种多样。这些界面过渡层的共同特点是以匹配性好或可以松弛应力的材料作为底层,然后逐渐过渡到最终成分。一般认为,薄膜/基体界面采用成分及结构渐变或过渡特点的多元多层过渡层,可以大大降低由于不匹配引起的内应力,并且可以阻止膜内裂纹沿层间扩展,从而提高膜层的力学性能。

5.3 囊体材料轻量化设计基础

高分子材料具有一系列优异的综合性能,已成为现代工业和尖端科学不可缺少的重要材料之一。为了满足日常需求,人们发展了层压复合材料,可根据需求进行设计和组装,大大拓宽了高分子材料的应用范围,但由于部分高分子材料不含活性基团,结晶度高、表面能低、化学惰性、表面污染及存在弱边界层等原因使之存在难以润湿和黏合等问题,因此,必须对高分子材料表面进行处理,以提高其表面能,改善其润湿和黏合性等。

为了改善界面间黏接性能,人们研究开发了许多种可供利用的表面处理技术,利用各种表面改性技术产生一个新的表面活性层,从而改变表面、界面的基本特性,常见的有电晕处理、等离子体处理等。这些处理方法在塑料、天然纤维、功能性高分子膜的表面处理方面有着巨大的应用潜力。

高分子材料的表面改性方法有物理改性和化学改性,按改性过程中体系存在的形态又分为干式改性和湿式改性。

表面改性的特点有以下两方面。

(1) 高分子材料的表面层(厚度为 10nm~100μm)发生物理或化学变化。

(2) 高分子材料的整体性质不受影响,因此,表面改性对改善现有高分子材料的性质,拓宽其应用领域有特别的意义。

本节将主要介绍高分子材料的各种表面改性方法。

5.3.1 表面功能化处理

1. 电晕处理

电晕放电处理(又称电火花处理)是将 2~100kV、2~10kHz 的高压高频施加于放电电极上,产生大量的等离子气体及臭氧。这些离子及臭氧气体对高分子材料表面进行强烈冲击,使高分子材料表面分子链上产生羰基和含氮基团等极性基团,提高其表面张力,同时强烈的离子冲击会使高分子材料表面粗化、去油污、去水汽和尘垢等,能明显改善高分子材料表面的黏附性,实现高分子材料表面预处理的目的[168-170]。

塑料薄膜的表面能是很小的,表面张力只有 31~46mN/m。表面极性对黏接强度的影响很大,从理论上来说,如果某种薄膜的表面张力低于 33mN/m,那么,就几乎无法附着于目前已知的任何一种胶黏剂。故而要使胶黏剂与薄膜之间牢固黏接,就必须提高其表面张力,根据工艺要求,应达到38mN/m以上才可以。到目前为止,对塑料薄膜最有效的表面处理方法就是电晕处理。

电晕处理法处理的材料范围广,可用于聚乙烯、聚丙烯、聚氯乙烯、聚碳酸酯、氟塑料及其他共聚物等。该法处理时间短、速度快,可在生产线上进行处理,操作简单,控制容易。电晕处理只涉及塑料表层极浅的范围,一般只有纳米数量级,基本不影响制品的机械性能,且无废液排放,不污染环境,目前已广泛用于薄膜印刷、涂布和复合等加工前的表面处理。电晕处理设备的效率及作用不断改进,与高产的加工设备保持着同步并进。薄膜经过有高压存在的两电极间,高压使电极间的空气发生电离,产生电子流,在薄膜表面形成氧化极化基,使薄膜表面产生极性,便于印刷油墨吸附。另外,电晕处理还有去除油污、水汽和尘垢等作用。经过上述物理和化学改性后,能明显改善塑料表面的润湿性和附着性。在实际应用上,电晕处理简便易行、处理效果好、易调控、无污染,常被用于聚乙烯、聚丙烯薄膜及纤维等材料的表面改性[171-172]。

高压电晕使薄膜表面的空气高度电离而放电,产生臭氧和氮的氧化物,引起基膜表面的热降解和氧化,改变了表面的化学组成,提高了基膜的表面张力,同时在表面引入了极性基团,增大了界面吸引力,从而改善了界面的浸润与黏合。在一定范围内,电压越高、处理速度越慢(或处理时间越长),基膜表面性能越好。从电晕处理时避免基膜在积聚的高温下软化变形这一角度看,基膜应有合理的厚度。

电晕处理具有处理时间短、速度快、操作简单、控制容易等优点,因此,目前已广泛地应用于高分子材料薄膜复合和黏接前的表面预处理。但是电晕处理后的效果不稳定,因此,处理后最好当即复合、黏接。

电晕放电处理对高分子材料表面结构与性能的影响表现在以下几方面。

1) 表面化学结构

电晕放电处理将能量传递给高分子材料表面引发化学键断裂,生成自由基,在有氧条件下,自由基迅速与氧气结合生成含氧官能团,从而有效地改善高分子材料表面的黏接性能。

聚乙烯是一种非极性材料,表面官能团较少,黏接较为困难。我们对低密度聚乙烯(LDPE)膜进行电晕处理,结果发现电晕处理后,表面含氧官能团含量大幅增加,继续增加电晕强度,其官能团含量呈现出先增加后下降的趋势,如表5-3所列。

表 5-3　电晕放电强度对 LDPE 分子构成的影响

辐射强度/W	元素含量/%			
	C1s	O1s	N1s	O1s/C1s
0	91.2	7.4	1.4	8.1
50	77.9	20.7	1.4	26.7
100	69.4	29.1	1.5	41.9
150	65.5	33.1	1.4	50.5
200	64.8	33.5	1.7	51.7

2）表面形态

高分子材料在空气、氧气、二氧化碳气氛下经电晕放电处理后,由于分子链氧化降解,表面发生一定的刻蚀,粗糙度发生明显变化。

扫描电子显微镜照片表明表面粗糙度随电晕放电处理温度的升高、处理时间的增长而增大。

3）表面能

高分子材料经电晕放电处理后,其表面与水的接触角下降,总体的表面能增大。LDPE 膜经电晕处理后,其自由能和接触角与辐射强度关系分别如表 5-4 所列和图 5-5 所示。

表 5-4　LDPE 膜表面自由能与辐射强度关系

辐射强度/W	$\gamma_s^L/(mJ \cdot m^{-2})$	$\gamma_s^s/(mJ \cdot m^{-2})$	$\gamma_s/(mJ \cdot m^{-2})$
0	36.5	3.8	40.3
50	36.8	11.5	48.3
100	35.8	14.4	50.2
150	34.1	16.3	50.4
200	33.4	17.6	51.0

可以发现,在一定辐照强度内,LDPE 的表面能随辐照强度的增加而增大,水接触角在逐渐减小,而辐照强度过大则会对材料表面造成损伤,表面能反而下降。

4）润湿性

经电晕放电处理后高分子材料表面引入了含氧极性基团,使其表面润湿性得到了改善。

在电晕放电处理初期(几十秒内),材料表面与水的接触角迅速下降,此后,

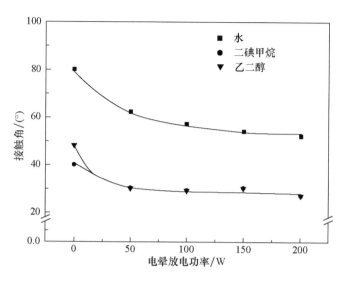

图 5-5 LDPE 电晕放电前后的接触角的变化

进一步延长处理时间,由于表面引入的含氧极性基团逐渐达到平衡,并向次表面层发展,故接触角的变化逐渐趋缓。

5)黏接强度

塑料薄膜成型后,由于表面污染和低分子添加剂从本体内部向表面层迁移、扩散,形成弱边界层。电晕放电处理高分子材料膜,既可消除表面的弱边界层,又可在表面引入含氧极性基团,增大表面粗糙度,从而大大提高了薄膜的黏接强度。但辐射强度不能过大,如果强度过大,会使得薄膜表面降解严重,黏接强度反而有所下降。

在特定条件下也可利用电晕放电处理引发单体表面接枝共聚,在材料表面引入永久性官能团,生成稳定的活性表面。

UHMWPE 纤维具有质轻、耐腐蚀、强度和比模量高、介电常数低和耐冲击等性能,是制备软质防弹衣、软质防刺衣和防弹头盔的理想材料。但由于 UHMWPE 纤维表面缺乏极性基团,与树脂的界面结合力很低,限制了 UHMWPE 纤维在复合材料中的应用。利用电晕处理表面是最常用的方法,具有可连续生产、易调控、无污染等优点,被用作芳纶、涤纶、UHMWPE 纤维等材料的表面改性[173-174]。为此,李焱等[175]研究了电晕连续处理工艺对 UHMWPE 纤维性能的影响,探讨了电晕改性纤维与树脂界面性能的机理。

研究发现,经过电晕处理后纤维表面出现了隆起,表面变得粗糙(图 5-6)。

当放电功率较低时,纤维表面的隆起随着功率的增大和时间的增长而增多;当功率增大到375W时,隆起数量迅速增加。这是因为功率增大,电晕产生的粒子增多,能量加大,分子链断裂堆积在纤维表面生成的隆起增多。电晕处理时间延长到300s时,表面开始出现大量的凹坑;当放电功率为450W时,凹坑变得密集。一方面,因为电晕处理功率的增大,粒子能量增大,纤维表面刻蚀也变得明显;另一方面,处理功率增大和处理时间延长导致处理气氛温度升高,加快了纤维表面刻蚀的速度。

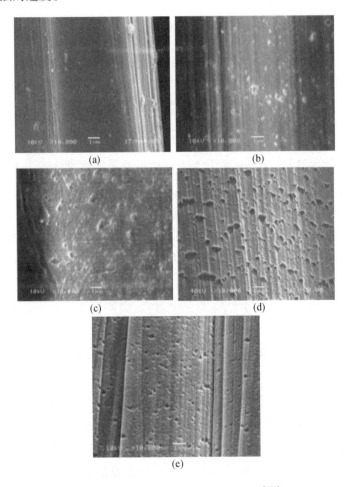

图 5-6 电晕处理前后纤维表面形貌[175]
(a)未处理;(b)225W,180s;(c)375W,180s;(d)375W,300s;(e)450W,180s。

对电晕处理后的纤维进行力学性能测试,其结果如图 5-7 所示,可以发现,在375W 功率下,纤维断裂伸长率和断裂强度随着处理时间的延长而降低,这是由于纤维经过等离子体处理后会受到损伤。此外,处理时间延长,极板间的温度升高可能导致纤维强度下降。处理时间为180s时,断裂强度为未处理时的80%,下降了20%。

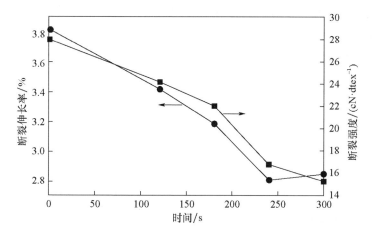

图5-7 不同时间处理纤维的力学性能[175]

2. 火焰处理与热处理

火焰处理就是采用一定配比的混合气体,在特制的灯头上烧,使其火焰与高分子材料表面直接接触的一种表面处理方法。

火焰中含有处于激发态的O、NO、OH和NH等基团,这些基团能从高分子材料表面把氢抽取出来,随后按自由基机理进行表面氧化,形成很薄的氧化层,使高分子材料表面产生羟基、羰基、羧基等含氧基团和不饱和双键,甚至发生断链反应,消除弱的边界层,使材料的润湿性和黏接性改善。

一般情况下,火焰处理时,将高分子材料加热到稍低于其热变形温度,并保持一定时间即可(一般为0.01~0.1s)。

与电晕放电处理相似,火焰处理也具有成本低廉、设备简单、易操作等特点,是聚烯烃、聚缩醛、聚对苯二甲酸乙二醇酯等高分子材料在印刷和喷涂前的很好的预处理工艺。

应该注意的是:

(1)火焰处理提高高分子材料的表面能具有暂时性,所以处理完以后必须在20min内完成喷涂作业,否则处理效果会很快下降。

(2)在进行火焰处理时应注意选择适当的温度、时间和燃烧气体的配比,以免"烧伤"表面,形成过厚的氧化层,造成印刷后墨层连同氧化层一起脱落。

（3）影响火焰处理效果的主要因素有灯头形式、燃烧温度、处理时间、燃烧气体配比等，由于工艺影响因素较多，操作过程要求严格，稍有不慎就可能导致基材变形，甚至烧坏制品，所以目前主要用于软厚的聚烯烃制品的表面处理。

热处理是将高分子材料暴露在约500℃的热空气中。热处理一般有3个方面的作用。

（1）使材料表面吸附的物质解吸附，提高材料表面能。

（2）使材料表面氧化产生极性基团。

（3）诱导材料结晶使材料表面粗糙化。聚乙烯经热空气处理后，表面上被引进羰基、羧基和某些胺基，也生成某些烃类的过氧化物，从而获得可润湿性和黏接性。

热处理导致高分子材料可润湿性改善是由于引入了表面极性基团，黏合性的改善是由于可润湿性的改善和因裂解产物所致的界面扩散能力的增加。

PE具有良好的物理及化学性能，因而广泛地应用于包装、汽车等工业领域。这些领域常要求PE具有良好的黏合性能。然而，PE较为惰性的化学结构决定了它与其他材料的黏合性极差。因而，为了取得满意的黏合效果，有必要对PE的表面进行表面预处理，以增强其表面化学活性与表面能。

PE的表面处理方法通常包括化学溶液（如铬酸）氧化法、电晕处理法、等离子体处理法、底漆喷涂法及火焰处理法。盛恩宏[176]就火焰处理对聚乙烯表面的化学改性做了系统的研究。结果发现，氧化后的聚乙烯表面含有C—O、C=O及COOH官能团。火焰氧化显著增加了聚乙烯表面的极性官能团的含量，提高了聚乙烯的表面能。研究同时发现，火焰氧化大大增加了聚乙烯的黏合性能。未处理的聚乙烯与环氧树脂间的剥离强度很差，仅有4.2MPa，断裂发生在聚乙烯与胶黏剂之间的界面处；经火焰处理后的聚乙烯的黏合性得到了大大改善，剥离强度增加到了14.9MPa。事实上，在界面之间的黏合性已超出了聚乙烯本身的拉伸强度，因而，断裂发生在聚乙烯基体内，如表5-5所列。

表5-5 火焰处理对聚乙烯与环氧树脂间的黏合性的影响

样品	剥离强度/MPa	断裂位置
未处理PE	4.2	界面
火焰处理后PE	14.9	聚乙烯基体

3. 等离子体处理

等离子体是在特定条件下使气（汽）体部分电离而产生的非凝聚体系。它由中性的原子或分子、激发态的原子或分子、自由基、电子或负离子、正离子以及辐射光子组成。体系内正负电荷数量相等,整个体系呈电中性。它有别于固、液、气三态物质,称作物质存在的第四态,是宇宙中绝大多数物质的存在状态[177-179]。

等离子体一般可分为高温等离子体和低温等离子体两种[180]。用于高分子材料表面改性的一般为低温等离子体。低温等离子体又称非平衡等离子体(Nonthermal Equilibrium Plasma),通常指温度非常低的等离子体,产生途径为气体放电或高温燃烧。

低温等离子体的产生方法主要有辉光放电[181]、电晕放电和无声放电这几种,其中在高分子改性中主要采用前两种。

低温等离子体中的活性粒子具有的能量一般都接近或超过C—C或其他含碳键的键能(表5-6),因此,等离子体完全有足够的能量引起聚合物内的各种化学键发生断裂或重新组合。

表5-6 低温等离子体中基本粒子的能量范围和一些化学键的键能

(单位:eV)

低温等离子体中基本粒子的能量范围	电子	离子	亚稳态粒子	紫外光/可见光
	0~20	0~2	0~20	3~40
化学键的键能	C—H	C—C	C—N	C—F
	4.3	3.4	2.9	4.4
	C=O	C—Cl	C=C	C≡C
	8	3.4	6.1	8.4

等离子体撞击材料表面时,除了将自身的能量传递给材料表层分子外,还可能引起表面刻蚀,使表面吸附的气体或其他物质的分子发生解析;部分粒子也可能发生自溅射,一些粒子特别是电子、亚稳态粒子有可能贯穿材料内部,贯穿深度可达5~50nm;材料内部分子受撞击后,引起电子层受激发产生电子跃迁,同时引起溅射和辐射,浅表层的电子也可能逃逸到材料表面以外的空间。

等离子体中活性粒子与高分子材料表面进行各种相互作用。一种是利用非聚合性无机气体(Ar、N_2、H_2、O_2等)等离子体进行表面反应,参与表面反应的有激发态分子、自由基和电子离子,也包括等离子体产生的紫外光的辐射作用。通过表面反应有可能在表面引入特定的官能团,产生表面侵蚀,形成交联结构层或生成表面自由基。另一种作用是在表面沉积薄膜,其中主要是利用聚合性有机单体的等离子体聚合法在材料表面沉积聚合膜。有时也可采用 PCVD 法乃至溅射制膜,如塑料薄膜表面的金属化处理。

等离子体对聚合物表面发生反应机理可概括如下。

(1) 自由电子在高电压电场中被加速而获得较高动能,运动时撞击到其他分子。被撞分子获得部分能量被激发而形成具有反应活性的激发态分子。

(2) 激发态分子不稳定,可分解成自由基消耗吸收的能量,也可能离解成离子或保留其能量而停留于亚稳态。

(3) 生成的自由基、等离子体可发生如下反应:自由基或离子在高分子表面反应,形成致密的交联层;等离子体与存在的气体或单体发生聚合反应,沉积在聚合物表面形成具有可设计的涂层;等离子体与表面自由基或离子发生反应形成改性层。

等离子表面处理在高分子材料改性中的应用,主要表现在下述几方面。

1) 改变表面亲(疏)水性

一般高分子材料经 NH_3、O_2、CO、Ar、N_2、H_2 等气体等离子体处理后接触空气,会在表面引入 $-COOH$、$-C=O$、$-NH_2$、$-OH$ 等基团,增加其亲水性。处理时间越长,与水的接触角越低,而选用含氟单体如 CF_4、CH_2F_2 等气体等离子体处理则可氟化高分子材料表面,增加其憎水性。可根据使用需求对各功能层表面进行改性。对于耐候层,可以利用含氟单体对其进行等离子体处理,进一步增加其憎水性。对于黏接层和织物,可以对其进行亲水处理,引入多种官能团,增加反应活性点。

2) 增加黏接性

等离子体处理很容易在高分子材料表面引入极性基团或活性点,这些极性基团或活性点或者与被黏合材料、黏合剂面形成化学键,或者增加了与被黏合材料、黏合剂之间的范德华作用力,达到改善黏接的目的。这种处理不受材料质地的限制,不破坏材料本体力学性能,远远优于一般的化学处理方法。等离子体处理能显著改善高分子膜之间以及高分子膜和织物之间的黏接性。如果薄膜与织物黏接性能不好,不但不能形成一个良好的黏接界面来传递应力,反而会产生应力集中源,使复合材料力学性能变差。高尚林等将 UHMWPE 纤维经等离子体处理,其与环氧树脂的黏接强度提高了 4 倍以上。Sheu 等选用 NH_3、O_2、H_2O 等离子体处理 Kevlar-49 纤维以改善与环氧树脂的黏接性,发现处理后,纤维/环氧树脂的界面剪切应力显著增加,增幅 43%~83%。

3）表面刻蚀

等离子体处理使材料表面产生起伏,变得粗糙,同时有化学键的断裂,因此,刻蚀对提高材料的黏附性、吸湿性等均有明显作用。

等离子体处理导致的表面刻蚀缘于两个方面。一是等离子体处理可引起高分子材料表面的链裂解作用,分解的小分子产物被蒸发除去,引起高分子材料失重,使处理后的高分子材料表面变得粗糙,或形成凹坑。二是高分子材料表面的结构中的固有的疏松部分和无序部分在与等离子体的碰撞中被蒸发除去,并在材料表面留下缺陷。表面刻蚀对提高黏接性有利,但是过度刻蚀会使基体材料的力学性能等受到破坏。

4）表面交联

等离子体中的高能粒子通过轰击或化学反应,使高分子材料表面的 C–H、C–C 等键断裂,形成自由基。自由基之间重新键合,在材料表面形成网状交联结构,使材料的力学性能、表面性能等得到改善。

图 5–8 是氧等离子体处理聚酯单丝后其表面能及其分量与等离子体处理时间的关系。

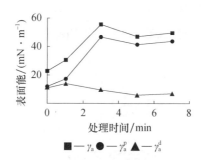

图 5–8　聚酯单丝等离子体处理后表面能的变化[178]
γ^0—表面能;γ^d—色散力分量;γ^p—极性力分量。

由图 5–8 可以看出,聚酯单丝经等离子体处理后,表面能大大增加。处理 3min 后,表面能达到最大值 56.27mN/m,提高了 154%。

表面能的色散力分量在等离子体处理前后变化不大,变化范围为 5.20 ~ 13.72mN/m;极性力分量在等离子体处理后大大增加,由 11.20mN/m 增大到了 46.74mN/m,且极性力分量随等离子体处理时间的变化规律与表面能随时间的变化规律基本一致,这个结果表明,极性力分量是影响表面能变化的主要因素。

图 5-9 为 PU 膜在不同工作气压的氨气等离子体处理后的 SEM 照片。其中图 5-9(a)为未经处理的空白对照样,图 5-9(b)~(d)分别为 20Pa、50Pa、70Pa、90Pa 气压下处理后的样品。

可以发现,未经等离子体修饰的 PU 膜表面平整光滑,修饰后的样品表面变得粗糙,大部分样品表面出现纹路,且高低不平、杂乱无章。随着修饰条件的不同,表面的粗糙程度也不同。氨气等离子体工作气压越大,表面越粗糙,纹路越明显。

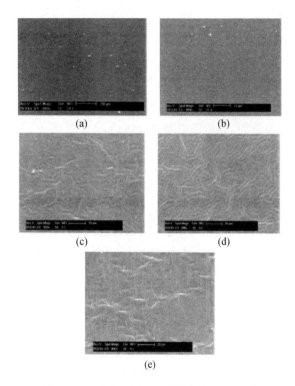

图 5-9　不同工作气压下样品的 SEM 照片
(a)未处理;(b)20Pa;(c)50Pa;(d)70Pa;(e)90Pa。

应该指出,高分子材料表面经等离子体改性后,其处理效果会随时间的推迟而减退,即出现所谓的退化效应。

经等离子体处理后的 PU 膜放置于空气中,膜与水的接触角在 5h 内迅速上升,并在 10h 后趋于一个稳定值(低于未经等离子体处理的该材料的水平),如图 5-10 所示。经氨气等离子体处理后主要是在材料表面引入的一些小分子基团,正是这些小分子基团降低了材料的接触角,但是放置一段时间后,新导入的亲水小基团可能会由材料表面而潜入材料本体,表面亲水性就随之失效了;也可能是表面产生了交联化学反应,从而使材料表面亲水性下降。

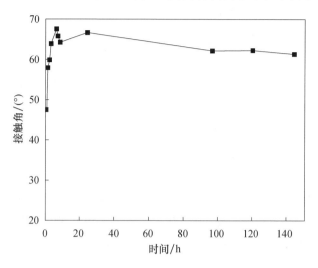

图 5-10　等离子体处理后 PU 膜接触角变化情况

等离子体处理作为一种新的表面修饰手段,能快速、高效、无污染地改变各类高分子材料的表面性能。不但可以改善特定环境下高分子材料的使用性能,也可以拓宽常规高分子材料的适用范围,因此引起了世界各地研究者的关注。在探索不同条件下等离子体处理高分子材料表面以改善不同场合下材料的使用性能的同时,也应该研究和建立高分子材料表面—等离子体相互作用模型,为定量设计和控制形成特定功能表面提供理论依据。

为了使吸油材料的吸附性能得到提高,人们对材料表面进行亲油基团改性接枝,目前,在 PP 无纺布上通过接枝丙烯酸酯进行改性的研究已经做了很多,大多采用辐射接枝或者化学接枝方法,但是高能辐射可以穿透高分子材料表面从而影响高分子材料原有的性能;化学接枝法制备工艺复杂,而且浪费水资源,限制了其应用[182]。利用低温等离子体这一环保技术对聚丙烯材料进行接枝改性,提高其吸油性能的研究很少[183]。

郭艳玲等[184]以疏水亲油性的聚丙烯材料为基材,利用等离子体改性技术使 PP 织物表面产生活性自由基,然后利用液相接枝法,以甲基丙烯酸丁酯为单体,在聚丙烯分子链上引入亲油性酯基,提高其对有机物的吸附性能。同时,聚丙烯长链与接枝支链、接枝支链之间借助分子间的氢键和范德华力相结合,使大分子之间或大分子的链段间相互吸引而缠结,形成三维网状微孔结构,扩大

"存储空间",提高吸附倍率。测试结果表明,PP 织物上的聚甲基丙烯酸丁酯的接枝率为 7.2%,饱和吸油率为 13.8g/g,保油率为 12.2g/g,改性后 PP 材料的拉伸强度降幅约为 5%,降幅很小。

尽管如此,等离子体技术也存在着许多影响规模化生产的因素。首先,改性作用受许多因素的影响,如频率、功率、气体流量、真空度、反应器几何形状、样品放置位置等都直接影响处理效果,且这些因素之间的关系还不明确。其次,目前采用低压、真空系统的低温等离子体技术,主要适用于实验室的小规模实验,离实现规模化应用尚有相当的距离。

4. 难黏高分子材料的化学改性

PE、PP 等聚烯烃和 PTFE 类含氟高分子材料,若不经特殊的表面处理,是很难用普通胶黏剂黏接的,这类材料通常称为难黏高分子材料或难黏塑料。

氟塑料薄膜具有优异的化学稳定性、卓越的介电性能和极低的摩擦系数以及自润滑作用,其在飞艇囊体中具有重要的用途。但是,这类材料在应用过程中,不可避免地会遇到同种材料之间或与其他材料的黏接问题。因此,人们对难黏原因及表面处理方法进行了不断深入的研究。

高分子材料表面难黏的原因如下。

(1) 表面能低,临界表面张力一般只有 $3.1 \sim 3.4 \times 10^{-4}$ N/cm,由于表面能低,接触角大,胶黏剂不能充分润湿基材,从而不能很好地黏附在基材上。

(2) 结晶度高,化学稳定性好,它们的溶胀和溶解都要比非结晶高分子困难,当溶剂型胶黏剂(或印墨、溶剂)涂在难黏材料表面,很难发生高分子材料分子链成链或互相扩散和缠结,不能形成较强的黏附力。

(3) 胶黏剂吸附在材料表面是由范德华力(分子间作用力)所引起的,范德华力包括取向力、诱导力和色散力。对于氟塑料这类非极性高分子材料表面,不具备形成取向力和诱导力的条件,而只能形成较弱的色散力,因而黏附性能较差。

(4) 含氟树脂中含有的低分子量物质以及在加工过程中加入的添加剂(如滑爽剂、抗静电剂等)等极容易析出并汇集于树脂表面形成强度很低的薄弱界面层,不利用于复合和黏接等后续加工。

基于上述认识,采取了多种手段对难黏高分子材料表面进行改性处理。

① 在难黏材料表面的分子链上导入极性基团。

② 提高材料的表面能。

③ 提高制品表面的粗糙度。

④ 消除制品表面的弱界面层。

采用化学试剂对氟塑料进行表面处理是表面预处理方法中应用较多的一大类方法(简称化学法)。

已经工业化的化学法有铬盐-硫酸法、过硫酸盐法、铬酸法、氯磺化法、氯酸钾盐法、白磷法、高锰酸钾法等,下面以含氟高分子材料为例介绍化学改性。

含氟高分子材料,如 PTFF、FEP 和 CTFE 等,具有优良的耐热性、电绝缘性、极低的动摩擦系数、不易燃烧、耐化学腐蚀等性能以及抗水气的穿透性能,其中,聚四氟乙烯更有塑料之王的美誉。但是含氟高分子材料的表面能很低,润湿性最差、黏接难,其应用受到很大的限制。

黏接难的原因是含氟高分子材料是一种非极性直链型结晶性聚合物,尽管分子结构中包含极性很强的氟原子,但由于其结构的对称性很高,其极性相互抵消,从而呈现非极性,聚四氟乙烯的临界表面张力只有 $1.85 \times 10^{-2} \text{N/cm}$,FEP 的表面张力为 $2 \times 10^{-3} \text{N/cm}$。

目前,国内外主要采用辐射接枝法、等离子体活化法、醋酸钾活化法、金属钠的氨溶液法、钠-萘的四氢呋喃溶液法等来提高含氟高分子材料的黏接性。其中,醋酸钾活化法、金属钠的氨溶液法、钠-萘的四氢呋喃溶液法是化学处理法。

化学改性法的原理是处理液的强氧化作用能使含氟高分子材料表面的分子被氧化,从而在材料表面导入了羰基、羧基、乙炔基、羟基、磺酸基等极性基团。同时薄弱界面层因溶于处理液中而被破坏,甚至发生分子链的断裂,形成密密麻麻的凹穴,表面粗糙度增加,进而改善材料的黏附性。

对含氟高分子材料的表面处理主要有在碱金属钠的氨溶液中浸蚀、在钠-萘溶液中浸蚀等。其中钠-萘溶液处理的方法最简单、通用、有效、快速、易行、廉价,是化学法改善含氟高分子材料的主要方法之一。

下面以聚四氟乙烯膜的钠-萘溶液处理为例介绍这种方法。

1) 钠-萘处理改性聚四氟乙烯膜的原理

用钠-萘处理液与 PTFE 薄膜时,处理液中的 Na 离子能破坏 PTFE 薄膜表面层的 C—F 键,使 PTFE 中的 F 分离出来,得到一个粗糙疏松的处理层。

2) 钠-萘处理改性的效果

经过钠-萘处理前后 PTFE 薄膜表面的元素的变化如表 5-7 所列,接触角的变化和剪切强度的变化如表 5-8 所列。

表 5-7 PTFE 薄膜表面元素的变化

钠-萘处理液浓度/(mol/L)	C 含量/%	F 含量/%
0	23.57	70.14
0.2	23.62	68.39
0.4	32.03	53.78
0.6	36.51	50.24
0.8	40.9	47.0
1.0	46.66	41.23

表 5-8 PTFE 薄膜表面接触角和剪切强度的变化

钠-萘处理液浓度/(mol/L)	0	0.2	0.4	0.6	0.8	1.0
接触角/(°)	141.5	128.5	81.8	86.1	86.8	135.5
剪切强度/MPa	—	0.29	0.51	0.21	0.14	0.11

由表 5-8 可见，经过表面改性处理后，PTFE 薄膜的接触角剪切强度变小了，在处理液浓度为 0.4mol/L 时达到的最小值。然而，当处理液浓度继续增大时，PTFE 薄膜的接触角反而变大。钠-萘处理液的改性机理是通过萘环取代 PTFE 分子中的 F 元素，改变 PTFE 分子结构的对称性来改善 PTFE 的亲水性。随着钠-萘处理液浓度的升高，处理液的反应活性提高，改性后的 PTFE 分子中萘环的含量提高。随处理液的浓度的提高，萘环的引入可以提高表面的粗糙度，进而有利于接触角的减小。然而，当处理液浓度超过 0.4mol/L 时，PTFE 表面的萘环更多，更容易形成均匀且密集的疏水层，导致接触角进一步增大。

表 5-9 为 FEP，经钠-萘溶液处理后，其表面张力的变化情况。由表 5-9 可见，经钠-萘溶液处理后氟化乙烯-丙烯共聚物的表面张力、黏附功和断裂能显著增加。

表 5-9 经钠-萘溶液处理前后 FEP 的表面张力的变化

处理时间/s	表面张力/(10^{-5} N/cm)			黏附功/(J/m^2)	特征断裂能/(10^{-7} J/cm^2)
	σ_d	σ_p	σ		
0	19.6	0.4	20	48.4	21.9
10	35.4	5.3	40.7	68	851
20	36.6	7.7	44.3	70.2	1170
60	33.8	13.4	47.2	69.8	1290
90	34.9	14.5	49.4	71.1	1620
120	34.4	15.9	50.3	71.1	1780

续表

处理时间/s	表面张力/(10^{-5}N/cm)			黏附功/(J/m^2)	特征断裂能/($10^{-7}J/cm^2$)
	σ_d	σ_p	σ		
500	34.2	15.7	49.9	72.2	2420
1000	35.4	15.1	50.5	71.8	1990

钠-萘处理液对PTFE和FEP薄膜表面的C-C键和C-F键都会发生作用,但其主要作用是破坏薄膜表面的C-F键,将F原子从薄膜表面剥离下来,导致薄膜表面F元素的相对百分含量下降,而C元素的相对百分含量升高,即使表面脱氟形成了碳化层。

此外,钠-氨处理液改性也是常用的方法。钠-氨溶液的制备是将金属Na溶解在液态NH_3中,钠与NH_3发生如下反应:

$$Na + NH_3(l) \rightarrow Na^+ + e^-(NH_3)$$

将拟处理的聚合物用处理液处理可以达到改善聚合物表面黏接性的目的。

表5-10为钠-氨处理液处理前后FEP膜的表面元素和表面性能的变化。

表5-10 钠-氨处理液处理前后FEP膜的表面元素和表面性能的变化

项目	剥离强度/(N/cm)	接触角/(°)		光电子能谱结合能及数目/s			
				259eV(F1s)	292eV(C1s)	286eV(C1s)	532eV(O1s)
未处理	0	109	93	17000	140000	0	0
钠-氨处理	14.9	52	16	0	3000	17500	17500

表5-10表明,FEP经钠-氨溶液处理,对水的接触角变小,光电子能谱显示的F1s峰已完全消失,出现了一个强O1s峰,而C1s峰向低能方向移动,这说明表面处理的深度达到5~10nm,在此范围内氟已完全被除去并发生碳化作用,还引进了大量的碳碳双键以及羰基和羧基。

5. 离子注入表面改性技术

离子注入(Ion Implantation)就是将工件放在离子注入机的真空靶室中,在几十千伏至几百千伏的电压下,把所需元素离子注入工件表面,形成一层在组织和结构上都不同于底材的注入层,从而改善材料性能。在离子注入材料表面的过程中,会发生接连碰撞,不仅能改变材料表面的成分,还可改变材料表面的微观结构。由于注入元素的种类多、精确性高、均匀性好、可控性强,离子注入技术现已在物理化学、等离子体物理和凝聚态物理等多学科中相互渗透并交叉发展[185]。

离子注入材料表面改性有其无可比拟的优越性,主要优点如下。

(1) 离子注入基体的过程是一个非热平衡过程,因此,原则上可以将任何元素注入固体中,注入元素的种类、能量和剂量均可选择,并能精确控制。

(2) 由于离子是在高能状态下强行挤入基体的,因此基体材料不受限制,不受传统合金化规则(如热力学、相平衡和固溶度等物理冶金学因素)的制约,可获得其他方法不能得到的新合金相。

(3) 注入元素进入基体后呈高斯分布,不形成新的界面,没有因界面引起的腐蚀、开裂、起皮、剥落等其他涂层容易产生的缺陷,从而解决了许多涂层技术中存在的黏附问题和热膨胀系数不匹配问题。

(4) 由于离子注入处理可以在接近室温的条件下进行,不存在热变形问题,不需对零件进行再加工或再热处理。

(5) 离子注入处理是在高真空条件下进行的,不受环境影响,基体外表没有残留物,能保持原有的外廓尺寸精度和表面粗糙度,特别适合于高精密部件的最后工艺。

(6) 离子注入功率消耗低,以表面合金代替整体合金,节约大量稀缺金属和贵重金属,而且没有毒性,环保。

(7) 离子注入工艺的缺点是设备一次性投资大,注入时间长、注入深度浅、视线加工等缺点,不适合复杂形态构件改性。

离子注入对高分子材料的改性,是通过离子注入使材料的结晶、组分以及分子空间位置的变化来实现的,是一种采用物理方法来达到化学目的的手段。它可以进行任意元素的掺杂,且注入离子的能量和剂量也可以任意选择,不受化学方法中某些条件的限制。因此,能迅速改变材料的组分和结构,导致材料的化学和物理性能的改变。离子注入对材料结构的影响如下。

(1) 大分子链被打断成为活性自由基,自由基之间相互结合生成三维网状交联结构,这使其表面性能得以改善,同时,高分子材料的交联度也相应增加,从而引起高分子材料表面力学性能的变化。这种力学性能的改进程度依赖于离子注入的种类、离子注入能量以及注入的方式(单独注入或同时注入)。

(2) 在离子注入过程中,离子能量传递给晶格,并促使高分子材料表面发生剧烈的结构变化。图 5-11 为 PTFE 经 N^+ 注入后的表面扫描电镜图。由图 5-11 可见,未经处理的样品尽管没有抛光表面也比较光滑,在注入剂量超过 $1×10^{16}$ ions/cm² 时表面开始出现微观粗糙现象,并出现大量的小洞。随着剂量的增加,注入样品表面粗糙度加大,洞的数量增多,继续增加剂量,表面被严重地刻蚀,出现了细的网状结构。

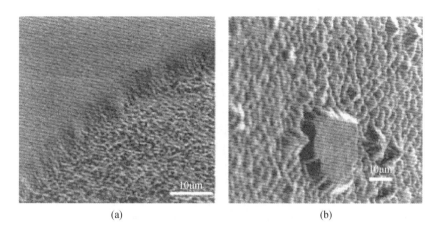

图 5-11 PTFE 经 N^+ 注入后的表面扫描电镜图

(a) 剂量 4×10^{16} ions/cm^2；(b) 剂量 1×10^{19} ions/cm^2。

(3) 高分子材料受离子轰击，碳氮、碳氢及碳氧键被打断，表现出新化学键形成（图 5-12）和大分子构成元素的变化（图 5-13）。

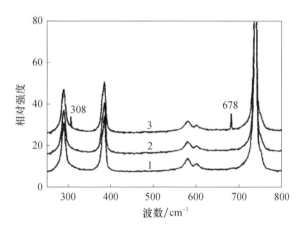

图 5-12 氮离子注入后 PTFE 表面的可见拉曼光谱

1—剂量 1×10^{14} ions/cm^2；2—剂量 2×10^{14} ions/cm^2；3—4×10^{14} ions/cm^2。

(4) 离子注入不只能使分子链发生断链和交联，而且可以产生具有新化学键的微合金。X 射线衍射分析表明，离子束合金可导致化学交联，未饱和的强共价结合和随机分布类金刚石四方结合，可以产生具有坚固表面的三维刚性梯状结构。傅里叶变换红外和拉曼光谱分析表明存在新的不饱和或石墨类键。RBS(背散射谱)表明，离子注入后高分子材料膜表面出现无定形富碳层，使注入膜的电阻率大幅度降低。

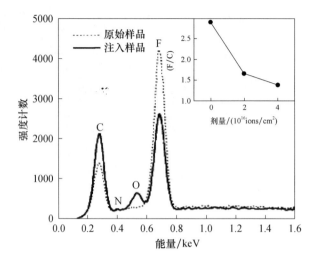

图 5-13 氮离子注入后 PTFE 表面的 EDX 谱

(注入样品剂量 $2 \times 10^{16} ions/cm^2$)

离子注入是一种利用物理方法控制分子聚集状态进行表面改性的有效手段,通过离子注入高分子材料,不仅能提高材料表面的机械性能,而且可以改善高分子材料的导电性能、光学特性和磁学性能等。

1) 离子注入提高表面硬度,增强抗磨损性能

离子注入引起聚合物断链、交联,产生自由基和挥发性物质,最后在表面出现一个富碳层,同时聚合物化学配比和结构的变化,也引起了聚合物表面力学性能的变化。

北京师范大学吴瑜光等对聚酯薄膜(PET)进行 Si 离子注入研究结果表明,Si 离子注入聚合物后,聚合物的共价链断裂,产生断键或交联,在聚酯膜表面形成碳的聚集和硅化物颗粒的沉积,因而明显提高了聚酯膜表面的硬度和杨氏模量,增强了表面抗磨损特性。

2) 导电性的改善

离子注入时由于富碳层的形成,使注入膜的电阻率大幅度降低,能有效改善高分子材料的导电性或表面抗静电性,使高分子材料在光敏材料、光电池等领域获得了广泛应用。

离子注入高分子材料的导电机理可以用导电岛模型来解释。在离子注入过程中,注入离子与被注材料分子之间产生碰撞,在材料内部沿离子注入入射路径方向形成许多不连续、不均匀的导电岛。当注入剂量和能量较低时,注入

离子与被注材料分子的碰撞机率较小,形成的导电岛较少;相反导电岛增加,从而电导率得到提高。

3) 光学、磁学等性质的改善

离子注入引起聚合物结构的变化,而结构的变化又引起聚合物膜光学和磁学性质的变化。在离子注入过程中,随注入剂量的增加,注入样品的颜色加深,在最高剂量时,样品表面几乎为棕黑色,这表明在高剂量注入时表面层出现碳化。

5.3.2 化学镀

化学镀是利用强还原剂在非金属表面进行氧化还原反应,使金属离子沉积在非金属镀件上的过程。化学镀由于其工艺较为简单、成本较低,且能得到均匀致密、结合力强的金属层,一直是研究热点,同时也是工业生产中最普遍且实用的方法。

化学镀主要工艺流程如下:

去应力→除油(脱脂)→水洗→中和→水洗→粗化→水洗→敏化→水洗→活化→还原→化学镀

1. 去应力

高分子材料在加工中,其制品内部常常存在内应力。在化学镀前对材料进行适当的热处理可以有效消除内应力,提高镀层的均匀性。

2. 脱脂

脱脂的目的是清除高分子材料表面吸附的水分、灰尘杂质等,保证处理效果。工程上一般采用在 50~70℃ 的条件下加热进行脱脂,也可以用酒精擦拭进行脱脂。

3. 粗化

粗化是化学镀前处理中最重要的步骤之一,其目的是提高高分子材料表面的亲水性和粗糙度。粗化使得基体表面生成大量的极性基团,如羧基、氨基、羟基等。极性基团能够很好地吸引催化活性中心原子,且其含有 N、O 等元素,对金属原子有一定的吸引作用,能形成一定的化学键,如 Cu-N 等,对结合力有一定的提高作用。其提高作用主要有两个方面:一是可以吸附引发金属沉积的微粒核心,并可以提高镀层的均匀度和形成的速度,还可以增大镀层的吸附力,以保证镀层有良好的附着力;二是能承受电镀时的电流。

粗化主要通过化学腐蚀实现,如将 ABS 浸入硫酸与铬酸混合液中。

（1）ABS 里的丁二烯首先溶解于液体中形成表面凹痕，深度为 $0.2\sim2\mu m$，使镀层金属在凹痕中锚固，镀层与塑料形成机械性附着。

（2）ABS 表面的 C＝C 不饱和键被铬酸氧化成饱和键，这样的饱和结合使金属与塑料形成化学附着。

粗化也可以通过等离子处理实现。利用等离子处理方法对聚合物表面进行改性，可使表面引入亲水基同时改善高分子材料表面与镀层的结合力。

4. 敏化

敏化处理是使粗化后的高分子材料表面浸于活性化工液（氯化钯、氯化亚锡和盐酸）中，使其表面附着一层有还原性的两价锡离子或金属钯，以便在以后活化时还原锡离子或者钯离子为有催化作用的原子。因为敏化液容易被氧化，因此敏化后需彻底清洗。

5. 活化

活化是化学镀最为重要的一步，活化方法有常规化学活化、气相沉积活化、介电层自催化活化和光化学活化法等。

1）常规化学活化法

常规化学活化法最主要的是浸钯法，而其中最主要的是胶体钯活化法。胶体由还原反应生成的钯金属核组成，钯核外围被二价锡离子和过量的氯离子包围并使胶体带负电荷而稳定。高分子材料经过除油（脱脂）、水洗、粗化等处理后浸入胶体钯活化液中，将钯－锡吸附在材料表面。但活化后的清洗工序使二价锡水解成胶状，把钯严实地裹在里面，使钯的催化作用无法体现，故活化之后还需要解胶。

2）气相沉积法

气相沉积法是把材料放在高温真空容器中把要沉淀的金属制成靶体或将易挥发的物质通过物理或化学方法把金属沉积在基体表面形成化学镀所需的活化层的方法。气相沉积法制成的活性镀层与基体结合紧密，这使得镀层金属与基体的结合也非常优良。但此法设备昂贵，要求基体有很好的耐高温性，所以使其在高分子材料金属化中应用受限。

3）介电层自催化活化法

介电层自催化活化法是利用介电层放电对基体表面进行清洁和粗化，然后用旋转法在基体表面涂上一层醋酸钯，再通过介电层放电即可在基体上生成活性钯颗粒，用氯仿洗去未分解的醋酸钯即可在基体上获得活性钯图案，接着就可以进行化学镀。此法不用昂贵的设备，可在常温下进行，得到的钯颗粒分散均匀、活性好、效率也高,但钯图案的分辨率取决于介电层放电的分辨率。

4) 光化学法

光化学法通过光辐射诱发活性物质母体在基体表面产生物理或化学反应形成一层均匀的活性物质,成为化学镀的活性中心。

尼龙-6又名PA6、聚酰胺6。PA6具有韧性好、耐油、耐磨性强、抗震等特点,且机械强度高、抗冲击强度好、熔点高以及成型加工性能好,得到了广泛应用[186]。但由于PA本身具有绝缘性,故在使用过程中常对其表面进行改性,使其表面生长一层金属膜[187-189]。实现PA金属化的方法主要有电铸、物理气相沉积、喷涂、表面贴合、化学镀等[190]。电铸、气相沉积对设备以及操作条件要求较高,且金属层与基体之间的结合力较差。喷涂与表面贴合对于结构较为复杂的试样无法起作用。而化学镀由于其工艺较为简单、成本较低,且能得到均匀致密、结合力强的金属层,因此是工业生产中最普遍且实用的方法。

杨斌[191]通过粗化后形貌以及结合力的测试筛选出针对PA6效果最好的化学镀工艺,在该粗化条件下,基体表面接触角由90°降至49°,亲水性得到明显的提高。同时试样表面平均粗糙度从199nm升至407nm,最大轮廓高度也从1154nm升至2083nm。PA6表面镀层的结合力较好,在结合力测试中基本无脱落。通过SEM发现PA6经过该条件粗化后,表面产生了大量大小合适且分布均匀的微孔洞。通过FT-IR测试发现PA6在粗化过程中表面的酰胺键断裂,在1263cm^{-1}和1200cm^{-1}处出现新的特征峰,分别对应着N-H和C-O键,说明粗化后PA6表面生成了羧基和氨基。

5.3.3 真空蒸发镀膜

真空蒸发镀膜法(简称真空蒸镀)是在真空室(真空度为$1.3 \times 10^{-3} \sim 1.3 \times 10^{-2}$Pa)中,加热蒸发容器中待形成薄膜的原材料,使其在极短时间内熔融、蒸发,蒸发了的原子或分子从表面气化逸出,形成蒸汽流,入射到固体(称为衬底或基片)表面,凝结形成固态薄膜的方法[192]。

真空镀膜基材必须具备的条件如下。

(1) 和镀膜材料应有良好的结合力,结合力的大小和复合材料中的树脂基体的分子结构有关,也和镀膜金属材料有关。通过表面处理和上底涂料可提高基材和镀膜金属的结合力。

(2) 真空镀膜时放气量要小。

(3) 热稳定性好,不易受热而变形。热固型树脂一般可以满足这一要求。

真空蒸镀既环保又高效可行,工艺条件也较易实现。由于整个过程是在高真空中进行,蒸发材料很少会氧化,因而非常适用于对氧敏感的材料,如镁、铝等金属[193]。在对高分子材料实施蒸镀时,为了确保金属冷却时所散发出的热量不使树脂变形,必须得控制好蒸镀时间。此外,熔点、沸点太高的金属或合金不适合于蒸镀。

真空蒸镀的基本过程如下:

脱脂处理→表面处理(必要时)→底面涂布/硬化处理(必要时)→真空蒸镀工艺→表面涂布(必要时)

(1)脱脂处理的目的是净化高分子材料表面,工业上一般采用丙酮或酒精对材料表面进行清洗。

(2)表面处理主要指电晕放电处理、紫外线照射处理等。

(3)底面涂布及硬化处理是为涂布做准备。一是使材料表面的润湿性得到改善,以提高高分子材料与蒸镀膜之间的黏接性。二是将成形品表面的微小凹凸部分填平,以获得如镜面一样的表面。若不需要制品的表面如镜面一样时,则可省去底面涂布处理这一步。

(4)底面涂布工艺基本与涂布工艺相似,可以使用喷枪进行喷涂。表面涂布是使用人们所说的透明涂料,对镀膜产品进行涂布、固化,以达到保护蒸镀膜的目的。

在形成涂层的过程中影响涂层性能的因素为真空蒸镀过程中的基体温度、镀膜真空度及沉积速率和沉积角度。

1)基体温度

基体温度应低于临界沉积温度,否则沉积粒子会由于再蒸发而无法在基体上形核。基体温度也不能太低,因为沉积原子依靠自身携带的能量很难在基体表面进行长程迁移和扩散,如果基体温度很低,沉积的涂层组织多为粗大柱状晶、锥状晶,随着基体温度的提高,沉积原子的迁移和扩散能力增强,涂层组织细化,生成细柱状晶,当基体温度超过蒸发材料的再结晶温度时,涂层组织为再结晶的等轴晶。

2)镀膜真空度

镀膜真空度对涂层生长和性能的影响取决于蒸发原子从蒸发源到基体的迁移过程。当真空度较低时,分子平均自由程较短,蒸发原子在迁移过程中与残余气体分子碰撞的机率增大,产生气体散射效应,同时蒸发原子的能量较低,蒸发原子也会相互碰撞,形成低能原子团,致使沉积率降低。这些低能原子和原子团到达基体后很难迁移、扩散,致使膜层形成粗大的锥状晶。一般当真空度小于 10^{-3} Pa 以下时,膜层组织多形成等轴晶,当真空度大于 1Pa 时,膜层组织一般为锥状晶。

3）沉积速率和沉积角度

在一定的真空条件下蒸发镀膜,残余气体撞击基体表面的速率是一个常数,所以用较高的沉积速率生成的涂层,能降低残余气体分子进入涂层的机率,这有助于提高涂层的致密程度。

沉积的角度以蒸发源出口正对基体需要涂层的表面为宜,即蒸发源与基体是相互垂直的,在大入射角情况下,会使后续入射分子受到晶核或晶粒的阻挡,不能直接沉积到晶粒的后面,以致晶核或晶粒的生长向膜料蒸发源方向倾斜,形成极不平滑的膜面,这种涂层具有各向异性,它的机械性能、光学性能、电特性都不稳定。

真空蒸发(除电子束蒸发外)与化学气相沉积、溅射镀膜等成膜方法相比较,有如下的特点[194]。

（1）膜料很难被污染。可获得纯净、致密、符合预定要求的薄膜。

（2）消除了空间碰撞。镀膜室如存在气体分子,会使膜料的气体分子在奔向基体的途中遭受碰撞,膜料分子把其大部分能量传给了气体分子,使自己的动能降低,温度降低,出现分子间的凝聚,形成气团,最终影响涂层质量。真空的条件极大地避免了此类情况的发生。

（3）沉积速率快。一般情况下,其沉积速率可达到 $3\sim5\mu m/min$,最快可达到 $75\mu m/min$,是溅射镀膜的几十倍。

（4）没有化学废液产生,原材料利用率高,生产工艺很环保。

但是,真空蒸镀所得到的涂层与基体的结合力较差,在没有其他措施的前提下,两者之间很难形成有效的冶金结合。这是因为气态粒子的动能来自于膜料从固态到气态所产生的汽化热,而大部分的汽化热都用来克服固体原子间的引力,所以气态粒子所获得的动能较小,大约为 1eV,只有溅射镀膜中粒子动能的 1% 左右。另一方面,通过真空蒸镀的方法生成的涂层与基体间在没有扩散之前,仅靠较弱的范德华力结合,在强外力作用下,很容易脱落。

5.3.4 磁控溅射法

溅射是一百多年前由 Grove 发现的,现在已经广泛应用于各种制备薄膜产品的技术中,其中得到最广泛应用的就是**磁控溅射技术**。磁控溅射技术自诞生以来就得到广泛的发展和应用,一般可被用于制备金属、半导体、绝缘体等材料,并且取得了巨大的进步。根据等离子体产生的方式,磁控溅射法可以分为直流磁控溅射法、射频磁控溅射法、微波-ECR 等离子体增强磁控溅射法、交流反应磁控溅射法和脉冲磁控溅射法[195]。

磁控溅射法是织物表面改性的一种新型技术[196],通过选用不同的靶材配合不同的溅射气体,可以在织物表面形成不同单质金属或者金属化合物纳米薄膜,也可以形成像聚酰胺、石墨烯、聚四氟乙烯等这样的高分子薄膜,可以制备出防水透湿[197-198]、电磁屏蔽[199-203]、抗菌[204-206]、防紫外线[207-208]等功能各异和颜色丰富的新型纺织材料。

首先,在真空腔内,充入高纯氩气,再在基片(阴极靶)和溅射靶(阳极靶)之间加上一定的电压,形成静电场 E。电子在电场 E 的作用下,在飞向基底材料的过程中与氩气分子发生碰撞,使其电离出大量的 Ar^+ 和二次电子。接着电离出的 Ar^+ 在电场的作用下加速飞向溅射靶(阴极靶),轰击靶材表面,使靶材表面发生溅射。溅射中的靶原子或分子沉积在基材表面,慢慢堆积形成薄膜。由于该过程发生了多次的能量传递,导致有的电子无法轰击靶材而落于基片之上。通过在外加电场的两极之间加入一个磁场,电子 e 受电场力作用的同时也受到洛伦兹力 B 的束缚作用,从而使其运动轨迹从直线变成摆线,由此增加了电子和氩气分子的碰撞概率,提高了氩气分子的电离程度和溅射效率[209]。

磁控溅射技术用于纺织材料表面改性的新技术,具有以下优点。

(1)磁控溅射法沉积速率高,在沉积大部分金属薄膜时都能具有很高的沉积率。

(2)操作简便易控,在机器运行的过程中,只要保持工作压强,电流大小等条件的稳定,就能得到相对稳定的沉积速率。

(3)基底温度低,对膜层的损伤小。

(4)薄膜的牢固性好,溅射薄膜与织物之间的附着力较强,机械强度也得到了改善。

(5)溅射所得到的薄膜均匀性、致密性较好,且聚集密度普遍提高。

(6)磁控溅射技术环保,不会对环境造成污染。

(7)易于工业化生产,磁控溅射镀膜技术在透明导电膜、超硬镀膜、抗腐蚀镀膜、建筑玻璃镀膜、光学镀膜等诸多领域取得巨大突破,而且很多厂家已经实现了工业化生产。

邵晶晶[210]等人利用磁控溅射技术,在玻璃基底上制备了 PVDF 低温超疏水薄膜,通过优化制备工艺参数,发现当溅射功率为70W,真空室温度为220℃,氩气压强为0.5Pa,溅射时间为10min时,PTFE薄膜疏水性最好,水接触角可达170°±3°。

一般非刚性飞艇的囊体材料主要为多层结构,多层结构之间通常都采用热熔涂布工艺或者涂布胶黏剂的方式实现彼此间的结合。热熔涂布对生产工艺要求较高,采用胶黏剂黏合各层材料又会增加囊体材料的重量,而且这两种方式经常不可避免地出现气泡或者褶皱等缺陷,对制造出来的囊体材料的性能产生不利影响,从而导致平流层飞艇的载重和工作高度受到限制。随着航空航天和深空探测等空间应用的迅速发展,对飞艇囊体材料轻量化高性能的需求越来越迫切。

利用磁控溅射技术可以将传统的耐候层、阻隔层、耐摩擦层集成到一起,不仅可以大幅提高平流层飞艇囊体材料的耐揉搓性能,同时也可降低囊体材料面密度以及层与层之间的缺陷、漏洞及褶皱等,提高飞艇的负载能力。

5.3.5 反应溅射方法

制备化合物薄膜时,可以直接使用化合物作为靶材。但有时化合物溅射会发生化合物分解的情况,使沉积的薄膜在成分上与靶材有很大的差别。产生上述现象的原因是溅射环境中相应元素的分压低于形成相应化合物所需的压力。因此,解决该问题的办法主要是调整气体的组成和压力,通入相应的活性气体,抑制化合物的分解。进一步,也可采用纯金属作溅射靶,在工作气体中混入适量的反应气体(如 O_2、N_2、NH_3、CH_4、H_2S 等),在溅射沉积的同时生成所需的化合物。上述的溅射技术被称为反应溅射方法。

反应溅射是在溅射的惰性气体气氛中,通入一定比例的反应气体,通常用作反应气体的主要是氧气和氮气。在存在反应气体的情况下,溅射靶材时靶材料会与反应气体反应形成化合物,最后沉积在基片上。在惰性气体溅射化合物靶材时,由于化学不稳定性往往导致薄膜较靶材少一个或更多组分,此时如果加上反应气体可以补偿所缺少的组分。

利用反应溅射方法可以制备如下的薄膜。

(1)氧化物,如 Al_2O_3、SiO_2、In_2O_3、SnO_2。

(2)碳化物,如 SiC、WC、TiC。

(3)氮化物,如 TiN、AlN、Si_3N_4。

(4)硫化物,如 CdS、ZnS、CuS。

(5) 复合化合物,如碳氮化物 Ti(C,N)、Al(O,N)。

反应溅射由于采用了金属靶材,因而,它可以大大降低靶材的制造成本,同时也可有效改善靶材和薄膜的纯度。

Liang – Yih Chen[211]等人用射频磁控溅射(RFMS)方法,沉积 H 掺杂的氧化锌(ZnO:H)透明导电薄膜,射频磁控溅射中在氩气中加入一定量氢气,掺氢的氧化锌(ZnO:H)薄膜的电阻率明显减少,其掺氢的氧化锌薄膜电阻率最小可达 2×10^{-4} Ω/cm。

5.3.6 离子镀

离子镀膜是在真空蒸发和溅射镀膜基础上发展起来的一种新的镀膜技术。它既保留了化学气相沉积(Chemical Vapor Deposition,CVD)的本质,又具有 PVD 的优点,通过组合蒸发粒子和反应性气体(O_2、N_2、CH_4 等),应用于金属或非金属材料沉积超硬涂层、功能涂层和装饰性涂层,以获得各种高性能化合物膜,是陶瓷薄膜材料制备的重要方法之一。

离子镀膜时工件为阴极,蒸发源为阳极。进入辉光放电空间的金属原子离子化后奔向工件,并在工件表面沉积成膜。沉积过程中离子对基片表面、膜层与基片的界面以及对膜层本身都发生轰击作用,离子的能量取决于阴极上所加的电压。

离子镀与蒸发镀、溅射镀相比的最大特点是离子一边轰击基片与膜层,一边进行沉积,离子的轰击作用产生一系列的效应,具体如下。

(1) 膜/基结合力(附着力)强,膜层不易脱落。

(2) 绕射性好,改善了表面的覆盖度。

(3) 镀层质量好,镀层密度高。由于离子轰击可提高膜的致密度,改善膜的组织结构,使得膜层的均匀度好,镀层组织致密,针孔和气泡少,因此提高了膜层质量。

(4) 淀积速率高,成膜速度快,可镀较厚的膜。通常,离子镀淀积几十纳米至数微米厚膜层时,其速度较其他镀膜方法快。试验表明,离子镀钛每小时约为 0.23mm,镀不锈钢每小时约为 0.3mm。

(5) 镀膜所适用的基体材料与膜材范围广泛。适用于在金属或非金属表面上镀制金属、化合物、非金属材料的膜层,如在钢铁、有色金属、石英、陶瓷、塑料等各种材料的表面镀膜。由于等离子体的活性有利于降低化合物的合成温度,离子镀可以容易地镀制各种超硬化合物薄膜。

离子镀与真空蒸发和溅射镀膜的比较如表 5 – 11 所列。

表 5-11 PVD 的三种基本镀膜方法比较

项目	真空蒸镀*		溅射镀膜		离子镀	
	电阻加热	电子束	直流	射频	电阻加热	电子束
被镀膜的物质：						
低熔点金属	能		能		能	
高熔点金属	不能	能	能		不能	能
高温氧化物	不能	能	能		不能	能
粒子能量:蒸发原子	0.1~1eV		1~10eV		0.1~1eV	
离子	—		—		数百~数千 eV	
沉积速度/(m/min)	0.1~3	1~75	0.01~0.5		0.1~2	1~50
	光泽	光泽~半光泽	半光泽~无光泽		半光泽~无光泽	
镀层密度	低温时密度低		高密度		高密度	
镀层针孔、气孔	低温时较多		少		少	
膜与基片的界面层	若不进行热扩散处理，界面清晰		很清晰		有扩展层	
附着性	不太好		较好		非常好	
膜的纯度	取决于蒸发材料的纯度		取决于靶材纯度		取决于蒸发材料的纯度	
基片镀膜情况	仅面对蒸发源的基片表面被镀膜		对向靶材基片表面被镀膜		在一定范围内所有表面完全被镀膜	
镀膜前基片的表面处理	真空中加热脱气或辉光放电不洁表面		溅射清洗、刻蚀（反溅射）		溅射清洗（在整个成膜过程中进行）	
常用压强/Torr	$10^{-5} \sim 10^{-6}$		$1.5 \times 10^{-1} \sim 2 \times 10^{-2}$		$2 \times 10^{-1} \sim 5 \times 10^{-2}$	

注：蒸发法除表列方法之外，还可采用感应加热及激光蒸发等。

可以发现，相对于真空蒸镀和溅射镀膜，离子镀有较大的优势，但离子镀也存在着缺点，如基片必须承受较高的温度，以及涂层材料必须蒸发沉积，高熔点材料沉积困难等，这限制了离子镀的进一步应用。

5.3.7 高分子表面金属化新技术

高分子表面金属化新技术不但使低廉的高分子材料在性能和效益上升格，而且作为研制新型涂层和薄膜材料的手段日益受到重视，有很好的应用前景。

高分子表面金属化新技术一般将高分子材料，如聚乙烯醇、聚丙烯腈等为主要原料，溶于适当的溶液中，加入某些无机金属盐如 $NiCl$、$AgNO_3$、$CuCl_2 \cdot 2H_2O$ 等充分搅拌后变成共混溶液，再用流延法浇铸在玻璃或塑料板上，经加热干燥后得到金属盐络合的聚合物。这种聚合物经化学还原后表面的金属离子变成金属,从而在聚合物表面形成结构致密的金属层。

高分子表面金属化新技术常用的聚合物有聚酰亚胺、聚酰胺、聚碳酸酯、聚苯乙烯、聚氯乙烯、聚丙烯腈、聚丙烯、聚乙烯醇等;金属盐有 Au、Ag、Cu、Cr、Fe、Ni、Pt、Mo 等的硝酸盐、硫酸盐、盐酸盐、醋酸盐;溶剂有二氯甲烷、三氯甲烷、三氯乙烯、二甲基甲酰胺、二甲亚砜、N-甲基吡咯烷酮、二甲基乙酰胺、水等;还原剂有 Fe 粉、金属钠、肼内镍、硼氢化钠、H_2 等。具体工艺过程如下。

(1) 金属盐与聚合物的共混物的制备。按照一定比例把聚合物溶解于溶剂中,再将金属盐加入,充分混合搅拌之后得到稳定的金属盐与聚合物的共混物。

(2) 浇铸。用流延法或其他方法将共混物于室温下浇铸在玻璃板或塑料板上,待溶剂完全挥发后,在60℃下真空干燥 40~60h,得到金属盐络合的聚合物。

(3) 还原。该过程是实现高分子表面金属化的关键技术,受还原剂种类、金属盐浓度、还原时间、还原溶液温度等诸因素影响。通过控制和调整这些工艺条件,使高分子表面金属层具有不同的导电性、磁性、颜色等性能。

电镀、化学镀、真空镀等表面技术对材料表面进行金属化时,需要先进行一系列表面处理,如机械粗加工、化学处理、浸蚀加工、敏化、激活等。高分子表面金属化新技术与上述方法相比,有许多优点。

(1) 操作简单、设备造价便宜。高分子表面金属化新技术工艺过程简单,操作容易。与真空沉积法和溅射法相比,设备造价相对便宜。

(2) 高分子表面金属层的耐久性好,不易脱落。

(3) 改变聚合物与金属盐的配比,可以得到不同性质的高分子表面金属层。

(4) 不受高分子材料尺寸限制,是应用前景很广的技术之一。

5.3.8 化学气相沉积

化学气相沉积是把含有构成薄膜元素的气态反应剂或液态反应剂的蒸汽及反应所需其他气体引入反应室,在衬底表面发生化学反应,并把固体产物沉积到表面生成薄膜的过程。

化学气相沉积是一种材料表面强化技术,在相当高的温度下,混合气体与工件表面相互作用,使混合气体中的某些成分分解,并在工件表面形成一种金属或化合物固态薄膜或镀层[212]。近些年,化学气相沉积被用于合成低维材料,如石墨烯、过渡金属硫族化合物等。它可以利用气相间的反应,在不改变工件基体材料的成分和不削弱基体材料强度的条件下,赋予工件表面一些特殊的性能。目前,化学气相沉积技术不仅应用于刀具材料、耐磨耐热耐腐蚀材料、宇航工业的特殊复合材料、原子反应堆材料及生物医用材料等领域,而且被广泛应用于制备与合成各种粉体材料、块体材料、新晶体材料、陶瓷纤维及金刚石薄膜等。化学气相沉积技术在作为大规模集成电路技术的铁电材料、绝缘材料、磁性材料、光电子材料的薄膜制备技术方面,更是不可或缺的。

它包括4个主要阶段:①反应气体向材料表面扩散;②反应气体吸附于材料的表面;③在材料表面发生化学反应;④气态副产物脱离材料表面。在CVD中运用适宜的反应方式,选择相应的温度、气体组成、浓度、压力等参数就能得到具有特定性质的薄膜。但是薄膜的组成、结构与性能还会受到CVD内的输送性质(包括热、质量及动量输送)、气流的性质(包括运动速度、压力分布、气体加热等)、基板种类、表面状态、温度分布状态等因素的影响。因此,只有通过充分的热力学研究,了解各种参数对析出产物组成、结构与性能的影响,才能获得我们所希望的材料[213]。

化学气相沉积法可分为以下几类。

1) 金属有机化合物化学气相沉积技术(MOCVD)

MOCVD是一种利用低温下易分解和挥发的金属有机化合物作为物质源进行化学气相沉积的方法,主要用于化合物半导体气相生长方面。与传统的CVD相比,MOCVD的沉积温度相对较低,能沉积超薄层甚至原子层的特殊结构表面,可在不同的基底表面沉积不同的薄膜。因此,对于那些不能承受常规CVD高温,而要求采用中低温度的基体(如钢一类的基体)有很高的应用价值。此外,用MOCVD技术生长的多晶SiO_2是良好的透明导电材料,用MOCVD得到的TiO_2结晶膜也已应用于太阳能电池的抗反射层、水的光电解及光催化等方面。MOCVD技术最有吸引力的新应用是制备新型高温超导氧化物陶瓷薄膜[214]。

2) 激光化学气相沉积(LCVD)

LCVD是一种在化学气相沉积过程中利用激光束的光子能量激发和促进化学反应的薄膜沉积方法。激光作为一种强度高、单色性好和方向性好的光源,在CVD中发挥着热作用和光作用。前者利用激光能量对衬底加热,可以促进衬底表面的化学反应,从而达到化学气相沉积的目的;后者利用高能量光子可以直接促进反应物气体分子的分解。利用激光的上述效应可以实现在衬底表面的选择性沉积,即只在需要沉积的地方用激光光束照射,就可以获得所需的沉积图形。另外,利用激光辅助CVD沉积技术,可以获得快速非平衡的薄膜,膜层成分灵活,并能有效地降低 CVD 过程的衬底温度,如利用激光,在衬底温度为 50℃时也可以实现二氧化硅薄膜的沉积。目前,LCVD 技术广泛用于激光光刻、大规模集成电路掩膜的修正、激光蒸发-沉积以及金属化。LCVD 法氮化硅膜已达到工业应用的水平,其平均硬度可达 2200HK;TiN、TiC 及 SiC 膜正处于研发阶段。目前,对 LCVD 法制金刚石、类金刚石膜的研究正在进行探索,并在低温沉积金刚石方面取得了进展[215]。

3) 低压化学气相沉积(LPCVD)

LPCVD 的压力范围一般在 $1 \times 10^{-4} \sim 4 \times 10^{-4}$ Pa。由于低压下分子平均自由程增加,气态反应剂与副产品的质量传输速度加快,从而使形成沉积薄膜材料的反应速度加快。同时,气体分子分布的不均匀性在很短的时间内可以消除,所以能生长出厚度均匀的薄膜。此外,在气体分子运输过程中,参加化学反应的反应物分子在一定的温度下吸收了一定的能量,使这些分子得以活化而处于激活状态,这就使参加化学反应的反应物气体分子间易于发生化学反应,也就是说 LPCVD 的沉积速率较高。现利用这种方法可以沉积多晶硅、氮化硅、二氧化硅等。

4) 热化学气相沉积(TCVD)

TCVD 是指采用衬底表面热催化方式进行的化学气相沉积。该方法沉积温度较高,一般在 800~1200℃,这样的高温使衬底的选择受到很大限制,但它是化学气相沉积的经典方法。

5) 等离子体增强化学气相沉积(PECVD)

等离子体增强化学气相沉积技术是借助辉光放电产生的等离子体使气体分解并发生反应,从而实现薄膜生长的技术。当在系统的两个电极之间加上电压时,由阴极发射出的电子在电场的作用下被加速获得能量,通过与反应室中气体原子或分子碰撞,使其分解、激发或电离,一方面产生辉光,另一方面在反应室内形成很多电子、离子、活性基团以及亚稳的原子核分子等,组成等离子体的这些粒子,经过一个复杂的物理—化学反应过程,在衬底上形成薄膜。

第 6 章
囊体材料连接设计

囊体材料之间的连接是指飞艇制造者按设计样板将囊体材料剪裁成所需形状的裁片或者称为片幅,然后采用热焊接或胶黏剂胶接的工艺将各裁片有序进行连接的过程。连接后所形成的连接结构的强度和气密性与囊体材料基本无差异。早期飞艇囊体的成型,通常是采用缝纫加黏合以搭接的方式进行接缝成型,其强度取决于胶黏剂种类、黏接方法和搭接宽度。现代大型飞艇或系留气球囊体的成型,主要使用焊接带,采取对接方式成型。其中,不同的囊体材料,根据其结构设计,可采用不同的连接工艺。

囊体材料制造者还需要对囊体材料的连接技术提出工艺设计、提供工艺参数并对连接结构进行耐久性试验,保证囊体材料连接过程有更好的可控性和长期使用安全性。

6.1 囊体材料连接工艺

囊体材料的连接工艺主要有热合式焊接和胶黏剂黏接两种形式。对于可热合式焊接的囊体材料,通常含有热封层,该层一般为热塑性树脂,能在一定温度和压力下与焊接带实现熔融热合。胶黏剂黏接是在囊体材料的黏接区域及黏接带表面按一定的涂胶量均匀涂覆胶黏剂,经室温环境干燥一定时间后再进行压合形成黏接结构。

囊体材料的连接工艺主要根据飞艇囊体的设计方案和囊体材料特性确定,并根据工艺要求,采用相应的成型模具和设备,再通过成型试验研究,验证工艺的可行性,建立成熟可靠的连接工艺试验检验方法和标准工艺流程。

6.1.1 囊体材料连接结构

囊体材料的连接结构主要分为搭接和对接两种形式。图 6-1 和图 6-2 分别给出了囊体材料搭接结构的侧视图和俯视图,其中,搭接宽度是囊体材料两个裁片之间相互重合进行热合或黏接的部分,用 L 表示。

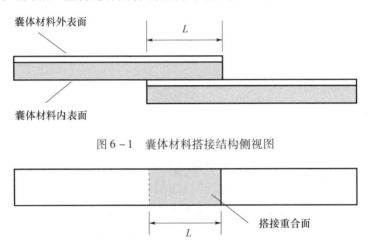

图 6-1 囊体材料搭接结构侧视图

图 6-2 囊体材料搭接结构俯视图

图 6-3 和图 6-4 分别给出了囊体材料对接结构的侧视图和俯视图,采用热合或黏接方式将焊接带与两个囊体材料裁片连接为一个整体,焊接带宽度用 L 表示。

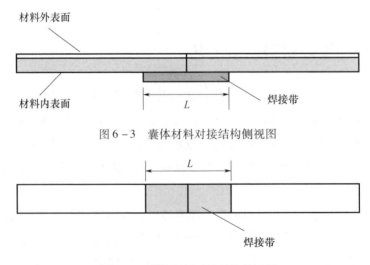

图 6-3 囊体材料对接结构侧视图

图 6-4 囊体材料对接结构俯视图

采用对接方式进行连接时，为保证囊体材料连接结构的气密性及耐老化性能，通常需要在囊体材料两个片幅接缝处与焊接带相对应的外侧表面添加外密封带，如图6-5所示。外密封带与囊体材料表面也可以采用热合式焊接或胶黏剂黏接。

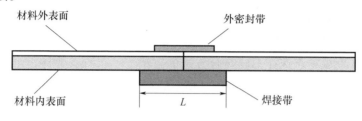

图6-5 囊体材料焊接结构(对接)示意图

6.1.2 热合式焊接

热合式焊接工艺是目前最常用的囊体材料连接工艺，是利用囊体材料中焊接面材料之间的相容性，实现熔融结合的工艺过程。这种焊接工艺在实现囊体材料连接的同时，还需要保证囊体材料焊接结构的强度和气密性不受到损伤，并且具有良好的可操作性、均匀性、高效性。

根据加热方式的不同，常用的热合焊接方式又包括高频热合焊接(图6-6)、直热式热合焊接和热风焊接。高频热合机通过高频电场作用，使得极性高分子产生偶极子振动(极化)摩擦加热，具有加热迅速且均匀等特点。直热式热合机采用电阻丝加热板，通过热传导对囊体材料进行加热。热风焊接法则是用经过预热的压缩空气或惰性气体加热需要热合的两个相对应的表面，使它们达到热熔融状态，在不大的压力下进行焊接的方法。

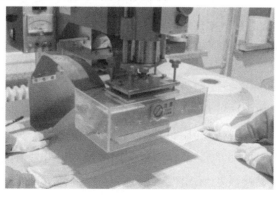

图6-6 高频焊接工艺现场

这几种加热方式都具有连接强度高、连接质量一致性好的优点。值得注意的是,对于部分含金属层的囊体材料,由于金属层具有优良的导电性,使用高频焊接可能会出现严重的打火现象,因此,这类囊体材料的连接方式通常采用直热式热合焊接或热风焊接。

多年来,囊体材料的热合连接工艺也不断被研究和改进。中国科学院光电研究院围绕热合机械、热合和加热方式对囊体材料热合技术进行了研究,提出了根据加工对象特点选择不同热合方式的方法[216]。目前,囊体材料最常见的热合方式为板式热合焊接,如图 6-7 所示,它是将加热到一定温度的加热板作用于叠合的囊体材料上使材料焊接面实现热合的方法。囊体材料的热合焊接通常是囊体材料的热封层和配套焊接带的焊接层之间的焊接,这两种功能层一般采用聚氨酯热塑性弹性体,在加热条件下达到熔融状态以实现囊体材料间的热合。这种板式热合具有原理简单、热合速度快等优点。

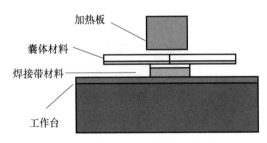

图 6-7 板式热合焊接示意图

囊体材料热合焊接后,其焊接结构应具有良好的剥离强度和剪切拉伸强度。通常要求囊体材料焊接结构在常温条件下,剥离强度不小于 20N/cm,剪切拉伸强度不小于囊体材料本体拉伸强度,在低温(如 -70℃)或高温(如 80℃)条件下,其剪切拉伸强度不小于囊体材料本体拉伸强度的 80%。

6.1.3 胶黏剂黏接

胶黏剂黏接也是浮空器制造过程的一个重要工序,主要应用于囊体特定部位成型、附件与囊体连接以及外场应急修补和维护等。胶黏剂黏接主要是通过涂覆胶黏剂来实现囊体材料与附件或焊接带之间的黏接,如图 6-8 所示。用于浮空器囊体材料黏接的胶黏剂目前最常用的是双组分聚氨酯胶黏剂,而胶黏剂的选择,需要从黏接强度、耐温性、耐老化性、柔韧性、可操作性等多方面进行考虑。

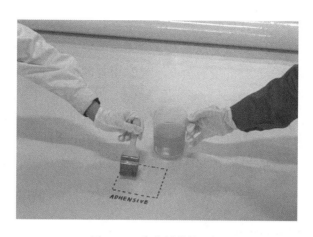

图 6-8 胶黏剂黏接现场

影响聚氨酯胶黏剂黏接性能的因素除了胶黏剂本身的性能外,胶黏剂使用量、主剂和固化剂配比、涂胶工艺均匀性、胶黏剂的固化条件等也是影响其黏接性能的重要因素。为保证涂胶工艺均匀性,胶黏剂的使用通常按以下步骤进行:首先,按主剂和固化剂设计比例配置胶黏剂,混合调匀后,在黏接面涂胶黏剂 2~3 次,每次涂胶黏剂后需晾置 5~10min,待胶黏剂中溶剂完全挥发后再进行下一次涂胶;然后,待涂胶过程完成后,将需要黏接的部分进行叠合,如果条件允许,可以适当给予一定的压力和温度,使其具有更好的初黏力;最后,完成囊体的初黏后,通常还需将黏接的材料放置一段时间使胶黏剂得到完全固化。固化过程可以在室温下进行,也可在具有一定温度的熟化室内进行。需要注意的是,对于部分双组分聚氨酯胶黏剂,组分中含有的异氰酸酯易与空气中的水分发生反应导致黏接强度降低。因此,在胶黏剂黏接工艺过程中,应根据胶黏剂的特点,选择合适的工况环境。

飞艇和系留气球等浮空器,尤其是平流层飞艇,所处高空环境昼夜温差大,白天内部氦气温度升高,囊体内外压差增大,加之长期承受有效载荷,这些均要求黏接结构具有良好的黏接强度,以保证浮空器的长期使用安全性。通常情况下,要求胶黏剂完全固化后黏接结构的剥离强度不低于 20N/cm[217],黏接结构的剪切拉伸强度不小于囊体材料本体的拉伸强度。

浮空器所处的高空环境,尤其是平流层环境,其平均温度约 -56.5℃,但由于昼夜交替,浮空器囊体表面易出现较大温差,可达 60~80℃。这种由于昼夜温差而产生的高低温交替变化,有可能降低囊体的黏接强度,从而对浮空器的安全性产生严重影响。为此,通常要求囊体材料黏接用胶黏剂在 -70~80℃ 的范围内均具有良好的黏接强度。

浮空器所处的高空环境尤其是平流层环境中具有较高的紫外线辐射强度和较高的臭氧浓度。这些环境因素要求黏接用胶黏剂需具有良好的耐光老化性能和耐臭氧性能。另外,对于部分停泊在海面上的系留气球,周围空气湿度及盐浓度高、腐蚀性强,因此,胶黏剂还需要具有良好的耐盐雾腐蚀性能。

浮空器囊体在加工、运输、充气、回收等过程中,由于囊体体积庞大,不可避免地会出现卷曲、弯折、拖拽等现象,因此,黏接结构需具有良好的柔韧性,防止囊体由于弯折、卷曲导致材料破损、气密性和强度被破坏等现象。

6.2 辅助材料

囊体材料连接过程中所需的辅助材料包括加强筋、内焊接带和外密封条,用于将单幅的囊体材料连接成为飞艇囊体。内焊接带和外密封条分别与囊体材料的内层(热封层)和外层(耐候层)进行焊接或黏接,将两幅囊体材料连接为一体。内焊接带主要起到连接、承力作用,外密封条的作用是保证连接部位的气密性与耐候性。囊体材料焊接结构如图6-9所示。

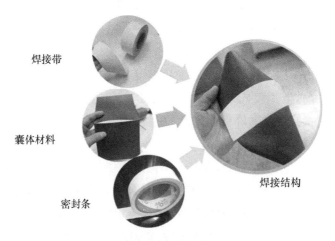

图6-9 囊体材料焊接结构及辅助材料

6.2.1 焊接带

焊接带是用于将囊体材料裁片连接成为一体,进而形成整个飞艇囊体的材料。焊接带的面密度一般大于囊体材料,且拉伸强度也略大于囊体材料,以保证焊接结构具有较高的焊接剥离强度并能够体现足够的拉伸强度。

焊接带一般含有较厚的树脂层,组成结构为树脂层/承力织物/树脂层。焊接带能够适合热合式焊接或胶黏剂黏接工艺。

6.2.2 密封条

密封条用于焊接结构焊缝处的外部,作用是保证焊缝处的气体密封性能和耐候性。密封条需要具有与囊体材料一致的阻隔性能和耐候性能,特别是与囊体材料的外表面相互焊接或黏接时,需要有较高的剥离强度。

密封条的组成结构为耐候层/黏合层。密封条能够适合热合式焊接或胶黏剂黏接工艺。

6.2.3 加强筋

加强筋用于对飞艇囊体进行局部加强,主要作用是将飞艇结构中容易出现应力集中的部位进行加强,避免在受到较大应力作用时出现艇体破损的现象[218]。

囊体材料这类柔性多层复合材料在承受外力时的破坏特性与其他类复合材料有着很大的不同。囊体材料的撕裂强度一般只有数百牛顿(中心开口撕裂方式),在外力的作用下易产生应力集中,使得裂口沿承力织物中纤维的排列方向扩展,从而由局部区域的损坏扩展为大面积撕裂。为了避免某些承受应力较大区域的囊体材料可能出现的大面积破损现象,可采取的方法之一是在该区域沿特定方向布置加强筋,阻止可能产生的裂口和进一步撕裂。

针对加强筋的使用需要考虑的几个问题是:

(1) 加强筋在囊体上的布局如何设计。

(2) 加强筋本身的强度如何设计。

(3) 加强筋的止裂效果以及这种结构设计的必要性如何评价。

加强筋可以采用焊接带或者直接用囊体材料,在飞艇囊体内部与囊体直接焊接或黏接。

6.2.4 胶黏剂

浮空器特别是平流层浮空器,所处工作环境空气稀薄、昼夜温差大、紫外线辐射及臭氧侵蚀作用强,对胶黏剂的环境适应性提出了很高的要求。一种可靠的浮空器囊体黏接用胶黏剂应具有以下几种基本要求[217]。

（1）具有较高的强度。为应对平流层严苛的环境条件，保证黏接结构的长期使用安全性，要求黏接剂具有较高的力学强度。通常情况下，要求胶黏剂完全固化后黏接剥离强度不小于 20N/cm，拉伸剪切强度不小于囊体材料本体强度。

（2）具有良好的密封性。浮空器的飞行持久性和安全性要求胶黏剂必须具有良好的密封性能。

（3）具有较好的初黏力。经过黏接工艺后的囊体可能需要移动整理或拖拽至其他工位继续下一步工序，修补和维护也需要快速进行，因此胶黏剂必须具有良好的初黏力。

（4）具有较好的耐高低温性能。平流层浮空器工作温度范围一般在 $-70 \sim 80^\circ C$ 范围内，要求胶黏剂具有良好的耐高低温性能。

（5）具有较强的耐老化性能。平流层环境下紫外线辐射及臭氧侵蚀作用强，部分停泊在海面上空的浮空器周围空气湿度及盐浓度高、腐蚀性强，因此胶黏剂必须具有较强的耐老化性能，以适应严苛和多变的环境。

（6）固化后具有良好的柔韧性。有着庞大体积的浮空器囊体加工过程中，尤其是囊体加工后期需经常拖拽、折叠、卷曲，黏接处应具有良好的柔韧性，以防黏接结构和囊体相互间或与地面间摩擦出现磨损等情况而导致密封性能降低。

目前，国内浮空器制造商大多选用进口胶黏剂，其存在采购周期长、成本高等问题。因此，如何提高国产浮空器囊体黏接用胶黏剂性能，已成为当前我国浮空器制造企业迫切需要解决的重要问题之一。

6.3 连接结构可靠性

连接结构可靠性指的是囊体材料的连接结构在工作状态下的可靠性，其关键是确保连接结构的性能包括力学性能、气体阻隔性能、蠕变性能具有长期使用安全性。

6.3.1 力学强度与密封性能

囊体材料的连接成型主要采用高频或者直热式焊接加工，是浮空器囊体加工成型最重要的一道工序。由于囊体材料热合式连接工艺的质量检验不能在囊体加工成型后简单、有效地进行，目前还仅限于目测等感官手段或进行样件破坏性试验进行验证。一旦连接结构出现了不均匀的安全隐患情况,会导致该不均匀处会出现应力集中,进而威胁整个浮空器的主体结构安全。连接结构的力学强度和密封性能是保证整个浮空器安全最重要的考核指标。

1. 连接结构力学性能

连接结构力学性能主要包括拉伸强度和剥离强度。连接结构的拉伸强度一般称为剪切拉伸强度,是将连接结构(通常是热合焊接结构)按照囊体材料本体的拉伸强度测试方法进行拉伸强度测试得到的结果。如果连接结构的力学强度较为均匀,且与囊体材料本体强度比较接近,则说明该连接结构的力学强度处于较为理想的状态;如果测试结果离散性较大,不同测试样条的测试结果差异较大,即使测试结果的平均值处于较高水平,该连接结构的力学强度依然是不理想的状态。

连接结构的力学性能测试受到多种因素的影响,如本体强度、焊接带强度、加工工艺、试验样件的经纬线是否平直、测试设备夹持情况等。

2. 连接结构密封性能

连接结构的密封性能指的是连接结构处的气密性。在囊体材料本体具有较优秀的耐揉搓性能条件下,飞艇的气密性和驻空时间往往是由连接结构的气密性决定的。这是由于囊体材料连接结构处需要进行多次热合焊接,导致气密性的保证性差。另外,焊接结构的气密性检测较为困难,如果囊体材料外密封条的施工性较差,则囊体材料连接结构在加工过程中难以避免出现气密性不佳的状态,再经过囊体的拖拽、充放气、卷曲折叠、运输之后,则极有可能出现密封性能失效的情况。如果连接处的密封性失效,则该处的透氦量要比囊体材料的透氦量高出 1~2 个数量级,甚至会出现破坏性的气体泄漏情况。

研究囊体材料焊接结构的气密性相对有效且直观的测试方法是气枕试验[219]。气枕试验是将囊体材料和焊接带采用现代囊体材料最常用的热合对接成型工艺制成气枕,在焊缝处涂抹含有洗涤剂的水,然后充入气体,通过观察焊缝是否有气泡出现来判断焊接结构是否出现气体渗漏,气体渗漏导致的气泡现象如图 6-10 所示。

一般而言,织物层越薄,连接结构渗漏现象越少;织物越厚、越致密,焊接结构出现渗漏现象的机率越大。选取一个出现气体泄漏的连接结构进行横截面的扫描电镜分析(SEM),扫描电镜照片如图 6-11 所示。由照片可见,材料的纤维及纤维束之间存在大量的缝隙,树脂不能均匀填满纤维丝缝隙之间的空间,导致纤维束内部有大量的微裂纹和微孔洞存在,这些缺陷的尺寸一般在微

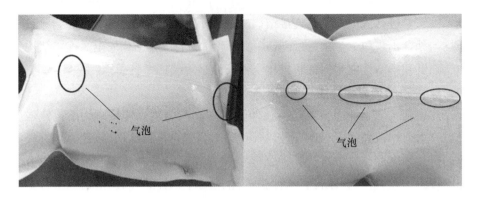

图 6-10　连接结构的气枕试验

米量级,远远大于氦气在室温下的平均自由程 179.8nm,故氦气原子可以通过这些微孔,形成气体通路,最终导致焊缝出现渗漏现象[220-221]。

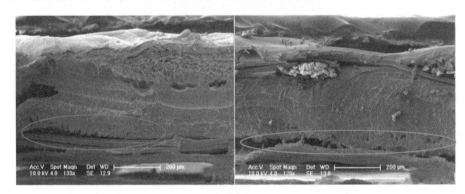

图 6-11　出现气体泄漏情况连接结构截面的扫描电镜照片

囊体材料焊接结构的渗漏现象根本原因在于材料织物间孔隙的存在形成了气体通路(图 6-12),由于囊体材料热封层一般无阻隔性设计或阻隔性较差,气体从材料热封层(背层)进入,穿过织物间孔隙,从接缝处渗出。当织物较

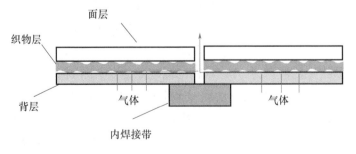

图 6-12　连接结构气体气体渗透通路示意图[5]

薄、经纬向纤维间孔隙较大时,热合焊接或者胶接时,囊体材料织物两侧的树脂能较好地渗入织物缝隙,有效地减少气体通路的存在,从而减少甚至避免了连接部位的渗漏现象;织物较厚、经纬向纤维编织致密的情况下,树脂很难良好地渗入织物缝隙,气体通路无法避免,因此出现连接结构漏气的现象。

6.3.2 连接结构抗蠕变性能

蠕变指的是材料在恒定应力长期作用时,形变随时间的增加而不断增加的现象。高分子材料的粘弹性决定了其在一定应力作用下,即使应力低于弹性极限,材料也会随时间而发生缓慢的塑性变形[222]。囊体材料和连接结构在长期使用过程中应能保持飞艇外形,避免产生较大蠕变[223]。

高分子材料的蠕变行为受载荷、温度的影响,表现出明显的时间—温度等效特性。我们可以通过研究连接结构的蠕变行为,预测浮空器囊体连接结构的长期使用安全性。囊体材料连接结构的蠕变性能可以使用高温蠕变性能测试仪进行测试评价,测试设备和样件状态如图 6-13 所示。

图 6-13 连接结构蠕变性能测试状态

蠕变试验的主要参数是温度和载荷。蠕变试验温度范围一般选择室温至80℃,载荷范围一般选择在囊体材料拉伸强度的20%~60%。通过记录样件发生蠕变破断的时间,合理评估连接结构的使用寿命。具有优秀抗蠕变性能的连接结构需要在较高使用温度、较高载荷(艇体设计的最大载荷)条件下,持续负载长时间而不发生较大的形变,更重要的是,不发生蠕变破断。

日本国家航空航天实验室[12]开发并测试了高比强度织物制备的囊体材料。通过使用超高分子量聚乙烯纤维、聚苯并噁唑纤维和聚芳酯纤维作为承力层织物纤维载体,在面密度为230g/m²的条件下获得了不小于1000N/cm的拉伸强度。该实验室还评估了部分囊体材料焊接/黏合结构的接头位置的强度,特别是高温焊接结构的拉伸强度和蠕变性能。图6-14显示了囊体材料焊接结构在高温环境下的蠕变特性。前期的测试结果表明,虽然在高性能纤维中,Zylon(PBO)纤维具有最佳的蠕变性能,在室温下60%的断裂载荷下蠕变失效时间为2年。然而,当处于高温蠕变环境时,囊体材料焊接结构的蠕变破断时间则短得多。在70℃下和20%断裂强度载荷状态下,焊接结构蠕变破坏时间为69天。在70℃下和35%断裂强度载荷状态下,焊接结构仅能维持7天。

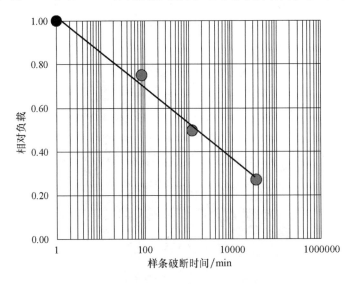

图6-14 囊体材料焊接结构在高温环境的蠕变特性

第 7 章 囊体材料加工制造技术

囊体材料是一种多层结构形式的柔性高分子复合材料,其中包括有机纤维织物、黏合剂、阻隔性树脂、耐候性树脂、热塑性弹性体等多种聚合物材料,涉及织物编织技术、树脂专用料制备技术、功能膜制备技术、多层材料复合技术等多项加工工艺技术。

织物编织技术、树脂专用料制备技术、功能膜制备技术属于功能性原材料制备技术,囊体材料制造者可以从拥有相关技术产品的企业直接订购或者特殊定制满足设计要求的织物材料或功能膜材料。一些功能膜材料如耐候性的聚氟乙烯(商品名称 Tedlar)、阻隔性的聚酯(商品名称 Mylar)是美国 DuPont 公司的垄断产品,国内多家企业也有多种规格的聚氟乙烯、聚偏氟乙烯膜材料和多种规格的市售聚酯膜材料,都能够应用于囊体材料制备。

囊体材料的技术关键在于多层材料复合技术。在复合加工技术方面,大体上可以分为熔融法和溶液法两种不同的技术路线。熔融法主要采用挤出涂覆或层压复合技术实现耐候性和阻隔性功能膜与承力织物间的复合,溶液法主要采用涂层复合技术实现功能膜与承力织物间的复合。囊体材料制造者可以根据自身所拥有的技术优势和设备情况,灵活地选择和运用加工制造技术。

7.1 承力层织物编织技术

7.1.1 承力层织物设计方法

囊体材料的承力层是由优选的纤维经一定方式编织而成的织物。织物编织指的是按照囊体材料强度要求进行设计,利用纺织机械,将优选的高比强度纤维纺织为囊体材料所需承力层织物的过程。承力层织物一般由经向和纬向纱线组成,沿织物长度方向的纱线称为经纱,与经纱垂直排列的纱线称为纬纱,经纱与纬纱互相浮沉交替,进行交织以形成织物。织物的组织结构是指经纱和纬纱在织物中的几何形态。所用纱线纤维细度、密度的配置和经纬纱线的组织情况都是织物组织结构的设计参数[8,224-229]。

1. 纤维细度

适用于囊体材料承力层织物的纤维是长纤维,不同细度的纤维会影响织物的性能。纤维细度是指用纤维的直径或截面面积大小表达的纤维粗细程度,可使用单位长度的质量(线密度)来表示纤维细度,习惯性的表示方法有特克斯和旦尼尔。特克斯和分特克斯是标准单位,旦尼尔是非标准单位。

特克斯(tex)是指在公定回潮率状态下,1000m 长纱线重量的克数,它是定长制单位,克重越大纱线越粗,常用来表示纱线的粗细程度。

分特克斯(dtex)简称分特,是 10000m 长纱线在公定回潮率下重量的克数,1dtex = 1g/10000m。

旦尼尔(D)是公定回潮率状态下,9000m 纱线或纤维所具有重量的克数,它是定长制单位,克重越大纱线或纤维越粗。

2. 密度的配置

经向和纬向纱线密度的配置与囊体材料的强度设计有关。囊体材料的强度取决于承力层织物的强度,承力层织物强度取决于其面密度和所用纤维的断裂强度。

纱线属纤维集合体,纱线的断裂强度单位一般用 cN/dtex 表示,表示单位细度条件下纤维的断裂强度。其中,N 是牛顿,cN 即厘牛顿,应用在纺织业中实际上指的是应力,即 1g 物质重力,可表示为 gf。可以表征断裂强度的单位还有 GPa(吉帕斯卡)、MPa(兆帕斯卡)等,Pa 是单位面积上的力。

tex、dtex、D 都是线密度(即质量/长度),线密度要换算面积,需要知道材料的密度。在计算囊体材料承力层面密度时,一般采用纤维的线密度情况下的断裂强度(常用的是 cN/dtex),利用单丝纤维的强度,乘以该方向(经向或纬向)每厘米内的纱线支数,即可得到织物的理论力学强度。根据线密度和每厘米内的纱线支数,即可得到该方向纤维的面密度。利用经向纤维面密度和纬向纤维面密度之和,即可得到承力层织物面密度。经纬向面密度的配置需要按照囊体材料的设计力学强度进行分配,一般会采取经纬向强度一致的方式进行分配。

3. 织物的组织结构

织物的组织结构是指在织物内经纱和纬纱相互交错或彼此浮沉的规律。在经纱和纬纱相交之处,即称为组织点(浮点);凡经纱浮在纬纱上,称经组织点(经浮点);凡纬纱在经纱上,称纬组织点(纬浮点)。当经组织点和纬组织点浮沉规律达到循环时称为一个组织循环(或一个完全组织)。

在纺织学领域,具有多种织物组织方法,适用于囊体材料承力层织物的组织方法范围非常窄,常见的有平纹编织、缎纹编织和经编编织方法3种。

1)平纹织物

用平纹组织织成的织物称为平纹织物。它是由经、纬纱一上一下相间交织而成,如图7-1所示。这种布的特点是交织点多、质地坚牢、挺括、表面平整、较为轻薄、耐磨性好,平纹组织是所有织物组织中最简单的一种。

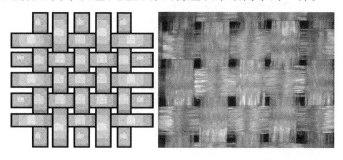

图7-1 平纹织物组织结构图

以平纹组织为基础,沿经或纬向或同时沿经、纬两个方向延长组织点,使组织循环扩大,能演化出许多平纹变化组织,如经重平、纬重平和方平组织。用这些组织可织造多种类型和性能特点的织物。与其他类型的组织结构相比,平纹织物结构最为简单。在相同纤维细度和相同织物面密度条件下,平纹织物的撕裂强度较小,而方平织物的撕裂强度相对较大。

2)经编织物

多轴向经编织物除了在纵、横方向,还可以在多达5个任意方向上衬入不成圈的平行伸直纱线,通过引入针织捆绑纱,固定束缚纱线,形成平面织物结构。双轴向经编织物可以认为是多轴向经编织物的特殊情况[225-229]。多轴向经编织物的剪切性能较好,四轴向经编织物的纱线强力利用率大于双轴向经编织物,这说明铺层越多,织物越厚,尺寸越稳定,纱线越不容易产生滑移,其强力利用率也越高。图7-2显示了多轴向经编织物的外观示意图和纺织状态示意图。

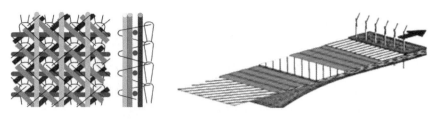

图 7-2 经编织物结构示意图和纺织状态示意图

在浮空器囊体材料的多层结构中,防护层、黏合层和热封层的基体材料一般采用热塑性聚合物膜材料,这些膜材料的强度远低于织物,而断裂伸长率远高于织物,因此囊体材料的抗撕裂性能主要取决于织物。囊体材料的抗撕裂性能受多种因素影响,其中,织物的组织结构及其纱线固有的应力作用下的响应特性也影响囊体材料的抗撕裂性质,几种国内外囊体材料的撕裂强度对比列于表 7-1。其中,3216L 是主气囊材料,FL042 是副气囊材料,对比材料为主气囊材料。

表 7-1 几种国内外囊体材料的撕裂强度比较

项目	FL042(美)	3216L(美)	对比-1#	对比-2#	对比-3#
织物	涤纶	涤纶	涤纶	涤纶	芳纶
编织方式	平纹	平纹	经编双轴向	经编双轴向	平纹
拉伸强度 kg/cm	36/30	44/40	50/40	28/26	40/36
撕裂强度 N	125/86	622/464	676/684	255/224	194/139

由表 7-1 的测试结果可以看出,影响囊体材料抗撕裂性能的主要因素包括织物的编织方式、纱线的种类和强度和囊体材料的制造工艺。相对于平纹织物而言,采用经编双轴向织物的囊体材料在外力作用下,裂口处形成的应力集中区域较大,能够吸收较多的能量,从而抵抗撕破的持续进行,因此表现出良好的抗撕裂性能,如图 7-3 所示。

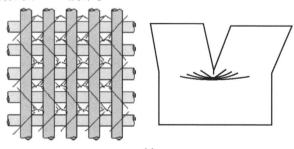

(a)

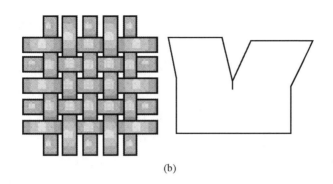

(b)

图7-3 不同编织方式的织物结构及裂口处应为集中区域示意图

(a)经编织物;(b)平纹织物。

3) 平铺非织造布

从平纹织物这种机织物的结构中可以看到,经纱和纬纱相互交错或彼此浮沉呈波浪形,而不是直线。由于经编织物中纱线在织物中是平直状态而不像机织物那样呈起伏交织状态,所以纱线沿长度方向的强度能完全利用,比起机织物来说,它在纤维的强度利用率方面具有很明显的优越性。

作为囊体材料高技术的体现,比强度(强度/重量)是最重要的性能指标。美国 ISIS 飞艇研制过程中,Cubic Tech Corp 设计的囊体材料中经向和纬向(或斜向)纤维间采用平铺的形式组合,与传统机织物相比,由于避免了纤维编织产生弯曲而导致的强度损失,能够最大限度地发挥所有纤维的本体强度,如图7-4所示。这种结构设计可以更好地实现轻量化和高撕裂强度设计。更重要的是,在囊体材料制备过程中,纤维的排列方向可以依照艇体结构中受力方向的不同而有所调整,能够最大限度地发挥纤维的强度利用率[8]。

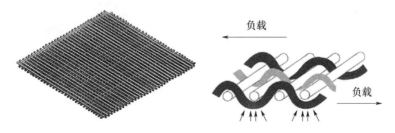

图7-4 纤维平铺的组合形式与平纹织物示意图

7.1.2 承力层织物纺织工艺简介[224,226]

目前,国内外囊体材料都选择机织物作为承力层织物。囊体材料承力层织物是由纺织纤维或纱线制成的柔软而具有一定力学性质和适当厚度的纺织品。按照加工工艺,织物主要分为机织物、针织物和非织造织物三大类。根据囊体材料的特点,要求织物具有高强度和高形状保持性。

机织物通过交织两组或更多组纱线制造。织物结构可以通过具体的织造参数如织造设计、覆盖系数、纤维和基质的特性以及织造过程中引入的因素如加捻等来改变。机织物可以二维或三维生产。二维织物中的经纱和纬纱交错成 90°,织物的设计可以使用不同的交织形式来实现,如可以是平纹、方平、缎纹等。相同强度条件下,二维织物重量相对更轻并且生产成本低。除经纱和纬纱外,三维编织还使用了另外的第三种 Z-纱。Z-纱线通过将经纱和纬纱互连穿过织物的厚度来提供尺寸完整性。正交、多层和角度互锁是三维编织织造中使用最广泛的结构。

图 7-5 是机织设备结构组成示意图。根据引纬方式的不同,织机可分为有梭织机和无梭织机。前者靠梭子来穿引纬纱,后者则是革除了梭子。其中,靠剑状杆来引纬的称为剑杆织机,靠喷射气流来引纬的称为喷气织机,靠喷射水流来引纬的称为喷水织机,靠片状梭夹来引纬的称为片梭织机。常用于囊体材料承力层织物织造的主要是喷水织机、喷气织机和剑杆织机。图 7-6 所示为某型号剑杆织机照片。

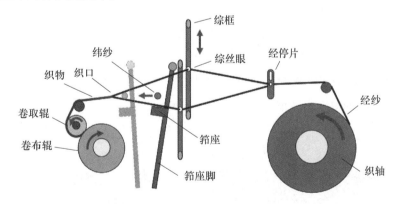

图 7-5　机织设备结构组成示意图

在承力织物织造过程中,经纱与经纱之间、经纬纱之间、经纱与织机上各种接触物件之间反复发生着纵向、横向地磨擦和弯曲,必须对经、纬纱进行制造前准备,以达到提高经、纬纱的工艺性能。机织织物生产流程示意图如图 7-7 所示,机织织物生产使用的经纱和纬纱分别经过处理,经纱进行络筒、整经、浆纱和穿经等流程。如果囊体材料承力层织物所使用的高强纤维原纱具

图 7-6　剑杆织机

有较低的粗糙度,可以不经过浆纱流程;纬纱需经过络筒、热定型和卷纬等工艺过程。囊体材料使用的高强纤维原纱可以直接用于纬向的编织,不需要经过这些流程。织造后,需进行退浆和整理工序,检验合格后,可以用于后续的复合加工。

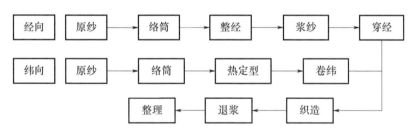

图 7-7　机织织物生产流程图

7.2　树脂专用料制备技术

囊体材料中的功能膜材料主要包含耐候性膜、阻隔性膜、热封性膜,这些功能膜材料的制备方法主要有吹膜法、流延法、涂层法等。制备功能膜之前,需要预先制备好树脂专用料,也就是对商品化基体树脂进行必要的改性,通过添加功能性添加剂使之能够满足囊体材料所需的功能化设计。

PVF 的耐候性优良,经过光屏蔽、表面功能等多方面改性的 Tedlar 膜材料是美国 DuPont 公司的专利产品,有多种规格可供选用,可以直接应用于中低空浮空器囊体材料的耐候层。市售的聚氨酯等商品化树脂一般难以直接应用于囊体材料功能层,需要根据所需功能性设计要求,对商品化树脂进行改性加工,制备可用于功能层材料加工的树脂专用料。树脂专用料的制备涉及耐候性、光热控制性、阻隔性、耐磨损、阻燃性、可加工性等多种功能性添加剂,需要专业的知识、成功的经验和大量的试验验证作为支撑。

7.2.1 聚合物改性技术

聚合物材料改性的原则是要在保持其原有优异性能的前提下,赋予其新的功能。然而,由于改性聚合物材料的形态、结构与性能之间的关系有着诸多可设计性和影响因素,当采用某种方法改善某种性能时,也可能引起其他性能的变化。因此,在树脂专用料的组成配方设计、加工工艺参数设计和实施方案过程中,必须防止聚合物材料有价值的性能受到过多影响,在相互矛盾的复合效应中求得综合平衡[230]。

聚合物材料改性的含义很广泛,在改性过程中既可以发生物理变化,也可以发生化学变化。物理改性主要是靠不同组分之间的物理作用(如吸附、络合或氢键等)以及整个组分本身的形态变化而实现改性目的。在物理改性过程中不发生化学反应或只发生极小程度化学反应。化学改性是指在改性过程中聚合物大分子链的主链、支链、侧链及大分子链之间发生化学反应的一种改性方法。

聚合物改性技术的方法包括添加剂改性、共混改性和接枝改性。改性的目的是制备使用性能更加优良的新型聚合物材料。

1. 添加剂改性

添加剂改性是指在聚合物基体中加入小分子无机物或有机物,利用添加剂的特殊作用取得某种预期性能的一种改性方法。这种聚合物改性方法简单实用、效果明显、应用广泛。

常用的添加剂有增强剂、阻燃剂、成核剂、加工助剂等无机添加剂,以及增塑剂、稳定剂、抗氧剂、阻燃剂等有机添加剂[231]。

各种添加剂的改性目的主要包括降低成本(添加各种价廉的无机、有机填料)、提高强度(添加各种增强纤维或刚性粒子)、提高韧性(添加增塑剂或超细粒子等)、提高阻燃性(添加金属氧化物、金属氢氧化物、无机磷、有机卤化物、有机磷化物、有机硅及氮化物等)、延长使用寿命(添加各种抗氧剂、稳定剂等)、改善加工性(添加增塑剂、热稳定剂、加工助剂等)、增加耐磨性(添加石墨、二硫化钼、二氧化硅等)、改善结晶结构(添加成核剂)、改善抗静电及导电性(添加抗静电剂及导电性纤维和粒子)等。

2. 共混改性

聚合物共混物通常是指含有两种或两种以上的聚合物体系,共混物的研究与应用有诸多的书籍和文献可供参考[232]。通过聚合物共混技术将不同性能的聚合物材料共混,利用不同聚合物材料在性能上具有的互补性制备使用性能优良的新型聚合物材料,还可以将价格昂贵的聚合物材料与价格相对低廉的聚合物材料共混,在不降低或略微降低前者性能的前提下降低生产成本。共混改性过程可以借助多种设备如挤出机、混炼机等采用熔融共混方式完成,也可以借助各类搅拌或溶解设备采用溶液共混方式完成。

聚合物共混物的形态结构可以是"海岛"结构,即分散相以颗粒状(或棒状或椭球状)形式分散于连续的基体相中;也可以是纤维化结构,即分散相呈纤维状分散在基体相中;还可以是层化结构,即分散相呈二维薄片的层状形式分散在基体相中。其中,合适的层化结构有利于获得具有高阻隔性功能的共混物材料。

3. 接枝改性

化学接枝改性方法是利用聚合物主链上的反应基团与被接枝的单体或大分子链发生化学反应,形成的接枝共聚物的性能决定于主链和支链的组成、结构和长度以及支链的数目等因素。接枝改性在聚合物材料的化学改性中占有重要的地位,其常用的制备方法有链转移接枝和辐射接枝等。

接枝共聚物不仅能够与相应的均聚物共混,改善均聚物的性能,还能通过接枝的反应性基团发挥增容剂的作用,促进聚合物多项体系间的相容性。

7.2.2 高阻隔性聚氨酯弹性体

TPU 材料是用于制备囊体材料的中间层、热封层的基体树脂,还可以作为耐候性要求不高的耐候层基体树脂使用。但是聚氨酯弹性体材料的气体阻隔性能并不理想,通过改性加工,在保证 TPU 的弹性体特性的前提下增强其阻隔性能,是囊体材料技术研究的重要方向。

增强聚氨酯弹性体阻隔性能主要有共混法、纳米复合法、交联法等几种方式。

1. 共混法提高聚氨酯弹性体阻隔性能

聚合物材料中,PVA、PVDC、EVOH 等几种材料具有高阻隔性,而且这几种材料的熔融加工窗口与 TPU 相近。可以研究制备以 TPU 为基体,以上述几种聚合物分别为分散相的共混物。在共混过程中,通过对共混体系内相态结构进行调控,对加工条件进行有效控制,实现高阻隔分散相形成层状分布的理想状态,制备具有层化结构的高阻隔性的聚氨酯弹性体材料。增强聚氨酯弹性体阻隔性能的研究方法如图 7-8 所示。

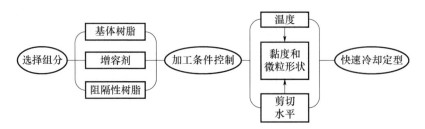

图 7-8　增强聚氨酯弹性体阻隔性能的研究方法

高秀梅[233-235]等研究了 TPU 与两种不同规格的 EVOH(E105B、E171B)共混体系的氦气相对渗透系数。TPU/E105B 和 TPU/E171B 两种共混物的相对气体渗透系数均随 EVOH 含量的增加而降低。当 EVOH 的含量为 50wt% 时,两种共混物的相对气体渗透系数表现出明显的差异。在此共混比例下,TPU/E105B 共混物表现出层状相形态,延长了气体的扩散路径,从而促使共混物的气体渗透性明显降低(图 7-9)。

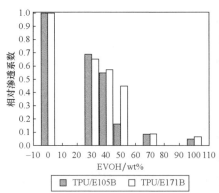
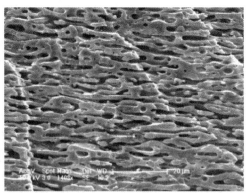

图 7-9　TPU/EVOH 共混物的相对气体渗透系数和共混物的层状结构形态

2. 层状纳米材料提升聚氨酯弹性体阻隔性能

聚合物/蒙脱土纳米复合材料可以在蒙脱土用量非常小(0.5wt% ~5wt%)的情况下即可使材料的力学、热学等物理化学性能相比于纯的聚合物得到非常显著的提高。在熔融共混过程中,插层剂使得蒙脱土(OMMT)颗粒能够更有效地被聚合物劈开,成为更小的粒子,更有利于高分子长链进入蒙脱土夹层,从而进一步扩大片层距离,甚至使蒙脱土片层被完全剥离,使蒙脱土在聚合物基体内分散得更加均匀。

盛德鲲等[236-238]研究了聚氨酯/蒙脱土复合材料的结构与性能,采用了4种带有不同插层剂的有机改性蒙脱土,称为 I.28E、I.30P、I.34TCN 以及 I.44P(图7-10)。I.28E 的插层剂为只有一个烷基长链的季铵盐;I.30P 的插层剂为带有烷基长链的氨阳离子,它可以与聚氨酯分子链间形成氢键而不会有太大的位阻;I.34TCN 插层剂带有两个羟基;I.44P 的插层剂为带有两个烷基长链的季铵盐。

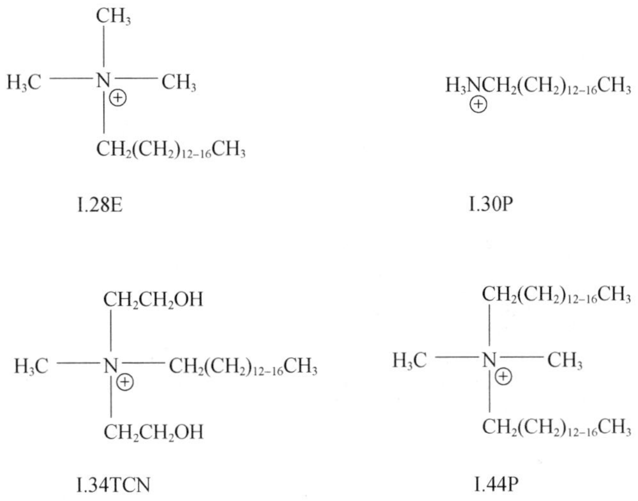

图 7-10 4 种有机改性蒙脱土阳离子插层剂结构

图 7-11 是 3wt% 蒙脱土含量的 TPU/OMMT 薄片的透射电子显微镜(TEM)照片。照片中长度约为 300nm 的黑色线条即为蒙脱土片层。在 TPU/I.28E 复合材料内,可以观察到一些剥离的单独的片层和插层结构的片层组成的团聚体;在 TPU/I.34TCN 和 TPU/I.30P 复合材料内,大多数的蒙脱土以单独的一个片层或者两个片层均匀分散;I.44P 的分散性最差,它的聚集体为 4 种蒙脱土中最长、最厚的,片层间距为 3~4nm。

图 7-12 中可以看出,TPU/OMMT 复合材料的相对气体透过率随蒙脱土含量增加逐渐降低,在蒙脱土含量为 10wt% 时,降低了 35%~40%。图中的虚线是长径比分别为 15、20、35 和 50,利用 Nielsen 模型拟合而得的相对气体透过率-体积

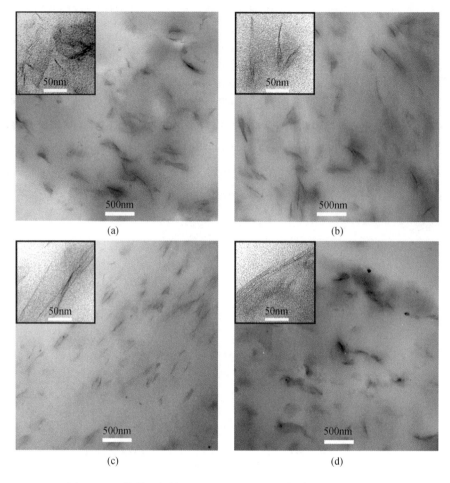

图 7-11 蒙脱土含量 3wt% 的 TPU/OMMT 复合材料 TEM 照片
(a) I.28E;(b) I.30P;(c) I.34TCN;(d) I.44P。

分数曲线。它们在一定程度上分别与 TPU/I.44P、TPU/I.28E、TPU/I.30P 和 TPU/I.34TCN 相符合,特别是蒙脱土含量较低的时候;当蒙脱土含量高时,其分散性变差,导致团聚体的长径比变小,相对阻隔系数与模拟曲线偏离。

在聚合物/层状纳米复合材料中,由于层状纳米材料(如石墨烯、蒙脱土、云母、钙钛矿等)在一定驱动力作用下能碎裂成纳米尺寸的结构微区,其片层间距一般为纳米级,可容纳单体和聚合物分子,它不仅可让聚合物插入夹层,形成"插层型纳米复合材料",而且可使片层剥离后均匀分散于聚合物中形成"剥离型纳米复合材料"。目前,这种聚合物/层状纳米复合材料的阻隔性能研究结果还不理想,还存在很多基础和工艺上的问题。可以预期的是,在不久的将来,能

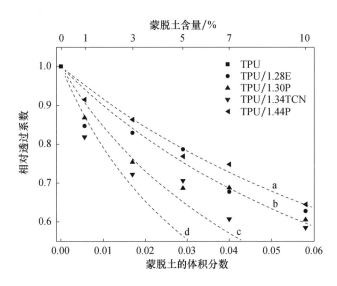

图 7-12　TPU/OMMT 复合材料氧气阻隔性能（虚线是 Nielsen 模型）
（a）长径比为 15；（b）长径比为 20；（c）长径比为 35；（d）长径比为 50。

够应用于飞艇囊体材料的聚氨酯弹性体/层状纳米复合材料的阻隔性能将会有数量级的提升。

7.2.3　耐候性聚氨酯弹性体

飞艇长期工作的特殊环境对于囊体材料性能有很高的要求,如质量轻、强度高、高气体阻隔性、优异的耐候性等。作为中间层和热封层的聚氨酯弹性体材料本身的耐候性较弱,需要对其进行耐候性增强改性,使其能够对自身和内层的承力织物层纤维材料形成保护。

紫外光射线的波长范围介于 200~400nm,整个波长范围可以细分为 UVA（320~400nm）、UVB（280~320nm）、UVC（200~280nm）三部分。其中,地面上 UVC 范围内的辐射几乎可以被臭氧层全部屏蔽,但是平流层的 UVC 对材料具有极强烈的影响;UVB 对于地面上的聚合物材料有最严重的危害,会加速材料分子的光分解和光氧化反应,使分子链发生降解,最终影响材料的力学、光学等使用性能,减少材料使用寿命;UVA 范围内的辐照能量小于 UVB,可使聚合物材料发生黄变。

目前,已经通过多种实验方法将不同有机紫外线吸收剂（二苯甲酮类、苯并三唑类、三嗪类等）、无机纳米粒子（二氧化钛、二氧化硅、二氧化铈、二氧化锌等）等耐候性添加剂引入聚合物材料基体内部。此外,随着研究的不断进展,聚多巴胺、碳量子点、木质素、氧化石墨烯等新型的紫外线吸收剂逐渐被发现及应用[239-245]。

提高聚氨酯弹性体材料的耐候性需要添加相应的稳定剂,稳定剂包括热稳定剂和光稳定剂,光稳定剂主要包括紫外吸收剂和受阻胺类光稳定剂。热稳定剂和光稳定剂复配使用,可以达到良好的耐候性效果。

聚氨酯弹性体的耐热氧化性能较差,受热易氧化变色,尤其是芳香族类聚氨酯,极易发生黄变,所以抗氧剂在聚氨酯原料中间体及制品生产中是常用的助剂。较常用的有2,6-叔丁基-4-甲基苯酚(抗氧剂-264)、四(4-羟基-3,5-二叔丁基苯基丙酸)季戊四醇酯(抗氧剂-1010)、3,5-二叔丁基-4-羟基苯丙酸十八酯(抗氧剂-1076)、亚磷酸三苯酯(TPP)、亚磷酸三壬基苯酯(TNP)等。

紫外线吸收剂的加入可以大大地改善 TPU 的光稳定性能,减缓其老化降解速度,延长材料在所处环境中的服役时间。适用于 TPU 的紫外线吸收剂主要有二苯甲酮类和苯并三唑类,它们可以吸收一定波长范围的紫外线,通过自身结构的改变,将有害的紫外辐照转变为热能形式而释放,从而对聚合物材料形成保护。另外,将受阻胺和抗氧剂加入到聚合物材料中,亦能够有效地降低甚至抑制聚合物材料的光、热氧化反应速度,显著地改善材料的耐光、耐热性能,减缓材料的老化降解反应速率,延长材料的使用寿命。

刘凉冰[246]研究了聚氨酯弹性体的紫外线稳定性,归纳出影响聚氨酯弹性体紫外线稳定性的结构因素有软段类型(聚酯、聚醚)和硬段结构(二异氰酸酯、硬段质量分数)。聚酯软段的聚氨酯弹性体的紫外线稳定性优于聚醚软段的紫外线稳定性;脂肪族异氰酸酯比芳香族异氰酸酯的聚氨酯弹性体的紫外线稳定性好,透光性能佳。添加紫外线吸收剂和炭黑屏蔽剂,可以明显提高聚氨酯弹性体的紫外线稳定性,将抗氧剂1010、UV-765 和 UV-328 共用于聚氨酯弹性体,明显改善了聚氨酯弹性体的光稳定性。

孔明涵等[247]研究了影响聚氨酯弹性体紫外线稳定性的因素,结果表明,聚酯型聚氨酯弹性体的紫外线稳定性优于聚醚型聚氨酯弹性体;脂肪族聚氨酯弹性体的紫外线稳定性优于芳香族聚氨酯弹性体;添加光稳定剂、光屏蔽剂、抗氧剂三元复合稳定剂可以明显提高聚氨酯弹性体的紫外线稳定性;合理利用各种稳定剂的协同效应更可以大幅度提高聚氨酯弹性体的耐紫外线的性能。

7.2.4 具有光屏蔽功能的聚偏氟乙烯

PVDF 膜具有很好的耐紫外线辐射、耐磨损、耐弯折以及良好的热稳定性和机械性能,与聚氟乙烯(PVF)一样被视为耐候层的优选材料。纯PVDF薄膜呈高度透明状态,紫外及可见光透过率极高。但是,耐候层材料除了自身可以防老化外,还需要具有优异的紫外线屏蔽功能,从而阻隔紫外线辐照对于囊体材料中阻隔层、中间层和承力织物等内部功能层材料的破坏。因此,提高PVDF膜的光屏蔽功能是将其作为耐候层材料使用的先决条件。

1. 添加剂改性

二氧化钛(TiO_2)、氧化锌(ZnO)等无机粒子,因其高效的紫外吸收功能和可见光散射效应,是最常用于提高聚合物抗光老化性能的无机光阻隔剂。应用中的困难在于如何避免无机粒子的团聚对力学性能以及光屏蔽功能的影响。此外,大量无机粒子的使用也会使聚合物膜材料的面密度增大,因此,改性PVDF还应该在添加剂的用量、分散性与光屏蔽效应之间寻求有益的平衡。

李同兵等[248-250]研究结果表明,在二氧化钛粒子表面接枝与PVDF具有良好相容性的聚甲基丙烯酸甲酯(PMMA),可以改善二氧化钛粒子在PVDF基体中的分散;向二氧化钛/聚偏氟乙烯体系中加入微量炭黑,引入光吸收效应,可获得具有优异光屏蔽功能的PVDF膜材料。微量炭黑的加入可以显著提高复合膜的不透明度,当薄膜厚度为$20\mu m$时,二氧化钛体积分数为25%时,复合膜的对比率(CR)值为97.67%(小于完全不透明临界值98%),而引入炭黑浓度为$2\times10^{-4}g/cm^3$时,二氧化钛体积分数仅需10%,复合膜CR值为98.1%,达到完全不透明,且复合膜保持良好的白色外观。

图7-13给出了3种$PVDF/TiO_2$材料在不同TiO_2体积分数时的拉伸强度。简单填充的$TiO_2/PVDF$膜材料的拉伸断裂强度随TiO_2体积分数的增大而不断降低。这主要有以下两方面的原因。首先,未改性的TiO_2粒子与PVDF亲和性差,没有良好的界面黏接;其次,TiO_2粒子的团聚和不均匀分散导致材料拉伸强度下降。通过在TiO_2粒子表面接枝与PVDF相容性好的PMMA后,PMMA-g-TiO_2/PVDF材料的拉伸强度在TiO_2体积分数为25%以内基本保持不变。添加少量炭黑的CB/PMMA-g-TiO_2/PVDF材料也同样能够保持PVDF的拉伸强度。

光屏蔽试验结果表明,在相同的薄膜厚度($25\mu m$)下,CB/PMMA-g-TiO_2/PVDF与美国DuPont公司的Tedlar膜材料的紫外-可见光反射率、吸收率、透过率基本相同,如图7-14所示。这说明,CB和PMMA-g-TiO_2填充改性的PVDF在整个紫外光区(200~400nm)的透过率都趋近于零,在可见光范围内也具有极好的光屏蔽功能。

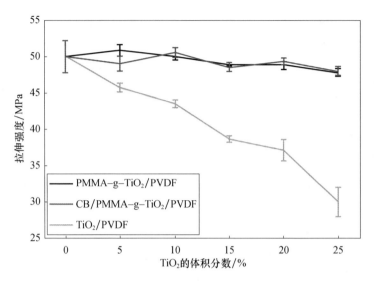

图 7-13 $TiO_2/PVDF$、$PMMA-g-TiO_2/PVDF$、$CB/PMMA-g-TiO_2/PVDF$ 材料的拉伸强度

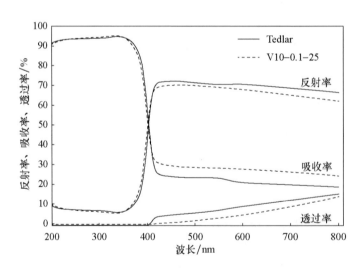

图 7-14 $CB/PMMA-g-TiO_2/PVDF$ 与 Tedlar 膜材料的紫外—可见光反射率、吸收率和透射率对比

2. 接枝紫外线吸收剂

紫外线吸收剂的加入可以有效地提高聚合物材料的紫外线屏蔽功能,防止紫外线辐照对于聚合物材料的破坏。但是,如果直接将小分子的紫外线吸收剂加入聚合物基材中,会导致这些紫外线吸收剂在聚合物材料的储存和长时间使

用过程中逐渐迁移、渗出,从而逐渐失去其对聚合物的保护作用。采用化学接枝的方法,将紫外线吸收剂与聚合物大分子通过化学键稳定地连接,可以有效地解决上述问题。

二苯甲酮类紫外线吸收剂是一种应用广泛的光屏蔽剂,已有多个品种商品化。其作用机理主要是分子受紫外线辐照时吸收能量,发生共振且分子间氢键被破坏,然后将紫外光能转化为较低的振动能并释放。

董莉等[251-256]合成了2,4-二羟基二苯甲酮(DHBP)紫外线吸收剂,利用钴源预辐照接枝的方法制备了含有紫外线吸收剂的 PVDF 接枝共聚物。首先对 PVDF 粉末进行$^{60}Co-\gamma$射线辐照,在分子链上形成大量可反应的位点。将预辐照过的 PVDF 与 DHBP 在微量混合流变仪中进行熔融接枝反应制备 PVDF-g-DHBP。该接枝反应具有较高的接枝率、反应易操作、实验条件易控制、对环境污染小、可大规模生产等优点。同时,反应过程中不需要引发剂,可以得到除单体均聚物外较纯净的接枝聚合物。

研究结果表明,DHBP 成功接枝到了 PVDF 上,接枝率达 8.29%。由图 7-15 可知,PVDF 接枝 DHBP 前后膜在紫外光区的透过率发生明显变化;纯 PVDF 膜在紫外光区(200~800nm)基本没有吸收,由于 DHBP 具有优异的紫外线吸收性能,接枝后制成的薄膜在 200~360nm 透过率降至 1% 以下;在对材料老化影响较大的 280~340nm 范围内薄膜的透过率降至 0.27%,表现出优异的紫外线吸收性能。利用氙灯老化仪对 PVDF-g-DHBP 进行老化测试,结果表明,老化 200h 后 PVDF-g-DHBP 力学性能及紫外线吸收性能几乎未发生变化。

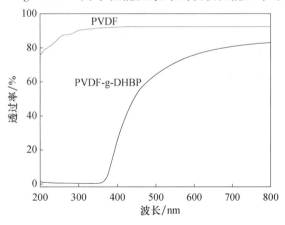

图 7-15　PVDF 和 PVDF-g-DHBP 接枝物的 UV-vis 透过率光谱图

此外，通过对 PVDF 粉末进行辐照，在分子链上形成大量可反应的位点，然后将其与苯并三唑类紫外线吸收剂 2-［2-羟基-5-［2-（甲基丙烯酰氧）乙基］苯基］-2H-苯并三唑（RUVA-93）进行熔融共混接枝，得到含 PRUVA-93 侧链的 PVDF 接枝共聚物。这种接枝物同样具有良好的紫外线屏蔽性能。

在分子链上接枝紫外吸收官能团可以有效提高材料的紫外线屏蔽性能，这种 PVDF 接枝共聚物可以作为囊体材料的耐候层使用，在新型囊体材料的研制中将发挥其优势作用。

7.2.5 专用料的挤出造粒和浆料制备方法

应用于共挤出吹塑或流延膜、挤出涂覆工艺过程的树脂专用料需要采用挤出造粒的方式制备，应用于涂层复合工艺过程的树脂专用料需要采用浆料制备方法。

1. 挤出造粒

由基体树脂和各种添加剂组成的树脂专用料的制备一般使用双螺杆挤出机完成，如图 7-16 所示。挤出机系统主要包括加料装置、机筒、螺杆、机头和口模等几个部分，其中螺杆结构是决定双螺杆挤出机输送、塑化与混合效果的关键部件。目前，双螺杆挤出机一般采用积木组合式螺杆，可根据需要任意组合，从而对不同的物料产生不同的输送、塑化和混合效果。此外，挤出机系统还包括一些辅助设备，如传送单元、冷却单元、牵引单元和切粒单元等。

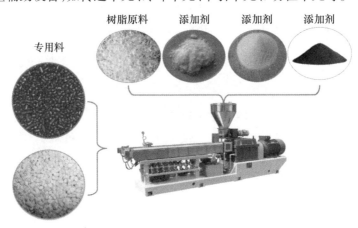

图 7-16 树脂专用料的挤出造粒示意图

挤出过程首先将固体状的树脂和各种添加剂原料从加料装置加入到机筒中，借助料机筒外部加热和螺杆转动的剪切挤压作用而逐渐实现熔融混合。物料在螺杆转动过程中进一步塑化均匀,在压力的推动下定量、定压、定温地被挤出口模。这个阶段是最主要和最重要的过程,根据树脂在机筒中的物理状态变化,可以将机筒分为固体输送区、熔融区和熔体输送区[257]。之后,已完成混合的专用料熔体被挤出口模、牵引、冷却、切粒,得到树脂专用料。

除螺杆组合形式以外,挤出过程中的加料速度、温度控制及螺杆转速是影响双螺杆挤出机配混质量的"三大要素"。一般而言,双螺杆挤出机要进行定量加料,一方面是为了防止主机"过载",另一方面是为了根据物料的加工特性和螺杆组合形式,通过调控加料量使挤出机达到最佳工作状态,实现最好的混熔效果。挤出机机筒各加热段的温度控制一般是根据物料的加工特性设定的,其温度分布曲线如图7-17所示。另外,螺杆转速主要影响物料的塑化和混合质量,一般高速双螺杆的剪切速率随螺杆转速的提高而增大,致使剪切发热、塑化和混合作用同时增大。

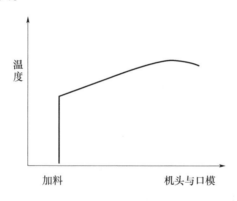

图7-17 双螺杆挤出机机筒温度分布

2. 浆料制备

简单地说,浆料制备是将聚合物、添加剂、溶剂等按组成配方配制成浆料,这种配制或混合是一个专业的过程,其重要性往往被忽视或低估,因为许多涂层加工过程中出现的缺陷或弊病都源于浆料的配制过程。

根据使用功能优选树脂和所需添加剂,优化和制定配方,然后将所用组成成分混合得到性能稳定、分散均匀的浆料,并且在储运和后加工过程中保持性质的稳定性。重点要注意添加剂的分散、浆料的黏度、混合过程中的过热和超压,有时还需要采用研磨等工序实现浆料内各组成成分的均匀分散。使用前需要对浆料进行过滤和脱泡处理。常用的浆料混合设备是常规或带有温度控制和压力控制的高速分散机,如图7-18所示。

图 7-18 浆料配制用的高速分散机

1) 聚丙烯酸酯浆料

聚丙烯酸酯类浆料是涂层织物常用的浆料,它的优点是耐候性好、透明度高、耐水洗、黏着力强、成本较低。聚丙烯酸酯类浆料一般由刚性组分(如聚丙烯酸甲酯等)和柔性组分(如聚丙烯酸丁酯等)共聚而成,主要单体有丙烯酸、丙烯酸甲酯、丙烯酸乙酯、丙烯酸丁酯等。为了提高其防水性能,必要时可加入丙烯酰胺和丙烯腈。聚合引发剂一般采用过氧化物(如过硫酸钾等)。

2) 聚氨酯浆料

聚氨酯是由软段和硬段两部分反复交变组成的嵌段聚合物,软段部分使聚氨酯柔软而具有弹性,由聚醚或聚酯二元醇构成,其分子量的大小,也可影响聚氨酯的软硬度;硬段使聚氨酯具有强度和弹性模量,由各种二异氰酸酯和扩链剂构成。根据软链段的不同,聚氨酯可分为聚酯和聚醚两大类。聚酯型耐光耐热性能较好,聚醚型具有很好的水解稳定性和抗微生物性能。

将聚氨酯和各种添加剂混溶在混合溶剂中,以形成稳定的挥发速率。混合溶剂一般为二甲基甲酰胺(DMF)和丁酮(MEK),固含量一般在25%~40%。浆料也可分为双组分和单组分浆料。单组分浆料有热塑性和反应性两大类。双组分浆料均为可反应的热固型,如干式复合所用黏合剂。

聚氨酯浆料的涂层成膜性能好、黏接力强,可以应用于囊体材料热封层和黏合层的制备。选择适宜的浆料,在轻量化限制的条件下,可以提高囊体材料的层间剥离强度。

7.3 功能膜材料制备技术

在聚合物功能膜材料的工业化生产中,吹塑、压延、流延等薄膜挤出工艺是最常用的工艺技术。耐候性 Tedlar 膜材料和我们所熟知的聚乙烯保鲜膜采用流延法生产,Mylar 膜材料采用双向拉伸流延法生产。对于囊体材料可能用到的聚氨酯、尼龙等功能层膜材料,均可以使用吹膜或流延等工艺制备而成。

7.3.1 共挤出吹膜

吹塑薄膜是利用挤出机将聚合物材料加热熔融,通过机头口模的环行间隙呈圆筒形均匀挤出,同时从机头中心孔向圆筒形膜腔内吹入压缩空气形成"膜管",将"膜管"吹胀成直径更大的管状薄膜,被牵引装置牵引上升,至一定距离成型后通过人字板和牵引辊夹拢,然后经过各种导向装置,最后经卷曲装置冷却收卷,如图 7-19 所示。通过"吹胀比"即"膜管"的直径和口模直径的比值衡量薄膜从口模出来后尺寸的变化。通过"吹胀比"、牵引速度控制"膜管"的直径和薄膜厚度。"吹胀比"和牵引速度需严格控制,以避免"膜管"不稳而容易起褶;口模加热不均匀、口模外风环冷却不均匀会导致薄膜厚度不均匀。挤出吹塑薄膜成型方法设备占地少、用工少、设备比较简单。吹塑薄膜厚度一般为 10~200μm。

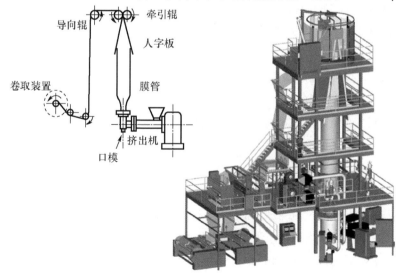

图 7-19 吹塑薄膜工艺流程及设备示意图

多层共挤出吹塑是多层复合膜材料的一种成型方法,它可以将两种以上的物料,使用两台以上的挤出机,分别熔融后经过各自独立的流道,进入多层口模共同挤出具有多层结构的"膜管",并成型为多层结构的复合膜材料。聚合物熔体之间的黏接与膜和膜之间的黏接完全是不同的两种类型。采用共挤出技术可以制备高品质的多功能复合膜材料,这种多层共挤出复合薄膜以其独特优异的性能在食品包装、医药、化学物品及工业、农业等多个领域得到越来越广泛的应用。

1. 专用螺杆设计

一般来说,挤出机螺杆通常分成 3 段:加料段、压缩段和计量段。加料段将聚合物固体颗粒、填料和添加剂从料斗处加入并加热混合输送到下一段。在压缩段,聚合物与其他组分熔融混合并均匀压缩向前流动。计量段将混合均匀的聚合物熔体输送到机头。螺杆的熔融段或压缩段必须很宽,且其螺槽变浅产生压缩。

应用于囊体材料的吹塑薄膜主要有 TPU、EVOH、PA、PVDF 等几种聚合物材料。挤出吹塑薄膜用挤出机内的螺杆设计要依据吹塑薄膜的聚合物原料来选择。

上述几种聚合物材料挤出吹膜时一般可以使用挤出聚乙烯、聚丙烯等材料的通用螺杆,但专用加工设备需要根据各聚合物的加工特性选择合适的螺杆设计,使聚合物材料能形成均匀的完全熔融和良好混合的熔体。对于上述几种聚合物材料,挤出机螺杆设计的长径比不宜过大,主要应在保证充分塑化的同时能够降低剪切力,防止树脂过热造成的裂解。同时,螺杆的流道表面有镀镍层或者镀铬并进行特殊抛光处理,以防止聚合物热降解产物对螺杆的腐蚀,以及便于在停机后的对残留物料的彻底清洗。

2. 囊体材料功能层吹膜实例

1) 聚氨酯弹性体薄膜

囊体材料的中间层和热封层使用的聚氨酯弹性体薄膜可以采用吹膜工艺制备而成。聚氨酯弹性体材料的熔融指数高、加工窗口较宽,利用吹膜工艺制备聚氨酯薄膜,可以经济、快速地进行生产制备。在聚氨酯膜材料制备过程中,首先要解决薄膜的快速冷却问题。聚氨酯属于弹性体,具有较高的黏度和比热容,难以进行快速有效的冷却,如果没有进行有效冷却,有可能会出现开口困难的情况,甚至聚氨酯膜可能会黏附于人字板和导辊处。因此,聚氨酯弹性体薄膜通常采用与聚乙烯共挤出的方式制备。聚乙烯/聚氨酯弹性体复合膜的厚度可以控制在 30~100μm,聚氨酯的厚度一般在 10~30μm,复合薄膜具有较好的平整度和均一性。

2）尼龙/聚氨酯弹性体复合膜

尼龙膜一般采用流延法制备，也可以采用吹膜工艺制备。应用于阻隔功能层的尼龙膜需要具有极高的平整度，厚度可以降低至 3~4μm，有效保证囊体材料的轻量化设计要求。尼龙的加工温度较高、加工窗口较窄，吹膜时应注意控制温度。加工温度过低，膜上会产生大量的晶点；加工温度过高，尼龙有可能发生降解，影响吹膜质量。

尼龙和聚氨酯材料之间具有较好的相容性，可以直接进行熔融共挤出吹膜，二者之间不需要胶黏剂功能层。吹膜工艺制备的尼龙/聚氨酯弹性体复合膜的厚度可以控制在 10~40μm，薄膜具有较好的平整度和均一性。熔融共挤出工艺制备的薄膜可以省去再次复合工序，节省了宝贵的面密度空间，而且可以确保两个功能层之间的界面结合强度，有利于囊体材料质量稳定性的提高和轻量化目标的实现。

7.3.2 共挤出流延膜

通过流延方法制备的聚合物薄膜，是先经过挤出机把原料塑化熔融，通过 T 形结构成型模具挤出，聚合物熔体呈片状流延至平稳旋转的冷却辊筒表面上，膜片在冷却辊筒上经冷却降温定型，再经牵引、切边后收卷。

挤出流延薄膜与挤出吹塑薄膜相比，薄膜透明度好、厚度均匀性好。与挤出吹膜形成的膜坯成管状不同，这种成膜方法的膜坯为片状。吹膜的膜坯是经过吹胀和牵引拉伸风冷定型，而流延膜的膜坯是在冷却辊筒上冷却定型。流延薄膜在挤出流延和冷却定型过程中，既无纵向拉伸，又无横向拉伸。用流延法成型的薄膜，厚度均匀性比吹塑薄膜更容易控制。

共挤出流延复合膜是利用 2 台以上的挤出机，通过一个多流道的复合机头，生产多层结构的复合薄膜的技术。共挤出流延机组主要包含挤出系统、薄膜成型系统、厚度检测与调控系统、电晕处理系统和收卷系统，如图 7-20 所示。这种方法对复合机头设计和工艺控制的要求高。近些年来，共挤出复合膜技术已发展成熟，多层复合薄膜的优点是：多层薄膜可一次性生产获得、不需要黏合剂、溶剂和相应装置，减少了生产流程；价格较高的特殊功能层可以加工成型成很薄的膜层，有利于降低成本；价格低的材料（如回收料）可以在芯层，而薄膜外层采用功能性好的材料，有利于降低成本；多样化的薄膜结构与性能设计可提高薄膜的质量，赋予薄膜特殊的多功能特性。

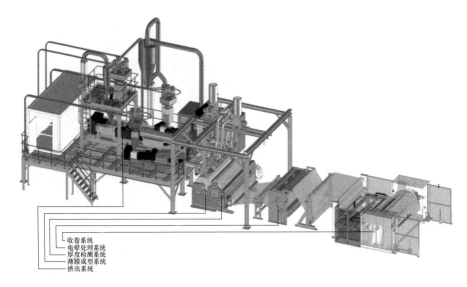

收卷系统
电晕处理系统
厚度检测系统
薄膜成型系统
挤出系统

图 7-20　共挤出流延膜机组[258]

共挤出流延膜是如今广泛使用的一种多层、多功能复合膜加工技术。以 5 层结构为例,挤出机有 3 台,A、B 和 C,可能的结构设计为 A/B/C、A/B/C/B/A。实际的多层结构为聚烯烃/黏合剂/高阻隔树脂/黏合剂/聚烯烃、聚烯烃/黏合剂/高阻隔树脂。

1. 流延膜工艺质量控制

在原材料质量保证的前提下,生产工艺是控制产品质量的关键。质量控制主要包括温度、生产线速度、厚度均匀性控制、分层分流控制、表面处理等。

1) 温度控制

针对不同的聚合物选择相应适合的各段温度设置,使聚合物粒料完全塑化,否则,膜上会出现晶点、条纹等缺陷。由于各层材料的塑化温度可能不同,挤出系统和成型系统的各段温度设置也需要相互协调,使各层材料的熔体黏度相接近,形成稳定流动的多层熔体。

2) 分层分流控制

多层共挤的分层由分流器实现,各种熔体通过分流器后将排列成所设计的结构,使之均衡稳定流出。除温度、螺杆转速调节外,还需通过调节分流器中各层流道的开合度使各层熔体流速基本一致,确保所生产的多层共挤出复合膜分层性良好。若调节不适当,各层流速相差较大时,可能产生涡流,严重影响复合膜的均匀度。

3) 生产线速度、厚度控制

按称量计算各层物料相应的螺杆转速和生产速度,通过控制螺杆转速和生产速度以达到各层厚度的均匀可控;横向截面厚度的控制由线上厚度监控系统直接反馈到成型系统,调节模头下方的模唇开合度,使薄膜厚度平整。这一过程一般是自动实现,也可以手动调节。

2. 囊体材料功能层流延薄膜实例

1) 聚氨酯弹性体流延膜

由于可以得到有效的冷却,流延法挤出聚氨酯弹性体膜在加工工艺上比吹膜法制备更为可行,制备的聚氨酯弹性体薄膜最薄可以达到 4μm,而且成型的聚氨酯弹性体膜材料均匀、整洁,在囊体材料的中间层、热封层中得到了大规模的应用。聚氨酯弹性体薄膜通常采用与聚乙烯共挤出的方式制备。聚乙烯/聚氨酯弹性体复合膜的厚度可以控制在 30~150μm,聚氨酯的厚度一般在 10~50μm 范围内。

2) 多层复合高阻隔膜

可进行多层结构设计是共挤出复合膜技术的优势。共挤出复合膜可以利用承载层树脂共同挤出,承载层树脂主要是聚乙烯或聚丙烯等聚烯烃材料,功能层树脂主要是 TPU、PA、EVOH 等囊体材料功能层常用树脂。黏合性树脂(AD)主要是沙林树脂等。

可实现的结构包括聚烯烃/TPU/PA/TPU、聚烯烃/TPU/PA、TPU/AD/EVOH/AD/TPU、TPU/PA/EVOH/PA/TPU 等结构的共挤出复合膜。一种典型的 7 层高阻隔性复合膜结构为聚烯烃/黏合剂/尼龙/EVOH/尼龙/黏合剂/聚烯烃,既利用了 EVOH 的高阻隔性能,又可实现成本的降低。这些多层复合结构的高阻隔膜可以实现高阻隔、轻量化、多功能于一体,比单层结构的薄膜具有更高的柔韧性和阻隔性能,可以更有效地实现囊体材料的耐揉搓性能。

共挤出复合膜中各层间界面相容性或相互间的黏合性至关重要。李艳霞等[259]利用共挤出流延机组(SML-2200 型,兰精公司)制备了热塑性聚氨酯(PUR-T)与尼龙 6 组成的 3 层结构复合膜材料,组成结构为 PUR-T/PA6/PUR-T,各层厚度为 20μm/15μm/20μm。研究结果表明,PA6 与 PUR-T 复合膜层间具有良好的界面相容性,研制的 PUR-T/PA6/PUR-T 复合膜的性能能够满足轻型浮空器囊体材料的使用要求,可用于制造浮空器囊体材料。

利用这种工艺具有层间界面复合强度高、生产工序少、能耗小、精度高、成本低的优势,借助于树脂专用料制备技术,还可以一次成型组成结构为"耐候层/阻隔层/中间层"的复合膜材料,使得囊体材料的制备过程更加简约化。

7.3.3 双向拉伸流延膜

塑料薄膜经双向拉伸后,拉伸强度和弹性模量可增大数倍。另外,薄膜的透明度、光泽度、气密性均得到明显改善。我们所熟知的 Mylar(聚酯,PET)膜、Tedlar 膜、EF-XL 膜都是商品化的双向拉伸薄膜。

1. 双向拉伸薄膜工艺流程

流延薄膜在沿挤出方向(纵向)和横向都没有被明显地拉伸取向,薄膜相对无取向性,这时在纵向和横向上表现出相对平衡的力学性能。如果牵引速度明显地大于挤出速度,则此时薄膜被沿纵向单向拉伸;如果薄膜也在横向做拉伸,则这时薄膜的拉伸取向是双向的。双向取向既可以用一个步骤完成,也可用两个连续的步骤完成,如图 7-21 所示。为了获得有效的取向,结晶聚合物必须在低于其熔点的温度下进行拉伸取向,拉伸取向后,薄膜将被冷却以获得稳定的取向特性[260]。

双向拉伸薄膜生产线是由多种设备组成的连续生产线,包括挤出系统、铸片单元、纵向拉伸单元、横向拉伸单元、牵引收卷与分切、控制系统等。用于拉伸的铸片应该是非晶型的,工艺上为达到这一目的,对结晶性聚合物(PP、PET)所采取的措施是在熔体挤出后立即急冷得到非晶型铸片,其中铸片的厚度一般为双向拉伸薄膜的 12~16 倍。双向拉伸过程中需要精确控制好挤出温度、纵向和横向拉伸温度、拉伸比、热处理温度。

2. 用于囊体材料的几种双向拉伸薄膜

我们所熟知的 Mylar 膜、Tedlar 膜、EF-XL 膜都是商品化的双向拉伸薄膜。其中,厚度 10μm 左右的 Mylar、EF-XL 膜可直接用于囊体材料阻隔层;厚度 35μm 左右的 Tedlar 可直接应用于囊体材料耐候层。

PVF 双向拉伸工艺与常规材料不同,由于 PVF 的熔点与分解温度基本一致,在加工中需要加入潜溶剂。所谓潜溶剂是指在室温下对 PVF 没有任何溶解能力,但 100℃以上可以部分溶解 PVF 的试剂。在制造 PVF 薄膜时将含潜溶剂的 PVF 挤出,挥发掉溶剂再进行双向拉伸得到 PVF 薄膜。如美国杜邦公司的 Tedlar 薄膜,可直接应用于囊体材料的耐候层。

PVDF 的加工温度范围和拉伸比一般通用材脂窄得多,加工难度较大。目前双向拉伸 PVDF 膜材料在光伏能源领域应用广泛,同时也适合应用于囊体材料耐候层。

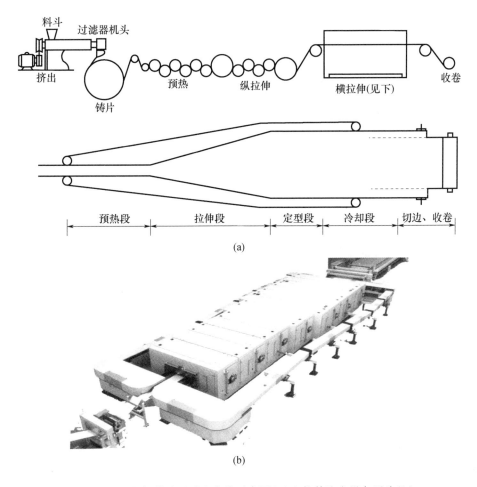

图 7-21 双向拉伸流延膜生产线示意图(a)和拉伸取向设备照片(b)

7.3.4 镀层技术

在真空中把金属、合金或化合物进行蒸发或溅射,使其在载体(基板、膜材等)表面上凝固并沉积的方法,称为真空镀膜。真空镀膜技术一般分为物理气相沉积(PVD)技术和化学气相沉积(CVD)技术。

物理气相沉积技术是指在真空条件下,将金属、合金或化合物气化成原子、分子或使其离化为离子,直接沉积到基体表面上的方法。物理气相沉积技术具有镀膜/载体结合力好、镀膜均匀致密、应用的靶材广泛、可制取成分稳定的合金膜和重复性好等优点。化学气相沉积技术是把含有构成薄膜元素的单质气体或化合物供给载体,借助气相作用或载体表面上的化学反应形成金属或化合物薄膜的方法。

1. 真空蒸镀技术

真空蒸镀金属薄膜是在高真空(10^{-4} mba 以上)条件下,以电阻、高频或电子束加热使金属熔融气化,在薄膜基材的表面附着而形成复合薄膜的一种工艺。被镀金属材料可以是金、银、铜、锌、铬、铝等,其中用途广泛的是铝。镀铝薄膜在食品包装领域已得到广泛应用。真空镀铝示意图如图 7-22 所示。

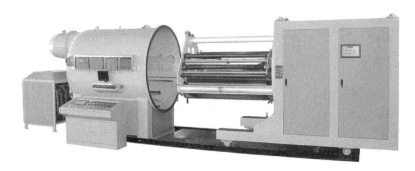

图 7-22 真空镀铝设备

1）真空镀铝技术特点

用于囊体材料上的真空镀铝薄膜具有以下特点。

（1）镀铝层厚度仅有几十纳米,载体增重很小。

（2）具有优良的耐折性、良好的韧性和气体阻隔性。

（3）具有极佳的金属光泽,光反射率可达 90% 以上,可有效提高囊体材料光热控制性能。

（4）镀铝层导电性能好,能消除静电效应能。

由于以上特点,镀铝薄膜成为一种性能优良、经济有效的囊体材料阻隔层,在许多浮空器上得到了有效的使用,如日本 SPF 计划研发的 Z4040T-AB 和 Z2929T-AB 囊体材料以及美国的 HALE-D 飞艇使用的囊体材料都采用了含具有镀铝的结构。

2）镀膜基材

常用的镀层基材有双向拉伸聚酯膜（BOPET）、双向拉伸尼龙膜（BOPA）、聚偏氟乙烯等。由于真空蒸镀工艺的特殊性,薄膜基材（载体）应满足以下几点要求。

（1）具有一定的强度和耐热性,需要能耐受蒸发源的辐射热和蒸发物的冷凝潜热。

（2）镀膜过程中,从基材上产生的挥发性物质要少。

（3）对蒸镀层的黏接性良好,通过对薄膜基材进行表面处理,以提高镀层的附着牢度。

3）蒸镀工艺

聚合物薄膜的蒸镀工艺一般是在基材薄膜表面直接蒸镀。在蒸镀前需对薄膜表面进行必要的电晕处理或涂布一定的黏合层,使其表面张力达到38dyn/cm以上或具有良好的镀层黏合性。将聚合物膜卷置放于真空室内,当真空度达到要求时,将蒸发舟升温至1300~1400℃,然后再把纯度为99.9%的铝丝连续送至蒸发舟上。调节好收放卷速度、送丝速度和蒸发量,开通冷却源,使铝丝在蒸发舟上连续地熔化、蒸发,从而在移动的薄膜表面形成一层光亮的铝层即为镀铝薄膜。

镀铝薄膜生产工艺流程如下：

基材放卷→抽真空→加热蒸发舟→送铝丝→蒸镀→冷却→测厚→展平→收卷

2. 非金属镀膜

非金属镀膜的蒸镀原料主要有 Si、SiO_x,也可以采用其他氧化物如 Al_xO_y、MgO、Y_2O_3、TiO_x、Gd_2O_3 等,其中最常用的是 SiO_x、Al_2O_3。蒸镀原料较高的气化温度产生大量的辐射热可能使得基材吸收过量的热能而发生热变形,影响质量。因此,软化点和熔点较低的塑料薄膜蒸镀效果较差,而 PP、PET、PA 等材料较适合氧化物镀膜加工。

氧化硅镀层 SiO_x 和其他金属氧化物镀层材料除了阻隔性能可以与前述镀铝膜材料相媲美外,同时还具有微波透过性好、耐高温、透明、受环境温度湿度影响小等优点。此外,氧化物镀膜技术用于囊体材料,可以在大幅度提高囊体材料阻隔性的情况下,不影响囊体材料的高频焊接工艺。

3. 新型镀膜技术

随着科技的进步,镀膜技术也在不断地发展。磁控溅射技术是PVD的一种,在真空中把金属、合金或化合物进行蒸发或溅射,使其在基材上凝固并沉积,具有精密控制、连续镀膜和附着力强等优点。此外,根据轻量化、多功能集成的新型功能膜材料的设计需要,可以在基材表面进行多靶材、多元素共沉积,体现可设计自由度大和高科技的特点。

薄膜与基材间的附着性能是制约镀膜使用性能的关键因素。表面处理等改善基材表面状态的方法是得到较好附着性能镀层薄膜的有效途径。通过增加成分或结构渐变的过渡层，形成结构为"功能镀层/过渡层/基材"的复合结构，能够实现更好的镀层/基材附着性能。现有 PVD 沉积薄膜的研究表明，在膜/基界面间都有过渡层的存在，且形式多种多样。这些界面过渡层的共同特点是与镀层和基材匹配性好，并能够在承受外力作用时起到松弛应力的缓冲作用。

利用多靶材连续共沉积镀膜方法可以获得具有多功能的集成镀层。这种集成镀层可以包含过渡层、阻隔功能层、耐候性功能层、耐磨损功能层等。在组合功能层表面涂覆一层耐磨性好的难熔金属或非金属化合物，形成一个化学屏障和热屏障，基材表面减少了与外界介质间的相互扩散及化学反应，使组合功能层具有硬度高、耐磨性好、耐热氧老化、摩擦因数小等特性。

7.4　多层材料复合技术

囊体材料中包含耐候层、阻隔层、承力织物、热封层等多个特殊功能层膜材料和织物材料，需要采用相应有效的复合技术将不同功能特性的膜和织物复合为一体。囊体材料的技术关键在于多层复合技术，一般可分为熔融法和溶液法两种不同的技术路线。熔融法主要采用挤出涂覆或层压复合技术实现多层复合，溶液法主要采用涂层复合技术实现功能膜与承力织物间的复合。

7.4.1　干式复合技术

干式复合技术是目前塑料包装材料领域最常用的加工技术，主要用于各类阻隔性膜材料（如尼龙、PET、铝箔、镀铝膜）、易于热封或印刷的吹塑或流延膜（如聚乙烯、聚丙烯）、纸张、无纺布等不同功能的卷状膜和片材之间的复合技术。这些膜或片材之间不能通过热熔方式复合，需要通过适当的胶黏剂相互黏接形成具有阻隔性、可热封、可印刷的多层结构复合膜材料。

干式复合技术具有复合强度高、稳定性好、操作简单，适用于多种材质等优点，产品应用范围广。干式复合设备主要包括放卷单元(1、7)、涂布单元(2~5)、烘箱(6)、复合单元(8~10)、收卷单元(11)、气路系统、张力控制系统等，如图 7 - 23 和图 7 - 24 所示。干式复合过程是在基材一上涂布一层溶剂型胶黏剂,经烘箱干燥除去溶剂,在适当加热和加压状态下与基材二复合的过程,由于它是在胶黏剂"干"的状态下复合的,故称为干式复合。其工艺流程如图 7-23 所示[261],通用设备照片如图 7-24 所示。

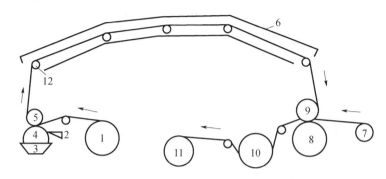

图 7-23　干式复合工艺流程示意图

1—第一基材放卷;2—刮刀;3—胶液槽;4—网纹辊;5,9—橡胶压辊;6—干燥烘道;
7—第二基材放卷;8—加热钢辊;10—冷却辊;11—收卷;12—传动导辊。

图 7-24　干式复合设备

1. 涂布系统控制

涂布单元主要由网纹辊、刮刀、胶槽和黏合剂、胶液循环系统等组成,涂布过程是将黏合剂均匀、连续地转移到基材上。涂布过程中黏合剂的配制和黏度控制相当重要,温度变化可能会影响到涂布量的变化。此外,还需要有效控制环境湿度,避免黏合剂长时间配置后失效。

2. 烘道温度控制

烘箱内部烘道温度控制一般分为 3~5 段,各段温度一般控制在 60~90℃,温度不能过高,避免基材在牵引张力拉伸下变形。烘道温度的另一控制点是风量,风量大小直接影响到溶剂的残留量。温度控制的原则是使基材在烘道中受热均匀、溶剂蒸发彻底。

3. 复合控制

复合单元由加热辊、橡胶压辊、冷却辊、汽缸加压调节装置组成。复合是将涂胶干燥后的基材一与基材二,在一定的温度、压力下复合在一起形成复合膜的过程。

基材与加热辊、橡胶压辊之间的角度称为复合角,复合角度可以调节,以实现预热、展平,防止夹入空气而形成气泡。

冷却辊采用水冷却,一是让复合膜冷却定型,收卷更整齐,不易皱;二是使黏合剂冷却,产生更大的内聚力,避免两种基材发生相对位移影响复合质量。

复合单元的温度和压力控制要均匀、稳定,因基材不同而需要适当调节。

4. 张力控制

张力控制是干式复合加工过程中的核心控制。复合机的张力控制包括放卷张力控制、复合张力控制、收卷张力控制,各段张力控制应该相互协调。对基材施加的张力过小,易产生皱纹和基材传送过程不稳定;张力过大可能导致基材过度拉伸变形和界面复合强度降低。

复合过程中张力控制的主要影响因素如下。

(1) 基材。厚薄均匀度,基材的卷径及偏心情况,膜卷重量。

(2) 环境条件。如温度、湿度等变化。

(3) 设备状态。导辊的转动、导辊间的平行度。

5. 熟化控制

熟化控制的是温度和时间。熟化过程是黏合剂的固化过程,就是把已复合好的薄膜放进熟化室内,在 50~80℃ 的温度下放置 3~5 天,使双组分聚氨酯主剂和固化剂在一定时间内充分反应,提高基材间的界面复合强度。

7.4.2 涂层复合技术

对于含有织物的材料,可以采用涂层复合技术[262-264]将功能性聚合物材料涂覆在织物上,赋予这种复合材料新的功能、新的用途。

涂层复合有一般有基材和聚合物涂层材料这两个加工对象。涂层是在基材表面均匀地涂布一层(或多层)聚合物材料,从而赋予基材一种或数种功能特性。其中,基材一般是织物、无纺布、纸张等;聚合物涂层材料主要有聚丙烯酸酯类、聚氨酯类、聚氯乙烯类、天然和合成橡胶类、有机硅类、氟树脂类等。涂层复合技术能够将织物等基材与这些聚合物涂层的使用功能结合在一起,形成多功能复合材料,为新材料开发提供了空间。

涂层厚度通常为微米到毫米量级,而在某些电子器件中应用的防反射涂层、抗划伤涂层、导电涂层的厚度小于微米量级。根据性能和应用要求的不同,涂层数从单层可到数层,甚至多达十几层。涂层复合技术已被广泛应用于电子、包装、运输、建筑等许多领域。

1. 涂布方式

涂布工艺的核心是涂布方式的选择。目前有上百种涂布方式在工业领域应用,使用者可以根据产品特性及应用要求,选择最佳涂布方式。

1)浸渍涂布

浸渍涂布法由来已久、应用广泛,其设备结构简单,易于推广应用。浸渍涂布工作原理如图7-25所示。被涂基材1绕经涂布辊3浸渍涂布液槽4中的涂布液2,向上牵引形成涂层基材。

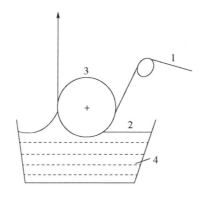

图7-25 浸渍涂布方式示意图
1—基材;2—涂布液;3—涂布辊;4—涂布液槽。

涂层厚度与涂布液的黏度、牵引速度成正比,即涂布牵引速度越快、涂布液黏度越大,则涂层越厚。

2)气刀涂布

气刀涂布法的原理如图7-26所示。基材1经导辊2后由涂布辊3带上涂料槽4中的涂布液,经过背辊5时由气刀6喷射出的气流将过量的涂布液吹落在收集槽7中。回流的涂布液在收集槽中经气液分离后,可送回涂料槽中循环使用。气刀涂布的涂布量与气刀射出的气流压力、喷射角度及与基材之间的距离有关,这些工艺参数可在实际操作中适当调控。

气刀涂布的适应范围较广,可在相对宽范围的涂布液固含量、黏度以及牵引速度下,获得较高的涂层质量。典型的气刀涂布运行参数条件如下。

(1) 涂布液固含量:<50%。

(2) 涂布液黏度:50~500mPa·s。

(3) 牵引速度:30~500m/min。

(4) 涂布量:<30g/m²。

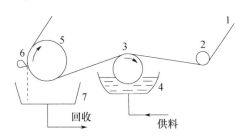

图 7-26 气刀涂布工作原理图

1—基材;2—导辊;3—涂布辊;4—涂料槽;5—背辊;6—气刀;7—收集槽。

3) 刮刀涂布

刮刀涂布是用特制的刮刀除去多余的涂布液,从而实现定量涂布。图 7-27 所示为软刃刮刀涂布的工作原理。相对于无接触方式的气刀涂布,刮刀涂布是一种直接接触的涂布方法,涂层有较高的平整度,不易受基材原有表面粗糙度的影响。

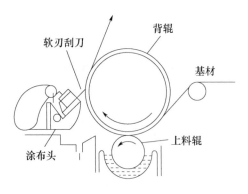

图 7-27 软刃刮刀涂布工作原理图

软刃刮刀涂布的工艺适应范围较广,牵引速度或车速可达 30~800m/min,涂布液固含量一般为 50%~60%,黏度约为 1000mPa·s,涂布量可在 6~30g/m² 范围内调节。

软刃刮刀材质是优质弹簧钢,厚度为 0.3~0.6mm,宽度约为 100mm。刮刀与背辊的接触角及接触压力均可进行调节控制。在高车速下,刮刀与被涂物料直接接触,易造成磨损,需要适时更换。刮刀与涂布基材间容易积累异物,需要适时清理,保持刮刀处的清洁,避免形成涂布条纹等缺陷和弊病。

4) 刮辊涂布

刮辊涂布工作原理如图 7-28 所示,旋转的金属刮辊将多余的涂布液刮下,从而达到所需的涂布量。金属刮辊由微型电机带动做主动运转,通常以 10~20r/min 的固定速度旋转,其旋转既可与基材牵引方向相同,也可反向。

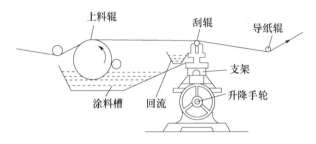

图 7-28 刮辊涂布工作原理图

刮辊涂布的车速适合于低黏度、低涂布量时应用,其车速可调节范围大,从几十米每分钟到上千米每分钟。

5) 辊式涂布

辊式涂布是由涂布辊和计量辊组成的定量涂布方法。根据不同辊数和不同组合方法,可以形成几十种辊涂方法。其中双辊涂布和三辊涂布工作原理如图 7-29 所示。双辊涂布的涂布辊从涂料槽中带上涂料,将部分涂料转移给涂布辊和背辊间隙处的基材。基材带走的涂料以及涂层表面状态取决于基材和涂布辊的相对速度、涂布辊与背辊之间的间隙、涂料的黏度和润湿特性等因素。三辊涂布的涂布辊将涂料从料盘中带到转移辊上,然后由转移辊转移到基材的表面。通过调整各辊运转的线速度及背辊与转移辊之间的间隙(或压力),可以调节涂布量。

6) 狭缝涂布和挤压涂布

狭缝涂布和挤压涂布的工作原理如图 7-30 所示,涂料由供料装置送入涂布模头的分液腔后,经阻流狭缝流出形成的涂布液桥转移到移动的基材上。狭缝涂布时涂布液的黏度和毛细管力是主导因素。涂布模头和基材之间的间隙很小,通常为湿涂布层厚度的 2~10 倍。挤压涂布的涂布间隙为湿涂层厚度的

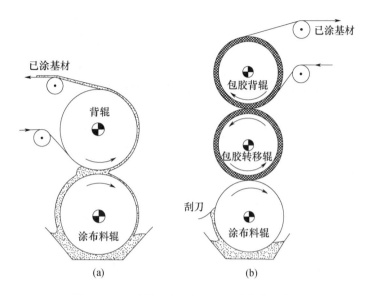

图7-29 双辊(a)和三辊(b)上胶方式示意图

100倍以上。挤压涂布更适合高黏度液体及高分子熔融体的涂布(又称为挤出涂覆)。

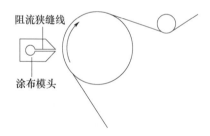

图7-30 狭缝涂布和挤压涂布工作原理图

狭缝涂布和挤压涂布的涂布量主要由供液量和基材的牵引速度决定。在保证涂布液桥稳定的前提下,涂布间隙要尽可能大,防止尘埃杂质滞留积累造成条纹等缺陷和弊病,或对基材造成损伤。涂布模头下的真空负压装置可在适当扩大间隙的情况下,保持液桥的稳定。狭缝涂布和挤压涂布既可以是单层涂布,也可用于多层涂布。

涂布技术是如今生产人造革、广告灯箱、医用防护材料等多领域内成熟应用的生产技术。采用精密涂头在特定基材上实现超轻量化精密涂布或一次实现多层精密涂布,在高端光学膜等领域已有广泛应用(图7-31)。采用这种工艺技术可以一次成型具有多种功能的复合膜材料。

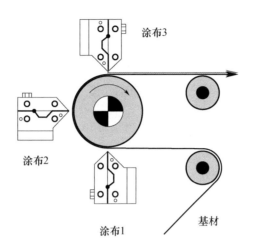

图 7-31　多层精密涂布示意图

7）坡流涂布

多层坡流涂布是多层涂布技术，其工作原理如图 7-32 所示。从涂布模头的狭缝中流出的涂布液沿坡流面向下流动，然后在涂布辊和坡流涂布模头间隙处形成液桥，并被涂布在牵引运行中的基材表面。多层涂布时，各层涂布液流经自身的坡流面后，将铺展在下一层坡流面的涂布液层之上。使多层叠加的涂布液流处于稳定的层流状态而不产生湍流，是保证多层涂布质量的必要条件。各层涂布液的表面张力、黏度、比重等特性参数需要相互匹配，需和涂布车速、涂布量、涂布层数、涂布间隙、负压大小等工艺参数相协调。多层涂布的层数可多达 10 层，制品的涂层总厚度可从几微米至几十微米，其中最薄的涂层厚度可以薄至 $1\mu m$ 左右。

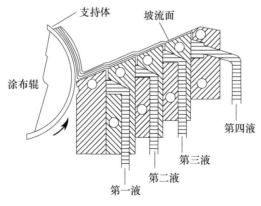

图 7-32　多层坡流涂布工作原理图

8）落帘涂布

多层落帘涂布在多层液流的叠加、铺展流动方面与多层坡流涂布相同，所不同的是液流离开涂布模头唇口后，垂直自由落下形成幕帘涂覆在移动的基材上，其工作原理如图7-33所示。在被涂布基材进入涂布区之前，为了防止基材高速运行时所带动的气流影响液帘与基材之间液桥的稳定状态，需用隔板尽可能地阻止气流进入涂布区形成干扰。

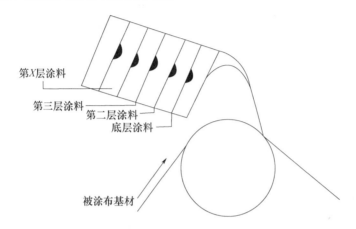

图7-33 多层落帘涂布方式示意图

落帘涂布是非接触式涂布，可在具有不规则表面的基材上获得均匀涂层。为保持从模头落下的液帘不断流，必须保证足够的涂布液流量，需要足够高的涂布速度。推荐的落帘涂布适合工艺条件为涂布速度2~20m/s，湿膜总厚度5μm，湿膜单层厚度小于1μm，可一次同时涂布层数大于10层。

9）凹版涂层

凹版涂层的核心设备是经过雕刻的凹版涂层辊，也称为网纹辊。工作时涂层辊下部浸在浆料槽中，使涂层液进入其凹陷部，转动出浆料槽后用刮液刀去掉多余的液体，经过与基材的压合，涂层液被定量的均匀地转移到基材的表面。图7-34为凹版涂层工艺示意图。

凹版涂层工艺应用广泛，既可以做高涂布量的湿法涂层，也可以做低涂布量的干法表面涂层（应用于干式复合）；可以单独使用，也可与其他涂层方式联合使用。几台不同涂布量的凹版涂层机串联使用，可以得到特殊的表面涂层效果。

凹版涂层的涂布量主要由涂层辊的凹孔数量及雕刻深度决定，数量多、雕刻深则带液量大。另外涂层液的黏度对带液量也有很大的影响。黏度过大则涂层液不易进入凹孔；黏度小则容易出现流浆。

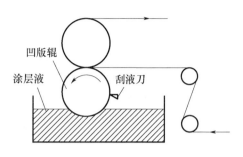

图 7-34　凹版涂层工艺示意图

2. 涂层剂

涂层剂通常是高分子化合物或者弹性体,一般是黏稠的流体或者乳液。

纺织品涂层整理剂又称为涂层胶,是一种均匀涂布于织物表面的高分子类化合物。它通过黏合作用,在织物表面形成一层或多层薄膜,改善织物的外观和风格,增加附加功能,具有抗老化、防水、透湿、阻燃等特殊功能。早在两千多年前,古代中国人民就已经将生漆、桐油等天然化合物涂于织物表面,用于制作防水布。

涂层剂的分类方法很多,按化学结构分类主要有聚丙烯酸酯类(PAAc)、聚氨酯类(PU)、聚氯乙烯类、聚偏氯乙烯类、有机硅类、氟化物等。

3. 涂层复合设备

涂层复合设备主要由放卷单元、涂层单元、烘干单元、冷却单元和收卷单元组成。图 7-35 是通用的涂层设备照片。从加工工艺角度看,涂层设备主要有浸渍涂层复合设备与直接涂层复合设备两类。

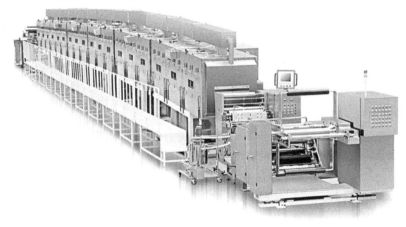

图 7-35　涂层设备示意图

1) 直接涂层

直接涂层生产工艺相对简单，主要包含收放卷单元、涂布单元和烘干单元。基本工艺过程为浆料配置、基材预处理、涂布、凝固、水洗、烘干、收卷及后整理，直接涂层复合工艺路线如图 7-36 所示。

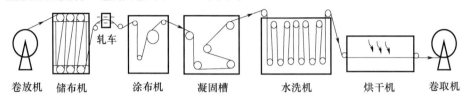

图 7-36　直接涂层复合工艺图

几个重点工序如下。

（1）配制浆料。按照涂层功能需要将聚合物、添加剂、溶剂等按组成配方配置成浆料。重点要注意添加剂的分散和浆料的黏度，有时还需要采用研磨等工序实现浆料内各组成成分的均匀分散。使用前需要对浆料进行过滤和脱泡处理。

（2）基材预处理。涂层基材大多为织物材料，在涂布前一定要经过热处理才可以防止织物变形。此外，电晕处理也可以提高基材与涂层之间的界面复合强度。

（3）织物涂层。涂层的厚度太薄可能会出现露底或不均匀等缺陷，也会导致剥离强度下降；涂层太厚则凝固缓慢，面密度过大，并可能出现泡孔、不均匀等缺陷。

2) 浸渍涂层工艺

浸渍涂层工艺路线如图 7-37 所示。织物进入后，在浸渍单元中充分而均匀地浸渍浆料，在出口的轧辊施加一定的压力，将浸渍液挤出和定量，再进入预凝固单元使浸渍液凝固，出口的轧辊会把凝固好的涂层织物挤干，通过加热的干燥调湿机控制涂层织物的表面湿度，然后进入涂层机，再经过凝固槽进行凝固。

基本流程如下：

底布→浸渍→预凝固→干燥调湿→涂层→凝固→水洗→烘干

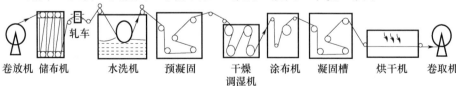

图 7-37　浸渍涂层复合工艺图

7.4.3 挤出涂覆技术

挤出涂覆是将热塑性树脂或树脂与填料组成的专用料在挤出机内熔融后,通过扁平模头挤出,形成片状熔体,流出的片状熔体立即与另一种或两种基材通过冷却辊和复合辊压合在一起形成复合材料的方法。基材一般是一种织物,在这种基材上涂覆聚合物涂层,生产出综合涂层和织物产品特性的新型复合材料。织物提供产品的强度、结构和柔韧性特征。涂层可提供诸如耐候性、气密性、阻燃性、耐化学性和耐损磨性等。

挤出涂覆设备可以看作是在前述的流延设备中增加了一个或两个放卷装置,使得熔融挤出的聚合物与一种或两种基材复合形成多层结构形式的复合材料。挤出涂覆可以是单层涂覆,也可以是多层共挤出复合。

1. 挤出涂覆设备

挤出复合设备主要包含放卷单元(1、5)、挤出单元(4)、复合单元(3、6)、收卷单元(8)以及牵引辊和支撑辊等,如图7-38所示。将挤出的熔体树脂夹在两种基材的中间,形成具有3层结构的复合材料的工艺称为挤出复合;只有一个放卷,形成具有2层结构的复合材料的工艺称为挤出涂覆。

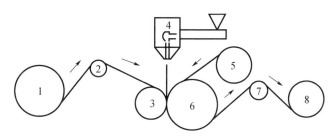

图7-38 挤出复合工艺流程示意图
1—基材一放卷;2、7—牵引辊、支撑辊;3—橡胶压辊;4—挤出单元;
5—基材二放卷;6—冷却辊;8—收卷。

在制备囊体材料过程中,第一基材主要是织物,第二基材大多是阻隔层、耐候层等膜材料,挤出树脂一般是热熔胶如热塑性聚氨酯弹性体。图7-39是一套具有4台挤出机的多层共挤出复合系统。理想情况下,4台挤出机分别挤出耐候层(如PVDF或TPU)、黏合层(热熔胶或改性TPU)、阻隔层(尼龙或EVOH)、中间层树脂(TPU或改性TPU),共挤出的多层熔体与织物复合,可以一次性生产结构为"耐候层/黏合层/阻隔层/中间层/承力织物"的囊体材料。

图 7-39　共挤出复合机组

2. 多功能特性

与其他复合方式相比,挤出涂覆有其独特的优点,如复合速度快、适合大批量生产、节约资源、提高效率等。更重要的是,挤出涂覆系统可以串联几个涂覆单元;可以与干式复合的涂布与烘箱单元相组合,利用 AC 剂(Anchor Coating,一般称为锚合剂)解决不相容膜材料间的界面黏接问题,形成多功能的组合式挤出复合机组,可以一次性生产具有非常复杂结构的多功能化复合材料。

3. 挤出复合工艺控制

挤出涂覆系统可能是一个比较复杂的系统。其中,挤出单元和成型单元的工艺控制与挤出流延膜相应的工艺控制一致;涂布和烘箱单元与干式复合机相应的工艺控制一致。挤出复合工艺控制重要的是组成中各系统单元间的匹配性控制。

7.4.4　层压复合技术

层压复合技术是将两层或更多层材料结合在一起而组成的复合材料,在各层材料各自性能的基础上,相互补充,形成复合效应,使层压复合材料的物理化学性质发生改变。按照"科学百科词条"的定义[265],各层材料的位向和形态可以不同,包覆金属板是金属/金属层状材料;橡胶/纤维是有机/有机层压复合材料;其他可能的层压复合材料是金属/有机物,有机/无机和无机/无机层状材料。

聚合物与纤维织物间的复合技术是一项关键技术。涂层织物和层压织物的定义中都是"由两层或两层以上的材料组成,其中至少一层是纺织品",涂层织物强调的是聚合物涂层,聚合物在织物的一面或正、反两面原位形成单层或多层涂层;层压织物中的聚合物膜是预先制备好的,膜与织物层间通过外加的黏合剂或聚合物膜自身的黏性紧密地黏合在一起。这些定义只具有学术意义，严格地说没有什么经济价值[263]。

1. 层压复合工艺

由于有多种方式加热基材和聚合物膜材料，然后施加一定的压力获得层压复合材料，层压复合有多种工艺过程。此外，有多种方式在基材和聚合物膜之间施加适合的黏合剂或黏合层，或者经过多个步骤连续实现更多层复合。

图7-40所示的是一种典型的层压复合工艺，基材和聚合物膜在进入热辊前贴合在一起，在行进过程中聚合物和基材都获得了所需的热量，在离开热辊时受到一定的压力作用，使得聚合物与基材充分黏合形成层压织物。压辊可以直接作用在热辊上，也可以在基材和聚合物膜材料离开热辊后再加压最终实现多层复合。这种工艺设备的一个特定就是热辊直径较大，能够使行进中的基材和聚合物膜材料有足够的时间获得充分黏合所需的热量，有时热辊也称为热鼓。

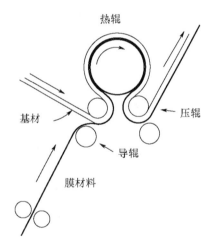

图7-40　层压复合工艺原理图

1）挤出层压复合

前述的挤出涂覆工艺过程中含有两个放卷装置时，挤出的聚合物熔体树脂夹在两种基材的中间，形成具有3层结构的复合材料。两种基材可以分别为织物和聚合物膜材料，聚合物膜材料可以是耐候性、阻隔性等功能膜材料。

采用挤出层压复合工艺可以制备结构为耐候层或阻隔层/中间层/织物的多层复合材料。

为了更好地提高"耐候层或阻隔层/中间层/织物"复合材料中层间界面结

合强度,可以在基材进入复合单元前增加黏合剂涂层单元。增加的黏合剂用量很小,一般在几克每平方米量级。黏合剂涂层虽然增重很小,但所起的作用却是非常显著的。

2) 热熔胶类层压复合

热熔胶层压复合技术是通过热熔胶加热熔融,与织物黏合后,随之冷却定型,达到聚合物功能膜与织物黏合的目的。所谓热熔胶可以认为是黏合剂,是一种以完全不含溶剂和水的热塑性聚合物为基体的黏合剂。因此,与传统的溶剂型黏合剂相比,具有环境无污染特性。

这种类型的设备主要包含熔胶单元、熔胶输送单元、狭缝式模头、收放卷单元和控制系统。由狭缝式模头挤出的热熔胶夹在两种基材的中间,经过加压、冷却形成具有3层结构形式的复合材料。这种设备类似于前述的挤出涂覆,所不同的是,挤出涂覆中的聚合物熔体由挤出机输送,而热熔胶是由熔体泵输送。

聚氨酯类热熔胶可应用于"耐候层或阻隔层/聚氨酯/织物"复合材料的制备。

2. 工艺参数控制

层压复合前需要对织物类基材进行预先表面处理,以更好地获得与聚合物膜材料间的层间界面黏接强度。温度、时间、压力和张力是层压复合工艺过程中的4个重要的工艺参数。

在层压复合过程中,温度来自于热辊,需要根据不同的基材和聚合物膜材料的特性设置热辊温度并严格控制整个热辊各部位的温差。加工温度窗口由基材和聚合物膜的特性决定,适当选择合适的热辊温度是获得良好层压复合材料的关键。

基材与聚合物膜材料间加热和压合的时间,由热辊直径大小以及牵引速度或车速决定,速度过快可能导致聚合物膜得不到足够的热量,影响界面黏接。

压辊与热辊之间施加给基材和聚合物膜上的应力称为压力,其设置应能够充分保证聚合物膜与基材间的充分贴合,压力过大可能导致复合材料变形而影响均匀性。

复合机的张力控制包括放卷张力控制、复合张力控制、收卷张力控制,聚合物膜材料、织物基材所属各段张力控制应该相互协调。对聚合物施加的张力过大可能导致其过度拉伸变形。

7.5 囊体材料加工工艺实例

制备囊体材料需要有耐候性、阻隔性、热封性等多种不同功能性聚合物膜材料以及承力织物材料,各种功能性材料也有多种原材料可供选择。囊体材料制造者可以根据自身所拥有的技术优势和设备情况,灵活地选择加工制造技术,按照用户提出的技术指标要求设计和制造囊体材料。

韩国航空航天研究所等单位[266]于2006年合作开发了一种用于平流层飞艇的囊体材料。这种囊体材料中各功能层选择了Tedlar薄膜、Vectran织物、TPU薄膜和聚氨酯胶黏剂。

其中,承力织物选用日本东洋纺生产的纤维细度为200D的Vectran纤维,织物的组织结构为平纹,经纬密度配置为$22 \times 22/cm$,每束纱线中含有40根长丝,所得织物面密度为$106g/m^2$,拉伸强度为$90kg/cm$,选用韩国东升化学生产的TPU薄膜作为热封层并具有辅助氢气阻隔作用,在TPU中添加炭黑,有利于材料检验和防霉,Tedlar薄膜与Vectran织物之间的黏合选用热固性聚氨酯黏合剂(PU)。各功能层规格如表7-2所列。

表7-2 韩国平流层飞艇囊体材料的结构组成

功能层	厚度	功能层组成	生产商
耐候/阻隔层	38μm	Tedlar膜	杜邦公司(美国)
黏合层		聚氨酯胶黏剂	Dong Sung Chem(韩国)
承力层	187μm	Vectran	东洋纺(日本)
热封层	25μm	聚氨酯膜	Dong Sung Chem(韩国)

该研究选用了现有的Tedlar膜、TPU膜和织物材料,囊体材料的加工工艺是先将Vectran织物浸渍聚氨酯黏合剂,然后利用层压复合工艺分别将Tedlar薄膜、TPU薄膜与Vectran织物复合。囊体材料的外观和剖面如图7-41所示。

制备囊体材料所用的各种功能性基材中,耐候性膜材料(如氟化物)、阻隔性膜材料(如聚酯)、高比强度纤维织物(如Vectran)都是难以互相黏接的材料。在囊体材料的加工制备过程中,基材的表面处理、黏合剂的选择、复合加工工艺至关重要。

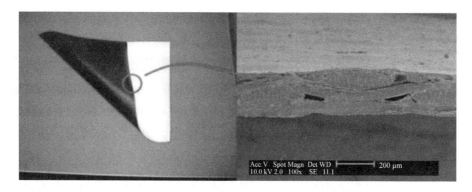

图7-41 韩国研制的囊体材料外观和剖面图[266]

黏合剂的作用是将不同功能的聚合物膜材料或织物材料黏合在一起,既要满足层间界面复合强度要求,又要满足柔韧性、轻量化和可操作性要求。对于一般中低空浮空器囊体材料,可以通过足够多的黏合剂实现各功能层间的复合。但对于轻量化要求高的平流层飞艇囊体材料,要用最少的黏合剂产生最大的层间黏合效果,需要制造者充分运用专业知识和经验,发挥想象力和创造性,根据自身所拥有的技术优势和设备情况,灵活地选择加工制造技术。

第 8 章
性能表征和质量评价

8.1 囊体材料基本性能

为满足浮空器的使用要求,囊体材料需要具有质轻、高强、优良的阻隔性、耐候性及加工使用性能。一般对囊体材料的基本性能、环境适应性、加工使用性能进行表征。其中,采用面密度、拉伸强度、透氦率、剪切拉伸强度、撕裂强度、剥离强度、光热特性等来表征囊体材料的基本性能;采用耐紫外线辐照、耐高低温交变、耐臭氧等性能来表征囊体材料的环境适应性;采用抗蠕变性能、耐挠曲、耐揉搓性能及保压耐压性能来反映囊体材料的加工适应性。

8.1.1 面密度

囊体材料具有自重限制,通常以面密度来表征材料重量。面密度主要反映了单位面积囊体材料的重量,以 g/m^2 为单位。不同囊体材料对面密度的要求不同。通常用于平流层飞艇囊体的主体材料(主气囊材料)需要具有较高的拉伸强度、良好的阻隔性、耐老化性、加工性等,其面密度一般为 $130 \sim 300 g/m^2$。国外典型平流层飞艇囊体材料面密度如表 8-1 所列。

表 8-1 国外典型平流层飞艇囊体材料性能情况

	面密度/(g/m^2)	拉伸强度/(N/cm)	氦气透过率/$(L/(m^2 \cdot 24h \cdot atm))$
美国 Uretek 公司	146	900	~1.0
Z4040T - AB (日本 SPF 计划)	203	1313	<0.5

续表

	面密度/(g/m²)	拉伸强度/(N/cm)	氦气透过率/(L/(m²·24h·atm))
KS127-197（日本 Skiypia 公司）	197	960	0.24
CT35 HB(美)	139	935	<0.2

囊体材料面密度的测试可参考标准《GB/T 4669—2008 纺织品机织物单位长度质量和单位面积质量的测定》。可选择一定幅宽、一定长度的试样进行测试,其中试样幅宽为 1.0~1.5m,长度为 1~50m;也可从样品中裁取多个试样进行测试,即将样品裁剪或使用切割器切割成一定面积的方形试样或圆形试样。用台秤称(较大试样)或用天平(较小试样)称取每件试样的质量,由测得的试样质量除以对应面积计算出面密度。

8.1.2 透氦率

浮空器是依靠大气浮力升空的飞行器,其囊体内部的浮升气体一般选用密度较小的氦气。阻氦性是囊体材料性能的一个重要指标,囊体材料阻氦性的好坏关系到整个浮空器系统的稳定性。

囊体材料的阻氦性一般通过透氦率来表征。透氦率指在恒定温度和单位压力差下,在稳定透过时,单位时间内透过试样单位面积的气体(氦气)的体积,一般以 L/(m²·24h·atm) 为单位。不同囊体材料对阻氦性的要求不同,通常主气囊材料对阻氦性要求较高,其透氦率一般为 0.1~1.0L/(m²·24h·atm)。国外典型平流层飞艇囊体材料透氦率如表 8-1 所列。

囊体材料透氦率的测试方法可参考标准《GB/T 1038—2000 塑料薄膜和薄片气体透过性试验方法压差法》进行。常用的测试设备为气体渗透仪(图 8-1),其基本测试原理是将预先处理好的试样放置在测试腔之间,首先对低压腔(下腔)进行真空处理,然后对整个系统抽真空,当达到规定的真空度后,关闭测试下腔,向高压腔(上腔)充入一定压力的氦气,并保证试样两侧形成一个恒定的压差,氦气渗透囊体材料进入测试腔的低压侧引起低压腔内压力发生变化,然后通过高精度测压计测量得到低压腔的压力变化量,经过相关程序的处理就能从压力变化量中得出囊体材料相应的氦气渗透性能参数。囊体材料的透氦率采用氦气透过量表示,氦气透过量 Q_g 按下式进行计算,即

$$Q_g = \frac{\Delta p}{\Delta t} \times \frac{V}{S} \times \frac{T_0}{p_0 T} \times \frac{24}{(p_1 - p_2)} \qquad (8-1)$$

式中:Q_g 为材料氦气透过量,L/(m²·24h·atm);$\Delta p/\Delta t$ 为在稳定透过时,单位时间内低压室气体压力变化的算术平均值,Pa/h;V 为低气压体积,L;S 为试样的试验面积,m²;T 为试验温度,K;$p_1 - p_2$ 为试样两侧的压差,Pa;T_0,p_0 为标准状态下的温度(273.15K)和压力(1atm)。

对于含计算机测试软件的试验仪器,计算机将直接给出气体透过量 Q_g。测试结果为多件试样测试结果的算术平均值,氦气透过量单位为 L/(m²·24h·atm)。

图 8-1 压差法气体渗透仪

8.1.3 拉伸强度

拉伸强度主要反映囊体材料抗拉伸断裂性能,是囊体材料力学性能中的重要参数。囊体材料的拉伸强度主要取决于纤维强度,一些轻质、高强、高模量的纤维织物,如 Dacron、Dyneema(高强聚乙烯纤维)、Kevlar、Vectran 和 Zylon 等,已得到了广泛的应用,国外典型平流层飞艇囊体材料拉伸强度如表 8-1 所列。

囊体材料的拉伸强度除了与纤维种类及强度相关以外,囊体材料织物层与其他功能层材料间复合的均匀性也影响着囊体材料的拉伸强度。织物层与其他功能层复合以后,如果层间复合强度低,织物中纤维纱线的伸展程度将存在不均匀,在拉伸强度测试过程中会出现部分纱线未同时断裂的现象,如图 8-2 所示,此时,拉伸强度测试值也出现较低数值。因此,在囊体材料的研制过程中,需优化材料结构设计,严格控制工艺条件,以保证囊体材料的均匀性。

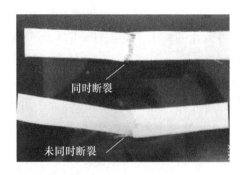

图 8-2 囊体材料拉伸断裂示意图

囊体材料拉伸强度通常采用拉力试验机进行测试。目前,国内还没有专用于囊体材料的测试标准,其测试方法主要是借鉴其他行业标准,并且基本都采用单轴拉伸方式,如《GB/T 8949—2008 聚氨酯干法人造革》。该标准适用于针织布基和机织布基为底基,经干法聚氨酯涂层工艺制造的人造革。该标准中还包括了材料厚度、拉伸负荷及断裂伸长率、撕裂负荷、剥离负荷、耐折牢度、耐揉搓性、耐黄变性等方面内容。还有的采用《GB/T 3923 纺织品织物拉伸性能》,该标准主要适用于机织物,而囊体材料是多层复合材料,除织物外还有其他功能层,这些功能层由于所使用原材料、复合工艺不同会给材料拉伸强度及断裂伸长率带来影响,尤其是拉伸强度的均匀性及拉伸断裂状态可能出现差异。

在国外标准中,美国联邦航空局 FAA-P-8110-2《飞艇设计准则》中提及飞艇囊体材料力学性能方面的要求,其中力学性能测试主要采用《FED-TM-STD-191 A TEXTILE TEST METHODS》,标准中提及拉伸强度的测试方法也被部分囊体材料生产厂家或用户使用。以上几种拉伸强度测试方法存在的差异主要在于试样尺寸、隔距、测试速率等方面不同。如 FED-TM-STD-191 A 中拉伸强度测试方法规定样条尺寸为 25mm × 152mm 的矩形样条,测试速率为 302mm/min;GB/T 8949—2008 中拉伸强度测试方法规定样条尺寸为 30mm × 250mm 的矩形样条,测试速率为 200mm/min。拉伸强度及断裂伸长率测试结果的计算方式基本一致,通常由下式计算出拉伸强度和断裂伸长率,也可由测试仪器直接计算得出,即

$$\sigma_t = \frac{F_{max}}{b} \qquad (8-2)$$

$$\varepsilon = \frac{\Delta L_{max}}{L_0} \times 100\% \qquad (8-3)$$

式中:σ_t 为拉伸强度,N/cm;F_{max} 为试验过程中的最大载荷,N;b 为试样宽度,cm;ε 为试样断裂伸长率,%;ΔL_{max} 为试样过程中载荷为 F_{max} 时对应标距的伸长量,mm;L_0 为试样标距(100mm)。

在拉伸强度测试过程中,拉力试验机夹具一般采用气动式夹持夹具或机械式夹持夹具。这类夹具夹持方便,对样条长度要求不高,是最为广泛使用的夹具。但这类夹具并不适用于囊体材料在高、低温环境下的拉伸强度测试,主要原因是气动夹具的气管及连接件通常为非金属制品,在高、低温环境下易发生形变,无法用于测试;对于机械式夹持夹具,囊体材料在高温环境中易出现软化、形变,在低温环境中,囊体材料表面和夹具易出现上霜、结冰现象,使夹持在夹具内的样条出现打滑现象,无法测得材料的真实数据。为了避免样条在夹具内出现打滑现象,可采用缠绕式夹具,将宽度为 30mm 或 50mm,长度约 700mm 的样条两端缠绕于上下夹具内,再进行测试,如图 8-3 所示。

图 8-3 囊体材料拉伸强度测试中的夹持状态

8.1.4 剪切拉伸强度

剪切拉伸强度又称为焊接强度,反映囊体材料连接结构的抗拉伸性能。剪切拉伸强度的测试是将两块尺寸相同的试样,根据实际应用需要,按一定的连接工艺(高频焊接、热合焊接或胶黏剂黏接)及连接方式(搭接或对接)对囊体材料裁片进行结构连接,再进行剪切拉伸强度的测试。

影响囊体材料剪切拉伸强度的主要因素是织物层的纤维强度,纤维强度越高,囊体材料的剪切拉伸强度越高。除纤维强度外,囊体材料剪切拉伸强度还与囊体材料焊接工艺、焊接带相关。在囊体材料的焊接工艺中,焊接时间、焊接温度、焊接压力是影响囊体材料剪切拉伸强度的重要因素。

中国科学院长春应用化学研究所采用直热式热合焊接的方式对囊体材料进行焊接,分别研究了热合压力、热合时间、热合温度、热合板边缘形状及焊接带的强度、宽度等因素对剪切拉伸强度的影响[267-269]。研究结果认为,囊体材料与焊接带进行热合焊接时,压力较小不利于焊接带热封层树脂对织物的浸润,剪切拉伸强度较低;压力较大,可能导致材料受损,如图8-4所示。因此,热合焊接压力选择0.3~0.5MPa较为合适。

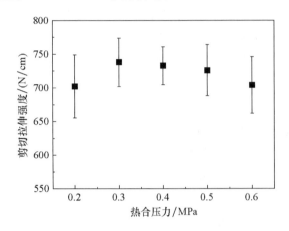

图8-4 热合压力对囊体材料剪切拉伸强度的影响

在热合时间方面,材料剪切拉伸强度随热合时间的增加而增大;当热合时间大于8s后,材料剪切拉伸强度趋于平稳,如图8-5所示。这是由于在一定压力和一定温度下,热合时间较短,热封层树脂间难以达到良好的相容状态,而时间延长后,热封层树脂受热熔融,实现了良好的相容,并对织物充分的浸润,剪切拉伸强度增大,但随着时间的进一步延长,这种状态趋于平衡,强度将不会再增大。实际加工中建议热合时间应不小于8s。

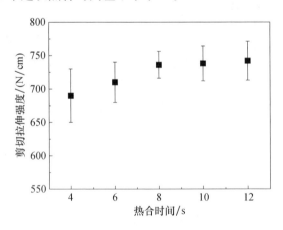

图8-5 热合时间对囊体材料剪切拉伸强度的影响

在热合温度方面,热合温度较低时,热封层树脂难以达到熔融状态,不利于对织物的浸润;温度升高后,材料剪切拉伸强度逐渐增大,但升高到一定温度后,材料剪切拉伸强度又出现明显降低,如图8-6所示。这可能是囊体材料在一定温度、压力共同作用下出现织物受损所导致的。

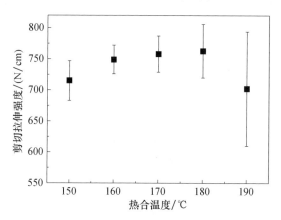

图8-6 热合温度对囊体材料剪切拉伸强度的影响

为验证热合温度对囊体材料剪切拉伸强度的影响,分别将囊体材料和囊体材料热合面贴上四氟胶带(图8-7),于190℃、0.4MPa下热压10s后测试样条拉伸强度。结果发现直接将囊体材料置于热封仪内热压后,其拉伸强度与材料原始数值差别不大。将囊体材料热合面贴上四氟胶带热压后,材料拉伸强度部分出现了明显降低,如图8-8所示。由此可以证明囊体材料焊接过程中,在一定的温度和压力下,材料易出现界面边缘受损而导致剪切拉伸强度下降的现象。

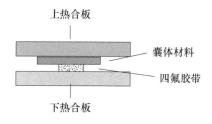

图8-7 囊体材料热合面加四氟胶带热压示意图

针对材料焊接处在一定温度、压力下受损导致剪切拉伸强度下降的问题,对原热合板进行了改进。改进的热合板将原下热合板接触面积缩小至与焊接带宽度相同,并将边缘制成圆形角(图8-9)。试验结果得到,改进后的热合板

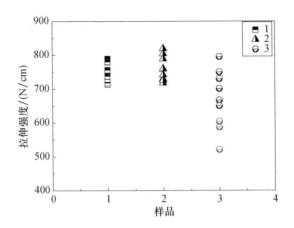

图 8-8 热合条件对拉伸强度的影响

1—囊体材料原始样条;2—囊体材料 190℃、0.4MPa 下热压 10s 后的样条;
3—囊体材料加四氟胶带 190℃、0.4MPa 下热压 10s 后的样条。

由于避免了囊体材料与焊接带边缘织物受损现象,其强度相对稳定,没有出现较低数值如表 8-2 所列。

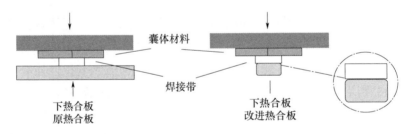

图 8-9 改进热合板示意图

表 8-2 热合板边缘形状对囊体材料剪切拉伸强度的影响

	原热合板	改进后热合板
剪切拉伸强度/(N/cm)	610~794	734~784

在焊接带方面,相同的焊接带材料、相同的焊接条件下,焊接带宽度不同,其剪切拉伸强度可能不同。如果焊接带的宽度较小,材料焊接结构的剪切拉伸强度通常也较小,易给浮空器造成安全隐患。随着焊接带宽度的增加,材料焊接强度逐渐增大,随后增加趋于平缓,如图 8-10 所示。由于囊体材料有重量限制,因此焊接带宽度不能无限增加。试验证明,从强度和重量两方面来考虑,在允许的重量范围内,尽可能选择强度大于本体材料的焊接带,且焊接带宽度最好不小于 6cm。

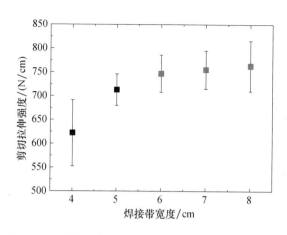

图 8-10 焊接带宽度对囊体材料剪切拉伸强度的影响

另外,在焊接带强度方面,当焊接带拉伸强度与囊体材料本体拉伸强度接近时,其焊接结构剪切拉伸强度通常等于或低于囊体材料本体拉伸强度;当焊接带拉伸强度高于囊体材料本体拉伸强度时,随着焊接带强度的增加,剪切拉伸强度也有不同程度的增加,如表 8-3 所列。但焊接带强度越大,其重量也越大。因此,出于对剪切拉伸强度及自重的考虑,焊接带应适当选择略大于囊体材料本体拉伸强度的材料。

表 8-3 焊接带拉伸强度对囊体材料剪切拉伸强度的影响

焊接带编号	1	2	3
焊接带面密度/(g/m^2)	约 230	约 250	约 300
焊接带拉伸强度/(N/cm)	约 750	约 1000	约 1350
剪切拉伸强度/(N/cm)	630~720	680~800	790~940

注:囊体材料本体拉伸强度约 750(N/cm)

在囊体材料剪切拉伸强度测试标准方面,目前也没有专用的测试标准,其连接工艺、连接方式通常按实际使用情况确定。在具体测试方法中,试样的宽度、拉伸速率与囊体材料拉伸强度中的测试条件(如试样宽度、测试速率等)基本保持一致。

8.1.5 撕裂强度

浮空器,尤其是平流层飞艇,在上升过程中内外压差变化很大,从而导致囊体材料张力发生变化,撕裂破坏是其主要失效形式。囊体材料的抗撕裂性能代表了囊体材料损伤后抑制损伤继续扩展的能力,通常采用撕裂强度来表征。囊体材料作为飞艇的主体结构材料,其抗撕裂性能直接影响飞艇的浮空高度、有效载荷、持续飞行时间、服役寿命等。

囊体材料是一种多层复合材料,主要由高分子膜材料和织物组成,囊体材料的抗撕裂性能主要取决于织物,其影响因素较为复杂,主要包括织物的编织方式、纱线强度以及涂层工艺等[270]。通常情况下,织物所用的纱线强度越高,抗撕裂性能越好。在编织方式方面,采用经编双轴向编织的材料的抗撕裂强度高于平纹织物,如3216L与FL042材料。这两种材料都是以涤纶作为织物层,编制方式分别采用了网格型和普通高密型,虽然有着相近的拉伸强度,但撕裂强度数值具有明显差异,如表8-4所列。3216L材料撕裂强度为622N,FL042材料仅为96N。这是由于撕裂过程中,经编双轴向织物承受载荷的纱线有较大的位移,撕裂时,纱线可发生聚集,形成较大的应力集中区域,吸收较多能量,从而抵抗撕裂的持续进行,如图8-11所示。平纹织物在撕裂过程中,纱线不发生聚集现象,应力集中在较小的区域,因而撕裂强度较低。

表8-4　3216L与FL042材料性能对比

项目	3216L	FL042
织物	涤纶	涤纶
编织方式	网格型	普通高密
拉伸强度/(N/cm)	440	360
撕裂强度/N	622	96

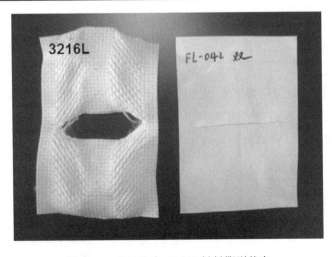

图8-11　3216L与FL042材料撕裂状态

除了纱线强度和编织方式外,囊体材料的抗撕裂性能还与材料层间复合强度相关。织物层与其他功能层复合强度较高时,测试得到的撕裂强度呈减小趋势;复合强度较低时,囊体材料撕裂强度常出现较高值。这是因为相对于复合强度高的材料,复合强度较低时,织物层的纱线能发生聚集,形成较大的应力集中区域,因而撕裂强度较高,尤其出现在纱线从复合材料层间明显滑移时,撕裂强度在数值上会明显增高,但这一较高数值并不能真实反映囊体材料的抗撕裂能力,同时,还存在层间复合强度低的风险,严重影响浮空器的安全性。

囊体材料撕裂强度是指规定切口的试样承受规定大小能量所产生的撕裂力。在撕裂强度测试方法方面,目前国内没有专用于囊体材料撕裂强度的测试标准,撕裂强度的测试多借鉴于涂层织物类材料相关标准。针对常用的涂层织物类材料撕裂测试方法,中国科学院长春应用化学研究所研究了在不同标准和方法条件下,同一材料撕裂过程测试结果的差异[271],如表 8 - 5 和表 8 - 6 所列。

表 8 - 5 国标撕裂强度测试方法

撕裂方法	试样撕裂状态	测试结果
HG/T 2581.1—2009 舌形(双撕)试样撕裂法		撕裂过程中,材料未沿着舌形走向撕开,而是在舌形根部拖拽拉伸,造成材料舌形根部经纬线变形破损
HG/T 2581.1—2009 裤形(单撕)试样撕裂法		撕裂过程中,材料未沿着开口走向撕开,而是以拉伸方式为主,导致开口分叉处出现不规则破坏,最终将下夹具一侧拉断

续表

撕裂方法	试样撕裂状态	测试结果
HG/T 2581.1—2009 梯形试样撕裂法	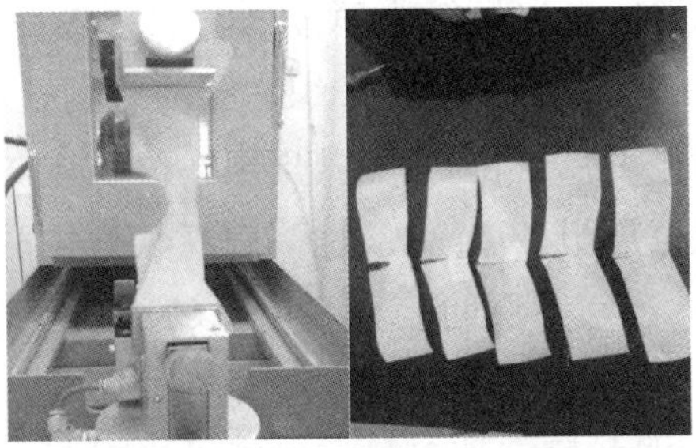	撕裂过程中,材料沿梯形短边开口方向撕裂,撕裂状态正常,无异常拉伸及破坏现象
HG/T 2581.1—2009 损坏试样撕裂法		撕裂初期,施加力未撕开预制口,而是垂直于开口方向拉伸材料,此时力值最高。拉伸进行一段后预制口才开始撕裂,力值下降

表8-6 美标撕裂强度测试方法

撕裂方法	试样撕裂状态	测试结果
Mil-C-21189 中间开口撕裂法	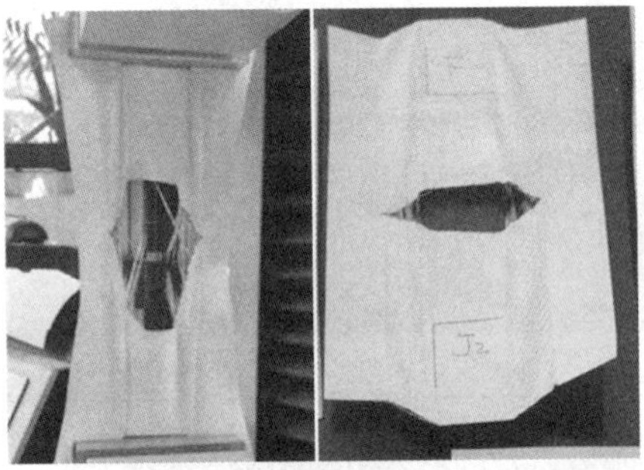	撕裂过程中,材料沿开口方向撕裂,撕裂状态正常,无异常拉伸及破坏现象
ASTM D2261-07 单舌法	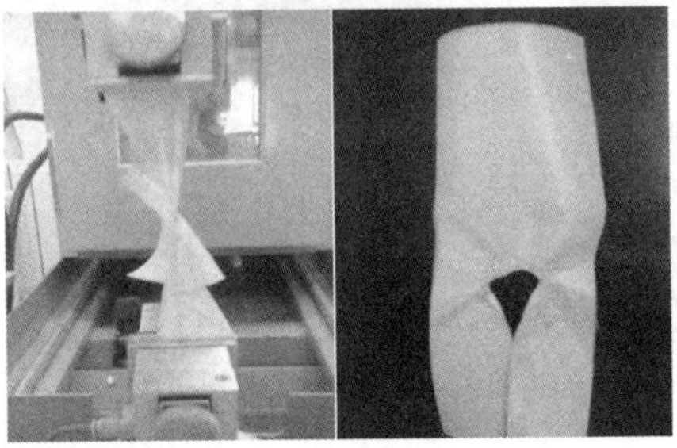	撕裂过程中,材料未沿着开口走向撕开,而是以拉伸方式为主,导致开口分叉处出现不规则破坏。最终将下夹具一侧拉断

续表

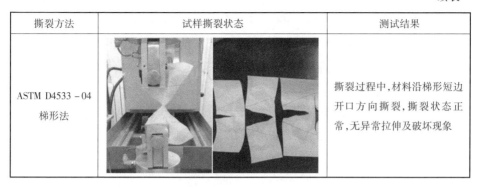

撕裂方法	试样撕裂状态	测试结果
ASTM D4533-04 梯形法		撕裂过程中,材料沿梯形短边开口方向撕裂,撕裂状态正常,无异常拉伸及破坏现象

在多种囊体材料撕裂强度测试方法中,能够得到可靠测试结果的通常有3种,分别为 HG/T 2581.1—2009 梯形法、ASTM D4533-04 梯形法、Mil-C-21189 中间开口撕裂法,其他方法因撕裂过程状态异常不适用;但将同种囊体材料参考以上3种方法测试撕裂强度,其结果也出现较大的差异,且部分撕裂过程并不能很好地反映囊体材料实际使用中的撕裂行为。

Mil-C-21189 中间开口撕裂法是目前普遍认可的适用于囊体材料撕裂强度的测试方法。具体方法是:裁剪尺寸为 102×152mm 的矩形试样,对称中间预制 32mm 宽的开口,如图 8-12 所示。

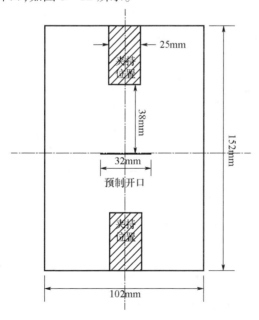

图 8-12 中心开口撕裂试样示意图

将试样对称置于两夹具中,夹持宽度为25mm,两夹具间的距离为(76.0±1.0)mm,以(305±13)mm/min的拉伸速度进行测试,测试结果取最高峰值的平均值为撕裂强度,以N为单位。此方法与其他撕裂方法相比,能更有效地模拟浮空器囊体充气后的实际撕裂情况,能较真实地反映囊体材料的抗撕裂性能。另外,在测试中还应该注意观察撕裂是否沿所施加力的方向进行以及是否有纱线从织物中滑移而不是被撕裂。如果纱线未从织物中滑移,试样未从夹具中滑移,撕裂是沿切口方向垂直于施加力进行的,可认为该测试为有效测试。

8.1.6 剥离强度

剥离强度反映了囊体材料与自身或焊接带材料间的黏合性能。影响囊体材料剥离强度的主要因素为织物表面结构、织物编织结构、表面处理及胶黏剂等[272]。

织物表面由于结构的特殊性,成为黏接的薄弱面。囊体材料常用的高强纤维(如Vectran)在生产过程中经高速拉伸,表面十分光滑平整,在纤维轴向形成高度取向,具有优良的化学稳定性,这种化学稳定性给黏接带来极大的困难;另外,在纤维长丝的加工过程中,油剂等化学助剂的添加,大大降低了树脂对纤维表面的亲和力,并且易迁移(向界面)的低分子量杂质通过渗析、吸附、聚集等方式在全部或部分的界面上产生了低分子物质的聚集区,形成弱界面层,界面间的作用力削弱,加大了黏接的难度。

在织物编织结构方面,可用于囊体材料的织物主要有缎纹织物、斜纹织物、平纹织物这3种。经过组织结构参数与剥离强度关系的研究得到,相同条件下,缎纹织物的黏接强度优于斜纹织物,更优于平纹织物(表8-7)。

表8-7 织物编织结构和剥离强度的关系

织物类型	织物克重/(g/m^2)	面密度/(g/m^2)	剥离强度/(N/cm)(经/纬)
缎纹	87	155	30/32
斜纹	86	156	27/28
平纹	88	155	23/24

为提高纤维织物界面黏接强度,通常对纤维表面进行改性。通过酸、碱等试剂的腐蚀性或超声波对纤维周围液体产生剧烈空化作用释放能量来刻蚀光

滑表面,既可以剥离纤维表面结构中的薄弱层,又可以在表面造成一定数量的"坑、沟、槽"结构,在树脂浸入并固化后,利用其互锁作用,以及与纤维表面的摩擦作用来提高界面结合强度。但这类方法存在一定的缺陷,如刻蚀有可能造成纤维表面结晶结构和内部本体结构的破坏,从而造成力学、耐热等综合性能的下降,另外,树脂与纤维间依靠物理作用发生联系,其强度受环境、工艺等多方面影响,稳定性较差。等离子体或高能射线这类表面改性技术既能促使表面分子链结构氧化而形成活性的含氧基团,又可以产生活性自由基引发连锁接枝反应,还可以使原有的极性、活性基团向外反转和伸展,从而在纤维表面获得更多的化学反应活性中心,增进纤维与树脂基体之间的化学键合作用,有利于良好复合材料界面的形成。

在常规黏接中,通常会采用增大涂胶量和增加涂胶次数来增加黏接强度。但在囊体材料的黏接过程中,由于面密度的限制,一味增加上胶量,不仅增加了材料自重,还弱化了织物的柔性,劣化了囊体材料的抗撕裂性能。囊体材料要求胶黏剂的理想状态是,既要黏得薄,又要黏得结实,同时针对高空环境,良好的耐候性是必不可少的。影响囊体材料黏接强度的因素主要有胶黏剂极性、分子量、侧链、交联、溶剂等。对囊体材料来说,与其改变胶黏剂和被黏体分子的极性,不如改变界面区表面的极性来提高可黏接性。聚合物的分子量直接影响聚合物分子间的作用力,在胶黏剂的制备过程中,不必追求过大的分子量、过高的模量,通常30MPa的胶膜强度即可满足囊体材料的黏接要求。从分子间作用力来看,胶黏剂的强度与交联点数目和交联分子的长度密切相关,随着交联点数目的增加,交联间距的变短以及交联分子长度的变短,胶黏剂会变得又脆又硬。除胶黏剂本身性能以外、上胶的均匀度、环境湿度、温度、灰尘、设备水平等,也都影响着囊体材料的黏接强度。

囊体材料的剥离强度测试方法主要参照《GB/T 8808—1988 软质复合塑料剥离试验方法》或《FED－TM－STD－191 A TEXTILE TEST METHODS》进行。具体测试步骤如下。将试样未热合或黏合部分的两端分别夹在拉力试验机上、下夹具上,使试样未热合或黏合部分的纵轴与上、下夹具中心连线重合,并调节松紧适宜,如图8-13所示。测试时,未热合或黏合部分与拉伸方向呈T形进行剥离。剥离强度以单位宽度的剥离力来计算,以 N/cm 为单位。

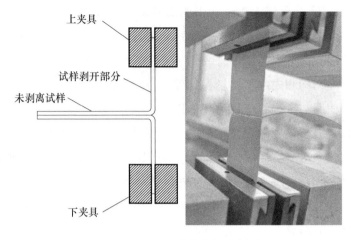

图 8-13　剥离试样夹持示意图

8.2　囊体材料环境适应性能

浮空器囊体的使用寿命一般要求是 5～10 年,囊体材料的环境适应性是决定飞艇使用寿命的主要因素,因此,开展材料环境适应性试验对保障浮空器结构安全具有重要意义。

相当于地面环境而言,浮空器所处的高空环境中,尤其是平流层,紫外线辐射强度、臭氧浓度要高得多,因此对囊体材料的破坏作用更大。紫外线辐射、臭氧的强氧化以及高低温交变等作用将导致囊体材料的强度和气体阻隔性能随时间而降低,影响到浮空器结构安全性。此外,囊体材料焊接结构的蠕变行为,囊体材料在加工、运输、使用过程中的反复弯折、摩擦也对浮空器结构的安全构成潜在的威胁。

8.2.1　耐候性能

在高空环境尤其是平流层环境中,紫外线辐射强度、臭氧浓度、高低温交变作用是影响浮空器使用寿命的主要因素。高空环境,尤其是平流层,具有比地表更强的紫外线,紫外线能破坏聚合物分子的化学键,引起光化学反应,造成聚合物分子量降低,材料表面出现失光、变黄、龟裂等现象。长期紫外线辐射致使囊体材料的强度、阻隔性降低,是影响囊体材料使用寿命的主要原因。90% 的臭氧集中在平流层 20～25km 高度的区域,其臭氧浓度高达 5×10^{12} 个/cm^3[273]。臭氧所具有的强氧化作用,能破坏囊体材料的防老化层,降低材料的使用寿命。虽然平流层环境温度相对稳定,平均温度约为 -56.5℃,但囊体材料的表面温度由于吸收太阳光辐射以及太阳能电池产生的废热而升高。由于昼夜交替,囊体材料表面温度出现规律性高低起伏变化。囊体材料主要由高分子材料制成,高分子材料属于温度敏感性材料,在 -70~80℃的使用温度范围内,囊体材料的强度和阻隔性随温度的升高而略有下降。此外,高低温交变作用有可能降低囊体材料层间界面的复合强度,从而对材料强度、耐揉搓性、蠕变性能等方面产生不利影响。

为表征囊体材料的环境适应性,需要进行老化试验。老化试验可分为自然老化、实验室加速老化两类。自然老化试验的实施方式又可以分为两类[274]:一类是在飞艇囊体结构外表面上预制存放一定数量的试验件,在飞艇服役使用过程中逐步取样测定剩余强度,当试验件的剩余强度降低到警戒值时,整个飞艇的软结构使用寿命也就即将到期;另一类是建立专用的自然老化暴晒试验场,按照规划进行到期试验件的取样、补样以及相关性能测试。

在实验室加速老化方面,国内外已采用氙灯加速老化试验、臭氧老化试验、高低温交变试验等方式对囊体材料耐候性进行了较多的研究,如日本的 Maekawa[275]等人模拟平流层环境中的紫外辐照和臭氧对轻质囊体材料 Z2929T-AB 分别进行了氙灯加速老化试验(180W/m^2 辐照强度下加速老化 100h,此紫外辐照量相当于地球表面半年的辐照量)和臭氧老化试验(臭氧浓度约 50ppm,相当于平流层 20km 高度臭氧浓度的 5 倍)。

目前,国内对囊体材料的耐候性能的评价主要借鉴了通用材料耐候性能的评价方式。针对高空中影响囊体材料性能的主要环境因素,耐候性能评价方式包括单一环境因素的老化试验方法和多环境因素的综合老化试验方法,通过这些方式能有效预测囊体材料的使用寿命。

为表征紫外光辐照对囊体材料的影响,可参照《GB/T 16422.2 塑料实验室光源暴露试验方法第 2 部分氙弧灯》和《GB/T 16422.3 塑料实验室光源暴露试验方法第 3 部分荧光紫外灯》,对囊体材料进行氙灯加速老化试验和荧光紫外加速老化试验。其中荧光紫外加速老化试验的测试条件可按表 8-8 所列的方式进行。

表 8-8 荧光紫外加速老化试验暴露循环方式

循环序号	暴露周期	灯型	辐照度	黑标温度	相对湿度
1	8h 干燥 4h 凝露	1A 型(UVA-340)灯	0.76W/(m^2/nm)(340nm) 关闭光源	60℃ ±3℃ 50℃ ±3℃	不控制

续表

循环序号	暴露周期	灯型	辐照度	黑标温度	相对湿度
2	8h 干燥 0.25h 喷淋 3.75h 凝露	1A 型(UVA-340)灯	0.76W/(m²·nm)(340nm) 关闭光源	50℃±3℃ 不控制 50℃±3℃	不控制
3	5h 干燥 1h 喷淋	1A 型灯组	45W/m²(290~400)nm	50℃±3℃ 25℃±3℃	<15% 不控制
4	5h 干燥 1h 喷淋	1A 型灯组	45W/m²(290~400)nm	70℃±3℃ 25℃±3℃	<15% 不控制
5	24h 干燥	1B 型(UVA-351)灯	0.76W/(m²·nm)(340nm)	50℃±3℃	不控制
6	8h 干燥 4h 凝露	2 型 (UVB-313)灯	0.48W/(m²·nm)(340nm) 关闭光源	70℃±3℃ 50℃±3℃	不控制

注:凝露过程中关闭光源

氙灯加速老化试验的测试条件包含如下形式。

辐射强度:0.55W/(m²·nm)(340nm)或 0.35W/(m²·nm)(340nm)、180W/m²(300~400nm)。

黑板温度:(63±3)℃或(45±3)℃、(55±3)℃。

相对湿度:(65±5)%或(35±5)%、(50±5)%、(90±5)%。

喷水周期:18min/102min(喷水时间/不喷水时间)或 3min/17min、5min/25min、12min/48min。

囊体材料耐紫外老化性测试时间通常以明确的时间值(如老化试验500h)、明确的辐照量(如紫外老化辐照量达100MJ/m²)或达到某一特定性能值(如材料拉伸强度下降50%)的方式来确定。

为表征臭氧对囊体材料的影响,可参照《ISO 1431-3 硫化橡胶或热塑性橡胶在实验室试验箱中测定臭氧浓度的参考方法和可选择的方法》和《GJB 1172.18 军用设备气候极值臭氧》进行臭氧老化试验。

为表征高低温交变对囊体材料的影响,可根据囊体材料实际使用环境,进行高低温周期老化循环,例如,设定温度范围一般为-70~80℃,循环程序的设定一般将试样置于低温中保持一定时间,再逐步升温,保持一段时间后再次降温为一个循环周期。最高和最低温度之间温度变化的速率不超过100℃/h,在每个极端温度下,应保持稳定至少10min,如此进行多个循环周期的老化试验。

囊体材料耐候性能除了分别采用紫外老化、臭氧、高低温交变等单一因素进行老化性能研究外,还需研究紫外线、臭氧、温度、应力作用等综合环境下囊体材料的老化行为。具体试验方案可以通过在臭氧老化试验箱内添加紫外灯管,实现紫外线、臭氧、温度的共同作用;在臭氧老化试验箱内添加蠕变功能,实现紫外线、臭氧、温度、应力的共同作用。

8.2.2 蠕变性能

高分子材料具有大分子链结构和特有的热运动,其力学行为最大的特点是它具有高弹性和粘弹性,在外力和能量作用下,比金属材料更易受到温度和时间等因素的影响,在长时间应力作用下会发生应力松弛行为,导致出现蠕变现象。蠕变指的是材料在恒定应力长期作用时,形变随时间的增加而不断增加的现象。典型蠕变曲线分为减速蠕变(Ⅰ)、恒速蠕变(Ⅱ)和加速蠕变(Ⅲ)3个阶段,如图8-14所示。达到加速蠕变阶段后,材料会迅速伸长,直至发生破断。有别于塑性变形的是,蠕变在应力较小时,时间足够长后也会出现。

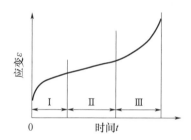

图8-14 典型的蠕变性能曲线

浮空器囊体材料是由多个功能层复合而成的高分子材料,在长时间工作状态下会承受一定的载荷,不可避免地会发生蠕变行为。囊体材料的蠕变行为主要由其承力层纤维决定,常用的承力层纤维材料主要有聚酯(涤纶)、聚芳酯(如Vectran)、超高分子量聚乙烯纤维(如Dyneema)、芳纶等。虽然这些纤维具有高强、高模等优点,但其作为典型的粘弹性材料,在长时间载荷作用下不可避免地产生蠕变变形,进而会造成浮空器囊体尺寸、形态等方面的不稳定,严重降低了材料结构的可靠与工作安全性。因此在结构设计中,掌握浮空器囊体材料的蠕变机理和蠕变规律是十分必要的。

影响纤维蠕变性能的因素很多,主要有内部因素和外部条件两个方面。内部因素主要是与材料本身有关,包括材料分子结构、相对分子量大小、分子链柔性、取向、交联等;外部因素主要是环境温度、纤维长度、湿度、载荷及加载时间等。蠕变在本质上是由于高分子之间的黏滞阻力使形变和应力不能即刻达到平衡的结果,也就是松弛时间长短不同的各种运动单元对外力的响应陆续表现出来的过程。从分子运动角度分析,高分子纤维的蠕变总是与不同形式的分子运动紧密联系在一起的。高分子纤维在适当的温度和恒定外加载荷作用下,许多包括短链段、侧基、键长和键角等在内的小尺寸单元因运动所需活化能量较低,运动就可以瞬时完成,表现为普弹形变。随着时间推移,这时链段可以克服内旋转而自由运动,链段的运动引起分子链伸展,此时形变量较普弹形变大,且外加载荷去除后,形变量可以完全恢复,表现为高弹形变。当加载载荷较大时,纤维分子间产生相对滑移,引起黏性流动,此形变是永久形变,当外力去除后不可回复。

中国科学院长春应用化学研究所利用超高分子量聚乙烯、聚芳酯、芳纶Ⅲ和涤纶纤维织物设计制备了4种含有不同承力层纤维的囊体材料[276],分别简称为N1、N2、N3和N4,4种材料使用纤维及基本性能如表8-9所列。

表8-9 4种囊体材料纤维及拉伸强度

名称	N1	N2	N3	N4
面密度/(g/m²)	175	172	178	320
纤维种类	超高分子量聚乙烯	聚芳酯	芳Ⅲ	涤纶
纤维规格	400D	200D	600D	400D
编织方法	平纹编织	方平编织	平纹编织	平纹编织
拉伸强度/(N/cm)	1100	1050	1050	550
断裂伸长率/%	5	3.6	3	18.1

将这4种材料进行23℃、60℃和-50℃温度下的蠕变试验。图8-15为室温状态下,4种材料在加载载荷后,样条迅速伸长,并在很短时间内完成减速蠕变阶段,进入恒速蠕变阶段。在恒速蠕变阶段,N2、N3和N4的长度基本不随时间而变化,N2和N3的形变稳定在3~5mm,N4的形变超过18mm,伸长率约为10%。与N2、N3、N4不同,N1样条一直以约0.08mm/h的速度伸长,在测试达到10天时,形变超过N4,形变达到18.7mm,伸长率达到10.4%。

图8-16为60℃温度下,在开始进行测试时,4种材料都在非常短的时间内达到了恒速蠕变状态。与常温测试一致,N2、N3、N4 3种材料恒速蠕变状态下基本不再继续发生形变,而N1在测试过程中以约3.6mm/h的速度伸长,形变速率远远超过室温状态。经过9.6h的测试,超高分子量聚乙烯样条形变达48mm(伸长率达26.7%)。

图8-17为-50℃温度下,4种材料在蠕变性能测试开始后迅速伸长,并在0.5h内达到稳定状态,4种材料的形变在接下来的240h内皆可以保持恒定状态。

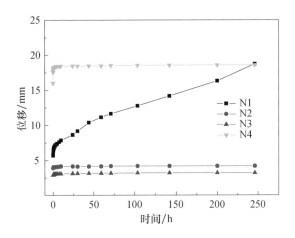

图 8-15 囊体材料室温下的蠕变性能

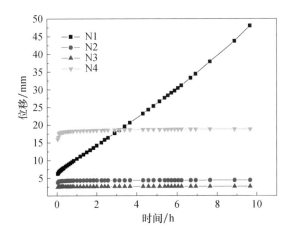

图 8-16 囊体材料 60℃时的蠕变性能

以上试验得到,在蠕变性能测试过程中,聚芳酯和芳纶Ⅲ纤维具有较低的形变率,即使在接近拉伸强度的 1/3 载荷状态下,在 60℃环境中依然可以保持形变在 3% 以下,而且没有发生明显的永久变形。由于分子链结构原因,超高分子量聚乙烯纤维更容易在高载荷、高温度状态下,发生严重的永久性形变,且形变量随时间增长而增加。因此,在使用这种纤维制备囊体材料时,需对使用温度和载荷进行相关计算和模拟,以确保浮空器囊体可以较好地保持其形状,具有更高的安全性。涤纶由于分子链上有未结晶的无定形区存在,在蠕变测试初期会发生较大形变,然后形变率达到平衡稳定状态。

除囊体材料本身的蠕变性能外,其焊接结构的蠕变性能对浮空器的安全性

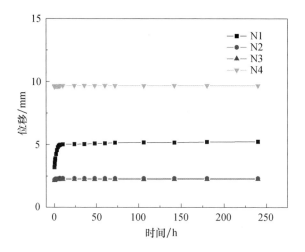

图8-17 囊体材料-50℃蠕变性能

也有着极大的影响。焊接结构的蠕变性能主要指囊体材料焊缝处的焊条抵抗拉伸载荷的能力。日本Yoshiaki Kakuta等人对分别在20℃、40℃、60℃、80℃条件下对囊体材料本体及焊接结构进行蠕变试验,采用应力—应变曲线及拉伸强度或焊接强度的变化来表征不同负载下的蠕变性能[277]。

焊接结构的蠕变性能主要与焊接面材料(焊接带焊接面材料及囊体材料热封层材料)相关。目前,常用的焊接面材料主要为聚氨酯材料。中国科学院长春应用化学研究所将不同结构聚氨酯对囊体材料蠕变性能的影响进行了研究。

由表8-10的蠕变试验结果可以得到,不同的聚氨酯材料蠕变性能存在较大的差异。1#、2#、3#、4#材料在蠕变试验中,均不到10min就发生了断裂,而5#材料进行蠕变试验163h才发生断裂,6#材料进行蠕变试验470h才发生断裂。这种蠕变性能上的差异,我们将从聚氨酯结构上进行分析。

表8-10 不同聚氨酯材料对囊体材料焊接结构的影响

聚氨酯材料	1#	2#	3#	4#	5#	6#
破断时间	<1min	3min	6min	8min	163h	470h

图8-18是采用红外光谱对上述六种聚氨酯的结构进行分析,分析结果得到1#、2#、3#材料为脂肪族聚酯型聚氨酯,表现出较差的耐蠕变性能;4#材料为芳香族聚酯型聚氨酯,耐蠕变性能并没有明显优势;5#、6#材料为芳香族聚醚型聚氨酯,表现出优异的抗蠕变性能。这是由于主链含芳杂环的刚性链高聚物通常具有较好的抗蠕变性能。4#材料同为芳香族聚氨酯,但抗蠕变能

力远不如聚醚型的5#和6#,这是由于聚氨酯是软硬段发生微相分离的弹性体材料,如图8-19所示,异氰酸酯基团构成其硬段,赋予材料强度、刚性;软段为聚酯或聚醚,赋予弹性体以柔性、弹性。硬段部分具有非常高的键能以及分子链段间氢键作用,极难发生解离。在蠕变过程中,聚氨酯分子链在载荷作用力下发生伸展,主要靠软段部分。如果软段部分有一定刚性或者部分结晶行为,则在蠕变实验过程中会消耗掉更多的能量,进而使材料具有更强的抗蠕变能力。

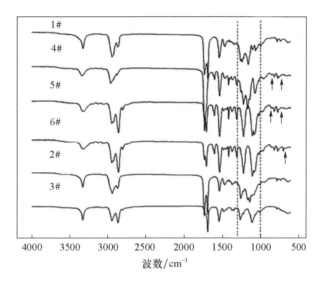

图8-18 不同聚氨酯的红外光谱

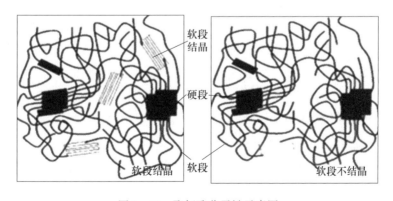

图8-19 聚氨酯分子链示意图

囊体材料蠕变性能的测试可借鉴《GB/T 11546.1—2008 第1部分拉伸蠕变》,采用蠕变试验仪进行(图8-20)测试。材料的蠕变性能可以通过蠕变曲线、蠕变模量—时间曲线、等时应力—应变曲线表示,也可以采用一定温度、一定载荷下囊体材料焊接试样的断裂时间来表示。

图 8-20　蠕变性能试验仪

8.2.3　耐揉搓性能

囊体材料在制备完成后,到运输、加工、储存、使用阶段,每一个阶段中都可能遭遇揉搓、折压等外力作用,从而对材料的气密性或力学性能产生影响。耐揉搓性能是指材料经受挠曲及受压变形作用,在外力撤销后保持自身性能稳定性的能力,它主要反映了囊体材料抵抗弯曲变形的能力。

影响囊体材料的耐揉搓性能的主要因素为织物层的柔韧性、阻隔层材料的耐揉搓性以及中间层材料的厚度。在囊体材料的复合过程中,织物层纱线应当有紧密的结构并能保持原有的柔韧性,胶黏剂或涂层对纤维过分的桥接能使纱线变得僵硬,在揉搓过程中对阻隔层更易造成损害,从而降低材料的耐揉搓性能。囊体材料中阻隔层材料通常是较为刚性的材料,主要有 EVOH、PA、PET 以及含金属镀层或涂层的薄膜材料等,这几种阻隔层材料在揉搓或挠曲时易出现破损,尤其是含金属镀层或涂层的薄膜材料在揉搓或挠曲时表面镀层或涂层易出现脱落、破损,导致囊体材料阻隔性大幅度降低。中间层材料一般为具有很好柔韧性的聚氨酯弹性体,当囊体材料受到揉搓或弯折作用时,中间层材料可以为刚性的织物纤维和阻隔层材料提供良好的缓冲作用,防止相对硬而脆的阻隔层材料发生开裂、破损。因此,中间层材料在提供黏接力的同时还在一定程度上有利于囊体材料耐揉搓性能的提高。

为研究中间层对囊体材料的影响,中国科学院长春应用化学研究所制备了中间层面密度分别为 $0g/m^2$(0#)、$10g/m^2$(1#)、$20g/m^2$(2#)、$30g/m^2$(3#)、$40g/m^2$(4#)、$50g/m^2$(5#)的囊体材料,这 6 种囊体材料的综合性能对比如表 8-11 所列。

表 8-11 不同厚度中间层的囊体材料性能对比

项目	0#	1#	2#	3#	4#	5#
中间层面密度/(g/m^2)	0	10	20	30	40	50
囊体材料面密度/(g/m^2)	135	145	153	163	171	179
囊体材料撕裂强度/N	508	385	398	410	378	375
囊体材料透氦率/($L/(m^2 \cdot 24h \cdot atm)$)	0.064	0.045	0.050	0.085	0.087	0.052
揉搓 20 次透氦率/($L/(m^2 \cdot 24h \cdot atm)$)	1.0	0.9	0.7	0.7	0.4	0.4
揉搓 270 次透氦率/($L/(m^2 \cdot 24h \cdot atm)$)	破损	破损	破损	0.8	0.6	0.5
揉搓 900 次透氦率/($L/(m^2 \cdot 24h \cdot atm)$)	破损	破损	破损	破损	0.6	0.5

研究结果表明,中间层面密度对囊体材料的透氦率、撕裂强度等均没有明显影响,但对囊体材料的揉搓性能有较大影响。随着中间层面密度增加,囊体材料耐揉搓性能明显提高。这是由于中间层为柔软、弹性良好的聚氨酯弹性体,在施以外力时,对表面刚性的阻隔层材料和织物纤维之间起到一定的缓冲作用,防止阻隔层材料被破坏。试验结果还得到,面密度为 $30 \sim 40g/m^2$ 的聚氨酯弹性体膜材料能够兼顾到面密度和耐揉搓性等综合使用性能,表现出良好的实用性。由此可见,囊体材料的结构和组成设计需要对面密度与使用性能方面进行综合考虑和平衡设计,不能一味追求轻量化。

为模拟囊体材料在生产、加工、运输等过程中的揉搓、折压等行为,可以通过挠曲试验和揉搓试验来完成。可借鉴的标准有《QB/T 2714 皮革物理和机械试验耐折牢度的测定》和 *ASTM F392 Standard Test Method for Flex Durability of Flexible Barrier Materials*。

1. 挠曲试验

采用挠曲试验机参考 QB/T 2714 进行试验。将尺寸为 70mm×45mm 的矩形试样测试面向内折叠,使两个长边并在一起,夹住折叠的试样,使折叠的边紧挨着上夹具的下边,一端紧靠上夹具的松紧螺钉。将试样未夹住的两个角向外、向下包住夹具,使试样的两个表面接触,将试样的自由端固定在下夹具中,并使其垂直伸展,所使用的力量不能超过刚好把材料拉紧所需的力,如图 8-21 所示。

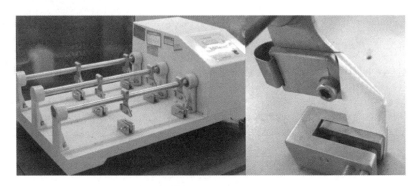

图 8-21　囊体材料挠曲试验

将试样夹于夹具内后，设定好耐折次数，试验完成后取出试样。由于试样尺寸较小，完成挠曲试验后难以对其进行透氦率测试。我们通常采用肉眼观察法、油性记号笔判定法、表面张力笔判定法这几种方法对囊体材料是否发生破损进行快速判定。

肉眼观察法是将试样反向折叠，在良好的光线下用肉眼和放大镜检查，记录被弯折部分的破损情况。其中破损情况包括表面有无明显裂纹及孔洞；层间黏着力有无变化，即有无脱层现象；织物有无明显稀松、变形现象。

油性记号笔判定法是在挠曲后的囊体材料正面折痕处使用油性记号笔进行涂覆，使涂液在囊体材料正面均匀分散。经 5min 静置后，可以观察到囊体材料背面是否出现黑色痕迹，从而判定囊体材料是否破损，如图 8-22 所示。

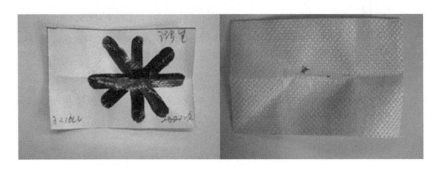

图 8-22　油性记号笔涂覆判定法

表面张力笔判定法是在挠曲后的囊体材料正面折痕处使用表面张力数值较囊体材料表面张力低的表面张力笔进行涂覆。涂覆后静置 5min，待涂液在囊体材料正面均匀散开，液面呈扩散趋势，如果在材料背面可以清晰观察到涂液透过后形成的液斑，即可判定囊体材料已破损，如图 8-23 所示。

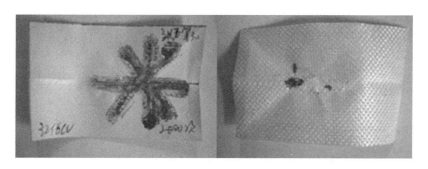

图 8-23　表面张力笔涂覆判定法

2. 耐揉搓试验

可采用揉搓试验机参考 ASTM F392 进行,如图 8-24 所示。将 280mm × 200mm 的矩形试样固定在两圆盘之间,其中 200mm 方向为测试方向,280mm 的长边一端固定在直动轴上,另一端固定在旋转轴上。其中直动轴为往复移动,旋转轴进行一定角度的旋转运动。该试验揉搓频率为 45 次/min,揉搓角度为 440°或 400°,直动轴水平行程为 155mm 或 80mm。

图 8-24　囊体材料揉搓性试验

耐揉搓试验具有下面 A、B、C、D、E 这 5 种模式。其中模式 A、B、C、D 为长行程揉搓,直动轴向前移动 90mm,同时旋转轴做 440°旋转运动,然后直动轴再向前移动 65mm,而无旋转运动。模式 E 为短行程揉搓,直动轴行程 80mm,同时旋转轴旋转 400°。这 5 种模式具体揉搓次数如下。

模式 A:1h 揉搓(2700 次)。

模式 B:20min 揉搓(900 次)。

模式 C:6min 揉搓(270 次)。

模式 D:20 次揉搓。

模式 E:20 次短行程揉搓。

耐揉搓试验完成后,在强光源下对囊体材料的外观变化进行观察,看材料表面是否形成针孔状破损。

图 8-25 是囊体材料分别揉搓 100 次、270 次、900 次后强光源下的外观。该囊体材料经 100 次揉搓后,材料表面未发现透光点;经 270 次揉搓后,材料表面疑似出现透光点;经 900 次揉搓后,材料表面出现了多个透光点,面层也发生了破损。由此可见,不同的揉搓次数所造成的破坏程度也不同。经 900 次揉搓后的囊体材料,其破损程度可在强光源下用肉眼直接观察到,而经 100 次和 270 次揉搓后的囊体材料,用肉眼观察并不能直接判定是否发生破损。对于这种肉眼观察无法判定的囊体材料,我们通常通过对比揉搓前后材料透氦率的变化进行判定。另外,还可以通过对比揉搓前后囊体材料拉伸强度、撕裂强度等性能的变化来表征囊体材料的耐揉搓性能。

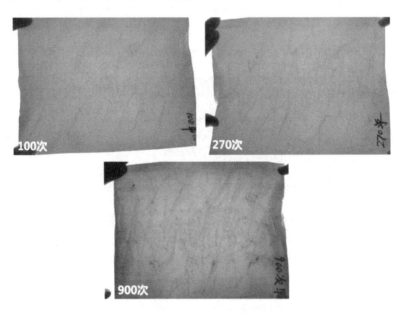

图 8-25　强光源下观察揉搓后的囊体材料

8.2.4　其他环境适应性能

针对不同浮空器的使用环境、运输和储存环境,还可以进行特定环境下的性能测试,如系留气球用囊体材料抗盐雾大气影响的能力和抗霉菌侵蚀的能力,囊体材料一定温度、湿度环境下储存一定时间的性能变化等。

8.2.5 光热特性

热特性变化及环境热效应对平流层浮空器的安全可靠性与控制有很大影响。平流层环境中昼夜交替产生的温差以及太阳能电池吸收的热量使浮空器气囊中气体的温度、压力和密度发生变化,其气囊与周围大气环境以及自身之间存在着复杂的传热行为。这种传热行为是外部热环境与其表面以及内部换热等各种影响因素的耦合作用结果,其中外部热影响因素包括外表面的红外辐射、太阳直接辐射、散射辐射、地球反照、地–气红外辐射和对流换热;内部热影响因素包括内表面之间的辐射和表面与浮升气体的自然对流换热,如图8–26所示。

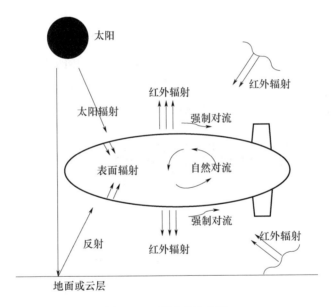

图8–26 浮空器热环境

在浮空器应用方面,对浮空器热性能影响最大的囊体材料热性能参数为太阳光谱吸收率α、红外发射率ε及吸收发射比κ,其中吸收发射比κ为太阳光谱吸收率α与红外发射率ε的比值,即

$$\kappa = \frac{\alpha}{\varepsilon} \tag{8-4}$$

对于平流层浮空器而言,白天受到的太阳辐射十分强烈,减小囊体材料的吸收发射比对浮空器安全运行具有重要的意义。通过这种方式,囊体材料在白天可以将飞艇艇体吸收的太阳辐射热量以红外线的形式辐射掉,防止艇体温度

过度上升;在夜晚,可以有效吸收地球的红外辐射,防止艇体温度过度下降。其主要目的是有效降低飞艇艇体内部的温度波动,提高安全系数。

囊体材料相关热性能参数测试方法上,吸收率可参考标准 GB/T 2680、GB/T 25968、GJB 5023.1A 或 GJB 2502.2,利用分光光度计,模拟透过大气层直接照在受光物体上的太阳光,测得试样的反射率、透射率与波长关系的数据,由此计算吸收率。红外发射率可参考标准 GJB 5023.2、GJB 2502.3 或 FZ/T 64010—2000,测出材料在规定波段的全辐射法相发射率与标准黑体发射率的比值即为材料的红外发射率。

为减小囊体材料的吸收发射比,通常需研制具有光热防护性能的囊体材料,具体可分为阻隔型、反射型和辐射型 3 种防护类型。

1. 阻隔型光热防护材料

阻隔型光热防护性能的实现一般是通过添加传热系数较低的填料降低各层间的传热,从而达到光热可控性的目的。阻隔型光热防护材料的机理是:作用在物体表面的热量在通过导热系数较低的涂层后,热量传输较慢,因此物体内部的温度上升趋缓,从而达到实现热防护的目的(图 8 - 27)。

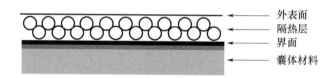

图 8 - 27　阻隔型隔热材料示意图

阻隔型光热防护材料一般需添加较低导热系数的功能材料。封闭状态下空气的导热系数是 0.023W/(m·K),远低于其他固体物质的导热系数,因此,一些中空的材料常被用于阻隔型光热防护性材料中,目前常用材料主要包括中空陶瓷微珠、中空玻璃微珠以及中空二氧化硅微球等。这些中空材料制备的涂层空隙率高、密度小,并且富含导热系数极低的空气,将它应用于需要隔热处理的物体上,可以显著降低物体的导热性能。目前,可以实现纳米级空心微球的基材有二氧化硅、二氧化钛、氧化锌以及高分子材料如聚氨酯、聚碳酸酯、聚丙烯酸、环氧树脂等。纳米级空心微球具有导热系数小、堆积密度小、表面积小的优点,使用少量纳米级的空心微球可以实现导热系数接近空气的隔热效果。但是纳米级空心微球容易团聚,难以分散,而且对太阳光光辐射呈透过性,没有反射作用,如果将纳米空心微球应用于囊体材料,需克服这些缺点。

2. 反射型光热防护材料

反射型光热防护材料通过对太阳光的高效反射来实现光热可控性目的。与阻隔型材料相比,反射型光热防护材料将太阳能量反射掉而不是吸收。反射型光热防护材料性能的优劣由填料或功能材料以及膜表面状态决定。常用的功能材料或填料主要有金属镀层(Al、Ag)、金红石型 TiO_2、碳酸钙等。另外,材料表面越光滑平整,对入射光线的反射越高,材料表面越粗糙,对入射光线吸收越强。

通常太阳光按照辐射光谱的波长可分为 3 个光谱区,如表 8-12 所列。太阳光的能量主要分布在波长为 $0.4 \sim 2.5 \mu m$ 的可见光和近红外区。因此,研究对可见光和近红外光反射高的功能材料或填料是制备反射型光热防护材料的重点。

表 8-12　太阳光能量分布

太阳光谱	波长/μm	占太阳总发射能量的比例/%
紫外光	0.2~0.4	5
可见光	0.4~0.72	45
近红外光	0.72~2.5	50

3. 辐射型光热防护材料

辐射型光热防护材料也称为红外辐射型光热防护材料,其原理是把照射在物体表面的热量通过材料中特殊的功能填料转变为红外线,并且发射出去,使得进入材料内部的残余热量很少,从而进一步提高光热防护材料的防热效率。

辐射型光热防护材料一般通过在囊体材料表面添加高红外发射率的涂层实现。高发射率涂层具有良好的辐射性能,能起到增大热辐射的作用,通常通过添加功能填料以及合理的结构设计,利用辐射防热机制进一步提高热防护材料的防热效率,有效降低囊体材料表面温度。高红外发射率涂层中常用的填料主要为硅碳化合物和过渡金属氧化物,如氧化铁(Fe_2O_3)、二氧化锰(MnO_2)、氧化钴(Co_2O_3)、氧化铜(CuO)、氧化锌(ZnO)等,由于它们存在较多的电子层,根据电子跃迁机制将会产生短波红外辐射,从而起到辐射防热作用。

在高红外发射率涂层中,影响涂层发射率的主要因素包括填料成分、微观结构、温度、颗粒度、材料表面粗糙度等。不同的填料成分及配比体系对材料的红外发射率具有不同程度的影响;温度也会明显影响材料的发射率,通常选择红外材料时需对一定温度的发射率进行设计,使材料最大发射率对应的温度与材料表面温度相适应;红外辐射材料的粒度越细,材料发射率就越低,辐射效果越显著;材料表面越光滑,材料反射率越大,发射率越小,反之材料表面粗糙,发射率也就高。

研制高红外发射率涂层的工艺一般有溶液涂层法、粉末喷涂法、等离子喷涂法等,涂层的自身强度与结合强度不仅和材料本身的物理化学性质相关,而且与工艺条件具有重要关系,因此,囊体材料表面的红外辐射涂层还需对涂层发射率、稳定性、制备工艺、结合强度等进行综合研究。

8.2.6 囊体保压和耐压性能

平流层飞艇主要依靠艇囊内的浮升气体提供浮力,艇囊是用囊体材料通过热焊接的方式拼接而成,既是浮升气体的存储容器,又提供了飞艇的气动外形。因此,检验艇囊的气密性和耐压性是平流层飞艇研制的重要环节。

气密性的检查对所有充气结构的重要性不言而喻,飞艇艇囊的表面积很大,即使囊体材料的渗透率很低,气囊的整体泄漏量也可能很大,同时囊体材料会存在一些细微瑕疵以及在加工、运输等过程中产生细小的损伤,这些因素都会加剧气囊内氦气的泄漏。为了保证囊体材料加工成型后的气密性满足浮空器航行时间、航行高度等要求,通常在实际飞行前需要进行气囊地面保压性能测试,即采用恒温、同压和等驻空时间的条件下囊体压力损失来表征气囊囊体气密性的好坏。

目前,检测飞艇囊体气密性的常用方法是气体压力检漏法,其原理是向气囊内充入压缩气体,达到预定的压强后保持一定的时间,通过压力传感器测量气囊内气体压强的降低量,从而计算出气体泄漏量的一种方法。囊体气密性的初步评估中,通常可采用保压法对 $\phi 4m$ 球形囊体进行测试,如图 8-28 所示。具体方法为向 $\phi 4m$ 球形囊体内充入一定量的压缩气体,达到设定的初始压差后保持一定的时间(通常为 24~48h),通过压力传感器测量球形囊体内气体压差的变化量,同时还需记录球形气囊表面温度、环境温度、大气压等参数,从而分析气囊内部气体的泄漏情况。其中,保压环境应避免太阳光直射,并相对封闭。

在保压试验中,根据理想气体的状态方程,压力、体积、温度的关系为

$$\frac{PV}{T} = nR \tag{8-5}$$

式中:P 为气体压强,Pa;V 为气体体积,m³;T 为体系的热力学温度,K;n 为气体的物质的量,mol;R 气体常数,J/(mol·K)。

图 8-28　φ4m 球形囊体保压试验

保压试验后,由上述公式可计算囊体的内部压力损失来评价囊体的气密性,也可通过上式计算气体泄漏率来评价囊体的气密性。

除了气囊气密性测试外,通常还需进行气囊的耐压性测试(打压),以确保气囊结构能满足总体驻空性能的要求。耐压性能主要评价囊体材料的工艺适应性以及囊体材料的力学性能均匀性,模拟验证囊体材料加工成飞艇艇体过程中,囊体材料的力学性能和焊接性能是否均一、稳定。浮空器囊体耐压性能的影响因素主要包括囊体材料自身的力学性能、加工囊体引起的损伤及软硬耦合处的应力不均。囊体材料自身的力学性能主要取决于织物层的纤维强度;加工损伤是在加工过程中由于加工条件不均匀(电流或温度过高、压力过大)以及反复折叠对织物层纤维造成的损伤;软硬耦合处,在压力作用下,局部容易出现应力集中现象,导致囊体破损。

耐压性测试通常采用球形囊体进行,如图 8-29 所示。

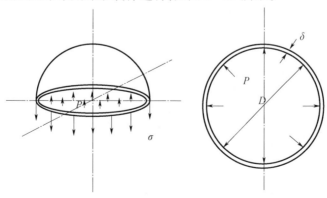

图 8-29　受气体内压球形壳体的受力分析

根据力学平衡,垂直于截面的总压力与球形壳体环形截面上的总应力相等,得到

$$\frac{\pi}{4}D^2 P = \pi D \delta \sigma \qquad (8-6)$$

式中:D 为球体直径,m;δ 为囊体材料厚度,μm;σ 为材料所受应力,MPa;P 为球体内外压差,Pa。

当气囊达到最大承压状态时,式(8-6)可写成

$$\frac{\pi}{4}D^2 P = \pi D \sigma_t \qquad (8-7)$$

$$P = \frac{4\sigma_t}{D} \qquad (8-8)$$

式中:σ_t 为囊体材料断裂拉伸强度,N/cm。

由式(8-8)计算出的内外压差值 P,即为气囊最大承压值。

除计算理论最大承压值外,通常还需进行囊体耐压试验对囊体实际承压能力进行评估,这是由于囊体结构设计、加工工艺的影响使得实际最大承压值与理论最大承压值存在一定差距。囊体耐压试验具体方式是:向 φ4m 球形囊体内部用压缩机充入空气,充气速率一般不高于 1200Pa/min,直至囊体爆破。每 1~2min 记录一次囊体内部压力值,最终囊体爆破时的压差数,即为囊体的最大承压值。以 φ4m 球形囊体为例,其中囊体材料拉伸强度约为 700N/cm,由式(8-8)计算该囊体理论气囊最大承压值约 70kPa,但在实际耐压试验中,当球体内外压差达到 42.6kPa 时,球体破裂。就爆破过程及破碎形式判断,球体耐压已达到囊体材料的承受极限,如图 8-30 所示。

图 8-30　φ4m 球形囊体耐压试验

8.3 囊体材料评价

8.3.1 过程管理与质量评价

囊体材料从产品要求到产品交付,应遵循 GB/T 19001—2016 或 GJB 9001C—2017 质量管理体系要求[276],加强过程控制与管理,确保产品质量,以达到顾客满意。其质量管理活动主要流程如图 8-31 所示。

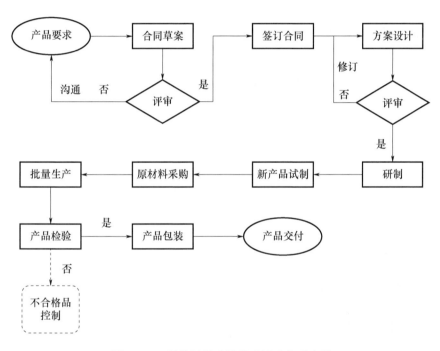

图 8-31　囊体材料质量管理活动主要流程

囊体材料质量管理活动主要分为以下几个方面。

1. 产品要求管理过程

1) 沟通及产品要求的确定

当顾客有意向需求时,承制方应与顾客和相关方进行充分沟通,确定产品要求,以充分满足其需求和期望。

产品要求的载体一般为研制任务书、招标书、技术协议书、研制合同、订货合同以及电话订货通知等合同性文件或承诺。

2）评审

在合同签订前,由承制方的主管部门组织评审。评审时应关注产品要求中包括的技术、进度、成本等方面的风险,若存在风险应采取相应措施,规避或降低风险。

对于顾客提出的未成文的要求,如电话通知等,相关人员应在接受顾客要求前,通过复述顾客要求并予以记录的方式,对顾客要求进行确认。

3）更改产品要求

若顾客提出的产品要求发生更改时,承制方应确保相关文件得到修改,并确保相关人员知晓已更改的要求。

2. 设计和开发过程

1）方案设计

依据产品要求,对囊体材料进行结构设计、确定工艺方案,制定研制方案并经相关方评审。

制定产品质量计划(或质量保证大纲)等策划性文件。

2）研制

依据研制方案,通过配方试验优化和筛选材料、确定工艺路线,验证输出满足输入的要求,并通过适当的评审来证明结果满足要求的能力。

制定工艺文件、关键过程明细表、检验文件、测试大纲、验收大纲等技术性文件。

3）新产品试制

由承制方的主管部门负责组织。

（1）在产品试制前,进行产品试制准备状态检查和完成工艺评审。

（2）在产品试制完成后,进行首件鉴定和产品质量评审。

首件鉴定是对产品进行全面检验和试验,以证实规定的工艺、设备及人员等能够持续地制造出符合设计要求的产品。

4）其他

各转阶段评审、节点检查、项目验收等依据项目管理要求以及承制方的质量管理要求执行。

设计和开发更改按承制方技术状态管理要求执行。

3. 采购管理过程

1）建立合格供方名录

对原材料实施分类管理,通过评价、选择、绩效监视以及再评价,将评价合格的原材料生产厂家纳入《合格供方名录》中,主要原材料应在合格供方内采购。

对同一种原材料应选择两家以上供方,以规避风险。

2)采购产品的验证

一般验证内容包括产品名称、型号、规格、批号、数量、生产日期、产品包装、质量证明文件(如合格证、出厂检测报告等)。

对最终产品功能特性和物理特性有影响的原材料应进行复验。必要时,原材料的验证应以其试验结果综合判定是否符合特定囊体材料要求。

检验合格后方可入库和使用。织物外观瑕疵典型示例参见附录。

3)外包外协过程

外包外协过程按采购过程进行控制,如产品运输,选择信誉好和服务质量高的快递公司。

4. 生产管理过程

1)批次管理

同一批原料、同一工艺连续生产的产品为一批,同型号产品批次及卷号按生产顺序排序(如20190302-1、20190302-2、…以此类推)。

按批投料,每批一般应采用同批号原材料,并详细记录所用各类原材料的批号及生产厂家;同时还应保持产品从投料到产品交付等各过程的批次标志,以及各过程之间的批次标志的转移,使其具有可追溯性。

2)关键过程

按工艺文件要求,对关键过程实行"三定",即定工序、定人员、定设备。对关键过程及关键设备进行标识,对人员进行定期考核保持能力,对关键过程实施监控。

3)现场管理

生产现场应具有完好的生产设备和满足产品要求的工作环境。半成品、成品、不合格品等应分区放置并有明显标识,且每卷材料应有良好的防护(如PE膜包装等)。

4)仓库管理

物料应分区放置、标识清晰。采用先进先出原则,保持账物卡相符。材料出入库应做好记录并实施动态管理。

5. 产品检验

囊体材料产品检验分为性能检测和外观检验。

1) 性能检测

(1) 取样方法。按批次号每卷材料应在卷外取样 2~5m 进行规定项目的性能检测,选取材料表面应无明显瑕疵。

(2) 出所检验与型式检验。出所检验,承制方对每批产品实行以下检测。

① 同型号产品按批次号每卷应进行常规性能检测。

② 老化试验和环境试验等耗时项目的性能检测,同型号产品在一个批次中随机抽取 1 卷进行性能检测。

③ 当顾客要求现场验收时,应按产品的批次及顾客要求进行随机抽样检验。

型式检验包括技术要求规定的全部指标项目。遇有下列情况之一时,应随时进行型式检验。

① 产品所用原材料、配方、生产工艺及结构有改变时。

② 出所检验与上次型式检验有较大差异时。

③ 顾客或质量监督部门提出要求时。

(3) 符合性评价。产品符合性评价应包括但不限于以下内容。

① 各项技术指标检测结果应全部符合产品要求(如合同/技术协议、产品规范、验收大纲、检验规范等)。

② 测试方法及测试环境应符合测试大纲要求。

③ 测试设备、计量器具应按期检定或校准并在有效期内使用。

④ 检测人员资质应符合承制单位有关要求等。

(4) 不合格判定。若产品经过检测出现不达标项,则应继续向该卷内取样 2~5m,并且同时对产品的另一端进行取样检测,若仍不达标,则判定该卷材料不合格。

2) 外观检验

产品外观检验一般采用目测方法,利用检品机对明显瑕疵部位在材料幅宽边缘进行标识以起到警示作用,并做好记录。外观瑕疵可分为重要瑕疵和一般瑕疵,外观瑕疵典型示例参见附录。

(1) 重要瑕疵。对材料性能造成严重影响,且瑕疵出现在中间有效幅宽范围内为重要瑕疵,重要瑕疵一般包括但不限于以下情况。

① 材料分层。

② 纬斜率大于3%。

③ 膜破损(>5cm)。

④ 贫胶或缺胶(直径 >5cm)。

⑤ 纤维扭曲、错乱、缺纱等(>5cm)。

⑥ 凸起且无法展平的折痕或褶皱(>20cm)。

(2) 一般瑕疵。除重要瑕疵以外的为一般瑕疵。一般瑕疵可包括但不限于以下情况。

① 织物疏密不匀、线头、污渍等。

② 料点、异物等。

③ 膜折痕。

④ 边缘缺胶、褶皱、毛边等。

⑤ 涂胶不均、色泽差异等。

(3) 合格判定。一般产品连续长度 100m 范围内,重要瑕疵不应超过 2 处,一般瑕疵不应超过 20 处,则判定产品外观为合格,否则为不合格。

3) 不合格品控制

从采购产品到最终产品,在整个生产过程中产生的不合格品,应注明产品名称及批号并标识,隔离放置,按照承制方的不合格品控制的有关规定处置。

6. 产品包装、标识、交付

1) 产品包装

产品包装应做到有效防护,如防潮、防挤压变形、防尖锐硬物撞击等。产品包装一般包括但不限于以下内容。

(1) 内包装,如 PE 膜、缓冲膜等;

(2) 外包装,如木箱、承重纸箱、高分子柔性板材、防雨布等。

2) 产品标识

产品标识应包括产品名称、型号、批号、数量等。

标识应置于产品内外包装的明显位置,标识的文字、图案应印刷(或书写)清晰、整齐,标识应粘贴牢固。

3) 产品交付

(1) 随行文件。产品的随行文件包括但不限于产品合格证明、产品说明书、发货单、测试报告、其他有关资料等。

(2) 运输。可采用各种运输工具,运输过程中应防止淋雨、挤压变形等。

(3) 贮存。产品应储存在阴凉通风干燥的仓库内,保持室温及包装完好。

(4) 售后服务。顾客若有技术服务要求时,承制方应做好售后技术服务工作。

7. 记录

从产品要求到产品交付以及售后服务,应保留所有过程形成的相关记录,记录应具有可追溯性。

8.3.2 技术成熟度评价

20世纪70年代中期,技术成熟度概念起源于美国国家航空航天局。趋于成熟后,进入21世纪后广泛应用于美国国防部国防采办项目管理。经过三十多年的发展和应用,目前技术成熟度评价标准已基本成熟,评价方法和实施程序也已形成规范,并得到了广泛应用,取得了可观的效益,如采用技术成熟度对重大项目进行管理、以技术成熟度为标准对重大项目转阶段进行审查、以技术成熟度为参照系制定重大国防项目的发展路线图等[277]。目前,我国在技术成熟度的评价方法和工程应用都还处于初期阶段。我国科技人员在长期的科研和工程实践过程中也总结出了一套研制阶段划分方法。与国外技术成熟度概念相比,量化程度虽然不同,但是也都体现出了技术成熟度级别划分的朴素思想。国外在技术成熟度方面的深入研究和广泛应用,引起了我国国防科技工业领域人员的重视,部分单位已经开始进行技术成熟度评价方法研究和试点应用,技术成熟度评价的作用已经得到了初步认可。

1. 技术成熟度简介

技术成熟度评价方法是指一种基于技术发展成熟规律、采用标准化量测等级对技术成熟度进行评测的系统化过程和程序。技术成熟度方法包括技术成熟度、技术成熟等级(TRL)和技术成熟度评价(TRA)这3个基本概念。

技术成熟度是指技术相对于某个具体系统或项目而言所处的发展状态,它反映了技术对于项目预期目标的满足程度。

TRL是指对技术成熟程度进行度量和评测的一种标准。

TRA是指基于技术成熟度等级度量标准评价项目或系统中关键技术元素成熟度的过程。所谓关键技术元素(CTE),是指在规定的时间、规定的费用范围之内为完成项目设定的性能要求和任务必须依赖的新技术。

技术成熟度反映了技术对于项目预期目标的满足程度。在武器装备采办和科研项目管理中,技术风险往往是决定项目能否成功以及进度、费用、性能能否符合要求的最主要因素。通过技术成熟度评价方法,可以判定技术处于什么样的状态,是否可以进入研发程序等,从而控制项目技术风险,避免不够成熟的关键技术转入下一阶段。

1) 囊体材料技术成熟度评价

平流层飞艇技术创新性强、研制难度大、技术基础相对薄弱。开展平流层飞艇重要分系统核心关键技术成熟度评价,对于掌握技术发展动态、化解项目研制技术风险、合理安排技术攻关计划、提高项目质量、降低机关决策风险有重要意义。囊体材料作为制备平流层飞艇艇体的主体材料,是评价平流层飞艇技术成熟度的关键分系统之一。

相对于一种集成系统或项目的技术成熟程度评价,复合材料的技术成熟度评价过程在关键技术元素的选择、技术元素评价内容以及等级评估方法等方面具有较大的区别。简单地说,材料的成熟度与其最终应用于的集成系统的成熟度密切相关,只有实现了材料与集成系统研发的密切互动,才能协调好技术、投资以及研制周期之间的关系。一个集成系统的技术成熟度,以其各个分系统的技术成熟度为前提,其基础归根结底为组成分系统的各个零件及材料的技术成熟度。因此,材料的技术成熟度是其最终应用于集成系统技术成熟度的基础,而最终应用系统的成熟度进展又制约着材料的技术成熟度评价。飞艇用囊体材料技术成熟度的评价,充分体现了上述材料技术成熟度评价的特点,即平流层飞艇(集成系统)与囊体材料(分系统)的成熟度互相制约,又密切相关。

(1) 适用于囊体材料技术成熟度评价的基本工作流程[278]。

① 组织开展培训工作。评价执行机构根据评价工作总体方案,组织项目承研单位、专家组等进行技术成熟度评价方法培训。

② 制定评价工作计划。根据评价工作总体方案,评价工作负责人组织制定具体的评价工作计划,包括进度、人员安排和成果形式等。

③ 制定项目技术分解结构(TBS)。根据总体技术方案,结合项目具体特点,梳理、构建项目的技术分解结构。

④ 筛选确定 CTE。根据关键技术元素筛选原则,遍历技术分解结构,协调确定参评关键技术元素,经专家评审认可。

⑤ 评价标准具体化。根据通用技术成熟度等级划分及评价标准,结合参评元素特点,制定适用于项目的具体化技术成熟度等级定义,编制关键技术元素清单报告,经专家评审认可。

⑥ 评价 TRL。搜集用于评价成熟度等级的数据信息,编制关键技术元素信息报告;利用具体化技术成熟度等级定义及评价细则评价关键技术元素成熟度,经专家审核认可。

⑦ 编制技术成熟度评价报告。编制技术成熟度评价报告,经专家评审认可。

在评价工作启动之初,应制定涵盖上述工作流程的评价工作计划表,充分考虑每节点工作所需的时间,按计划表推进工作向前进行。表 8-13 给出了计划表的范例。

表 8-13 评价工作计划表

评价阶段	具体工作内容	起始时间	结束时间	成果形式
前期准备	0.1 制定工作方案	年月日	年月日	评价工作方案
	0.2 准备评价所需素材	年月日	年月日	项目相关素材
制定评价工作计划	1.1 制定评价工作计划	年月日	年月日	评价工作计划
识别 CTE	2.1 筛选 CTE 候选清单	年月日	年月日	TBS、CTE 清单
	2.2 数据及信息准备	年月日	年月日	支撑材料
	2.3 完成 CTE 信息报告	年月日	年月日	关键技术清单
	2.4 协调及确定最终 CTE 清单	年月日	年月日	最终 CTE 清单
评价 CTE	3.1 编写具体化 TRL 标准	年月日	年月日	具体化 TRL 定义
	3.2 评价 CTE 的 TRL	年月日	年月日	评价结论
	3.3 完成 TRA 报告	年月日	年月日	TRA 报告

(2)囊体材料技术成熟度评价案例。本案例全面展现了囊体材料技术成熟度评价的整个工作流程。首先对系统进行了技术分解和 CTE 识别,然后进行了 CTE 分析,进行该 CTE 的技术成熟度评价,包括制定了 TRL1 ~ TRL9 级的评价细则和进行评价。

因国内技术成熟度评价起步较晚,对于囊体材料的技术成熟度评价尚处于摸索阶段,在技术分解、关键技术元素筛选以及最终的成熟度评价细则确定时,把握的准确度与符合度难免会有偏差。相信随着评价方法的逐渐完善,该项评价技术会日趋成熟,在武器装备研制中具备越来越重要的指导意义。

① 关键技术元素识别。飞艇用囊体材料是一种复合型多层材料,其组成及结构特点已在第 2 章中详细阐述。正是由于其复杂的多层结构,在对其进行技术成熟度评价时,关键技术元素的筛选则尤为复杂。既要考虑到结构的完整性,同时又需要考虑每个技术元素的重要性及新颖性。在关键技术元素的筛选及确定时,需遵循以下原则。首先,该技术应对使用需求、成本或研制计划有重大的影响,即具备重要性。其次,对于开发和演示,技术是否具有很高的风险,即具备高风险性。技术要达到使用环境中的功能和性能具有高的风险。这种

开发或者演示的高风险主要原因有技术是新颖的、经过修改的、在原有基础上改进较大的、应用条件和环境变化较大的、将运行在一种新的环境中和或期望达到一种更高的性能。因此,也可以将这种高风险性理解为新颖性。

只有同时具备重要性及新颖性,才能入选为关键技术元素。

本案例以国内某单位研制囊体材料为例,进行技术分解结构。对于技术与之有差异的其他研制单位,可针对具体实际情况进行技术分解。

本案例囊体材料共分3个层级,其中第一层次为飞艇用囊体材料,第二层次包括XX型囊体材料、副气囊材料、密封带、焊接带,第三层包括各类关键技术,第四层包括第三层关键技术进一步分解的技术内容。详细的树状图如图8-32所示。

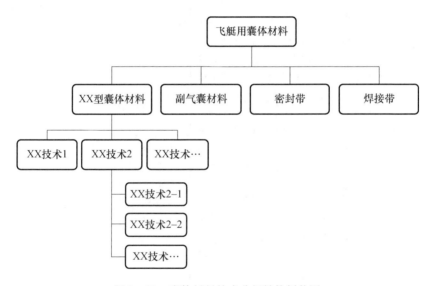

图8-32 囊体材料技术分解结构树状图

利用囊体材料分解结构树状图,可以清晰地梳理出项目技术分解结构。对每项技术进行简要描述,并分析其重要性和新颖性,确定其是否入选CTE。

在技术描述中,应简明扼要的描述该项技术的主要过程、具备特点、包含的技术关键点、评价方式等。在考虑入选或不入选理由时,应充分描述其是否具备重要性或新颖性,或同时具备重要性及新颖性。所谓重要性,要考虑其对重要技术指标的影响大小,即该项技术对该型号达到或提高关键性能的重要性或贡献度。所谓新颖性,是指技术是否是新颖的、经过修改的、在原有基础上改进较大的、应用条件和环境变化较大的、将运行在一种新的环境中和或期望达到一种更高的性能,上述所谓新颖性也称为高风险性[277],即这项技术要达到使用环境中的功能和性能具有高的风险。因此,在考虑重要性及新颖性时需充分理解技术内涵以及该项技术的实际应用,正确判断出其特性才能对 CTE 筛选做出正确的选择。表 8-14 给出了示范项目技术分解结构表。

表 8-14　项目技术分解结构表

分级层次	技术描述	是否入选 CTE	入选/不入选理由
1 飞艇用囊体材料	描述材料功能、分类、特点以及结构等	是/否	飞艇用囊体材料可以分解为 XX 型囊体材料、副气囊材料、密封带、焊接带 4 个技术元素
1.1 XX 型囊体材料	对 XX 型囊体材料进行简单描述,包括制造飞艇哪个结构的材料,包含哪些功能层,具备什么性能特点,其制备技术包含哪些关键技术,上述关键技术的成熟度由 XX 型囊体材料综合性能来评价	是/否	重要性:…… 新颖性:…… 因此,XX 型囊体材料具备新颖性及重要性,入选 CTE
1.1.1 XX 技术 1……	描述该项技术可以实现什么结果及其对囊体材料功能实现的重要性;考量该项技术的成熟度的主要技术指标或工艺参数等	是/否	重要性:…… 新颖性:……
1.1.1.1 XX 技术……	描述该项技术可以实现什么结果及其对囊体材料功能实现的重要性;考量该项技术的成熟度的主要技术指标或工艺参数等	是/否	重要性:…… 新颖性:……
1.2 副气囊材料	介绍材料的主要用途,包含哪些功能层	是/否	不入选 CTE 的原因
1.3 密封带	介绍材料的主要用途,包含哪些功能层	是/否	不入选 CTE 的原因
1.4 焊接带	介绍材料的主要用途,包含哪些功能层	是/否	不入选 CTE 的原因

需要注意的是,只有同时具备重要性及新颖性,才能入选为关键技术元素。上述分解后的各项技术,在考虑重要性及新颖性时,要充分考虑其是否同时具备重要性及新颖性,只具有一项特性不列入 CTE 清单。

② 关键技术元素清单。上述囊体材料分解结构共 4 层。按照重要性和新颖性,对各项技术单元进行了分析,初步梳理出入选初始 CTE 的候选清单,初始 CTE 清单如表 8-15 所列。

表 8-15 初始 CTE 清单

分级层次	技术描述	是否入选 CTE	入选/不入选理由
1 飞艇用囊体材料	描述材料功能、分类、特点以及结构等	是	飞艇用囊体材料可以分解为 XX 型囊体材料、副气囊材料、密封带、焊接带 4 个技术元素
1.1 XX 型囊体材料	对 XX 型囊体材料进行简单描述,包括制造飞艇哪个结构的材料,包含哪些功能层,具备什么性能特点,其制备技术包含哪些关键技术,上述关键技术的成熟度由 XX 型囊体材料综合性能来评价	是	重要性:…… 新颖性:…… 因此,XX 型囊体材料具备新颖性及重要性,入选 CTE
1.1.1 XX 技术	描述该项技术可以实现什么结果及其对囊体材料功能实现的重要性;考量该项技术的成熟度的主要技术指标或工艺参数等	是	重要性:…… 新颖性:……
……	……	是	……

通过对初始 CTE 清单的分析,确定最终的 CTE 清单,如表 8-16 所列。

表 8-16 最终 CTE 清单

编号	CTE 名称	CTE 简要描述	入选理由综述
1.1	XX 型囊体材料	描述材料功能、分类、特点以及结构等	重要性:…… 新颖性:…… 因此,XX 型囊体材料具备新颖性及重要性,入选 CTE

2. 关键技术元素成熟度评价

1) 技术成熟度等级定义

根据 GJB7688《装备技术成熟度等级定义及划分》中的 TRL 定义,结合该项目特点编制出囊体材料具体化的技术成熟度等级定义,详见表 8-17。该成熟度等级定义是否准确,或需进一步完善,有待于评价技术的进一步发展。

表 8-17 囊体材料技术成熟度定义

等级	装备技术成熟度等级定义	TRL 定义具体化
1	提出基本原理并正式报告	提出囊体材料基本原理并正式报告
2	提出概念和应用设想	提出囊体材料概念和应用设想

续表

等级	装备技术成熟度等级定义	TRL定义具体化
3	完成概念和应用设想的可行性验证	完成囊体材料的复合工艺或基本性能的实验室验证
4	以原理样品或部件为载体完成实验室环境验证	在实验室环境下完成囊体材料原理样品,样品符合技术指标要求
5	以模型样品或部件为载体完成相关环境验证	在20km平流层模拟环境下(低温、低气压、辐照、臭氧),完成囊体材料样品的使用性能验证,囊体材料性能稳定
6	以系统或分系统原型为载体完成相关环境验证	在平流层环境和地面综合模拟环境条件下,完成囊体材料的应用性能验证
7	以系统原型为载体完成典型使用环境验证	在平流层使用环境下,囊体材料随着平流层试验艇完成飞行试验验证
8	以实际系统为载体完成使用环境验证	在平流层使用环境下,囊体材料随着平流层工程艇完成飞行试验验证
9	实际系统成功完成使用任务	在平流层使用环境下,囊体材料随着平流层飞艇完成的长期应用验证

2) 关键技术元素成熟度评价

CTE 为"XX 型囊体材料"。XX 型囊体材料为制造浮空器主气囊的主体材料,主要有耐候层、阻隔层、承力层、热封层等。XX 型囊体材料具有轻质、高强、耐久等特点,制备过程包含近十余种专业制备技术。确定囊体材料的关键技术元素后,针对技术成熟度的 9 级定义,对于材料未来的使用环境要进行深入的分析。分析的目的在于通过目前研制材料的验证环境考察目前研制进度及技术成熟程度。

对于平流层飞艇用囊体材料,其最终将应用于平流层复杂的环境中,不断经历白天(受到太阳光照射、太阳能电池的传热)与夜晚的环境交替,因此温度波动较大,这就需要考察高低温交替变换对囊体材料性能的影响。同时,大气中90%的臭氧分布在 10~50km 高度的平流层中。太阳光辐射也是未来材料应用环境的主要老化因素。紫外线的波长在 200~400nm 范围内,因此,氙灯老化试验被认为是目前紫外线模拟性最好的一种人工老化试验方法。目前,材料试验室通过氙灯加速老化试验、臭氧老化试验、高低温交变试验等模拟最终的使用环境。试验室环境模拟与最终使用环境高度相近,区别在于最终使用环境为所有因素的综合作用,且最终要求飞艇长期驻空。表 8-18 列出了囊体材料使用与验证环境的差异。

表 8-18　囊体材料使用与验证环境差异分析表

地面验证环境	飞行验证环境	最终使用环境
各角度模拟试验模拟最终使用环境,主要包括: 1. 高压试验; 2. 高低温交变试验; 3. 氙灯老化试验; 4. 臭氧老化试验; 5. 紫外老化试验; 6. 盐雾老化试验; 7. 户外自然老化; 8. 蠕变试验; 9. 多因素综合试验	平流层环境:平流层环境比较复杂,主要表现为昼夜温差大、臭氧浓度高、太阳光辐射强等特点。 短时间飞行	平流层环境 长期驻空

按照技术成熟度 9 级定义和评价细则,依据该项目关键技术攻关的实际进展情况,进行了 CTE"XX 型囊体材料"的初步和详细评价,该案例未列出 1~9 级的成熟度评价细则,仅列出 5、6、7 三级供参考[268]。表 8-19~表 8-21 中列出 TRL 的判定细则及其细则解释,在评价过程中,需针对具体每条判定细则进行一一比对,对满足的程度进行细致分析并提供支撑信息。支撑信息包括图纸、设计方案、研制大纲、验证结果、客户使用情况说明、实际试验照片、各类数据、各类结论等。支撑信息需完整且真实提供,作为专家论证的必需材料。对于满足情况的说明,需言简意赅,满足或不满足,哪些方面不满足,均应用简短的语句说明,并填入表中。

TRL5 级 TRL 自评价表如表 8-19 所列,TRL 5 级是以模型样品或部件为载体完成相关环境验证。

表 8-19　CTE 评价表

编号	CTE 名称		XX 型囊体材料		TRL 等级(5)	
	是否满足	TRL 判定细则		细则解释	满足情况说明	支撑信息编号
5.01	是/否	针对存在交叉重叠的其他在研技术(可能有),通过分析,识别出并确定了对本技术的影响		针对存在交叉重叠的其他在研技术(可能有),通过分析,识别出并确定了对本技术的影响		

续表

编号	CTE 名称	XX 型囊体材料		TRL 等级(5)	
	是否满足	TRL 判定细则	细则解释	满足情况说明	支撑信息编号
5.02	是/否	了解预期系统的内外部接口要求	了解囊体材料气囊与其他系统的接口要求		
5.03	是/否	完成了预期系统的总体指标向下分配和传递	完成了囊体材料气囊总体指标向下分配和传递		
5.04	是/否	在预期系统的初步集成中,部件间或分系统间的接口是真实接口	在囊体材料气囊的初步集成中,部件间或分系统间的接口是真实接口		
5.05	是/否	出现了重大技术状态更改	出现了重大技术状态更改		
5.06	是/否	完成预期系统的基本集成,具备在真实的环境或典型的模拟环境下进行试验的条件	完成囊体材料气囊的基本集成,具备在真实的环境或典型的模拟环境下进行试验的条件		
5.07	是/否	预期系统的集成达到模型样品状态	囊体材料气囊的集成达到了模型样品状态		
5.08	是/否	提交了三面图和电气接线图	提交了材料结构设计图		
5.09	是/否	实验室里的试验条件经过调整,近似使用环境	实验室里的试验条件经过调整,近似使用环境		
5.10	是/否	接近完成设计草图	接近完成设计草图		
5.11	是/否	提出了预期系统的初步总体指标(含目标值和门限值)	提出了囊体材料气囊的初步总体指标		
5.12	是/否	提出了预期系统的产品组成结构	提出了囊体材料的组成结构		
5.13	是/否	说明了试验环境与使用环境的差异,并分析了差异对实际使用效果的影响	说明了试验环境与使用环境的差异,并分析了差异对实际使用效果的影响		
5.14	是/否	模型样品状态的预期系统在实验室里进行了试验验证	模型样品状态的囊体材料在实验室里进行了试验验证		
5.15	是/否	在实验室里完成了独立部件的试验验证	在实验室里完成了独立功能层的试验验证		
5.16	是/否	完成了主要部件的试制或采购	完成了主要原材料及功能层的制备		
5.17	是/否	确定了产量提升的目标	确定了产量提升的目标		

续表

编号	CTE 名称	XX 型囊体材料		TRL 等级(5)	
	是否满足	TRL 判定细则	细则解释	满足情况说明	支撑信息编号
5.18	是/否	通过权衡研究及试验,明确了关键生产工艺	通过权衡研究及试验,明确了关键生产工艺		
5.19	是/否	初步制造出预期系统的原型	初步制造出囊体材料的原型		
5.20	是/否	在实验室里演示了工艺设备	在实验室里演示了工艺设备		
5.21	是/否	针对重大的工艺性问题,确定了设计准则	针对重大的工艺性问题,确定了设计准则		
5.22	是/否	考虑了质量与可靠性(无需确定目标)	考虑了质量与可靠性		
5.23	是/否	可用的试验部件与特定目的部件组合在一起,完成预期系统的基本集成	可用的试验用囊体材料与专用焊接带组合在一起,完成囊体材料的基本集成		
5.24	是/否	进行了所需装配(线)的初步评估	进行了所需装配的初步评估		
5.25	是/否	在费用作为设计目标的模式下,确定了满足费用目标的质量目标	在费用作为设计目标的模式下,确定了满足费用目标的质量目标		
5.26	是/否	会同制造部门、工艺部门对制造工艺进行了审查	会同制造部门、工艺部门对制造工艺进行了审查		

TRL6 级 TRL 自评价表如表 8 - 20 所列,TRL 6 级是以系统或分系统原型为载体完成相关环境验证。

表 8 - 20 CTE 评价表

编号	CTE 名称	XX 型囊体材料		TRL 等级(6)	
	是否满足	TRL 判定细则	细则解释	满足情况说明	支撑信息编号
6.01	是/否	针对存在交叉重叠的其他在研技术(可能有),完成对交叉内容的测量及性能特性的确认	针对存在交叉重叠的其他在研技术,完成对交叉内容的测量及性能特性的确认		
6.02	是/否	出现了频繁的设计更改	出现了频繁的设计更改		
6.03	是/否	了解预期系统的最终使用环境	了解囊体材料的最终平流层使用环境		

续表

编号	CTE 名称 是否满足	XX 型囊体材料 TRL 判定细则	细则解释	TRL 等级(6) 满足情况说明	支撑信息编号
6.04	是/否	利用建模仿真模拟了预期系统在使用环境中的性能	利用建模仿真模拟了囊体材料在使用环境中的性能		
6.05	是/否	根据实验室试验的条件设定,对实验用的预期系统进行了验收试验	根据实验室试验的条件设定,对实验用的囊体材料制备气囊进行了验收试验		
6.06	是/否	在具备典型模拟环境条件的实验室里对系统原型进行了试验	在具备典型模拟环境条件的实验室里对囊体材料气囊进行了试验		
6.07	是/否	在外场(并非最终的使用环境)对系统原型进行了试验	在外场对囊体材料气囊进行了试验		
6.08	是/否	提出了比例尺寸模型(或模样)研究的遗留问题,并完成了支持性分析	提出了比例尺寸模型(或模样)研究的遗留问题,并完成了支持性分析		
6.09	是/否	系统原型的集成程度接近预定使用的系统,在外形、配合和功能方面基本一致	囊体材料气囊的集成程度接近预定使用飞艇,在外形、配合和功能方面基本一致		
6.10	是/否	全面演示了技术的工程可行性	全面演示了技术的工程可行性		
6.11	是/否	说明了试验环境与使用环境的差异,并分析了差异对实际使用效果的影响	说明了试验环境与使用环境的差异,并分析了差异对实际使用效果的影响		
6.12	是/否	接近完成全部设计草图	接近完成全部设计草图		
6.13	是/否	编制了预期系统的专用规范	编制了囊体材料的专用规范		
6.14	是/否	编制了技术研究报告终稿	编制了技术研究报告终稿		
6.15	是/否	提出了专利申请	提出了专利申请		
6.16	是/否	确定了质量与可靠性等级	确定囊体材料完成囊体结构的工艺可靠性及质量稳定性要求		
6.17	是/否	启动了可靠性、维修性和保障性真实数据的收集	启动了可靠性、维修性和保障性真实数据的收集		
6.18	是/否	确定了制造工艺和工艺设备所需投资	确定了制造工艺和工艺设备所需投资		
6.19	是/否	基本确定了关键生产工艺规范	基本确定了关键生产工艺规范		

续表

编号	CTE 名称	XX 型囊体材料		TRL 等级(6)	
	是否满足	TRL 判定细则	细则解释	满足情况说明	支撑信息编号
6.20	是/否	完成了大部分部件的试制或外购	完成了大部分功能层的试制或外购		
6.21	是/否	已全面开展材料、工艺、工艺性设计准则和集成方法的应用	已全面开展材料、工艺、工艺性设计准则和集成方法的应用		
6.22	是/否	部件在功能上与最终使用的系统相容	囊体材料制备的充气结构与飞艇其他系统相容		
6.23	是/否	完成集成的演示验证	完成气囊充气过程的演示验证		
6.24	是/否	识别出生产问题并解决了其中的重大问题	识别出生产问题并解决了其中的重大问题		
6.25	是/否	具备成熟的制造工艺和工艺设备	具备成熟的制造工艺和工艺设备		
6.26	是/否	完成了生产的演示验证	完成了生产的演示验证		

TRL7 级 TRL 自评价表如表 8 – 21 所列,TRL 7 级是以系统原型为载体完成典型使用环境验证。

表 8 – 21　CTE 评价表

编号	CTE 名称	XX 型囊体材料		TRL 等级(7)	
	是否满足	TRL 判定细则	细则解释	满足情况说明	支撑信息编号
7.01	是/否	用建模仿真模拟了极个别尚不可用的部件(这种情况很少出现)	用建模仿真模拟了极个别尚不可用的部件		
7.02	是/否	在超常和异常的条件下,对接口(内外部接口、设备与计算机软件的接口)进行了独立测试	在超常和异常的条件下,对囊体材料与飞艇其他部件的连接进行了独立测试		
7.03	是/否	设计更改显著减少	设计更改显著减少		
7.04	是/否	在使用环境中(可在替代平台上)进行试验	在使用环境中进行试验		
7.05	是/否	完成了设计草图	完成了设计草图		
7.06	是/否	完成了比例尺寸模型研究	完成了比例尺寸模型研究		
7.07	是/否	部件是生产样件	部件是生产样件		

续表

编号	CTE 名称 是否满足	XX 型囊体材料 TRL 判定细则	细则解释	TRL 等级(7) 满足情况说明	支撑信息编号
7.08	是/否	在典型的使用环境中,演示了系统原型的大多数功能	在典型的使用环境中,演示了系统原型的大多数功能		
7.09	是/否	在典型的使用环境中,进行了系统原型的飞行试验	在典型的使用环境中,进行了系统原型的飞行试验		
7.10	是/否	在典型的使用环境中,演示了全状态的系统原型	在典型的使用环境中,演示了全状态的系统原型		
7.11	是/否	成功完成系统原型的外场试验	成功完成系统原型的外场试验		
7.12	是/否	说明了试验环境与使用环境的差异,并分析了差异对实际使用效果的影响	说明了试验环境与使用环境的差异,并分析了差异对实际使用效果的影响		
7.13	是/否	已明确批量生产所用的材料、工艺、工艺性设计准则和集成方法	已明确批量生产所用的材料、工艺、工艺性设计准则和集成方法		
7.14	是/否	初步演示验证了材料、制造工艺和生产流程	初步演示验证了材料、制造工艺和生产流程		
7.15	是/否	在柔性工装上制造了系统原型	在柔性工装上制造了系统原型		
7.16	是/否	在生产环境里演示验证了流程工具和检测设备	在生产环境里演示验证了流程工具和检测设备		
7.17	是/否	工艺设备获得验证	工艺设备获得验证		
7.18	是/否	收集的维修性、可靠性和保障性数据超过了所需数据量的60%	收集的维修性、可靠性和保障性数据超过了所需数据量的60%		
7.19	是/否	材料、工艺、工艺性设计准则和集成方法得到一定发展和验证	材料、工艺、工艺性设计准则和集成方法得到一定发展和验证		
7.20	是/否	具有可用的生产样件,数量可能有限	具有可用的生产样件,数量可能有限		
7.21	是/否	初步确定了西格玛质量等级	初步确定了与西格玛质量等级类似的质量等级		
7.22	是/否	基本掌握了制造工艺	基本掌握了制造工艺		
7.23	是/否	完成了生产计划的编制	完成了生产计划的编制		
7.24	是/否	系统原型达到生产样机的水平	囊体材料达到生产实际验证材料的水平		
7.25	是/否	已具备小批量生产条件	已具备小批量生产条件		

3) 评价结果的描述

通过对各级成熟度细则的满足程度比对及分析,可以确定材料处于的成熟度等级,进行最终评价结果的描述。下面给出了评价结果描述的范例。

经过技术成熟度评价,初步判定 CTE"XX 型囊体材料"成熟度为 N 级。其中,TRL N 级中,评价有效准则 n 项(除软件类和管理类),所有细则100%满足;TRL N−1 级中,评价有效准则 n 项(除软件类和管理类),所有细则 100% 满足要求;TRL N+1 级细则中,评价有效准则 n 项(除软件类和管理类),满足项为10(举例)项,细则 7.02、7.05……7.25 不满足要求,满足率为 40%。评价结果如表 8−22 所列。

表 8−22　XX 型囊体材料评价结果

编号	CTE 名称	TRL	简要说明
1	XX 型囊体材料	N	CTE 为"XX 型囊体材料"。XX 型囊体材料是制造浮空器的主体材料,XX 特点,由多层高分子功能材料组成,相关功能材料主要有 XX 层等。XX 型囊体材料的制备技术包含 XX 技术。目前,已完成 XX 型囊体材料的 XX 设计、XX 设计及可行性研究、辅助材料及 XX 焊接技术研究、XX 研究等方面。试制的样件通过检测,各项指标达到使用要求。在平流层飞艇演示验证试验中,制备 XX 型囊体材料的各项支撑技术得到了有效验证,如材料的力学性能、透氦率、环境适应性、加工性等,均达到了平流层演示验证的需求。 TRL N 级评价细则共计 n 项,n 项全部满足,满足率达到 100%(26/26)。 TRL N−1 级评价细则共计 n 项,n 项全部满足,满足率达到 100%(26/26)。 TRL N+1 级评价细则共计 n 项,x 项满足,满足率达到 40%(10/25)。 综合判定,该技术的成熟度为 TRLN 级

评价支撑资料附后,作为技术成熟度评价报告不可缺少的一部分。支撑资料包括图纸、设计方案、研制大纲、验证结果、客户使用情况说明、实际试验照片、各类数据、各类结论等。支撑信息需完整且真实提供,作为专家论证的必需材料。支撑材料列举表格式样如表 8−23 所列。

表 8−23　飞艇用囊体材料技术成熟评价支撑材料

序号	支撑材料内容	类别	归档号
PJ−1			
…			

3. 技术成熟度的应用

美国作为技术成熟度的起源地,在飞艇研发相关项目中,较早启用技术成熟度评价体系以评价飞艇研发项目的技术发展程度。美国的 Hisentinel 项目,由美国 Raven Aerostar 公司、西南研究所(SwRI)和美国空军研究实验室共同实施,其中 Raven Aerostar 公司提供详细设计和工程服务,制造了飞艇的囊体材料和囊体并参与了飞行操作。该项目于 2005 年至 2010 年共试飞 3 艘飞艇,其中 2005 年试飞的 Hisentinel20 长 44.5m,直径为 10.1m,飞行高度达到 22.3km,有动力飞行小于 1h,航程 37.08km。2010 年试飞的 Hisentinel80,长度为 63.1m,直径为 13.7m,载重 36.3kg,飞行高度达 20.2km,驻空时间 8h[279],完成了平流层空间环境演示,技术成熟度达到 6 级。

2003 年起,HAA 项目由洛克希德·马丁(Lockheed Martin)公司承担,是美国军方重点支持的发展项目,目前的技术成熟度为 6 级。2011 年 7 月,HAA 高空长航时演示样机(HALE-D)试飞,其长度为 82.3m,最大直径为 21.34m,有效载荷 22.7kg,设计工作高度 20km 以上,驻空时间半个月以上。HALE-D 在实际飞行过程中,初始阶段飞行还算顺利,到达约 9.8km 高空时遇技术问题,由于囊体内部氦气发生泄漏,导致净浮力不足,飞艇无法上升至 20km 的预计高度,技术团队最终决定终止飞行试验[280]。虽然本次飞行并未达到预计的 20km 高度,但仍然完成了相关环境的演示验证,技术成熟度达到 6 级水平。

美国洛克希德·马丁公司研究将轻质、低功率密度有源相控阵雷达天线与囊体材料结合为一体,实现囊体 ISIS 的设计理念[281]。ISIS 飞艇目前的技术成熟度为 4 级,已完成实验室环境分系统的验证。

技术成熟度在我国起步较晚,目前国内尚无公开发表的囊体材料技术成熟度评价方法。2015 年 6 月至 12 月,国防科技大学作为系统总体单位,在国内专业技术成熟度评估机构中国航空工业信息中心支持下,与囊体材料研制单位专家共同组成专家团队,开展了囊体材料技术成熟度评价探索工作,评价对象为处于国内囊体材料研制技术领先地位的单位。在本次评价中,两家被评价单位的囊体材料技术成熟度评定为 6 级,处于"在平流层环境和地面综合模拟环境条件下,完成囊体材料的应用性能验证"阶段。本次囊体材料技术成熟度评价工作在国内尚属首次,评价工作在确定成熟度等级定义、确定关键技术元素以及成熟度等级细则时,进行了深入的探讨与交流,经验值得借鉴。依据目前的技术状态,预计 2022 年国内囊体材料技术成熟度接近 7 级水平。

4. 囊体材料技术成熟度评价发展展望

国内囊体材料技术成熟度的评价,受国内项目配套形式、演示验证方式和发展机遇、项目研制进度控制等实际情况影响,无法照搬国外的评价方式和判定准则,二者处于不同的体系环境。但评价的重点和基础是相通的,即从技术状态、集成程度、验证环境3个维度进行评价。

2019年初,由工业和信息化部组织起草的《GB/T37264—2018新材料技术成熟度等级划分及定义》由国家市场监督管理总局、国家标准化管理委员会审核批准并正式发布,于2019年7月1日正式实施。该标准在借鉴其他领域技术成熟度评价标准的基础上,考虑了材料从实验室研制到工业批产各个阶段的实际情况,将新材料的技术成熟度分为实验室、工程化和产业化三个阶段的9个等级,同时界定了成熟度划分的等级条件、划分依据、判定规则等内容。

该项标准的实施,将为新材料的技术成熟度划分提供通用标准,解决目前新材料领域技术成熟度判定无明确标准的现状。相信随着中国航天领域技术成熟度评价体系的逐渐完善,飞艇用囊体材料的成熟度评价方法将日趋成熟,从目前的概念和准则探索阶段发展成具有真正指导意义的成熟的评价体系指日可待。

第 9 章
囊体材料发展和展望

相对于飞机和卫星而言,飞艇具有定点时间长、使用和维护费用低等优势,还可以作为通信中继与飞机和卫星组合形成完善的空间通信和监视网络。若想平流层飞艇能够真正发挥其作用,还需要突破飞艇总体设计、囊体材料、能源、动力等方面的关键技术问题。

为满足平流层飞艇对囊体材料的高技术要求,囊体材料技术也需要与时俱进,不断更新和优化组成材料,提出新概念、新工艺,不断满足新形势需要。

国内囊体材料技术研发晚于国外三十余年,只有为数不多的几家研发团队和热衷于此的商家形成了一定的研发和生产能力,但目前尚没有形成囊体材料生产的专业实体。国内的囊体材料技术尚未成熟,还没有形成自主品牌和特色,技术成熟度尚在 6 级左右。此外,高比强度纤维(如 Vectran、PBO)是制造囊体材料所需的关键原材料,批产性能稳定,价格相对较低。芳纶Ⅲ、聚酰亚胺纤维在比强度方面优于 Vectran 纤维,但尚未实现批产性能稳定,价格也相对较高。因此,囊体材料技术的发展面临诸多挑战,囊体材料参与国际竞争尚需时日。

囊体材料在组成结构上通常是延续 20 世纪 70 年代以来普遍采用的"耐候层/阻隔层/中间层/承力织物/热封层"的多层结构形式,所用各功能层材料则采用经过优化验证的更高功能化的材料。未来平流层飞艇囊体材料的研究将集中于新功能材料、新结构设计和新工艺等方面,其高技术特点将主要体现在轻量化、多功能化等方面。人们将致力于寻找更高功能化的材料并验证其应用于制造囊体材料的可行性,以及优化改良集成复合技术,而这是一个不断迭代和演进的过程。

此外,寻找更能够体现综合使用性能的优化结构设计路线及技术可行性也将是努力的方向。飞艇系统结构与材料的一体化设计能够在一定程度上弥补材料性能的不足。未来的囊体材料将会更多地考虑与飞艇结构设计相结合,配合飞艇设计者开展新结构设计,体现系统集成优势。

下面我们从囊体材料的轻量化设计、功能化设计和与艇体结构的协同设计等方面讲述一些已有的设计和进一步的设想。

9.1 囊体材料的轻量化设计和制备

平流层飞艇囊体材料研究的首要目标是轻量化,需要综合考虑环境、结构和实用性要求,探求和延伸囊体材料的极限性能及技术可行性,验证不同结构设计囊体材料的实用性。在囊体材料多层结构设计中,依据设计指标要求,优选更高功能化的各功能层材料;兼顾组成材料的功能性、加工性和相互间的匹配性;依据加工技术和综合性能测试结果,优化组成与结构。

耐候层位于囊体材料多层结构的最外层,决定了囊体材料的耐环境作用、耐磨损、自清洁性、使用寿命等特性。依据现有材料技术水平,氟化物是最适宜作为耐候层使用的材料。自20世纪70年代起,美国TCOM公司就开发了以聚氟乙烯(PVF,Tedlar)膜为耐候层的浮空器囊体材料。近年来的应用实践证明[282],以Tedlar膜为耐候层的系留气球(71M Block II)囊体材料服役时间超过了100000h(约11年)。

在新材料、新结构和新技术等研究进展的支撑下,新一代的囊体材料的组成结构将可能大不一样。传统的氟化物耐候层将可能被金属或金属氧化物镀层(也可能是多种功能镀层)取代。阻隔层所占比例也将越来越少,或将以极轻量化的高阻隔性表面涂层或镀层(厚度小于100nm)的形式存在。因此,表面功能化技术的成功运用将使新一代的囊体材料更好地体现轻量化特性。

高比强度纤维是囊体材料中最关键的功能材料,其在囊体材料中所占比重一般超过60%,是囊体材料轻量化的一个技术瓶颈。由PBO制成的纤维(Zylon)称为21世纪的超级纤维,其特点是高比强度,但耐候性差是其主要缺点。对比现有高技术纤维材料,聚酰亚胺纤维具有耐候性好、回潮率低和比强度高的本征特性,是理想的航空航天材料。随着聚酰亚胺纤维技术的完善与发展,这种能够同时满足多种高功能要求的聚酰亚胺纤维有希望取代聚芳酯纤维(Vectran),应用于平流层飞艇囊体材料。

太空电梯的概念最早来自20世纪70年代,俄罗斯著名的火箭科学先驱者齐奥尔科夫斯基(Knostantin Tsiolkovsky)[283]。缆绳是太空电梯的技术关键,人类已知的材料还没有一种能达到太空电梯所要求的比强度,目前最有希望的材料是迄今已知强度最大的碳纳米管。清华大学的一个研究团队于2018年研发出了长度为厘米级别的碳纳米管纤维束(Carbon Nanotube Bundles),其抗拉强度达到了80GPa[284]。虽然目前的碳纳米管还只是被用在各种复合材料以及涂层材料中,如增强增韧树脂基复合材料、导电复合材料等,但随着技术的革新和不懈的努力,碳纳米管或碳纳米管起决定作用的复合材料注定将成为新一代超轻量化材料。相对于太空电梯的缆绳而言,制造一种高强度超轻的柔性织物材料还是相对容易的事情,也许在太空电梯制造成功之前,利用纳米技术的超轻量化的囊体材料就已经问世。

在囊体材料的研发过程中,许多教训也需要值得注意。过分追求轻量化可能导致材料在实际使用过程中的应用性能(如耐揉搓性能)劣化,影响长期使用性能。大型飞艇囊体气密性检测比较困难,而制作、包装、运输与展开也都是比较费劲的事情,因此,囊体材料的轻量化设计及技术可行性需要研究解决的重要问题是囊体材料轻量化与综合使用性能(抗撕裂、耐揉搓等)间的矛盾关系。

9.2 囊体材料的功能化设计

为了应对平流层复杂的工作环境,囊体材料设计的目标之一就是能够体现多种功能需求。未来的平流层飞艇囊体材料将能够集中多种实用功能于一身,能够充分应对平流层飞艇在长期驻空过程中的使用安全性问题。

9.2.1 飞艇巨大体积的利用

平流层飞艇拥有巨大的表面积,在风载、热波动作用下,气囊将可能产生局部形变。通过阻隔层与外层间引入金属薄膜层和压电性或热电性层,囊体材料便能够从气囊表面的变形和温度变化中不断获取电力[285]。平流层中飞艇表面的流场主要是低速的稀薄气体,飞行过程中产生的艇体表面摩擦阻力是需要研究解决的问题。目前,已有针对囊体材料的表面层膜材料进行减阻功能设计的相关专利申请[286]。更为实用和有效的工作需要配合艇体结构和气动外形设计,对囊体材料的组成结构以及焊接结构进行减阻功能设计。

基于自身安全性的考虑,对体积巨大的平流层飞艇进行隐身设计极为必要,但却并不是一件简单容易的事情。通过使用特殊功能材料来应对激光定位的威胁等隐身功能设计已有专利报道[22]。这种囊体材料由聚偏氟乙烯(PVDF)膜/聚酰亚胺薄膜/聚芳酯(Vectran)织物组成,各层间以含氟聚氨酯黏合剂复合为一体。其中,聚酰亚胺薄膜(Kapton^{TM})具有优良的电容率,能够对激光产生漫反射作用,以使定位信息不再返回定位设备,起到抵抗激光定位威胁的防御作用。聚偏氟乙烯(PVDF)材料具有出色的紫外线和臭氧保护性能,同时还可强化对飞艇的光热控制特性。

通过选材和结构设计,在保障飞艇主体结构性能的同时,可以期望囊体材料表现出更多的功能特性。

9.2.2 光热控制功能

在长期驻空过程中,平流层飞艇在夜晚处于 -56℃左右的低温环境中,而白天在太阳光照射下,巨大的飞艇艇体将周期性地累积热量,使得艇体和内部气体温度上升,内压增大。因此,囊体材料的光热控制功能设计非常重要。囊体材料的这种光热控制功能可以通过3种途径获得:一是隔热型,即通过中空微球或轻质泡沫层结构实现隔热;二是光反射型,即通过金属类材料的光反射特性有效反射大部分可见光和近红外光,降低光热吸收率;三是红外发射型,即利用金属氧化物等功能材料具有的红外发射功能,通过复合或表面涂层或镀层使囊体材料具有红外发射功能,以便把艇体内积攒的热量以红外辐射方式发射到大气中,实现艇体的降温。

通过对比不同的金属材料在紫外到红外区域的反射率和吸收率,可以发现,金和银在红外波段拥有极高的反射率,而铝在紫外到红外区域都拥有很高的反射率。光反射率越高,则吸收率越低,这样就能反射大部分太阳的辐射能量。因此,可以利用金属的这种优异特性以镀层的形式使得囊体材料具有光热控制功能,有效解决平流层飞艇在长期驻空过程中由于太阳光辐射热产生的超压问题。

美国HAA高空长航时演示样机(HALE-D,2011)的囊体材料外表面已经采用了镀金属层的结构设计(图1-2)。在囊体外表面镀很薄的金属层,可以有效反射太阳光和提高气体阻隔性能。实践证明,金属镀层、金属氧化物镀层都具有阻隔紫外线、可见光和红外线的功能。

未来囊体材料将具有太阳光低吸收率、红外光谱高发射率的功能,实现对太阳光热的有效控制,增强飞艇的飞行安全性。在飞艇表面铺装的太阳能电池也会产生一定的热量,与铺装电池交会区域的囊体材料也可以考虑相变储能功能的利用,从多种渠道更好地实现飞艇对周期性光热效应的控制功能。

9.2.3 自修复、可感知等功能

聚合物材料的自修复功能研究已经相对成熟,通过将自修复功能引入到聚合物材料或者复合材料中,当材料受到机械或功能性损伤后,能够在一定条件下恢复到原始状态或接近原始状态,实现延长材料的使用寿命、降低维护成本的目的。

这种自修复材料的引申意义还在于囊体材料的可修复性。我们知道,飞艇艇体巨大,气密性检测是一道繁重和极其困难的工序。在飞艇艇体制造过程中,囊体材料将经受折叠、摩擦、扭曲等过程,每一次艇体的操作都有可能对部分材料或小的局部造成损伤甚至破坏,而这些损伤或破坏有时用肉眼难以发现。如果将自修复功能引入到囊体材料的功能层中,基于高分子功能层材料的表面与界面研究,结合自愈合、可感知等功能材料设计以及复合技术研究,将可能使囊体材料或特殊焊接结构具有自我修复和破损预警能力,为平流层飞艇长期驻空提供更多的安全保障。

当然,这种特殊功能的可行性仍需要试验验证,而且应该以不牺牲囊体材料的其他性能(如轻量化)为前提。

9.3 与艇体结构的协同设计

囊体材料中的承力织物层通常采用平纹织物,沿经向和纬向方向上体现最大拉伸强度。然而,飞艇艇体的大部分区域受力方向与纤维材料的经纬方向有所偏离,因此材料强度设计要有足够的余量,安全系数一般大于4倍。通过对飞艇艇体结构进行特殊设计可以在一定程度上弥补现有材料性能上的不足,提高囊体材料的强度利用率。未来的飞艇制造者与囊体材料制造者之间将会有更多的合作,共同考虑囊体材料与飞艇整体结构设计相结合,体现系统集成优化。

美国 ISIS 飞艇研制过程中,Cubic Tech Corp 设计的囊体材料在不同承力方向纤维间采用无编织平铺的形式组合[8]。在平纹编织结构中,由于经纱和纬纱相互间的卷曲绕行限制而降低了纤维强度利用率。在无编织组合结构中,因为经纱和纬纱不是交织在一起的,形成"无卷曲"的组合式结构,与平纹编织结构相比,这种结构设计可以更好地体现纤维的增强效率和抗撕裂性。

更重要的是,这种囊体材料中的纤维的排列方向可以依照艇体结构中受力方向的不同而有所调整,最大限度地发挥纤维的强度利用率。卡马尔·阿拉维申请的专利"优选用于可充气的气球外壳的柔性多层材料以及用于制备可充气的外壳的方法"[287]中,也体现了这种结构设计,使得囊体材料具有轻质的并且具有高弹性模量和高撕裂强度特性。

加筋膜结构是在充气膜的表面外加一系列变形小、强度高的绳索,在囊体充气并具备充足压力后,绳索受力并勒住充气膜,形成组合式的超压结构形式。对于这种超压结构也有了不同以往的设计[288],并在专利中得以体现。专利所述的充气膜结构使膜与加强筋成为一体,无须绳索缠绕,充气展开后膜结构能自然达到设计状态,能够有效加强充气膜结构的承压能力。专利虽然是以南瓜形气球为对象,但以膜材提供阻隔和保型功能,以焊接带形式的加强筋提供承力结构的设计思想能够广泛用于多种浮空器囊体结构设计,如椭球或类似结构的超压气球、常规布局的飞艇等产品。

经过不断尝试和创新,在已有技术基础上,未来平流层飞艇囊体材料将受益于科学和技术的发展,在功能材料、结构设计、制造技术等多方面引进新材料、新技术和创新思想,与时俱进,为平流层飞艇提供有利的技术支撑。

附 录
织物外观及囊体材料瑕疵典型示例

织物外观瑕疵典型示例如图 A-1~图 A-8 所示。

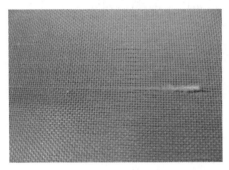

图 A-1 织物线头明显凸起

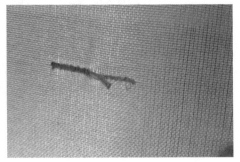

图 A-2 织物夹杂异物

图 A-3 织物松紧不一、表面凸凹不平

图 A-4 织物表面褶皱

图 A-5 织物少丝或缺纱

图 A-6 织物疏密不均

图 A-7 织物纬斜

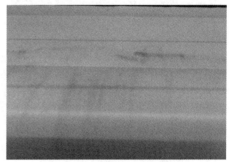
图 A-8 织物污渍

囊体材料外观瑕疵典型示例如图 A-9~图 A-14 所示。

图 A-9 气泡

图 A-10 折痕

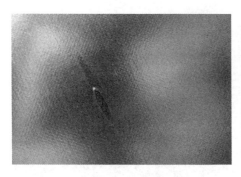

图 A-11　表面破损

图 A-12　涂胶不均

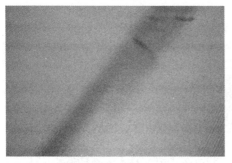

图 A-13　色泽不均

图 A-14　夹杂异物

参考文献

[1] 库利 G A,吉勒特 J D. 飞艇技术[M]. 北京:科学出版社,2008.

[2] 甘晓华,郭颖. 飞艇技术概论[M]. 北京:国防工业出版社,2005.

[3] 郭涛. 临近空间浮空器通信平台综述[J]. 浮空器研究,2017,11(3):30-36.

[4] Summary Report of DoD Funded Lighter-Than-Air-Vehicles[R]. Prepared by the office of the assistant secretary of defense for research and engineering,Rapid reaction technology office,2014.

[5] Project loon[EB/OL]. (2015-04-01). http://en. Wikipedia. org/w/index. php? title = Project Loon &oldid = 660113467. html.

[6] Thales Alenia Space and SwRI's MOU to Develop a Balloon Airship,the Stratobus^{TM} [EB/OL]. (2018-07-10). http://www. satnews. com/story. php? number = 672334107. html.

[7] Barlow D. Airships:Their Time has Come again[C]//Airships to the arctic symposium proceedings. 2002,15-23.

[8] McDaniels K,Downs RJ,Meldner H,et al. High Strength-to-Weight Ratio Non-Woven Technical Fabrics for Aerospace Applications[C]//AIAA balloon systems conference. 2009,2802.

[9] Hall J,Kerzhanovich V,Yavrouian A,et al. Balloon for Long-Duration,High-Altitude Flight at Venus[J]. NASA technical briefs,2007,31(4):66.

[10] Shoji M,Kouichi S,Toyotoshi K. Tear Propagation of a High-Performance Airship Envelope Material[J]. Journal of aircraft,2008,45(5):1546-1553.

[11] Maekawa S. On the Design Issue of a Stratospheric Platform Airship Structure[J]. NAL TM-772,National aerospace laboratory of Japan,2003.

[12] Komatsu K,Sano M,Kakuta Y. Development of High-Specific-Strength Envelope Materials[C]//AIAA's 3rd annual aviation technology,integration,and operations (ATIO) forum. 2003,6765.

[13] HALE Airship[EB/OL]. http://www. lindstrandtech. com. html.

[14] Chu A,Blackmore M,Oholendt R,et al. A Novel Concept for Stratospheric Communications and Surveillance:the Star Light[C]//AIAA balloon systems conference. 2007,2601.

[15] 白树成,曲建直.层压囊体材料在 FK 4 飞艇上的应用[J].材料工程,1993,9:17 – 19.

[16] 陈昌胜,赵攀峰.系留气球载雷达系统分析[J].雷达科学与技术,2007,5(6):410 – 414.

[17] 平流层飞艇囊体材料专利态势分析研究[C]//高分辨率对地观测知识产权动态,2018(4):684 – 694.

[18] 康士峰.临近空间大气环境特性监测与研究[J].装备环境工程,2008,5(1):20 – 22.

[19] 殷文华,柳建华,张良,等.模拟平流层环境的加载试验风洞测试与控制系统设计[J].航天器环境工程,2015,32(1):49 – 51.

[20] 吴雪峰,丁亚林,吴清文,等.临近空间光学遥感器热设计[J].光学精密工程,2010,18(5):1159 – 1164.

[21] Kimito T, Yasumasa H, Maekawa S. The Studies and Applications for LTA[C]//Proc. of the 17th AIAA Lighter – Than – Air Systems Technology Conference. 2007:7732.

[22] Charles K L, Donald J K. Flexible Material for Light – Than – Air Vehicles:U. S. ,20030388772[P]. 2004 – 09 – 16.

[23] Zhai H,Euler A. Material Challenges for Lighter – Than – Air Systems in High Altitude Applications[C]//AIAA 5th ATIO and 16th lighter – than – air systems technology and balloon systems conferences,2005:7488.

[24] 吴世康.高分子光化学导论—基础和应用[M].北京:科学出版社,2003.

[25] 朱福海.高分子材料光降解和光稳定[J].合成材料老化与应用,1999,1:24 – 26.

[26] Gerritsen R,Mill S,Gillard M,et al. Organo – Functional Polysiloxanes:U. S. ,7118621[P]. 2006 – 10 – 10.

[27] 卢红梅,钟宏.有机硅在涂料中的应用[J].有机硅材料,2002,16(06):67 – 71.

[28] 陈志华,章永化,胡长存,等.有机硅改性聚合物的研究进展[J].化工新型材料,2006,34(3):14 – 17.

[29] 王瑞莲.耐候性、耐水性好的水性醇酸树脂:中国,201510797258. 3[P]. 2015 – 11 – 18.

[30] 刘国杰,耿耀宗.涂料应用科学与工艺学[M].北京:中国轻工业出版社,1994.

[31] 李光亮.有机硅高分子化学[M].北京:科学出版社,1999.

[32] 孙中新,李继航.有机硅改性丙烯酸建筑涂料的制备及性能研究[J].化工建材,2000,5:32 – 34.

[33] 邱俊英,程艳玲,郭晓丽等.有机氟硅改性丙烯酸酯共聚物乳液的研究[J].涂料工业,2008,38(8):37 – 39.

[34] 李娜,石基强,任环.高耐候性氟硅改性丙烯酸树脂和涂料的合成研究[J].中国涂料,2011,26(7):22 – 24.

[35] 杨宇明,李同兵,盛德鲲,等.白色、完全不透明单层聚合物薄膜及其制备方法:中国,CN104530609A[P]. 2015 – 04 – 22.

[36] Kit K M,Schultz J M,Gohil R M . Morphology and Barrier Properties of Oriented Blends of

Poly(ethylene terephthalate) and Poly(ethylene 2,6 - naphthalate) With Poly(ethylene - co - vinyl alcohol)[J]. Polymer engineering & science,2010,35(8):680 - 692.

[37] 周晓沧. PEN 在中空容器领域的应用明[J]. 塑料包装,2000,10(2):211.

[38] 甲田英明. PEN 系树脂的中空吹塑[J]. 中国塑料,1998,12(3):69 - 73.

[39] 何柞云,熊远凡,杨月辉. 阻隔性尼龙树脂研究进展[J]. 中国塑料,1996,10(6):17 - 18.

[40] 黄兴. 高阻隔性塑料开发进展[J]. 化工新型材料,2000,29(5):26 - 29.

[41] 刘喜生. 包装材料学[M]. 长春:吉林大学出版社,1997.

[42] 蒋涛. 聚乙烯/尼龙积层阻隔性材料的制备工艺及性能研究[D]. 杭州:浙江大学,2005.

[43] 宣兆龙,易建政,杜仕国. 高阻隔性包装材料现状及发展[J]. 包装工程,1998,6:21 - 24.

[44] 刘卓峰,肖加余,王宇,等. 芳纶基质飞艇气囊囊体材料的制备研究[J]. 高科技纤维与应用,2006,3:26 - 28.

[45] 马祥林. F - 12 高强有机纤维实现产业化生产[J]. 合成纤维工业,2013,5:10.

[46] 万志敏,刘宇艳,宋杨,等. Vectran 纤维复合材料拉伸与撕裂性能研究[J]. 航天返回与遥感,2011,32(4):75 - 81.

[47] 杜以军,蒋金华,陈南梁. Vectran 纤维复合材料抗破坏性能的研究[J]. 玻璃钢/复合材料,2014,2:27 - 32.

[48] 王斌,金志洁,刘爱华. PBO 纤维复合材料的拉伸性能研究[J]. 宇航材料工艺,2004,2:58 - 61.

[49] 曹旭,高诚贤. PBO 基质平流层飞艇蒙皮材料的制备研究[J]. 高科技纤维与应用,2009,34:37 - 42.

[50] Scgollenberger C S,Scott H,Moore G R,et al. A virtually Cross - Linked Elastomer[J]. Rubber world,1958,137:549 - 555.

[51] Holden G,Leggc N R,Quirk R,et al. Thermo Plastic Elastomers[M]. Beijing:Chemical industry press,2000.

[52] Korodi T,Marcu N. Polyurethane Microcellular Elastomers:1. Effect of Chemical Composition on Tensile Strength and Elongation at Break of Poly(Ethylene - Butyleneadipate) Based Systems[J]. Polymer,1983,24(10):1321 - 1326.

[53] Korodi T,Marcu N,Tirnaveanu A. Polyurethane Microcellular Elastomers:2 Effect of Chain Extender on the Mechanical Properties[J]. Polymer,1984,25(8):1211 - 1213.

[54] Chattopadhyay D K,Webster D C. Thermal Stability and Flame Retardancy of Polyurethanes[J]. Progress of polymer science,2009,34(10):1068 - 1133.

[55] Yeganeh H,Shamekhi M A. Poly(Urethane - Imide - Imide),a New Generation of Thermoplastic Polyurethane Elastomers With Enhanced Thermal Stability[J]. Polymer,2004,45:359 - 365.

[56] 垣沼幸则. 聚氨酯弹性体的最近动向[J]. 日本橡胶协会,2005,78(2):85 - 87.

[57] Yeganeh H, Tamami B, Ghazi I. Synthesis and Properties of Novel Diisocyanate Based Optically active polyimides[J]. European polymer journal, 2002, 38(11):2179-2185.

[58] Tamami B, Yeganeh H. Preparation and Properties of Novel Polyimides Derived from 4-aryl-2,6 Bis(4-amino phenyl)pyridine[J]. Journal of polymer science part A: polymer chemistry, 2001, 39(21):3826-3831.

[59] Horsch M A, Zhang Z, Glotzer S C. Self-Assembly of Poymer-Tethered Nanorods[J]. Physical review letters, 2005, 95(5):056105.

[60] Ma M L, Thomas E L, Rutledge G C, et al. Gyroid-Forming Diblock Copolymers Confined in Cylindrical Geometry: A Case of Extrememake Over for Domain Morphology[J]. Macromolecular, 2010, 43(6):3061-3071.

[61] Santerre J P, Woodhouse K, Laroche G, et al. Understanding the Biodegradation of Polyurethanes: From Classical Implants to Tissue Engineering Material[J]. Biomaterials, 2005, 26(35):7457-7470.

[62] Zhang J Y, Beckman E J, Hu J, et al. Synthesis, Biodegradability and Biocompatibility of Lysine Diisocyanate Glucose Polymers[J]. Tissue engineering, 2002, 8(5):771-785.

[63] Mccarthy S J, Meijs G F, Gunatillake P. Synthesis, Characterization and Stability of Poly(Alkyleneoxide) Ester Thermoplastic Elastomer[J]. Journal of applied polymer science, 1997, 65(7):1319-1332.

[64] 罗道友,朱笑初,景肃杨,等. 高性能热塑性聚酯弹性体(TPEE)的研究开发与应用[J]. 化工新型材料, 2007, 35(3):1-6.

[65] 操建华,张洪涛. 聚氨酯胶黏剂的研究进展[J]. 中国胶黏剂, 2002, 1(2):46-49.

[66] 严勇军,汪剑炜,丁马太. 光稳定性聚氨酯胶黏剂的研制[J]. 粘接, 1997, 18(6):1-3.

[67] 李宝智. 改性无机填料在橡胶制品中应用效果的研究[J]. 中国非金属矿工业导刊, 2000, 6:14-15.

[68] 杨小健,何为,王守绪,等. 石墨/炭黑/改性树脂导电复合材料的电学性能研究[J]. 化工新型材料, 2012, 40(2):91-94.

[69] 邢彦君,赵小磊,王建莉,等. 微球材料研究进展[J]. 广州化工, 2015, 11:27-28.

[70] 朱效杰,刘峰,潘肇琦,等. 含甲基丙烯酸的高温发泡微球的合成及其发泡性能研究[J]. 塑料工业, 2013, 41(4):14-18.

[71] Tan B H, Hussain H, He C B. Tailoring Micelle Formation and Gelation in(PEG-P(MA-POSS))Amphiphilic Hybrid Block Copolymers[J]. Macromolecules, 2011, 44(2):622-631.

[72] Sanchez-Soto M, Schiraldi D A, Illescas S. Study of Themorphology and Properties of Melt-Mixed Polycarbonate-POSS Nanocomposites[J]. European polymer journal, 2009, 45(2):341-352.

[73] 王俊豪,李俊,王雷,等. 多面体笼型倍半硅氧烷改性复合材料研究进展[J]. 塑料助

剂,2010,2:16-20.

[74] 吴寒振,孙宁,聂教荣,等. 多面体低聚硅倍半氧烷的研究进展[J]. 有机硅材料,2007,6:354-359.

[75] 侯永刚,张秋禹,张和鹏,等. 多面体齐聚倍半硅氧烷的合成及应用研究进展[J]. 化学通报,2010,3:227-234.

[76] 马祥梅,秦基楼. 多面体低聚倍半硅氧烷(POSS)的合成与应用研究进展[J]. 安徽化工,2009,1:14-16.

[77] 黄伯云,肖鹏,陈康华. 复合材料研究新进展[J]. 金属天地,2007,2:46-48.

[78] Iijima S. Helical Microtubules of Graphiticcarbon[J]. Nature,1991,354(6348):56-58.

[79] Chae H K,Siberio-Pérez D Y,Kim J,et al. A Route to High Surface Area,Porosity and Inclusion of Large Molecules Incrystals[J]. Nature,2004,427(6974):523-527.

[80] Sclladler L S,Giammris S C,Ajayan P M. Load Transfer in Carbon Nanotube Epoxy Composites[J]. Applied physical letters,1998,73:3842-3847.

[81] Novoselov K S,Geim A K,Morozov S V,et al. Two-Dimensional Gas of Massless Dirac Fermions in Graphene[J]. Physics,2005,438(7065):197-200.

[82] Neto C,Antonio H. Another Spin on Graphene[J]. Science,2011,332(6027):315-316.

[83] Lee C,Wei X,Kysar J W,et al. Measurement of the Elastic Properties and Intrinsic Strength of Monolayer Graphene[J]. Science,2008,321(5887):385-388.

[84] 吴培熙,张留城. 聚合物共混改性[M]. 北京:中国轻工业出版社,1996.

[85] Utracki L A,Favis B D. Polymer Alloys and Blends[J]. Handbook of polymer science and technology,1989,4:121-185.

[86] Qi R R,Chen Z F,Zhou C X. Solvothermal Preparation of Maleic Anhydride Grafted onto Acrylonitrile-Butadiene-Styrene Terpolymer(ABS)[J]. Polymer,2005,46:4098-4104.

[87] Marchese P,Celli A,Fiorini M,et al. Effects of Annealing on Crystallinity and Phase Behaviour of PET/PC Block Copolymers[J]. European Polymer Journal,2003,39:1081-1089.

[88] Vancaeyzeele C,Fichet O,Laskar J,et al. Polyisobutene/Polystyrene Interpenetrating Polymer Networks:Effects of Network Formation Order and Composition on the IPN Architecture[J]. Polymer,2006,47:2046-2060.

[89] Kim J H,Kim S C. PEO-Grafting on PU/PS IPNs for Enhanced Blood Compatibility-Effect of Pendant Length and Grafting Density[J]. Biomaterials,2002,23:2015-2025.

[90] 宋国君,舒文艺. 聚合物合金的相容性与增容[J]. 青岛大学学报,1995,10(1):90-96.

[91] 吴唯. 高分子合金的相容性及其研究方法[J]. 金山油化纤,1998,4:56-60.

[92] 张维虎. 对CPE改性硬PVC的探讨[J]. 聚氯乙烯,1998,5:31-33.

[93] 徐春晖. CPE改性硬质PVC塑料[J]. 塑料,1997,26(1):26-28.

[94] 于景刚. NBR/PVC共混胶的应用[J]. 弹性体,2001,11(4):52-57.

[95] 陈国华,颜文礼,糜庆丰. 甲基丙烯酸甲酯接枝共聚制备极性聚乙烯[J]. 高分子材料科学与工程,2000,16(1):49-52.

[96] Coleman M M,Painter P C. Hydrogen Bonded Polymer Blends[J]. Progress of polymer science,1995,20:1-59.

[97] Pehlert G J,Yang X M,Painter P C,et al. Self-Association Versus Interassociation in Hydrogenbonded Polymer Blends:2. Comparison of Theoretical and Experimental Miscibility Windows for Poly(2,6-dial-1-4-vinyl phenol)blends[J]. Polymer,1996,37(21):4763-4771.

[98] Coleman M M,Pehlert G J,Yang X M,et al. Self-Association Versusinterassociation in Hydrogen Bonded Polymer Blends:1. Determination of Equilibrium Constants from Miscible Poly(2,6-dialkyl-4-vinyl phenol)Blends[J]. Polymer,1996,37(21):4753-4761.

[99] 朱光明,辛文利. 聚合物共混改性的研究现状[J]. 塑料科技,2002,2:42-46.

[100] 张福强. 聚合物合金的反应性增容技术[J]. 塑料科技,1994,6:16-20.

[101] 陈旭东,沈家瑞. 反应型共聚物相容剂在聚合物合金中的应用[J]. 中国塑料,1995,9(6):51-55.

[102] 赵义平,李树才,揣成智. 反应性共混体系研究进展[J]. 中国塑料,2000,14(9):6-11.

[103] 李锦山. 共混反应增容技术进展[J]. 弹性体,1994,4(1):54-59.

[104] 马海瑛. PVDF-g-AAc 的制备及其增容 PVDF/TPU 共混体系的研究[D]. 中国科学院大学,2011.

[105] Shen L,Feng S,Li J,et al. Surface Modification of Polyvinylidene Fluoride(PVDF)Membrane via Radiation Grafting:Novel Mechanisms underlying the Interesting Enhanced Membrane Performance[J]. Scientific reports,2017,7:2721.

[106] Li C,Wang L,Wang X,et al. Synthesis of PVDF-g-PSSA Proton Exchange Membrane by Ozone-Induced Graft Copolymerization and Its Application in Microbial Fuel Cells[J]. Journal of membrane science,2017,527:35-42.

[107] Lanzalaco S,Galia A,Lazzano F,et al. Utilization of Poly(vinylchloride) and Poly(vinylidenefluoride) as Macroinitiators for ATRP Polymerization of Hydroxyethyl Methacrylate:Electroanalytical and Graft-Copolymerization Studies[J]. Journal of polymer science part A:Polymer chemistry,2015,53:2524-2536.

[108] Fontananova E,Grosso V,Aljlil S A,et al. Effect of Functional Groups on the Properties of Multiwalled Carbon Nanotubes/Polyvinylidenefluoride Composite Membranes[J]. Journal of membrane science,2017,541:198-204.

[109] Hsu C Y,Liu R J,Hsu C H,et al. High Thermal and Electrochemical Stability of PVDF-Graft-PAN Copolymer Hybrid PEO Membrane for Safety Reinforced Lithium-Ion Battery[J]. RSC advances,2016,6:18082-18088.

[110] Zhu Z,Jiang J,Wang X,et al. Improving the Hydrophilic and Antifouling Properties of Poly-

vinylidene Fluoride Membrane by Incorporation of Novel Nanohybrid GO@ SiO_2 Particles [J]. Chemical engineering journal,2017,314:266 – 276.

[111] Aguirre M, Paulis M, Leiza J R. UV Screening Clear Coats Based on Encapsulated CeO_2 Hybrid Latexes[J]. Journal of materials chemistry A,2013,1:3155.

[112] Cao T, Xu K, Chen G, et al. Poly(ethylene terephthalate) Nanocomposites with a Strong UV – Shielding Function Using UV – Absorber Intercalated Layered Double Hydroxides[J]. RSC advances,2013,3:6282.

[113] Zayat M, Garcia – Parejo P, Levy D. Preventing UV – Light Damage of Light Sensitive Materials Using a Highly Protective UV – Absorbing Coating[J]. Chemical society reviews,2007,36:1270 – 1281.

[114] Xie S, Zhao J, Zhang B, et al. Graphene Oxide Transparent Hybrid Film and its Ultraviolet Shielding Property[J]. ACS applied materials & interfaces,2015,7:17558 – 17564.

[115] Fernandes S C, Alonso – Varona A, Palomares T, et al. Exploiting Mycosporines as Natural Molecular Sunscreens for the Fabrication of UV – Absorbing Green Materials[J]. ACS applied materials & interfaces,2015,7:16558 – 16564.

[116] Hess S C, Permatasari F A, Fukazawa H, et al. Direct Synthesis of Carbon Quantum Dots in Aqueous Polymer Solution: One – Pot Reaction and Preparation of Transparent UV – Blocking Films[J]. Journal of materials chemistry A,2017,5:5187 – 5194.

[117] Du J, Sun H. Polymer/TiO_2 Hybrid Vesicles for Excellent UV Screening and Effective Encapsulation of Antioxidant Agents[J]. ACS applied materials & interfaces,2014,6:13535 – 13541.

[118] Guo H, Klose D, Hou Y, et al. Highly Efficient UV Protection of the Biomaterial Wood by a Transparent TiO_2/Ce Xerogel[J]. ACS applied materials & interfaces,2017,9:39040 – 39047.

[119] Cohen S, Kolitz – Domb M, Haham H, et al. Engineering of UV – Absorbing Polypropylene Films Containing Poly(2 – (2' – Hydroxy – 5' – Meth Acryl Oxyethyl Phenyl) – 2H – Benzotriazole) Nanoparticles[J]. Polymers for advanced technologies,2017,28:897 – 904.

[120] Wang Y, Li T, Ma P, et al. Simultaneous Enhancements of UV – Shielding Properties and Photostability of Poly(Vinyl Alcohol) via Incorporation of Sepia Eumelanin[J]. ACS sustainable chemistry & engineering,2016,4:2252 – 2258.

[121] De Moraes A C, Andrade P F, De Faria A F, et al. Fabrication of Transparent and Ultraviolet Shielding Composite Films Based on Graphene Oxide and Cellulose Acetate[J]. Carbohydrate Polymers,2015,123:217 – 227.

[122] Liu J, Kim G H, Xue Y, et al. Graphene Oxide Nanoribbon as Hole Extraction Layer to Enhance Efficiency and Stability of Polymer Solar Cells[J]. Advanced materials,2014,26:786 – 790.

[123] Yang L, Phua S L, Toh C L, et al. Polydopamine – Coated Graphene as Multifunctional Nanofillers in Polyurethane[J]. RSC advances, 2013, 3: 6377.

[124] Dimiev A, Kosynkin D V, Alemany L B, et al. Pristine Graphite Oxide[J]. Journal of the american chemical society, 2012, 134: 2815 – 2822.

[125] Li B, Liu W, Jiang Z, et al. Ultrathin and Stable Active Layer of Dense Composite Membrane Enabled by Poly(dopamine)[J]. Langmuir, 2009, 25: 7368 – 7374.

[126] Bai J, Li H, Shi Z, et al. An Eco – Friendly Scheme for the Cross – Linked Polybutadiene Elastomer via Thiol – Ene and Diels – Alder click chemistry[J]. Macromolecules, 2015, 48: 3539 – 3546.

[127] Imbernon L, Oikonomou E K, Norvez S, et al. Chemically Crosslinked yet Reprocessable Epoxidized Natural Rubber via Thermo – Activated Disulfide Rearrangements[J]. Polymer chemistry, 2015, 6: 4271 – 4278.

[128] Luo X, Mather P T. Shape Memory Assisted Self – Healing Coating[J]. ACS macro letters, 2013, 2: 152 – 156.

[129] Roy C K, Guo H L, Sun T L, et al. Self – Adjustable Adhesion of Polyampholyte Hydrogels[J]. Advanced materials, 2015, 27: 7344 – 7348.

[130] 山西省化工研究所. 聚氨酯弹性体手册[M]. 北京: 化学工业出版社, 2001.

[131] Liu J, Wang S, Tang Z, et al. Bioinspired Engineering of Two Different Types of Sacrificial Bonds into Chemically Cross – Linked cis – 1, 4 – Polyisoprene toward a High – Performance Elastomer[J]. Macromolecules, 2016, 49: 8593 – 8604.

[132] Deng G, Tang C, Li F, et al. Covalent Cross – Linked Polymer Gels with Reversible Sol – Gel Transition and Self – Healing Properties[J]. Macromolecules, 2010, 43: 1191 – 1194.

[133] Yuan C, Rong M Z, Zhang M Q. Self – Healing Polyurethane Elastomer with Thermally Reversible Alkoxyamines as Crosslinkages[J]. Polymer, 2014, 55: 1782 – 1791.

[134] Rekondo A, Martin R, Ruiz de Luzuriaga A, et al. Catalyst – Free Room – Temperature Self – Healing Elastomers Based on Aromatic Disulfide Metathesis[J]. Materials horizons, 2014, 1: 237 – 240.

[135] Martin R, Rekondo A, Ruiz de Luzuriaga A, et al. Mixing the Immiscible: Blends of Dynamic Polymer Networks[J]. RSC advances, 2015, 5: 17514 – 17518.

[136] Ji S, Cao W, Yu Y, et al. Dynamic Diselenide Bonds: Exchange Reaction Induced by Visible Light without Catalysis[J]. Angewandte chemie international edition, 2014, 53(26): 6781 – 6785.

[137] Ji S, Cao W, Yu Y, et al. Visible – Light – Induced Self – Healing Diselenide – Containing Polyurethane Elastomer[J]. Advanced materials, 2015, 27: 7740 – 7745.

[138] Li C H, Wang C, Keplinger C, et al. A Highly Stretchable Autonomous Self – Healing Elasto-

mer[J]. Nature chemistry,2016,8:618.

[139] Nakahata M,Takashima Y,Harada A. Highly Flexible,Tough,and Self – Healing Supramolecular Polymeric Materials Using Host – Guest Interaction[J]. Macromolecular rapid communications,2016,37(1):86 – 92.

[140] Li G,Wu J,Wang B,et al. Self – Healing Supramolecular Self – Assembled Hydrogels Based on Poly(L – Glutamic Acid)[J]. Biomacromolecules,2015,16:3508 – 3518.

[141] Miyamae K,Nakahata M,Takashima Y,et al. Self – Healing,Expansion – Contraction,and Shape – Memory Properties of a Preorganized Supramolecular Hydrogel through Host – Guest Interactions[J]. Angewandte chemie international edition,2015,54:8984 – 8987.

[142] Yang L Q,Lu L,Zhang C W,et al. Highly Stretchable and Self – Healing Hydrogels Based on Poly(Acrylic Acid)and Functional POSS[J]. Chinese journal of polymer science,2015,34:185 – 194.

[143] Chen S,Bi X,Sun L,et al. Poly(Sebacoyl Diglyceride) Cross – Linked by Dynamic Hydrogen Bonds:A Self – Healing and Functionalizable Thermoplastic Bioelastomer[J]. ACS applied materials & interfaces,2016,8:20591 – 20599.

[144] Zhu Y,Murali S,Cai W,et al. Graphene and Graphene Oxide:Synthesis,Properties,and Applications[J]. Advanced materials,2010,22:3906 – 3924.

[145] Guo S,Dong S. Graphene Nanosheet:Synthesis,Molecular Engineering,Thin Film,Hybrids,and Energy and Analytical Applications[J]. Chemical society reviews,2011,40:2644 – 2672.

[146] Li J,Zhang G,Deng L,et al. In – situ Polymerization of Mechanically Reinforced,Thermally Healable Graphene Oxide/Polyurethane Composites Based on Diels – Alder Chemistry[J]. Journal of materials chemistry A,2014,2:20642 – 20649.

[147] Zhang E,Wang T,Zhao L,et al. Fast Self – Healing of Graphene Oxide – Hectorite Clay – Poly(N,N – Dimethylacrylamide)Hybrid Hydrogels Realized by Near – Infrared Irradiation [J]. ACS appllied materials & interfaces,2014,6:22855 – 22861.

[148] Wang C,Liu N,Allen R,et al. A Rapid and Efficient Self – Healing Thermo – Reversible Elastomer Crosslinked with Graphene oxide[J]. Advanced materials,2013,25:5785 – 5790.

[149] Naebe M,Wang J,Amini A,et al. Mechanical Property and Structure of Covalent Functionalised Graphene/Epoxy Nanocomposites[J]. Scientific reports,2014,4:4375.

[150] Yang Y,Zhu B,Yin D,et al. Flexible Self – Healing Nanocomposites for Recoverable Motion Sensor[J]. Nano energy,2015,17:1 – 9.

[151] Wan Y J,Gong L X,Tang L C,et al. Mechanical Properties of Epoxy Composites Filled with Silane – Functionalized Graphene Oxide[J]. Composites part A:Applied science and manufacturing,2014,64:79 – 89.

[152] Maity N,Mandal A,Nandi A K. Synergistic Interfacial Effect of Polymer Stabilized Graphene

via Non – Covalent Functionalization in Poly(Vinylidene Fluoride) Matrix Yielding Superior Mechanical and Electronic Properties[J]. Polymer,2016,88:79 – 93.

[153] Dreyer D R,Todd A D,Bielawski C W. Harnessing the Chemistry of Graphene Oxide[J]. Chemical society reviews,2014,43:5288 – 5301.

[154] Xiang Z,Zhang L,Li Y,et al. Reduced Graphene Oxide – Reinforced Polymeric Films with Excellent Mechanical Robustness and Rapid and Highly Efficient Healing Properties[J]. ACS nano,2017,11:7134 – 7141.

[155] 林长红. 自修复聚氨酯材料结构与性能研究[D]. 北京:中国科学院大学,2018.

[156] Plueddemann E P. Interfaces in Polymer Matrix Composites:Composite Materials[M]. Elsevier,2016.

[157] 兰竹. 机织层压类柔性复合材料界面粘接性能的研究[D]. 上海:东华大学,2009.

[158] 吴培熙,沈健. 特种性能树脂基复合材料[M]. 北京:化学工业出版社,2003.

[159] 徐祖顺,易昌凤,肖卫东. 织物用胶黏剂及粘接技术[M]. 北京:化学工业出版社,2004.

[160] 刘向东. 聚酯纤维表面功能化研究及应用[D]. 北京:中国科学院大学,2012.

[161] 张瑞峰,李兴林,胡刚. 等离子体改性聚丙烯纤维表面的XPS研究[J]. 功能高分子学报,1994,7(1):13 – 17.

[162] 吴人洁. 高聚物的表面与界面[M]. 北京:科学技术出版社,1998.

[163] 张开. 高分子界面科学[M]. 北京:中国石化出版社,1997.

[164] 胡福增,郑安呐,张群安. 聚合物及其复合材料的表界面[M]. 北京:中国轻工业出版社,2001.

[165] Hoekstra H D,Spoormaker J L,Breen J,et al. UV – Exposure of Stabilized and Non – Stabilized HDPE Films:Physico – Chemical Characterization[J]. Polymer Degradation and Stability,1995,49(2):251 – 262.

[166] Philippart J L,Sinturel C,Arnaud R,et al. Influence of the Exposure Parameters on the Mechanism of Photooxidation of Polypropylene[J]. Polymer degradation and stability,1999,64(2):213 – 225.

[167] Kanuma T. Adhesion Technology of Textiles to Rubber[J]. International polymer science and technology,1992,19:32.

[168] Funke W. Surface Analysis and Pretreatment of Plastics and Metals[J]. Progress in organic coatings,1983,11(2):199 – 200.

[169] Boyd R,Kenwright A,Badyal J,et al. Atmospheric Nonequilibrium Plasma Treatment of Biaxially Oriented Polypropylene[J]. Macromolecules,1997,30(18):5429 – 5436.

[170] Briggs D,Kendall C. Derivatization of Discharge – Treated LDPE:An Extension of XPS Analysis and a Probe of Specific Interactions in Adhesion[J]. International journal of adhe-

sion & adhesives,1982,2(1):13-17.

[171] Andreopoulos A G,Tarantli P A. Review on Various Treatments of UHMPE Fibers[J]. Journal of elastomers and plastics,1998,30(2):118-132.

[172] 王斌,金志浩,丘哲明,等. 电晕处理对高性能 PBO 纤维的表面性能及其界面粘结性能的影响[J]. 复合材料学报,2003,20(4):101-106.

[173] 戚东涛,陶继志,王秀云. 电晕处理对超高分子量聚乙烯纤维表面性能的影响[J]. 材料科学与工艺,2006,14(5):535-542.

[174] 郭玉海,张建春,施楣梧. 电晕放电处理对涤纶织物粘结性能的影响[J]. 化学与粘合,2001,1:25-37.

[175] 李焱,李常胜,黄献聪. 电晕处理对 UHMWPE 纤维的性能影响[J]. 合成纤维工业,2010,33(3):36-38.

[176] 盛恩宏,周运友,凌小燕. 聚乙烯表面的火焰处理[J]. 中国胶黏剂,1999,8(3):30-33.

[177] 陈杰珞. 离子体清洁技术在纺织印染中的应用[M]. 北京:中国纺织出版,2005.

[178] 刘艳春,白刚. 聚酯单丝等离子体处理后表面能及粘附性研究[J]. 印染助剂,2007,9:15-17.

[179] 严志云,刘安华,贾德民. 低温等离子体技术在聚合物材料表面改性中的应用[J]. 高技术通讯,2004,4:105-110.

[180] 何艳丽. PET 非织造布表面改性及抗菌性能研究[D]. 无锡:江南大学,2003.

[181] 邢浩. 低温等离子体改性涤纶非织造材料的性能研究[D]. 天津:天津工业大学,2012.

[182] 陈冰,陈银,王红卫. 低温氩等离子体表面改性提高 PET 亲水性[J]. 纺织学报,2007,28(6):28-31.

[183] 王鸿博,洪剑寒,王锦嫣,等. 氧气低温等离子体对涤棉织物润湿性能的影响[J]. 纺织学报,2006,27(6):44-46.

[184] 朱友水. 织物氢气等离子体金属化研究[D]. 苏州:苏州大学,2006.

[185] 张通和,吴瑜光. 粒子束材料改性科学和应用[M]. 北京:科学出版社,1999.

[186] 常敏. 中国尼龙 6 切片市场分析及前景展望[J]. 中国石油和化工经济分析,2017,2:59-61.

[187] Wang Y Q,Li N,Wang X L,et al. High-Definition Conductive Silver Patterns on Polyimide Film via an Ion Exchange Plating Method[J]. RSC advances,2016,6(9):7582-7590.

[188] Sano M,Tahara Y,Chang T M,et al. Metallization of Textile by Pt Catalyzation in Supercritical Carbon Dioxide and Pt Electroless Plating for Applications in Wearable Devise[J]. Microelectronic engineering,2016,153:92-95.

[189] Chen D X,Zhang Y,Bessho T,et al. Formation of Reflective and Conductive Silver Film on ABS Surface via Covalent Grafting and Solution Spray[J]. Applied surface science,2015,

349:503-509.

[190] 陈铭忆,张扬,温变英. 聚合物表面金属化修饰研究进展[J]. 高分子通报,2014,10:34-41.

[191] 杨斌. PA6 塑料表面无铬粗话与无钯活化工艺的研究[D]. 哈尔滨:哈尔滨工业大学,2018.

[192] 戴永年,杨斌. 有色金属材料的真空冶金[M]. 北京:冶金工业出版社,2000.

[193] 周美玲,谢建新,朱宝泉. 材料工程基础[M]. 北京:北京工业大学出版社,2004:355-357.

[194] 戴永年,赵忠. 真空冶金[M]. 北京:冶金工业出版社,1988.

[195] 徐成俊. 磁控溅射 TiN 及 ZrN 薄膜的特性研究[D]. 重庆:重庆大学,2005.

[196] 师艳丽,李娜娜,付元静,等. 用于纺织品表面改性的磁控溅射技术研究进展[J]. 纺织学报,2016,4:165-169.

[197] 王东. 磁控溅射法制备防水透湿织物的性能研究[C]//第二届功能性纺织品及纳米技术应用研讨会论文集. 北京:2002,3.

[198] 王东. 磁控溅射法制备防水透湿织物初探[C]//功能性纺织品及纳米技术应用研讨会论文集. 北京:2001,3.

[199] 孟灵灵,黄新民,魏取福. 涤纶基布磁控溅射铜膜及其电磁屏蔽性能[J]. 印染,2013,16:1-5.

[200] 陈文兴,杜莉娟,姚玉元,等. 磁控溅射法制备电磁屏蔽织物的研究[J]. 真空科学与技术学报,2007,3:264-268.

[201] Cherkaoui M,Srhiri A,Chassaing E. Plating and Surface Finishing[J]. American electroplaters' society,1922,11:68-71.

[202] Ueng T H,Cheng K B. The Leakage Power Density and Electromagnetic Shielding Effectiveness of Conductive Woven Fabrics[J]. Journal of textile engineering,2001,47(3):71-75.

[203] 洪剑寒. 磁控溅射制备电磁屏蔽纺织材料的性能研究[D]. 无锡:江南大学,2007.

[204] Jiang S X,Qin W F. Surface Functionalization of Nanostructured Silver-Coated Polyester Fabric by Magnetron Sputtering[J]. Surface & coatings technology,2010,204:3662-3667.

[205] Scholz J,Nocke G,Hollstein F,et al. Investigations on Fabrics Coated with Precious Metals Using the Magnetron Sputter Technique with Regard to Their Anti-Microbial Properties [J]. Surface & coatings technology,2005,192:252-256.

[206] 高秋瑾. 溅射法制备抗菌丝织物及其性能研究[D]. 无锡:江南大学,2010.

[207] 黄美林,狄剑锋,齐宏进. 磁控溅射法制备防紫外线 PET 织物的研究[J]. 棉纺织技术,2008,4:7-9.

[208] 徐晓峰,陈小立,郭玉良,等. 磁控溅射法研制防紫外纳米铝膜涤纶织物[J]. 印染,2007,12:10-15.

[209] 王俊,郝赛. 磁控溅射技术的原理与发展[J]. 科技创新与应用,2015,2:35.

[210] 邵晶晶,任芝龙,杨雅伦,等. 磁控溅射制备聚四氟乙烯低温超疏水薄膜[J]. 真空科学与技术学报,2017,37(2):154-160.

[211] Chen L,Chen W,Wang J,et al. Hydrogen-Doped High Conductivity ZnO Films Deposited by Radio-Frequency Magnetron Sputtering[J]. Applied physics letters,2004,85(23):5628-5630.

[212] 赵峰,杨艳丽. CVD技术的应用与进展[J]. 热处理,2009,24(4):7-10.

[213] 胡昌义,李靖华. 化学气相沉积技术与材料制备[J]. 稀有金属,2001,25(5):364-368.

[214] 杨西,杨玉华. 化学气相沉积的研究与应用进展[J]. 甘肃水利水电技术,2008,44(3):211-213.

[215] 安其. 等离子体增强化学气相沉积设备的研制[J]. 真空,2012,49(1):52-56.

[216] 秦玉梅,何小辉,栗颖思,等. 浅谈浮空器囊体材料加工中的热合技术[C]//第四届高分辨率对地观测学术年会论文集. 武汉:2017,388-399.

[217] 黄金海,肖尚明. 浮空器囊体用聚氨酯胶黏剂性能测试分析研究[J]. 聚氨酯工业,2014,29(1):14-17.

[218] 秦朝中,杨向龙,梁宗宪,等. 充气囊体材料撕裂及破裂后流场特性研究[J]. 中国科学技术大学学报,2007,(10):1280.

[219] 熊征蓉,张航,刘向东,等. 囊体材料焊接结构气密性研究[C]//第五届高分辨率对地观测学术年会论文集. 西安:2018,641-650.

[220] 马寅佶,吴清,姚学锋,等. 柔性蒙皮材料氦气渗透的细观机制[J]. 清华大学学报,2011,51(5):646-650.

[221] 吴清. 浮空器蒙皮材料氦气泄漏机制的理论与实验研究[D]. 北京:清华大学,2010.

[222] 张远平,姜鲁华,宋林,等. 温度对平流层飞艇囊体材料蠕变性能的影响[J]. 科学技术与工程,2019,17:352.

[223] 李海英. 移动界面异质材料的蠕变疲劳及损伤过程模拟[D]. 大连:大连理工大学,2005.

[224] 于伟东. 纺织材料学[M]. 北京:中国纺织出版社,2018.

[225] 敬凌霄,何婷婷,陈星安,等. 涤纶多轴向经编织物拉伸性能研究[J]. 针织工业,2017,(12):58-60.

[226] 纺织基本知识大全[EB/OL]. https://wenku.baidu.com.html.

[227] 屈泉. 高性能纤维多轴向经编针织复合材料力学性能的研究[D]. 无锡:东华大学,2004.

[228] 邱冠雄,崔慧杰,施鸿才. 多轴向经编复合材料研究[J]. 纺织学报,1997,4:4.

[229] 陈南梁. 我国产业用经编织物发展的广阔前景[J]. 玻璃纤维,2007,2:34.

[230] 左建东,罗超云,王文广. 塑料助剂与配方设计[M]. 北京:化学工业出版社,2019.

[231] 卡茨,米路西凯,李佐邦,等. 塑料用填料及增强剂手册[M]. 北京:化学工业出版社,1985.

[232] 保罗 D R,巴克纳尔 C B,殷敬华,等. 聚合物共混物:组成与性能[M]. 北京:科学出版社,2004.

[233] 高秀梅. 热塑性聚氨酯基其它阻隔材料的制备与结构性能研究[D]. 北京:中国科学院大学,2016.

[234] 高秀梅,等. 热塑性聚氨酯/聚乙烯醇的性能研究[J]. 工程塑料应用,2012,40(11):19-22.

[235] Gao X, Sheng D, Liu X, et al. Tailoring Morphology to Improve the Gas-Barrier Properties of Thermoplastic Polyurethane/Ethylene-Vinyl Alcohol Blends[J]. Polymer engineering & science,2016,56(8):922-931.

[236] 盛德鲲. 聚氨酯弹性体复合材料制备及结构与性能研究[D]. 北京:中国科学院大学,2011.

[237] Sheng D, Tan J, Liu X, et al. Effect of Organoclay With Various Organic Modifiers on the Mor Phological, Mechanical, and Gas Barrier Properties of Thermoplastic Polyurethane/Organoclay Nanocomposites[J]. Journal of materials science,2011,46(20):6508-6517.

[238] 盛德鲲,等. 原位聚合法制备聚氨酯/蒙脱土复合材料研究[J]. 工程塑料应用,2011,39(11):12-16.

[239] Aguirre M, Paulis M, Leiza J R. UV Screening Clear Coats Based on Encapsulated CeO_2 Hybrid Latexes[J]. Journal of materials chemistry A,2013,1(9):3155.

[240] Cao T, Xu K, Chen G, et al. Poly(Ethylene Terephthalate) Nanocomposites With a Strong UV-Shielding Function Using UV-Absorber Intercalated Layered Double Hydroxides[J]. RSC advances,2013,3(18):6282.

[241] Zayat M, Garcia-Parejo P, Levy D. Preventing UV-Light Damage of Light Sensitive Materials Using a Highly Protective UV-Absorbing Coating[J]. Chemical society reviews,2007,36(8):1270.

[242] Xie S, Zhao J, Zhang B. Graphene Oxide Transparent Hybrid Film and its Ultraviolet Shielding Property[J]. ACS applied materials & interfaces,2015,7(32):17558.

[243] Fernandes S C, Alonso-Varona A, Palomares T. Exploiting Mycosporines as Natural Molecular Sunscreens for the Fabrication of UV-Absorbing Green Materials[J]. ACS applied materials & interfaces,2015,7(30):16558.

[244] Hess S C, Permatasari F A, Fukazawa H. Direct Synthesis of Carbon Quantum Dots in Aqueous Polymer Solution: One-Pot Reaction and Preparation of Transparent UV-Blocking Films[J]. Journal of materials chemistry A,2017,5(10):5187.

[245] Miraftab R, Ramezanzadeh B, Bahlakeh G. An Advanced Approach for Fabricating a Re-

duced Graphene Oxide – AZO Dye/Polyurethane Composite with Enhanced Ultraviolet(UV) shielding properties:Experimental and first – principles QM modeling[J]. Chemical engineering journal,2017,321:159.

[246] 刘凉冰. 聚氨酯弹性体的紫外线稳定性[J]. 弹性体,2001,11(1):13 – 17.

[247] 孔明涵,王庭慰,李冬梅,等. 影响聚氨酯弹性体紫外线稳定性的因素[J]. 聚氨酯工业,2006,21(6):37 – 40.

[248] 李同兵. 聚偏氟乙烯基(紫外/可见光)光阻隔复合膜研究[D]. 北京:中国科学院大学,2016.

[249] Li T,Sheng D,Xiong Z,et al. Effect of Titanium Dioxide(TiO_2) Distribution and Minute amounts of Carbon Black on the Opacity of PVDF Based White Composite Films[J]. Journal of applied polymer science,2015,133(9):2184 – 2194.

[250] 李同兵,刘向东,高秀梅,等. PVDF/多巴胺改性二氧化钛复合膜光阻隔性研究[J]. 工程塑料应用,2016,6:26 – 31.

[251] 董莉. 具有紫外线屏蔽功能聚偏氟乙烯膜的制备及性能研究[D]. 北京:中国科学技术大学,2019.

[252] 董莉. 飞艇囊体用接枝 PVDF 的合成及性能测试研究[C]//中国浮空器大会. 北京:2018,180 – 184.

[253] 董莉,等. 预辐照接枝法提高 PVDF 的紫外线吸收性能[J]. 工程塑料应用,2017,45(1):23 – 28.

[254] Dong L,Liu X,Xiong Z,et al. Fabrication of Highly Efficient Ultraviolet Absorbing PVDF Membranes via Surface Polydopamine Deposition[J]. Journal of applied polymer science,2018,135(4):45746.

[255] Dong L,Liu X,Xiong Z,et al. Design of UV – Absorbing PVDF Membrane via Surface – Initiated AGET ATRP[J]. Applied surface science,2018,435:680 – 686.

[256] Dong L,Liu X,Xiong Z,et al. Preparation and Characterization of Functional Poly(Vinylidene Fluoride)(PVDF)Membranes with Ultraviolet – Absorbing Property[J]. Applied surface science,2018,444:497 – 504.

[257] 周达飞,唐颂超. 高分子材料成型加工[M]. 北京:中国轻工业出版社,2006.

[258] Lines for CPP/CPE and Cast PET Film[EB/OL]. https://www.sml.at/cast – film – lines.html.

[259] 李艳霞,郭晓明,郭川斌,等. 浮空器囊体材料用 PUR – T/PA6/PUR – T 复合膜的研制[J]. 工程塑料应用,2006,34(3):42 – 44.

[260] 蔡韵宜,赵岩峰.《塑料包装技术》连载 挤出薄膜和软包装(一)[J]. 塑料包装,2003(2):53.

[261] 韩永生. 塑料复合薄膜及其应用[M]. 北京:印刷工业出版社,2008.

[262] 李路海. 涂层复合技术[M]. 北京:文化发展出版社,2016.

[263] 冯·沃尔特,顾振亚,牛家嵘,等. 涂层和层压纺织品[M]. 北京:化学工业出版社,2006.

[264] 罗瑞林. 织物涂层技术[M]. 北京:中国纺织出版社,2005.

[265] 层压复合材料[EB/OL]. https://baike.baidu.com/item.html.

[266] Kang W,Suh Y,Woo K. Mechanical Property Characterization of Film-Fabric Laminate for Stratospheric Airship Envelope[J]. Composite structures,2006,75:151-155.

[267] 熊征蓉,郭晓明,盛德鲲,等. 浮空器囊体材料热合焊接关键技术研究[C]//第三届高分辨率对地观测学术年会论文集. 上海:2014,155-161.

[268] 熊征蓉. 浮空器囊体材料的抗撕裂性研究[J]. 浮空器研究,2009,10(3):10-12.

[269] 孙磊,杨琳,熊征蓉,等. 浮空器囊体材料撕裂强度测试方法比对研究[C]//第三届高分辨率对地观测学术年会论文集. 上海:2014,183-192.

[270] 刘向东,盛德鲲,熊征蓉,等. 飞艇囊体材料剥离强度的影响因素[C]//中国浮空器大会论文集. 东莞:2016,413-416.

[271] 邓黎. 平流层飞艇的环境控制[J]. 航天返回与遥感,2006,27(3):51-56.

[272] 江博水,张金奎. 飞艇囊体材料自然老化试验方案探讨[J]. 科学技术创新,2016(4):28-29.

[273] Maekawa S,Maeda T,Sasaki Y,et al. Development of Advanced Lightweight Envelope Materials for Stratospheric Platform Airship[C]//43rd Aircraft symposium, aeronautical and space sciences. Japan:Japan society for aeronautical and space sciences,2005:120-124.

[274] 盛德鲲,张航,熊征蓉,等. 囊体材料蠕变研究[J]. 中国浮空器大会论文集. 东莞:2016,450-455.

[275] Kakuta Y,Komatsu K,Sano M. Strain and Joint Strength Measurement for Airship Envelope Materials in High Temperature[R]. Technical report/National aerospace laboratory(Tokyo) 2003,TR-147:1-9.

[276] 侯小康,吕华,杨雪娟. 基于过程方法建立和实施GJB9001C—2017质量管理体系指南[M]. 北京:中国质检出版社,中国标准出版社,2019.

[277] 吴燕生. 技术成熟度及其评价方法[M]. 北京:国防工业出版社,2012.

[278] XX项目技术成熟度评价工作手册[D]. 北京:国防科学技术大学,2015.

[279] Smith I,Lee M,Fortneberry M,et al. HiSentinel80:Flight of a High Altitude Airship[C]// 11th AIAA aviation technology,integration,and operations(ATIO)conference,2011:6973.

[280] Lockheed martin. Lockheed Martin, U. S. army Demonstrate HALE-D during Abbreviated Flight[EB/OL].(2011-07-28). https://www.engadget.com/2011-07-28-lockheed-martins-hale-d-airship-learns-to-fly-makes-a-crash-la.html.

[281] ISIS Flight Demonstration Contract[EB/OL].(2009-04-27). https://news.lock-

heedmartin. com/2009 – 04 – 27 – Lockheed – Martin – Led – Industry – Team – Awarded – Phase – 3 – ISIS – Flight – Demonstration – Contract. html.

[282] Newswire PR. TCOM Revolutionizes Surveillance Aerostats With Next – Generation Ultra – Durable Hull Material,Sys – Con Media,Inc[EB/OL].(2013 – 08). http://ca. sys – con. com/node/2772165. html.

[283] 太空电梯[EB/OL]. https://baike. baidu. com/item/太空电梯/8011379? fr = aladdin.

[284] Bai Y,Zhang R,Ye X,et al. Carbon Nanotube Bundles With Tensile Strength Over 80 GPa [J]. Nature nanotechnology,2018.

[285] Liggett P E. Piezoelectric and Pyroelectric Power – Generating Laminate for an Airship Envelope:U. S. ,7878453[P]. 2011 – 2 – 1.

[286] 谭惠丰,刘宇艳,刘少柱,等. 飞艇蒙皮用具有减阻微沟槽结构的PU或TPU薄膜:中国,201210168736. 0[P]. 2012 – 09 – 19.

[287] 卡马尔·阿拉维. 优选用于可充气的气球外壳的柔性多层材料以及用于制备可充气的外壳的方法:中国,200880013990. 5[P]. 2014 – 12 – 03.

[288] 徐忠新,杨宇明. 一种新型加筋方式的充气膜结构:中国,CN 201510443759. 1[P]. 2015 – 10 – 21.